炼焦热工管理

刘武镛　孙红艳　主编

北　京
冶 金 工 业 出 版 社
2011

内 容 简 介

本书以焦炉工艺为主线，内容涵盖焦炉的新建、生产管理及维护。全书共分为10章：焦炉的炉体结构及炉型简介、焦炉加热制度、焦炉热工调节、焦炉推焦计划的制订及特殊操作、护炉设备的维护和管理、煤气设备、焦炉砌体的维护、焦炉砌筑与安装、焦炉的烘炉、焦炉的开工。

本书适合焦化行业工程技术人员、管理人员和技术工人使用，可作为焦化职工的培训教材，也可供大专院校和职业技术学院焦化专业师生参考。

图书在版编目（CIP）数据

炼焦热工管理/刘武镛，孙红艳主编．—北京：冶金工业出版社，2011.1

ISBN 978-7-5024-5443-2

Ⅰ.①炼…　Ⅱ.①刘…　②孙…　Ⅲ.①炼焦—热力工程—管理　Ⅳ.①TQ520.6

中国版本图书馆CIP数据核字（2010）第258050号

出 版 人　曹胜利
地　　址　北京北河沿大街嵩祝院北巷39号，邮编100009
电　　话　(010)64027926　电子信箱　yjcbs@cnmip.com.cn
责任编辑　尚海霞　美术编辑　彭子赫　版式设计　孙跃红
责任校对　卿文春　责任印制　牛晓波
ISBN 978-7-5024-5443-2
北京百善印刷厂印刷；冶金工业出版社发行；各地新华书店经销
2011年1月第1版，2011年1月第1次印刷
787mm×1092mm　1/16；18印张；435千字；275页
52.00元

冶金工业出版社发行部　电话：(010)64044283　传真：(010)64027893
冶金书店　地址：北京东四西大街46号(100010)　电话：(010)65289081(兼传真)
（本书如有印装质量问题，本社发行部负责退换）

前　　言

随着我国钢铁行业的飞速发展，炼焦行业也出现了快速增长，我国的焦炭产量已多年居世界第一。2009年我国焦炭产量高达3.5亿吨，约占世界焦炭产量的60%。生产焦炭的主体设备是炼焦炉，焦炭产量的快速提高推动了炼焦炉的不断改进，促进了炼焦技术的发展。随着国家产业结构的调整、环保要求的提高和企业对新技术的应用，目前4.3m焦炉正逐渐被淘汰，6m焦炉成为焦化行业正在生产的主导炉型，而7m和7.63m焦炉已成为大型焦化厂或钢铁联合企业新建焦炉的主要炉型。

炼焦炉是在高温下长期进行连续性生产的工业窑炉，一代炉龄可长达25~30年以上。影响炼焦炉寿命的主要因素有筑炉用耐火材料的质量、基建施工的质量、烘炉质量、生产后的日常维护和管理工作等，所以焦炉的设计、基建、烘炉开工、生产操作的各个环节都是焦化工作者的重要任务。

为了给炼焦企业一线生产人员和工程技术人员提供一本专业的、实用性强的技术参考资料及教材，编者结合多年的理论学习和实践经验编写本书。本书具有如下特点：（1）专门介绍热工管理知识，针对性强；（2）涵盖了炼焦热工工作者需要掌握的包括设备、技术、环保等基本知识，覆盖面广；（3）侧重实践，必要时辅以理论计算，既适合专业技术人员及管理人员学习，又适合技术操作人员学习，适用性广。

本书围绕炼焦炉为中心，内容涵盖焦炉的基建，焦炉的烘炉及开工，焦炉生产过程中的温度、压力、铁件、日常维护等生产调节及管理，焦炉砌体维修及焦炉的特殊操作等，是一本全面介绍炼焦热工方面的书籍。本书共分10章，分别为焦炉的炉体结构及炉型简介、焦炉加热制度、焦炉热工调节、焦炉推焦计划的制订及特殊操作、护炉设备的维护和管理、煤气设备、焦炉砌体的维护、焦炉砌筑与安装、焦炉的烘炉和焦炉的开工。

由于编者水平有限，书中如有不妥之处，恳请同行与读者提出宝贵的建议或意见。

编　者

2010年10月

目　　录

1 焦炉的炉体结构及炉型简介

1.1 焦炉炉体结构

现代焦炉主要由炭化室、燃烧室、斜道区、蓄热室和炉顶区组成，蓄热室以下为烟道与基础。炭化室与燃烧室相间布置，蓄热室位于其下方，内放格子砖以回收废热，斜道区位于蓄热室顶和燃烧室底之间，通过斜道使蓄热室与燃烧室相通，炭化室与燃烧室之上为炉顶，整座焦炉砌在坚固平整的钢筋混凝土基础上，烟道一端通过废气开闭器与蓄热室连接，另一端与烟囱连接。现代焦炉模型如图 1-1 所示。

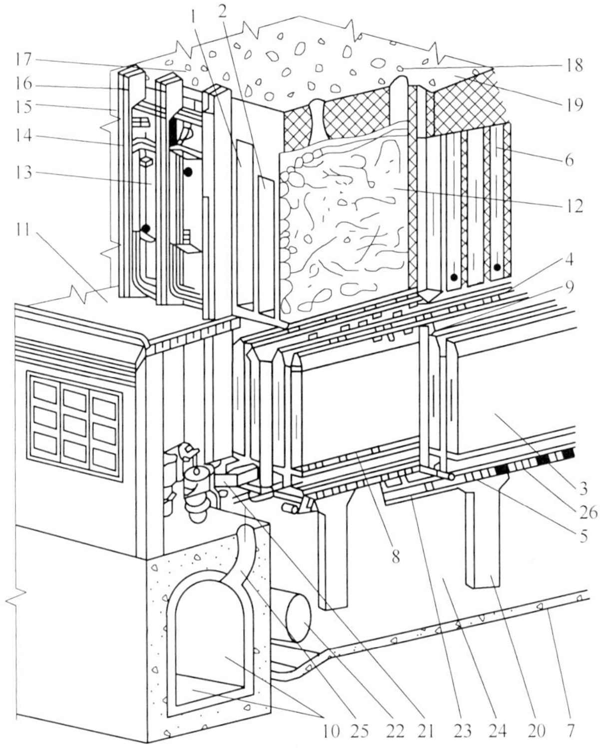

图 1-1 现代焦炉模型

1—炭化室；2—燃烧室；3—蓄热室；4—斜道；5—小烟道；6—立火道；7—焦炉底板；8—箅子砖；9—砖煤气道；10—烟道；11—操作台；12—焦炭；13—炉门；14—炉门框；15—炉柱；16—保护板；17—上升管孔；18—装煤孔；19—看火孔；20—混凝土柱；21—废气开闭器、两叉部；22—高炉煤气管道；23—焦炉煤气管道；24—地下室；25—烟道弯管；26—焦炉顶板

1.1.1 炭化室

炭化室是煤隔绝空气干馏的地方，燃烧室是煤气燃烧的地方，两者依次相间（见图1-2），其间的隔墙要严格防止干馏煤气泄漏，还要尽快传递干馏所需热量。焦炉生产时，燃烧室墙面平均温度约为1300℃，炭化室墙面平均温度约为1100℃，局部区域还要高些。在此温度下，墙体承受炉顶机械和上部砌体的重力，墙面要经受干馏煤气和灰渣的侵蚀，以及炉料的膨胀压力和推焦侧压力，因此，要求墙体透气性低、导热性好、荷重软化温度高、高温抗腐蚀性强、整体结构强度高。所以，现代焦炉的炉墙都是用带沟舌的异型硅砖砌筑，燃烧室内各火道间的隔墙还起着提高结构强度的作用。

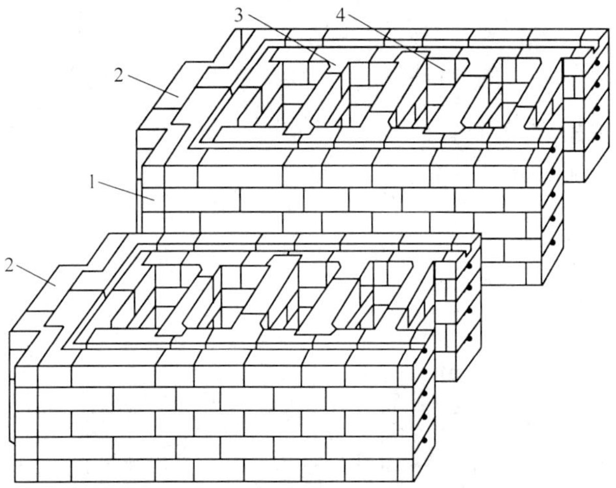

图1-2 燃烧室与炭化室

1—炭化室；2—炉头；3—隔墙；4—立火道

1.1.1.1 炭化室长度

大型焦炉的炭化室长度为14m左右，大容积焦炉为16m以上。增加炭化室的长度，焦炉生产能力会相应提高，经济效益也随着提高，且降低基建投资和生产费用；但过长易受长向加热均匀和推焦杆热态强度限制的影响，目前国外长度超过17m的为数不多。

炭化室全长减去两炉门衬砖伸入炭化室的长度称为炭化室有效长度。

1.1.1.2 炭化室高度

炭化室全高减去平煤后顶部空间的高度，称为炭化室的有效高度。炭化室上部在装煤后应留出约300mm的空间，以供荒煤气顺利排出。

焦炉燃烧室承受垂直负荷和水平负荷。垂直负荷包括砌体自重和装煤车及炉顶其他负荷；水平负荷主要为煤料的膨胀压力和推焦压力。实践表明，焦炉砌体承受垂直负荷的强度足以适应炭化室增高的要求，而燃烧室两侧炭化室内煤料因处在不同结焦阶段而产生的膨胀压力差，会使燃烧室一侧的砌体内产生拉应力而导致墙面破裂的可能。使炉墙结构破裂的两侧负荷差称为炉墙的极限负荷。随炭化室加高，该负荷差也增加，从而要计算炉墙的极限负荷。

为计算炉墙的极限负荷，可将砌体看成一堆垛起来的刚性板，即在如下假设的条件下可按式1-1近似计算炉墙的极限负荷：

（1）燃烧室是一种简单结构，不考虑砖缝与砖间的结合力，而认为砖缝与砖间有足够大的摩擦力；

（2）砖与砖缝的抗压强度能适应砌体垂直负荷的要求；

（3）煤料膨胀压力均匀地施加到炉墙上。

$$p = \frac{20(\sqrt{M_1} + \sqrt{M_2})^2}{Sh^2} \tag{1-1}$$

式中 p——炉墙极限负荷，Pa；

h——炭化室高度，m；

S——立火道中心距，m；

M_1，M_2——炭化室顶部和底部每 $2S$ 长度的抗弯矩，kg · m。

炉体极限负荷计算尺寸示意图如图1-3所示，弯矩可按下式计算：

$$M_1 = 2SAB\frac{D}{2}\rho_1 \tag{1-2}$$

$$M_2 = [2SAB\rho_1 + 2SCD\rho_2 + 2G(h - C) \times 2S\rho_2 + 2(D - 2G)K(h - H - C)\rho_2]\frac{D}{2} \tag{1-3}$$

式中 A——炭化室中心距，m；

B——炉顶层厚度，m；

D——燃烧室宽度，m；

C——加热水平高度，m；

G——炉顶厚度；m；

K——立火道隔墙厚度，m；

H——跨越孔高度，m；

ρ_1——炉顶体积密度，取 1.4×10^3，kg/m^3；

ρ_2——炉墙体积密度，取 1.8×10^3，kg/m^3。

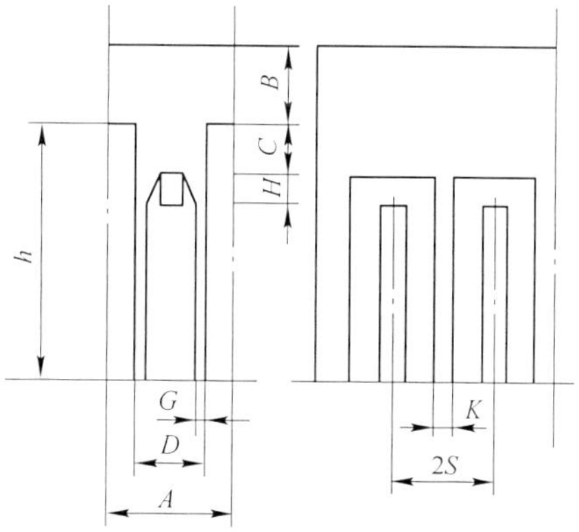

图1-3 炉体极限负荷计算尺寸示意图

根据炼焦煤的膨胀压力，一般要求炉墙的极限负荷大于7kPa。由式1-1～式1-3可见，增加炭化室高度 h 时会使极限负荷降低，因此必须提高 M_1 和 M_2 以增大炉墙极限负荷 p。其主要措施是增大炭化室中心距 A、炉顶层厚度 B 和炉墙厚度 G。由于增加炉墙厚度不利于传热，一般不采用，所以增加炭化室高度时，必须相应地增大炭化室中心距和炉顶层厚度，以保证焦炉具有足够的炉墙极限负荷。

增加炭化室高度可以提高单孔炭化室的生产能力，对于具有一定生产能力的焦化厂，可以减少焦炉炭化室孔数，提高机械效率，减少出炉数，提高劳动生产率。但是随炭化室增高，必须相应地加大炭化室中心距和炉顶层厚度；此外为改善高向加热均匀，焦炉结构必然复杂化；为了防止炉体变形和炉门冒烟，还应设置更坚固的护炉设备及更有效的炉门清扫机械，这些都使单孔炭化室的基建投资增加。

1.1.1.3 炭化室宽度

炭化室机侧与焦侧宽度的平均值称为炭化室的平均宽度。

炭化室较宽时，结焦速度较慢，胶质体内煤气压力就较小；此外炭化室较宽时，炭化室顶、底传给煤料的热量增多，使炭化室内上下煤层形成的胶质体很快固化，减少了对炉墙产生侧压力的胶质体。因此，同一煤料在较宽炭化室内炼焦时，炉墙实际承受的负荷就小，有利于延长炉体寿命。

炭化室宽度窄，则炼焦速度快，可在一定程度上改善煤的黏结性，提高焦炭耐磨强度。对黏结性较好的煤，宜采用较宽的炭化室，由于结焦过程中煤料的温度梯度平稳，有利于减少收缩应力，增加焦炭的抗碎强度和增大焦炭块度。

1.1.1.4 炭化室锥度

为顺利推焦，顶装煤的常规焦炉的炭化室的水平截面呈梯形，焦侧宽度大于机侧，两侧宽度之差称为锥度。燃烧室的机焦侧宽度恰好相反，所以机焦两侧炭化室中心距是相同的。捣固焦炉由于装入炉的捣固煤饼机焦侧宽度相同，所以锥度为零或很小。

炭化室锥度随炭化室的长度不同而变化，炭化室越长，锥度越大。在长度不变的情况下，其锥度越大，越有利于推焦。

1.1.1.5 炭化室墙厚度

除了利用不同厚度的炭化室墙来达到高向加热均匀外，通常炭化室墙厚度从上至下都是一致的。炭化室墙厚度一般为95～105mm。

炭化室墙太厚，加热速度下降，产量降低，反之则可以提高加热速度。但是，炭化室墙也不宜减得太薄，否则会加速炉体的损坏。

1.1.2 燃烧室

燃烧室与炭化室依次相间，为了控制燃烧室长向的温度从机侧到焦侧逐渐升高，焦炉燃烧室用隔墙分成许多立火道。立火道个数随炭化室长度增加而增多，火道中心距大体相同，一般为460～480mm。火道宽度则因炭化室中心距增大而加宽，有利于火道内的废气辐射传热。立火道的底部有两个斜道出口和一个砖煤气道出口，分别通煤气蓄热室、空气蓄热室和焦炉煤气管砖。用贫煤气加热时，由斜道出口引出的贫煤气和空气在火道内燃烧；用焦炉煤气加热时，两个斜道均走空气，焦炉煤气由砖煤气道出口引入与空气燃烧。

燃烧室顶盖高度低于炭化室顶，两者之差称为加热水平高度，它是炉体结构中的一个重要尺寸。该尺寸太小，炭化室顶部空间温度过高，不利于提高焦化产品的质量和产率，会增加炉顶积炭；反之，会降低上部焦饼温度，影响焦饼上下均匀成熟。加热水平高度可按下列经验式确定：

$$H = h + \Delta h + (200 \sim 300) \tag{1-4}$$

式中 H——加热水平高度，mm；

h——煤线距炭化室顶的距离（炭化室顶部空间高度），mm；

Δ*h*——装炉煤炼焦生产的垂直收缩量（一般为有效高度的5% ~7%），mm；
200 ~300——考虑燃烧室的辐射传热允许降低的燃烧室高度，mm。

1.1.3 蓄热室

蓄热室位于焦炉炉体下部，其上经斜道同燃烧室相连，其下经废气盘分别同分烟道、贫煤气管和大气相通。蓄热室用来回收焦炉燃烧废气的热量并预热贫煤气和空气，现代焦炉蓄热室均为横蓄热室（中心线与燃烧室中心线平行），以便于单独调节。蓄热室自下而上分小烟道、箅子砖、格子砖和顶部空间（见图1-4），相同气流蓄热室之间的隔墙称为单墙，异向气流蓄热室之间的隔墙称为主墙，分隔同一蓄热室机焦侧的墙称为中心隔墙，机焦两侧砌有封墙。小烟道和废气盘相连，向蓄热室交替地导入冷煤气、空气或排出热废气，处于交替变换的冷、热气流温差较大，为承受温度的急变，并防止气体对墙面的腐蚀，小烟道内砌有黏土衬砖。小烟道黏土衬砖上砌有箅子砖（见图1-5），合理的箅子砖孔径和尺寸排列可以使蓄热室内气流沿长向均匀分布。箅子砖上架设格子砖，下降气流时，格子砖用来吸收热废气的热量，上升气流时，格子砖将热量传给贫煤气或空气。采用薄壁异型格子砖可以增大传热面积，安装时上下各层格子砖孔应对准，以降低蓄热室阻力。格子砖温度变化大，所以采用黏土砖。

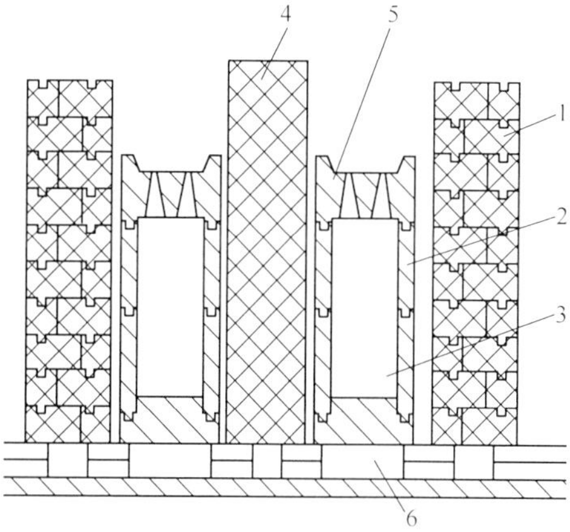

图1-4 焦炉蓄热室结构
1—主墙；2—小烟道黏土衬砖；3—小烟道；
4—单墙；5—箅子砖；6—隔热砖

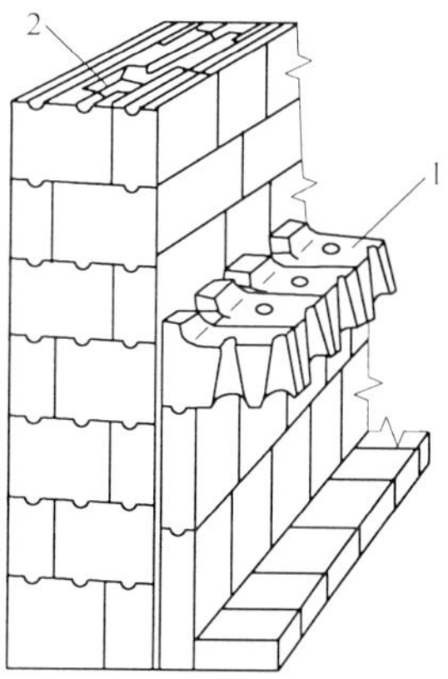

图1-5 箅子砖和砖煤气道
1—箅子砖；2—直立砖煤气道

蓄热室主墙的结构必须严密，以防上升煤气漏入下降蓄热室，否则不但损失煤气，还会产生“下火”现象，严重时可烧熔格子砖，使废气盘变形。焦炉煤气由下部供入焦炉，蓄热室主墙内还有直立砖煤气道，更应防止焦炉煤气漏入两侧蓄热室中，所以主墙多用带沟舌的异型砖砌筑，砖煤气道均用管砖砌筑。

蓄热室封墙起密封和隔热作用。封墙不严，外界空气漏入下降蓄热室会使废气温度降低，减小烟囱吸力；空气漏入上升空气蓄热室会使空气过剩系数增大，并使炉头温度降低；空气漏入上升煤气蓄热室会使煤气在蓄热室上部燃烧，既降低进入炉头火道的煤气量，使炉头温度降低，又会将格子砖局部烧熔。

1.1.4 斜道区

斜道区位于蓄热室与燃烧室之间，是连接这两者的通道。不同类型焦炉的斜道区结构有很大差异，我国JN型焦炉的斜道区结构如图1-6所示。斜道区内布置着数量众多的通道（斜道、砖煤气道等），它们距离很近，而且通过压力不同的各种气体，容易漏气，因此结构必须保证严密。此外，焦炉两端因有抵抗墙定位，不能整体膨胀，为了吸收炉组长向砖的热膨胀，在斜道区内各砖层均预留膨胀缝，缝的方向平行于抵抗墙，上下砖层的膨胀缝间设置滑动层，以利于砌体受热时膨胀缝两侧的砖层向膨胀缝膨胀。

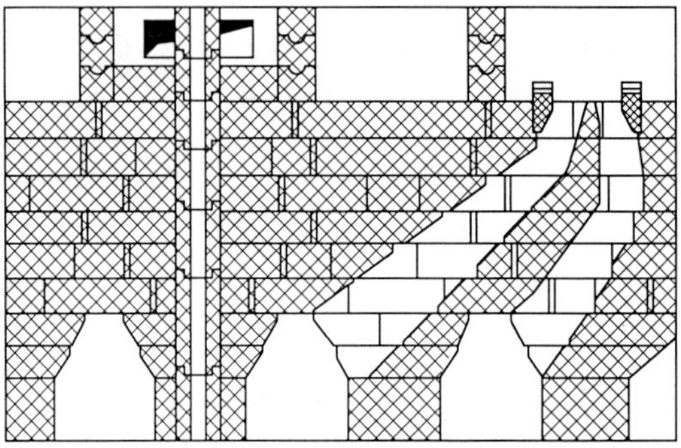

图1-6 JN型焦炉斜道区结构

斜道的倾斜角应大于30°，以免积灰造成堵塞。斜道的断面收缩角一般应大于7°，以减少阻力。同一火道内的两条斜道出口中心线的夹角应尽量减小，以利于拉长火焰。斜道出口收缩和突然扩大产生的阻力应约占整个斜道阻力的75%。这样，当改变调节砖厚度而改变出口断面时，能有效地调节贫煤气量和空气量。

1.1.5 炉顶区

炉顶区是指炭化室盖顶砖以上的部位（见图1-7），设有装煤孔、上升管孔、看火孔、烘炉孔及拉条沟。炭化室盖顶砖一般用硅砖砌筑，以保证整个炭化室膨胀一致，为减少炉顶散热，炭化室盖顶砖以上采用黏土砖、漂珠砖和隔热砖砌筑。炉顶区高度关系到炉体结构强度和炉顶操作环境，现代焦炉炉顶区高度一般为1000～1700mm，我国大型焦炉炉顶区高度为1000～1250mm。炉顶区的实体部位也需设置平行于抵抗墙的膨胀缝。

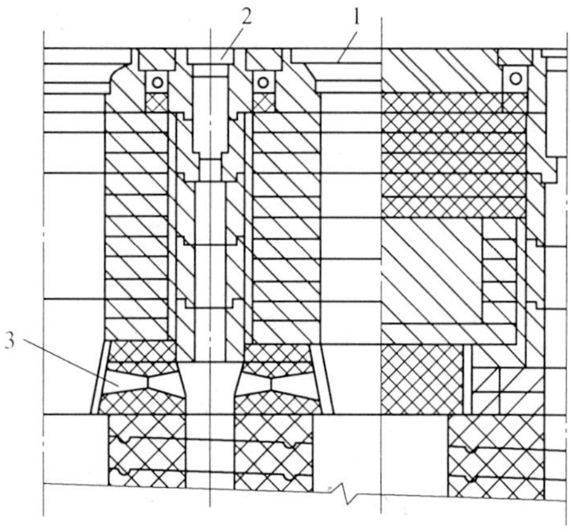

图1-7 焦炉炉顶区结构
1—装煤孔；2—看火孔；3—烘炉孔

1.1.6 烟道与基础

蓄热室下部设有分烟道。来自各下降蓄热室的废气流经各废气盘，分别汇集到机侧或焦侧分烟道，进而在炉组端部的总烟道汇合后导向烟囱根部，借烟囱抽力排入大气。

烟道用钢筋混凝土浇灌制成，内砌黏土衬砖。分烟道与总烟道衔接部位前面设有吸力自动调节翻板，总烟道与烟囱根部衔接部位前面设有闸板，用以分别调节吸力。

焦炉基础包括基础结构与抵抗墙构架两部分。

根据加热煤气引入方式，基础结构有下喷式（见图1-8）和侧喷式（见图1-9）两种。下喷式焦炉基础是一个地下室，由底板、顶板和构架柱组成。侧喷式焦炉基础是无地下室的整片基础。下喷式焦炉基础和侧喷式焦炉基础的分烟道均设在基础结构的两端。

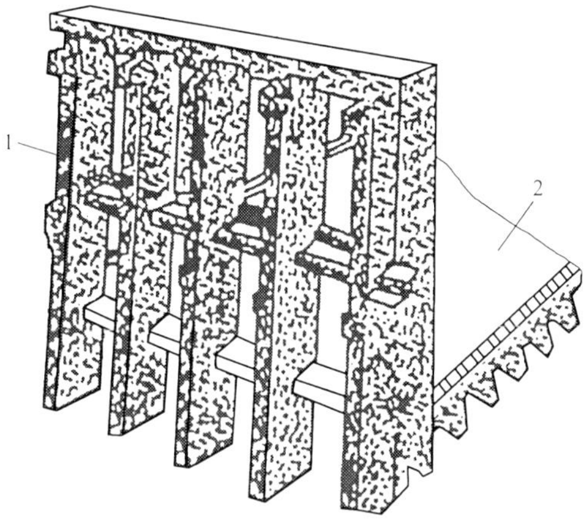

图1-8 下喷式焦炉基础结构
1—抵抗墙构架；2—基础

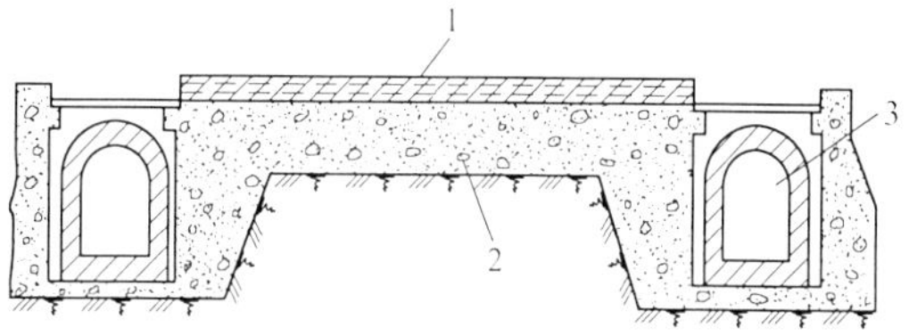

图1-9 侧喷式焦炉基础结构
1—隔热层；2—基础；3—烟道

焦炉及其基础的质量全部加在其下面的地基上，焦炉的地基必须满足地耐力的要求，当天然地基不能满足时，必须采用人工地基。

焦炉与两侧分烟道、推焦车轨道、储煤塔等相邻构筑物的基础承重不同，为了防止产生不均匀沉降而拉裂基础，一定要留沉降缝，并且应在施工和投产后的头几年中注意测量焦炉基础的绝对沉降量和焦炉与各相邻构筑物间的沉降差，当超出容许值时，应采取补救措施。

抵抗墙对炉体的纵向膨胀起一定的约束作用，用以克服膨胀缝各层砖间滑动面的摩擦阻力，使膨胀缝发挥作用。因此炉体对抵抗墙侧产生水平推力，其大小取决于炉体的部位、构造、温度和材质，其中以斜道区的水平推力最大，JN43型焦炉设计中取 1.47×10^5N/m。炉顶区由于质量小，温度低，水平推力较小；燃烧室与蓄热室均为非实体部位，所以不产生水平推力。由于这种推力从烘炉开始到投产为止，抵抗墙柱呈现向外倾斜的弯曲变形，因此炉顶设置纵拉条来限制炉体纵向膨胀变形，约束抵抗墙柱顶的位移，并且在炉顶区和斜道区设有水平梁，以增大抵抗墙的抗弯曲能力。

1.2 焦炉分类

现代焦炉分类方法很多，可以按照装煤方式、加热用煤气种类、空气和加热用煤气的供入方式、气流调节方式、燃烧室火道形式以及拉长火焰方式等进行分类。

1.2.1 按装煤方式分类

按装煤方式分类，焦炉可分为顶装焦炉和侧装焦炉。顶装焦炉是将装炉煤从炉顶经装煤孔装入炭化室，它又可分为装煤车装煤焦炉、管道化装煤焦炉和埋刮板装煤焦炉。侧装焦炉又称为捣固焦炉。捣固焦炉是先将装炉煤用捣固机捣成煤饼，然后从焦炉机侧将煤饼送入炭化室内。

1.2.2 按加热用煤气种类分类

从炉体结构上，按加热用煤气种类分类，焦炉可分为单热式焦炉和复热式焦炉。

（1）单热式焦炉。只能用一种煤气加热的焦炉称为单热式焦炉，它又可分为焦炉煤气单热式焦炉和高炉煤气单热式焦炉。

（2）复热式焦炉。可用两种煤气（贫煤气和富煤气）加热的焦炉称为复热式焦炉，它具有两套煤气加热管系，可以更换使用。

1.2.3 按空气和加热用煤气的供入方式分类

按空气和加热用煤气的供入方式分类，焦炉可分为侧入式焦炉和下喷式焦炉。侧入式焦炉加热用的富煤气由焦炉机、焦两侧的水平砖煤气道引入炉内，空气和贫煤气则从交换开闭器和小烟道从焦炉侧面进入炉内。下喷式焦炉加热用的煤气由炉体下部垂直进入炉内。

1.2.4 按气流调节方式分类

按气流调节方式分类，焦炉可分为上部调节式焦炉和下部调节式焦炉。上部调节式焦炉是从炉顶更换调节砖来调节空气和贫煤气量。下部调节式焦炉是更换小烟道顶部的调节砖来调节煤气量和空气量。

1.2.5 按燃烧室火道形式分类

焦炉燃烧室火道形式有水平火道和直立火道两大类。水平火道式焦炉已很少采用。直立火道按上升气流和下降气流的组合方式，可分为两分式、四分式、跨顶式和双联式（见图 1-10）。

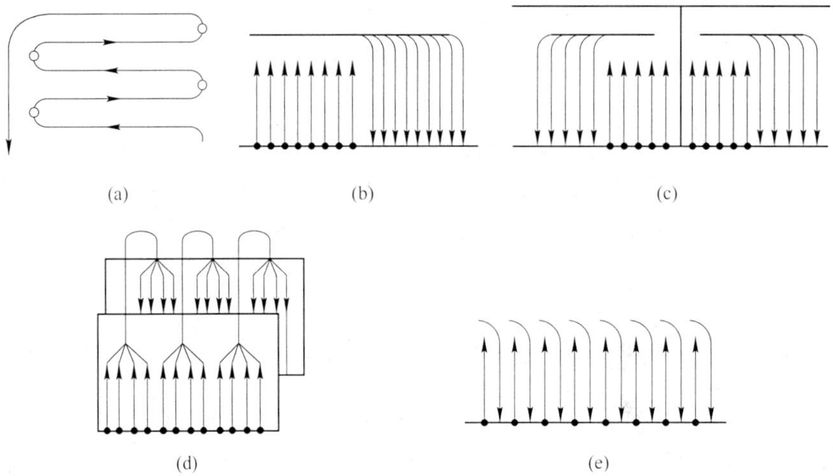

图 1-10 焦炉燃烧室火道形式

(a)水平式；(b)两分式；(c)四分式；(d)跨顶式；(e)双联式

1.2.6 按拉长火焰方式分类

按拉长火焰方式分类，焦炉可分为多段加热式焦炉、高低灯头式焦炉和废气循环式焦炉。多段加热式焦炉在立火道内沿高度方向分几次供应空气和贫煤气，进行多段燃烧以拉长火焰长度。高低灯头式焦炉采用不同高度的煤气灯头，以改变立火道内燃烧点的高度，从而使高向加热均匀。废气循环式焦炉其废气在立火道内循环，稀释可燃气体，达到拉长火焰，改善高向加热的目的。

1.3 JN 型焦炉

JN 型焦炉是中国鞍山焦化耐火材料设计研究院设计的一系列焦炉的总称，包括 JN43 型焦炉、JN55 型焦炉和 JN60 型焦炉。它们的炭化室高分别为 4.3m、5.5m 和 6m，焦炉主要技术参数见表 1-1。

表 1-1 JN 型焦炉主要技术参数

项　目	JN43-80 型	JN55 型	JN60 型
炭化室全长/mm	14080	15980	15980
炭化室有效长度/mm	13280	15140	15140
炭化室全高/mm	4300	5500	6000
炭化室有效高度/mm	4000	5200	5650
炭化室平均宽度/mm	450	450	450
炭化室锥度/mm	50	70	60
炭化室中心距/mm	1143	1350	1300
立火道中心距/mm	480	480	480
加热水平高度/mm	700	900	1005
炭化室有效容积/m^3	23.9	35.4	38.5
结焦时间/h	18	18	19

JN 型焦炉结构示意图如图 1-11 所示。它是双联火道、废气循环、富煤气下喷的复热

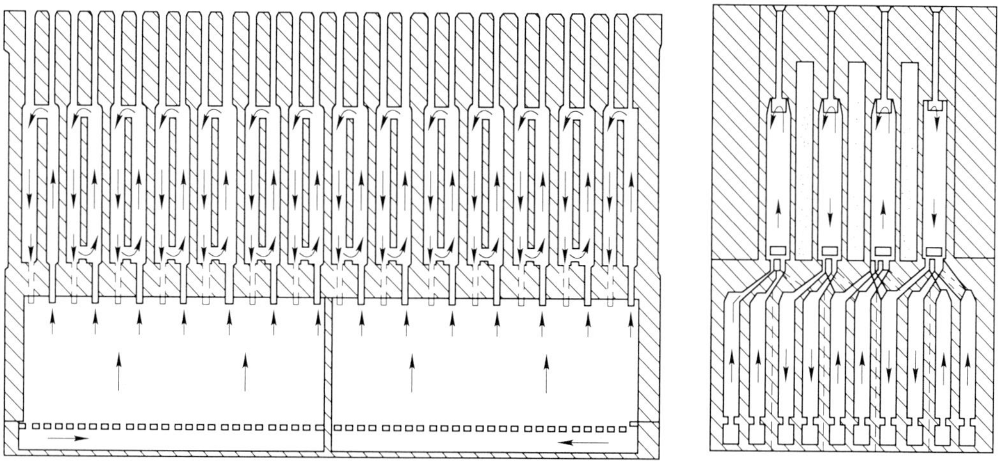

图 1-11 JN 型焦炉结构示意图

式焦炉。用富煤气加热时气体的流动途径如图1-12所示，空气经单数废气开闭器进入单数煤气和空气蓄热室预热，预热后的空气分别进入单数燃烧室的双数立火道和双数燃烧室的单数立火道，焦炉煤气由地下室焦炉煤气管道经调节旋塞、交换旋塞通过垂直砖煤气道进入立火道，燃烧后，废气经跨越孔从与其相连的立火道下降，经双数蓄热室进入双数废气开闭器，然后经分烟道、总烟道、烟囱排入大气中。换向后，空气经双数废气开闭器进入双数蓄热室，预热后空气分别进入单数燃烧室的单数立火道和双数燃烧室的双数立火道，燃烧后的废气经相连的立火道下降，再经单数蓄热室、单数废气开闭器、分烟道、总烟道和烟囱排出。

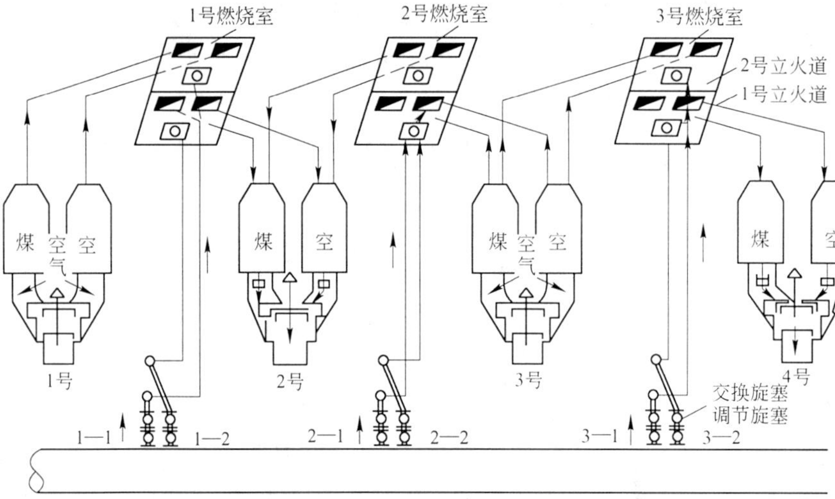

图1-12 JN型焦炉气体流动途径示意图

用贫煤气加热时，贫煤气和空气分别经两个单数蓄热室预热后，进入单数燃烧室的双数立火道和双数燃烧室的单数立火道，燃烧后产生废气的流动途径与用富煤气加热时相同。换向后，贫煤气和空气分别经预热后进入单数燃烧室的单数立火道和双数燃烧室的双数立火道，燃烧后的废气流动途径与用富煤气加热时相同。

1.3.1 JN43型焦炉

JN43型焦炉是炭化室高4.3m的JN型焦炉，该炉型经多次修改，现已基本定型为JN43-80型焦炉。该焦炉的加热水平高度为700mm，炭化室墙厚为95mm，焦炉炉头采用直缝结构，直缝结构外层用高铝砖砌筑，炭化室盖顶砖用硅砖，盖顶砖以上用黏土砖，炉顶不承重的部位填隔热砖，炉顶表面层用缸砖，炉顶厚度为1174mm。蓄热室相同气流之间的单墙用双沟舌“Z”形砖砌筑，小烟道顶部采用圆形扩散孔箅子砖，小烟道底部黏土衬砖下的不承重部位用隔热砖砌筑。斜道出口处设有不同厚度的可更换调节砖，炉头火道的斜道口宽度（120mm）比中部火道的斜道口宽度（80mm）大，有利于提高炉头温度。燃烧室由28个立火道组成，每两个火道成一组，成对火道的隔墙上部设跨越孔，底部设废气循环孔。但为了防止短路，炉头成对火道间不设废气循环孔。

1.3.2 JN55 型焦炉

JN55 型焦炉是炭化室高 5.5m 的 JN 型焦炉，其结构特点为：每个炭化室下面有两个宽度相同的蓄热室，在蓄热室异向气流之间的主墙内设垂直砖煤气道，单墙和主墙均用带沟舌的异型砖砌筑，以保持其严密性。斜道区用硅砖砌筑，斜道宽度为 130mm，边斜道（第 1、第 2、第 31、第 32 火道）出口为 110mm，中部斜道出口宽度为 80mm，这既可提高炉头火道温度，又可减少斜道区的砖型数量。燃烧室由 16 对双联火道组成，立火道底部设有废气循环孔，可使焦饼上下加热均匀。由于打开炭化室炉门时炉头下部比上部散热多，以及在炉头一对火道内设废气循环容易产生短路，因此机、焦侧炉头第一对火道下部不设废气循环孔。机、焦侧边火道的宽度减少为 280mm（中部各火道宽度为 330mm），可以减少边火道的热负荷，从而提高边火道温度。焦炉煤气烧嘴均为低灯头式。沿炭化室高向炉墙厚度一致。炉头采用直缝结构。炉顶厚度为 1174mm。每个炭化室设有 4 个装煤孔和 2 个上升管孔。炭化室顶盖砖以上为黏土砖、漂珠砖和隔热砖。炉顶表面层采用缸砖砌筑。

1.3.3 JN60 型焦炉

JN60 型焦炉为炭化室高 6m 的 JN 型大容积焦炉，其基本结构与 JN43 型焦炉相同。为提高炉头结构强度，炭化室中心距由 1143mm 提高到 1300mm，炉顶层厚度由 JN43 型的 1178mm 提高为 1250mm（焦炉中心线处）。为减少炉头火道的热负荷，提高炉头温度，炉头火道的宽度减少至 280mm（中部各火道宽度为 330mm）。炉头采用四联火道的形式，即炉头第一、第二火道只设跨越孔，不设废气循环孔，以防止炉头火道出现短路；第二、第三火道间增设废气循环孔（无跨越孔），以拉长第二火道的火焰；第三、第四火道间正常设置跨越孔和废气循环孔。炉头采用硅砖咬缝结构，但为防止炉头拉裂，炉头砖与保护板的咬合很少。将装煤孔和炉头处的炭化室盖顶砖改为黏土砖砌筑，以防止因急冷急热而过早断裂。JN60 型焦炉的耗热量低，热工效率高。另外，由于装煤落差大，炭化室内煤的堆密度较大，而且焦饼上下温差在 100℃内，高向加热均匀，因此焦炭质量有所提高。

JN60 型焦炉的炉体结构特点为：

（1）蓄热室主墙宽为 290mm，采用三沟舌结构；单墙宽为 230mm，采用单沟舌结构。蓄热室中装有高 3172mm 的薄壁格子砖，这种格子砖大大地增加了换热面积，降低了废气温度。

（2）边斜道出口宽度为 120mm，中部斜道出口宽度为 96mm。

（3）为使焦炉煤气加热时高向加热更加均匀，采用高低灯头结构。

（4）炭化室墙的厚度上下一致，均为 100mm。炭化室墙面采用宝塔砖结构。炉头采用硅砖咬缝结构，炉头砖与保护板咬合很少，燃烧室由 16 对双联火道组成。

（5）炉顶设 4 个直径为 450mm 的装煤孔和 2 个直径为 400mm 的上升管孔。在装煤孔和炉头处的炭化室盖顶用黏土砖砌筑，以防止因急冷急热而过早断裂。其余部位均用硅砖，以保持炉顶的整体性和严密性。

（6）炉顶装煤孔和上升管孔砌体，用带沟舌的异型砖砌筑。在装煤孔和上升管孔的座砖上加铁箍。炉头先砌并设灌浆孔，以使炉顶更为严密。炉顶由焦炉中心线至机、焦侧炉头，有50mm的坡度，以便排水。焦炉中心线处的炉顶厚度为1250mm，机、焦侧端部的炉顶厚度为1200mm。

1.4 JNX型焦炉

JNX型焦炉为中国鞍山焦化耐火材料设计研究院在JN型焦炉基础上设计的下调气流式焦炉，其结构特点为：双联火道、废气循环、焦炉煤气下喷、蓄热室分格、贫煤气和空气下调的复热式焦炉，焦炉结构如图1-13所示。其炭化室高度有4.3m、6.0m和7.0m，分别称为JNX43、JNX60和JNX70型焦炉。

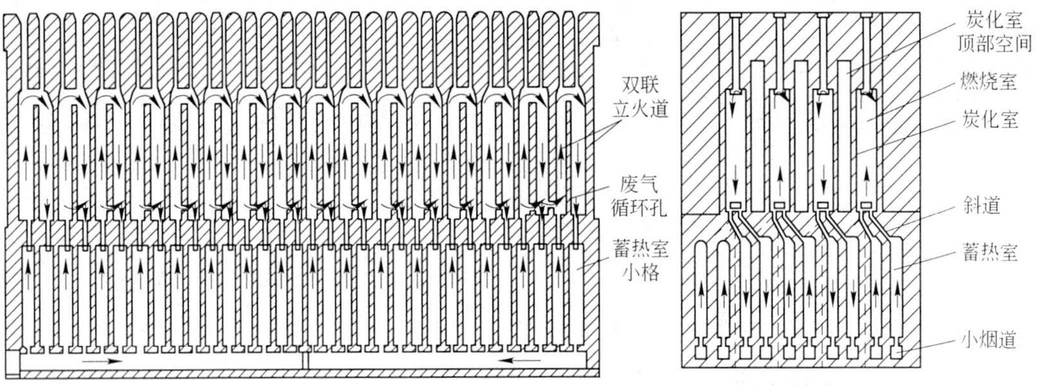

图1-13 JNX型焦炉结构

1.4.1 JNX43型和JNX60型焦炉

JNX43型和JNX60型焦炉与JN43型和JN60型焦炉的主要尺寸和结构基本相同，主要不同在于蓄热室长向用横隔墙分成独立的小格，每一格与上部立火道一一对应，数目相同。在每个独立小格底部的箅子砖上，设置4个固定断面的箅子砖和1个可调断面的箅子砖，如图1-14所示。它通过焦炉基础顶板上的下调孔，用更换调节砖的办法来调节可调箅子砖孔断面，以控制蓄热室长向的气流分布，以及进入立火道的贫煤气和空气量，贫煤气和空气仍通过小烟道进入蓄热室。

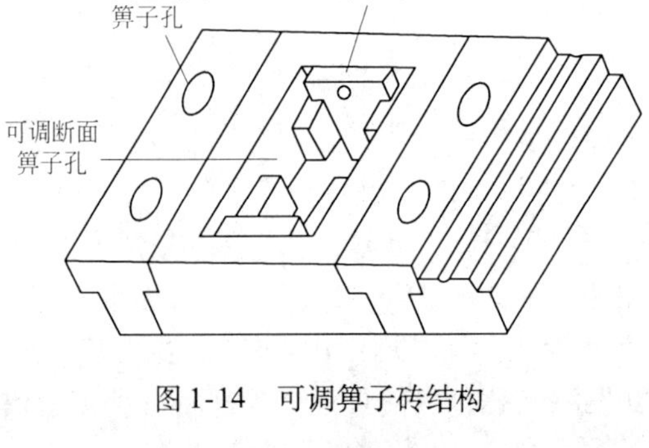

图1-14 可调箅子砖结构

1.4.2　JNX70 型焦炉

JNX70 型焦炉是在总结了 JN60 型焦炉、JNX 系列焦炉、7.63m 焦炉等的基础上设计的新型大型焦炉。JNX70 型焦炉的结构为：双联火道、废气循环、焦炉煤气下喷、高炉煤气侧入的复热式下调式焦炉。JNX70-2 型焦炉主要技术参数见表 1-2。

表 1-2　JNX70-2 型焦炉主要技术参数

项　目	数　量
炭化室全长/mm	16960
炭化室有效长度/mm	16100
炭化室全高/mm	6980
炭化室有效高度/mm	6630
炭化室宽度/mm	450
锥度/mm	50
炭化室中心距/mm	1400
炭化室墙厚/mm	95
炉顶厚度/mm	1650（平均）
立火道中心距/mm	480
加热水平高度/mm	1050
炭化室有效容积/m^3	48
结焦时间/h	19
立火道个数/个	32

JNX70 型焦炉的炉体结构特点为：

（1）采用经多年实践证明有效可靠的双联火道、废气循环加热方式，在总结其他焦炉高向加热的经验的基础上加大了废气循环量和设置焦炉煤气高低灯头措施，保证了高向加热的均匀性。

（2）蓄热室采用分格和箅子砖可调结构，使气流在蓄热室合理分配，降低了废气温度，提高了焦炉的热工效率。

（3）蓄热室设可调的箅子砖，斜道出口设置可更换的调节砖，焦炉的调节简单易行，准确可靠，保证了焦炉加热的均匀性。

（4）蓄热室采用两个火道为一格的结构，斜道的高度增加到 900mm，避免了立火道火焰对蓄热室顶部格子砖的直射，降低了蓄热室顶部格子砖的温度。

（5）为提高煤的结焦性能，炭化室仍采用宽度为 450mm 的窄炭化室，炉墙厚度也减为 95mm，以达到提高炭化室结焦速度、减少焦煤配比、降低炼焦煤成本、提高经济效益的目的。

（6）焦炉燃烧室墙有足够的稳定性和强度，经计算炉墙极限负荷为 9066Pa，比国内 6m 焦炉有很大的提高。

1.5　7.63m 焦炉简介

7.63m 焦炉是德国伍德公司（UHDE）设计开发的既有废气循环又含燃烧空气分段供给的“组合火焰型”焦炉，其主要技术参数见表 1-3。

表 1-3 7.63m 焦炉主要技术参数

项　目	数　量
炭化室全长/mm	18840
炭化室有效长度/mm	18000
炭化室全高/mm	7630
炭化室有效高度/mm	7180
炭化室宽度/mm	590
锥度/mm	50
炭化室中心距/mm	1650
炭化室墙厚/mm	95
炉顶厚度/mm	1750（冷态）
炭化室有效容积/m^3	76.25
结焦时间/h	25.2
推焦串序	2-1

1.5.1 炉体结构特点

7.63m 焦炉炉体结构特点为：

（1）7.63m 焦炉炉体为双联火道、分段加热、废气循环，焦炉煤气、混合煤气、空气均下喷，蓄热室分格的复热式大型焦炉。此焦炉具有结构先进、严密、功能性强、加热均匀、热工效率高、环保等特点。

（2）焦炉蓄热室为煤气蓄热室和空气蓄热室，上升气流时，分别只走煤气和空气，均为分格蓄热室。每个立火道独立对应 2 格蓄热室，构成 1 个加热单元。蓄热室底部设有可调节孔口尺寸的喷嘴板，喷嘴板的开孔调节方便、准确，并使得加热煤气和空气在蓄热室长向分布合理、均匀。

（3）蓄热室主墙和隔墙结构严密，用异型砖错缝砌筑，保证了各部分砌体之间不互相窜漏。

（4）由于蓄热室高向温度不同，蓄热室上、下部分别采用不同的耐火材料砌筑，从而保证了主墙和各分隔墙之间的紧密结合。

（5）分段加热使斜道结构复杂，砖型多，但通道内不设膨胀缝，使斜道严密，防止了斜道区上部高温事故的发生。

（6）燃烧室由 36 个共 18 对双联火道组成，分 3 段供给空气进行分段燃烧，并在每对隔墙下部设循环孔，将下降火道的废气吸入上升火道的可燃气体中，用这两种方式拉长火焰，达到高向加热均匀的目的。由于采用分段加热和废气循环，炉体高向加热均匀，废气中的氮氧化物含量低，因此可以达到先进国家的环保标准。

（7）跨越孔的高度可调，可以满足不同收缩特性的煤炼焦的需要。

（8）采用单侧烟道，仅在焦侧设有废气盘，可节省一半的废气盘和交换设施，优化烟道环境。

1.5.2 炉体结构

焦炉由蓄热室、斜道、燃烧室、炭化室和炉顶组成，蓄热室下面是烟道和基础。

1.5.2.1 焦炉基础和烟道

焦炉的地下室结构是有坚固基础底板的钢筋混凝土结构，焦炉及其基础的质量全部由焦炉基础底板支承。在机焦侧均设有以基础底板为基础的钢筋混凝土结构的挡水墙和操作走台。和其他焦炉不同的是：由于操作走台的高度设置在蓄热室上部，与炭化室底部有一定距离，而且焦侧拦焦车的轨道不再设计在焦侧走台上，因此机焦侧操作走台边缘均设计有安全栏杆，该栏杆不会影响推焦车和拦焦车的正常运行，而且焦侧走台没有拦焦车行走时的振动，使焦侧走台更加严密。

焦炉为单侧烟道设计。燃烧产生的废气由下降火道、斜道、蓄热室经金属喷嘴板分配后，进入小烟道，全部废气经过位于焦侧的废气盘，由位于焦炉地下室焦侧的废气集中烟道收集，经总烟道进入烟囱排入大气。为了防止外部混凝土遭到高温和热废气的化学侵蚀，废气集中烟道和总烟道内部均用红砖排列砌成，外部用钢筋混凝土建造。为了防止烘炉时产生热膨胀造成烟道砌体损坏，废气集中烟道和总烟道内部红砖通过膨胀接点分成若干部分。

1.5.2.2 蓄热室

蓄热室在炭化室和燃烧室下面，该蓄热室没有中心隔墙，它们从机侧到焦侧贯通，并细分为连续独立的蓄热室单元。每个蓄热室单元用砖砌筑的蓄热室隔墙隔开，这样小烟道上部的蓄热室单元向上到蓄热室顶部完全是互相分开的。由于蓄热室单元严格分开，只需调节相关蓄热室单元，就可以确保各独立蓄热室单元的燃烧介质的流量在到达立火道前保持不变。

每个燃烧室对应两个蓄热室，分别为空气蓄热室和煤气蓄热室。蓄热室不仅在炭化室长向上分格，而且在焦炉长向分为两格，中间也用隔墙隔开。空气蓄热室的左右两格通过斜道一个与对应燃烧室底部相连，一个与该燃烧室隔墙内的两个出口相连。煤气蓄热室的左右两格通过斜道均与燃烧室底部相连。

用焦炉煤气加热时，助燃空气在相邻的空气蓄热室和煤气蓄热室预热，通过在小烟道和废气盘之间可调节的开度，燃烧室底部与隔墙空气段空气的分配可由外部调节，燃烧产生的废气从另外两个蓄热室排出，并且废气热量储存在这两个蓄热室中。用混合煤气加热时，助燃空气由空气蓄热室预热，混合煤气由煤气蓄热室预热，混合煤气进入燃烧室底部，燃烧室底部与隔墙空气段的空气的分配可通过在小烟道和废气盘之间的可调节的开口由外部调节。

每个蓄热室两层砖错缝砌筑，可以保证蓄热室隔墙和主墙最佳的气密性。蓄热室下部由黏土砖砌筑，上部由硅砖砌筑。为了补偿黏土砖和硅砖之间热膨胀的不同，防止因温度变化拉裂砌体，不同耐火材料之间铺设了滑动层。

在小烟道的上方和蓄热室的下方安装有喷嘴板，代替传统的箅子砖。各喷嘴板片分属于每个蓄热室单元，各喷嘴板片用简单的方式互相钩在一起，这样蓄热室下所有的喷嘴板可以方便地从焦炉内取出和放入小烟道，通过此板可调节进入小烟道的加热煤气量。

1.5.2.3 燃烧室

每个燃烧室分成18对火道。这种双联火道包括1个上升气流火道和1个下降气流火道。该焦炉设计成分段加热，分别在立火道底部和隔墙内分段供空气，即入炉空气分3段供应（第一段在立火道底部，第二段在隔墙的1/3处，第三段在隔墙的2/3处）进入立火道。该焦炉在立火道下部同时设计有废气循环孔；在立火道的最上部设计有跨越孔。

当用焦炉煤气或混合煤气加热时，煤气从火道底部供入，空气分3段供入。这样，煤气在火道底部由于空气量不足，不完全燃烧。未完全燃烧的气体在火道中部继续燃烧一部分，但由于空气量仍然不足，燃烧仍然不完全，最后到火道上部才完全燃烧。由于煤气在立火道下部的不完全燃烧，降低了火道下部的燃烧温度，可以减少 NO_x 的产生；另外，在双联火道隔墙下部的循环孔将废气从下降气流导入上升气流，这样使下部的燃烧更加贫化，降低火焰的最高温度，更加减少了 NO_x 的生成。除了减少 NO_x 的产生，还可以改善高向加热均匀性。

炭化室炉头砖由更耐温度变化的硅线石制成，硅线石与硅砖区域互相咬合，在硅线石与硅砖之间没有明显的接点，这样的炭化室炉头区域更能经受炉门开闭的温度变化。

为了适应不同收缩特性煤和结焦时间变化，减少炉顶空间过多生成石墨并消除因此造成的推焦阻力，同时保证炭化室上部焦饼能完全成熟，该焦炉采用了可调节的跨越孔（见图1-15），可升高或降低炉顶空间温度。该跨越孔分为上下设计，上小下大，上孔有两块可滑动的砖，可以根据需要调节滑砖，控制孔的开度。当上孔全开时，从上面的通道可以分流部分废气，提高上部的温度，火焰拉长；当上孔部分打开时，从上面的通道分流废气量减少，相当于跨越孔下移到最低点，火焰缩短。因此，通过调节上孔的开度大小，相当于调节跨越孔的高度和阻力，可以调节火焰的长短。

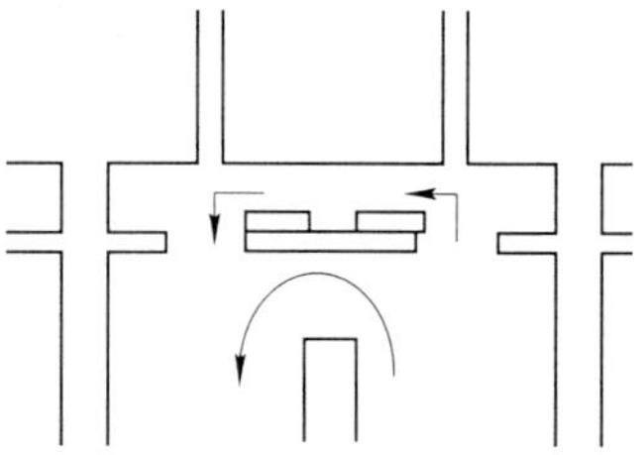

图1-15 跨越孔示意图

1.5.3 加热系统组成

7.63m焦炉的加热系统分为独立的加热单元，每个加热单元包括两个加热火道（即双联火道），由混合煤气、燃烧空气和废气相关的蓄热室单元组合而成，在调节分配到每个燃烧室的气流量、调节分配到单个燃烧室每一组双联火道的气流量和调节分配到燃烧室高向的气流量等方面均比较容易，同时便于独立调节。该加热系统各气体流向如图1-16所示。

1.5.3.1 焦炉煤气加热

用焦炉煤气加热时，所需总煤气量用焦炉煤气主管上的压力调节翻板自动调节。单个燃烧室的煤气流量可通过孔板调节。

在焦炉自动加热模式下，总煤气量先换算到标准状态，根据加热煤气的标准发热值，得到煤气总热值。在一个换向期间内，煤气总热值通过时间积分，当积分量达到预先设定值时，交换旋塞关闭，加热停止。停止加热时间为换向时间（20min）减去燃烧时间、翻板动作时间和除炭时间后得到的。交换期间，煤气压力调节翻板将停在燃烧阶段中止前的最后位置。

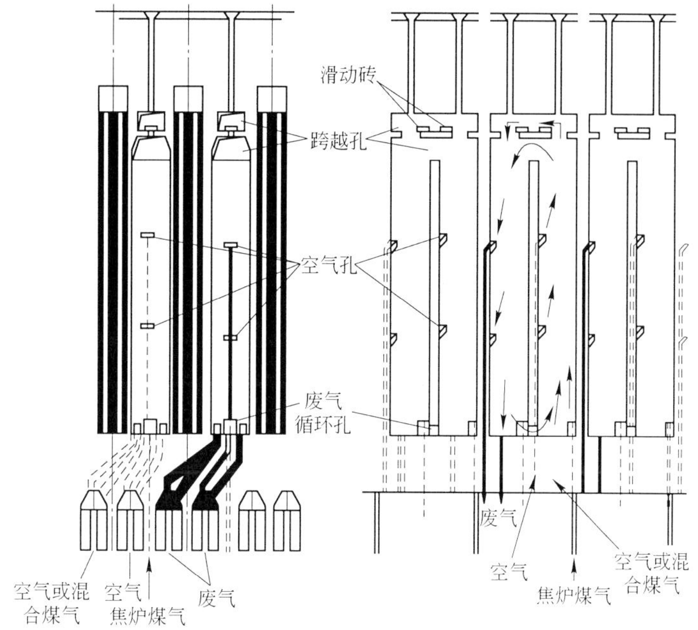

图1-16 7.63m焦炉加热系统各气体流向

1.5.3.2 混合煤气加热

混合煤气的调节控制方式和焦炉煤气基本一样，所不同的是焦炉煤气主管在焦炉地下室机侧，预热后，焦炉煤气通过下喷管供入焦炉；混合煤气主管在焦炉焦侧，高炉煤气与焦炉煤气按一定比例混合后经废气盘供入焦炉。

1.5.3.3 交换装置

交换装置采用电液驱动。交换装置包括2个液压泵组，一开一备，配备1个电机驱动和1个压缩空气驱动泵、1个液压油箱、1个蓄能器，该蓄能器可以在出现电源故障时保证3次换向。

交换装置配备有两套交换程序，从焦炉煤气变混合煤气或从混合煤气变焦炉煤气可以在控制室自动完成。

当交换发生故障时，交换装置会声光报警。同时，交换机会自动将所有的煤气阀关闭。即使液压组的电力出现问题，借助蓄能器，也可以把煤气阀关闭。

每座焦炉均有一个集中润滑系统用来自动润滑焦炉煤气和混合煤气的交换阀。事先设定的自动润滑间隙可以确保旋塞不漏气并操作自如。由于两种阀门对油脂的要求完全不同，因此这个系统设计成双线系统，一个用于焦炉煤气，一个用于混合煤气。

1.5.3.4 废气系统

焦炉产生的废气由小烟道收集，通过设置在焦侧的废气盘导出，然后进入位于焦炉地下室的废气集中烟道，通过总烟道和烟囱将废气排入大气。

为了控制焦炉的炼焦耗热量，焦炉加热系统事先计算出一个理论空气过剩系数，换算为理论氧含量，通过与实际测定的废气氧含量比较，用吸力翻板调节，保证废气中的氧含量控制在设定含氧范围内，这对减少 NO_x 的排放也有积极作用。

烟囱吸力通过吸力翻板自动调节，一旦翻板电液驱动失灵，翻板将会停止在原来的位置，这时可在现场用一个手动装置来重新调节。如果烟囱吸力降低到设计值以下，控制系统将中断加热过程。

在烟囱入口处安装有一个闸板，可在烘炉和一些特殊情况下使用它。该闸板用一个电动卷扬分 5 点调节，即全关、25% 开、50% 开、75% 开和全开。

1.5.4 荒煤气导出系统

1.5.4.1 荒煤气系统概述

集气系统包括上升管、桥管及阀体、集气管、低压氨水喷洒装置、荒煤气放散点火装置、PROven 系统以及相应的操作台等。

焦炉炭化室内产生的荒煤气经上升管进入集气管，上升管为内衬耐火材料的钢结构，设计有隔热装置和防止煤气逸出装置。上升管盖设有水封，由气缸启动。桥管与集气管连接处通过石油沥青的密封与大气隔绝，在横向、纵向的任何偏移均由桥管与集气管连接处吸收。

集气管设在焦炉机侧，它包括三段，每段连接一个吸气管，3 个吸气管汇集到吸气总管，最后到鼓风机。三段集气管之间有一个连接阀，平时该阀保持全开，使三段集气管的煤气相通，便于整条集气管压力平衡。当某段集气管需要检修时，可以将该段集气管两端的阀门关闭，这不影响其他两段的正常工作。每段集气管均安装两套放散装置，可以在紧急情况下直接放散荒煤气。放散管采用水封密封。

1.5.4.2 集气管压力调节

集气管在 -300 ~ -350Pa 的压力下工作。

集气管压力由每个支管的自动调节翻板控制，互不干扰。当调节翻板关闭时，喷洒氨水可以通过阀片边缘流走。一旦翻板的自动电液驱动装置失效，可以在现场使用手动装置操作，在控制室有该翻板位置显示。在现场和控制室里有荒煤气温度和压力的监测。

1.5.4.3 荒煤气的冷却

荒煤气从机侧离开焦炉炭化室，在进入集气管前，被设在桥管上的喷头喷淋成雾状的氨水将煤气冷却，析出焦油。

氨水压力、流量在现场、控制室均可观察和控制，超过或低于设定极限均可报警。

氨水分配系统还在集气管两端安装喷头，用氨水间断地吹扫集气管底部的固体物质。

1.5.4.4 荒煤气放散系统

当焦炉后道工序出现故障，荒煤气不允许进入吸气管时，需要直接在集气管上放散，因此，焦炉的每一个支集气管上安装了 2 个放散点火装置，可使荒煤气低烟燃烧。

放散管点火采用自动方式和手动方式。当集气管压力超过上限值时，可自动打开放散点火，也可通过在煤塔下的操作面板人工点火。

为稳定火焰需要喷吹蒸汽，蒸汽喷吹一方面可以拉长火焰，防止烧坏点火器；另一方面可以稀释荒煤气浓度，使荒煤气燃烧更充分。

1.5.4.5 上升管水封

为防止荒煤气逸出，上升管盖设有水封。

上升管水封用水采用闭路循环，余水首先收集到布置在集气管沿线的水槽里，然后用管道集中到澄清箱内第一格，在水箱内，固体被沉淀下来，并从水循环系统中分离，第一格中满流的干净水依次进入第二、第三格澄清箱中，干净水再从澄清箱中用泵抽入上升管盖。每座焦炉有两台泵，一开一备。

1.5.5 单炭化室压力调节系统

7.63m 焦炉炭化室压力调节系统是伍德（UHDE）公司独立设计的。该系统的原理是：与负压约为 300Pa 的集气管相连的每个炭化室从开始装煤至推焦的整个结焦时间内的压力，可随荒煤气发生量的变动而自动调节，从而实现在装煤和结焦初期负压操作的集气管对炭化室有足够的吸力，使炭化室内的压力不致过大，以保证荒煤气不外泄，而在结焦末期又能保证炭化室内不出现负压。

PROven 装置用于对单个炭化室的压力进行精确调节。该装置的工作状态如图 1-17 所示，在集气管内，对应每孔炭化室的桥管末端安装一个形状像皇冠的管，管上开有多条沟槽，皇冠管下端设有一个“固定杯”，固定杯由三点悬挂，保持水平。杯内设有由执行机构控制的活塞杆及与其相连的杯口塞，同时在桥管设有压力检测与控制装置。炭化室压力调节是由调节杯内的水位也就是荒煤气流经该装置的阻力变化实现的。其操作原理为：在桥管上部有 2 个喷嘴喷洒的氨水流入杯内，测压压力传感器将检测到上升管部位的压力信号及时传到执行机构的控制器，控制器发出指令使执行机构控制活塞杆带动杯口升降，调节固定杯出口大小来调节杯内的水位，使炭化室压力保持在微正压状态。水位越高，沟槽出口越小，荒煤气导出所受阻力越大；水位越低，沟槽出口越大，荒煤气导出所受阻力越小。

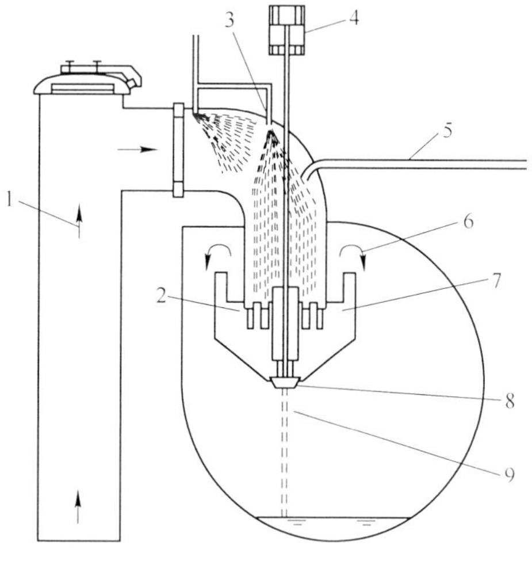

图 1-17 PROven 装置的工作状态

1—荒煤气；2—皇冠管沟槽部位水封；3—喷嘴；4—风动活塞；5—快速注水阀；6—调节的气流；7—满流装置沟槽部分水封；8—固定杯出口关闭口；9—通过固定杯出口的水流

在装煤和结焦初期，炭化室产生大量荒煤气使压力增高，在上升管处的压力检测装置将压力信号传到执行机构的控制器，控制器发出指令使执行机构控制活塞杆带动杯口塞提升到最高位置，使固定杯下口全开。桥管内喷洒的氨水从开口全部流入集气管，在杯内不形成任何水封，此时荒煤气通道阻力最小，集气管负压使得荒煤气从上升管、桥管、皇冠管到固定杯，一直顺利导入集气管，炭化室内压力不致过大。

随着结焦时间的延长，炭化室产生的荒煤气逐渐减少，炭化室内压力也逐渐降低，在上升管处的压力检测装置又将压力信号传到执行机构的控制器，控制器发出指令使执行机构控制活塞带动杯口塞逐步下降，使固定杯下口逐步关闭，从而在固定杯内形成的水位逐渐上升，荒煤气通道阻力也逐渐增大，使炭化室压力始终保持在一定压力范围内。

在结焦末期，炭化室产生的荒煤气更少，压力控制装置通过执行机构移动活塞使杯口关闭，大量氨水迅速充满固定杯，形成阻断桥管与集气管的水封，以维持炭化室的正压。

PROven 系统正是通过压力控制装置自动调节固定杯内的水封高度，从而实现对炭化室内煤气压力的自动调节，防止因超压造成煤气从炉门泄漏。

推焦时，由于处于结焦末期，煤气发生量最少，为了防止将空气吸入集气管，炭化室需要与集气管隔断。这时活塞已经达到最低位置，将固定杯下口完全堵塞，固定杯液面上升，为了在最短的时间使氨水充满固定杯，快速注水阀也被打开，大量氨水迅速将固定杯充满，完全关闭皇冠管的沟槽，切断了荒煤气流入集气管的通道。由于荒煤气不能进入集气管，为了给残余煤气保留溢出通道，必须打开上升管盖；上升管盖的打开是通过推焦计划自动编制系统自动完成的，根据装煤时间和从焦炉机械上获取的信息，准确排出该炭化室的推焦时间，推焦时间一到，上升管盖打开装置就会自动打开上升管盖，将残余荒煤气放散。

在压缩空气源或电力中断时，为了完全隔绝炭化室与集气管，应采用手动操作，即用气动控制操作面板，把气缸停止在最低极限位置，打开快速注水阀，将固定杯注满，这样可使集气管与炭化室隔绝。

使用 PROven 系统前后的效果比较为：未使用 PROven 系统前，当集气管压力控制在 120Pa 左右时，炉门底部的压力在结焦周期内变化幅度很大；刚开始装煤时，炉门底部压力可以达到 300Pa 以上，很容易造成从炉体的不严密处逸出荒煤气；而在推焦前，炉门底部压力已经降到 0Pa 附近，考虑到压力的波动，焦炉在结焦末期经常出现负压，会抽入空气。使用 PROven 系统后，集气管压力保持在 -300Pa 左右，炉门底部的压力可始终控制在 40 ~60Pa 范围内变化；由于集气管负压操作，炭化室和炉门处压力处于微正压状态，因此焦炉散发出的荒煤气大大减少，改善了作业环境。试验显示，使用 PROven 系统后的污染物溢出量是未使用该系统污染物溢出量的 30% 左右。

1.6 捣固炼焦

将配合煤用捣固机捣实成体积略小于炭化室的煤饼后，推入炭化室炼焦称为捣固炼焦。

1.6.1 捣固炼焦的机理

捣固炼焦工艺中，煤料在焦炉以外与炭化室尺寸相近的铁箱中进行捣固，捣固过的致密煤饼通过打开的炉门送入炭化室。煤料经捣实后，其堆密度可由散装煤的 0.7 ~0.75t/m^3 提高到 0.95 ~1.15t/m^3，不但有利于提高煤料的黏结性，而且控制捣固煤密度可使煤饼高宽比大于 9，甚至可以达到 15。因为煤料堆密度增加，煤粒间接触致密，间隙减小，所以填充间隙所需的胶质体液相产物的数量也相对减少，也就是说，由煤热分解时产生的一定数量的胶质体能够填充更多煤粒之间的间隙，可以用较少的胶质体液相产物均匀分布在煤粒表面上，进而在炼焦过程中，在煤粒之间形成较强的界面结合。

捣实的煤料在结焦过程中产生的干馏气体不易析出，煤粒的膨胀压力增加，这就迫使变形的煤粒更加靠拢，增加了变形煤粒的接触面积，有利于煤热解产物的游离基与不饱和化合物进行缩合反应。同时，热解产生的气体逸出时遇到的阻力增大，使气体在胶质体内的停留时间延长，这样气体中带自由基的原子团或热分解的中间产物有更充分的时间相互作用，有可能产生稳定的、相对分子质量适度的物质，增加胶质体内不挥发的液相产物，这样胶质体不仅数量增加，而且还变得稳定。这些都有利于提高煤料的黏结性。

1.6.2 捣固炼焦对煤料的要求

捣固炼焦对煤料的要求主要有以下几个方面：

（1）水分。水分是捣固炼焦的煤料之间的黏结剂，含量一般应控制在8%～11%，最好控制在9%～10%。水分含量小，煤饼不易捣实，装炉时煤饼易倒塌；水分含量过大，会使煤饼强度明显降低，对捣固、炭化均不利，而且会延长结焦时间，所以在配煤之前，煤料的水分要严格控制。

（2）细度。捣固炼焦配合煤的细度应控制在90%～93%范围内，其中粒度小于0.5mm的煤应在40%～50%之间。若细度低，需消耗较高的捣固功才能使煤饼达到一定的稳定性；若细度过高，会使煤饼堆密度和抗压强度均降低，不过会使煤饼抗剪强度提高。由于煤饼的稳定性主要取决于抗剪强度，因此捣固煤料应有较高的细度。

（3）瘦化组分。瘦化组分是指为提高焦炭的机械强度，需在配合煤中加入一定数量和品种的物质，它可减少焦炭形成裂纹。一般情况下，用焦粉作为瘦化剂，但需控制焦粉的配入比和粒度，并混合均匀，否则容易导致焦炭热性能变坏，并产生裂纹。

（4）配合煤的挥发分。配合煤的挥发分偏低，容易造成焦饼收缩不良，推焦困难。

1.6.3 捣固焦炉

JND型焦炉是中国鞍山焦化耐火材料设计研究院设计的一系列焦炉的总称，包括JNDK43-98型焦炉、JNDK55-05型焦炉和JND625-06型焦炉。它们的炭化室高分别为4.3m、5.5m和6.25m。JND型焦炉主要技术参数见表1-4。

表1-4 JND型焦炉主要技术参数

项　目	JNDK43-98型	JNDK55-05型	JND625-06型
炭化室全长/mm	14080	15980	17000
炭化室有效长度/mm	13280	15220	16170
炭化室全高/mm	4300	5550	6250
炭化室有效高度/mm	4100	5300	6000
炭化室平均宽度/mm	500	554	530
炭化室锥度/mm	10	20	40
炭化室中心距/mm	1200	1350	1500

续表 1-4

项　目	JNDK43-98 型	JNDK55-05 型	JND625-06 型
立火道中心距/mm	480	480	480
加热水平高度/mm	700	806	850
炭化室有效容积/m^3	26.68	44.7	51.4
燃烧室立火道个数/个	28	32	34
结焦时间/h	22.5	25.5	24.5

1.6.3.1 JNDK43-98 型焦炉

JNDK43-98 型焦炉的结构特点为：

（1）JNDK43-98 型捣固焦炉为双联火道、废气循环、宽炭化室、宽蓄热室、焦炉煤气下喷的复热式焦炉，它是在总结焦炉多年生产经验的基础上设计的炉型，它在结构上做了许多改进，使焦炉炉体坚固严密，加热均匀，焦炉的操作环境和劳动条件得到了较大改善。

（2）加热水平 699mm，可使炉顶空间温度合适，焦饼上下同时成熟，减少炉顶空间长石墨。

（3）燃烧室炉头采用高铝砖直缝炉头，可以防止炉头火道倒塌，高铝砖与硅砖之间的隐蔽缝采用小咬合结构，在砌炉期间炉头不易被踩活，烘炉后也不必为两种材质砖的高向膨胀差做特殊处理。

（4）该焦炉炭化室的平均宽度为 500mm，属于宽炭化室。宽炭化室焦炉具有很多优点，不仅推焦容易，焦炭质量好，焦炉寿命长，而且推焦次数少，机械磨损少，污染低。

（5）燃烧室采用废气循环和加高焦炉煤气灯头结构，保证了沿炭化室高向加热均匀性。此外，因为有废气循环，可以降低废气中氮氧化物含量，所以减弱了对大气的污染。由于焦炉煤气采用了高灯头，因此当焦炉延长结焦时间时，也不会短路。

（6）为了保证宽炭化室捣固焦炉的强度，炭化室中心距加大至 1200mm。

1.6.3.2 JNDK55-05 型焦炉

JNDK55-05 型焦炉的结构特点为：

（1）JNDK55-05 型捣固焦炉为双联火道、废气循环、宽炭化室、焦炉煤气下喷的复热式焦炉，它是在总结焦炉多年生产经验的基础上新设计的炉型，此焦炉具有使用原料范围宽、多配入高挥发分弱黏结性煤、可生产优质高炉用焦的优点。它在结构上做了许多改进，使焦炉炉体坚固严密，加热均匀，焦炉的操作环境和劳动条件得到了较大改善。

（2）在炉顶区采用强度大、隔热效率高的漂珠砖和高强隔热砖，替换原焦炉采用的红砖和硅藻土隔热砖，确保炉顶表面层平整、严密，降低了炉顶表面的温度，改善了操作环境。

（3）加热水平为 806mm，可使焦饼上下同时成熟，并减少炉顶空间长石墨。

（4）该焦炉炭化室的平均宽度为 554mm，属于宽炭化室。宽炭化室焦炉具有很多优点，不仅推焦容易，焦炭质量好，焦炉寿命长，而且推焦次数少，机械磨损少，污染低。

（5）燃烧室采用废气循环和加高焦炉煤气灯头结构，保证了沿炭化室高向加热均匀性。此外，因为有废气循环，可以降低废气中氮氧化物的含量，减弱了对大气的污染。由于焦炉煤气采用了高灯头，因此当焦炉延长结焦时间时，也不会短路。

（6）异向气流蓄热室主墙厚270mm，是用带有三条沟舌的异型砖相互咬合砌筑的，而且蓄热室主墙上砖煤气道与外层墙面间无直通缝，保证了砖煤气道的严密性；同向气流蓄热室单墙厚200mm，是用带单沟舌的异型砖相互咬合砌筑的，保证了墙的整体性和严密性。

（7）为了保证宽炭化室捣固焦炉的强度，炭化室中心距加大至1350mm。

1.6.3.3 JND625-06型焦炉

JND625-06型焦炉的结构特点为：

（1）JND625-06型捣固焦炉为双联火道、废气循环、焦炉煤气下喷的复热式焦炉。

（2）加热水平为850mm，可使炉顶空间温度合适，焦饼上下同时成熟，减少炉顶空间长石墨。

（3）炭化室越高，蓄热室封墙的窜漏越严重，为了减少蓄热室封墙的窜漏，设计将斜道口阻力增加，减小蓄热室顶的吸力，相对改小外界与炉头蓄热室的压力差，从而减少蓄热室的漏气率，保证有足够的煤气量供应炉头火道。

（4）燃烧室采用废气循环和加高焦炉煤气灯头结构，保证了沿炭化室高向加热均匀性。此外，因为有废气循环，可以降低废气中氮氧化物的含量，所以减弱了对大气的污染。由于焦炉煤气采用了高灯头，因此当焦炉延长结焦时间时，也不会短路。

（5）为了保证宽炭化室捣固焦炉的强度，炭化室中心距加大至1500mm。

2 焦炉加热制度

为使焦炉达到稳产、高产、优质、低耗、长寿的目的，要求各炭化室的焦饼在规定的结焦时间内沿长向和高向均匀成熟。为保证焦炭均匀成熟，需制定并严格执行焦炉加热制度。焦炉加热制度包括温度制度和压力制度。温度制度包括直行温度、横排温度、边火道温度、焦饼中心温度、蓄热室顶部温度、小烟道温度、炉顶空间温度、炭化室墙温度和冷却温度；压力制度包括炭化室底部压力、看火孔压力、蓄热室顶部吸力、小烟道吸力、蓄热室阻力和五点压力。

本章就焦炉温度和压力测量、焦炉日常特殊操作情况的加热制度的处理方式进行叙述。

2.1 温度制度的确定与测量

2.1.1 标准温度和直行温度

焦炉燃烧室的火道数量较多，为了均匀加热和便于检查、控制，每个燃烧室的机、焦侧各选择一个火道作为测温火道，一般选机中和焦中火道，但要避开装煤车轨道和纵拉条。选择时应考虑单、双数火道均能测到。选出的两个火道的温度分别代表机、焦两侧温度，这两个火道称为测温火道或标准火道。从这些火道测得的温度称为直行温度。标准温度是指机、焦侧测温火道平均温度的控制值，是规定结焦时间内保证焦饼成熟的主要温度指标。

2.1.1.1 标准温度的确定

标准温度与结焦时间的关系涉及炭化室炉墙厚度、炭化室宽度、焦饼中心温度、加热煤气种类、煤料性质及炉体结构等。新开工的焦炉，其标准温度可根据已投产的同类型焦炉的生产实践资料来确定，然后再按实测的焦饼中心温度和焦饼成熟情况加以校正。几种类型焦炉的参数可参考表 2-1。

表 2-1 几种类型焦炉的参数

炉 型	炭化室平均宽度/mm	结焦时间/h	标准温度/℃		锥度/mm	测温火道号数	加热煤气种类
			机 侧	焦 侧			
JN43-804	450	18	1290	1340	50	7，22	高炉
JNK43-98F	500	20.5	1290	1330	50	7，22	高炉
JN60-6	450	19	1290	1340	60	8，25	焦炉

大型焦炉因生产平衡变化时需要改变结焦时间，结焦时间变化时标准温度必然跟着变化，其经验规律见表 2-2。

表 2-2 改变结焦时间时标准温度变化的经验规律

结焦时间/h	16~18	18~21	21~25	>25
结焦时间每变化 1h 标准温度的变化量/℃	25~30	20~25	10~15	基本不变

当配合煤水分含量高于6%时，水分每增加1%，标准温度约增加5~7℃；在同一结焦时间内，火道温度每改变10℃，焦饼中心温度相应改变25~30℃。

在任何结焦时间下，对于硅砖焦炉，确定的标准温度应使焦炉各立火道的温度不超过1450℃。因为燃烧室最高温度在距立火道底1~1.5m处，而且比立火道底温度高100~150℃，并考虑到炉温的波动、测量仪器的误差等因素，所以立火道底部温度应控制在比硅砖荷重软化点（1620~1650℃）低150~200℃左右的范围内，即不超过1450℃才是安全的。为确保各立火道温度不超过1450℃，建议要求直行温度最高不许超过1400℃。

2.1.1.2 直行温度的测量与计算

焦炉火道温度随各种因素的变化而波动。为使火道温度满足全炉各炭化室加热均匀的要求，应经常测量并及时调节直行温度，使其符合所规定的标准温度。火道温度是在下降气流时测得的底部火嘴和鼻梁砖间的大砖温度。每间隔4h测量1次直行温度，测温时间应固定。因所测各火道所处时间不同，应根据各区段火道温度在换向期间不同时间的冷却下降值，分别校正到换向后20s的最高温度值，并分别计算出机、焦侧的全炉平均温度。

A 直行温度的测量

直行温度的测量要点为：

（1）焦炉立火道测温点：烧贫煤气时，测下降气流立火道鼻梁砖温度；烧焦炉煤气时，测下降气流两斜道口和灯头砖交界中心处温度。用红外测温仪测温时，不分加热煤气种类，均测下降气流两斜道口和灯头砖交界中心处温度。

（2）直行温度是在交换后15min开始测量下降气流的标准火道，从交换机端焦侧开始，从另一端机侧返回，在两个交换内全部测完。

（3）测量时，看火孔盖一次打开不得超过3个，测完后立即盖上。

（4）每分钟内应测量相间数目的火道，5~6min测完。

（5）测得的温度应换算为换向后20s的温度，并分别计算机、焦侧平均温度。

（6）直行温度的均匀性用均匀系数 K_b 考核。

（7）直行温度的稳定性用安定系数 K_c 考核。

使用红外测温仪测量，每测量1个数据就进行储存，测量完后通过接口输入到计算机系统，通过计算机显示并打印出来，K_b、K_c 由计算机测温软件自动计算。

B 系数的计算

将一昼夜所测得的各个燃烧室机、焦侧的温度分别计算平均值，并求出与机、焦侧昼夜平均温度的差，其差值大于20℃以上的为不合格的测温火道，边炉差值大于30℃以上的为不合格火道。为考核直行温度的均匀性和稳定性，一般采用均匀系数和安定系数。

焦炉沿纵长方向各燃烧室昼夜平均温度的均匀性，用均匀系数 K_b 表示。其计算式为：

$$K_b = 1 - \frac{A_{机} + A_{焦}}{2M} \tag{2-1}$$

式中 M——全炉燃烧室数（缓冲炉和检修炉除外）；

$A_{机}$，$A_{焦}$——分别表示机、焦侧测温火道温度超过其平均温度 ±20℃（边炉 ±30℃）的个数。

直行温度的稳定性用安定系数 K_c 表示。其计算式为：

$$K_c = 1 - \frac{A'_{机} + A'_{焦}}{2N} \tag{2-2}$$

式中 N——昼夜直行温度的测量次数；

$A'_{机}$——机侧平均温度与标准温度偏差 ±7℃以上的次数；

$A'_{焦}$——焦侧平均温度与标准温度偏差 ±7℃以上的次数。

2.1.2 机侧、焦侧温度差及横排温度

同一燃烧室的各火道温度称为横排温度。顶装焦炉炭化室宽度由机侧往焦侧逐渐增加，装煤量也逐渐增加，为保证焦饼沿炭化室长向同时成熟，每个燃烧室各火道温度应当由机侧向焦侧逐渐增高，这就要求从机侧第二火道至焦侧第二火道的温度应均匀上升。

2.1.2.1 机侧、焦侧温度差的确定

因炭化室锥度不同，机、焦侧温度差也不同。生产中以机、焦侧测温火道的温度差来控制。从生产实践中得出炭化室锥度与机、焦侧温度差的大致关系见表 2-3。

表 2-3 炭化室锥度与机、焦侧温度差的大致关系

炭化室锥度/mm	机、焦侧温度差/℃	炭化室锥度/mm	机、焦侧温度差/℃
20	15～20	50	40～50
30	25～30	60	50～60
40	30～40		

很显然，标准火道的选择、装平煤方法、机焦侧火焰高度等对机、焦侧温度差均有影响。焦炉的合适温度差需要通过测量焦饼中心温度进行校正。

2.1.2.2 横排温度的测量

横排温度的测量要点为：

（1）交换后 15min 开始测量下降气流立火道温度。

（2）每排单双号应在相邻两个交换测完，为统一起见，单号燃烧由机侧往焦侧测量，双号燃烧由焦侧往机侧测量。

（3）每分钟应测量相同数目的立火道。

（4）在测量时，燃烧室看火孔盖应随测随打开，最多不超过 3 个，测完后应立即盖上。

（5）为评定横排温度的好坏，将所测温度绘成横排曲线，然后将两个标准火道之间以机、焦侧温差为斜率引直线，此直线称为标准线。标准线的绘制以偏离标准线的不合格火道数最少为原则。

（6）横排温度均匀性用横排系数 $K_{横}$ 来考核。其计算式为：

$$K_{横} = \frac{M - N}{M} \tag{2-3}$$

式中 M——考核火道数，个；

N——不合格火道数，个。

（7）横排系数规定：单排燃烧室，实测火道温度与标准线差超过 ±20℃ 为不合格火道；10 排横排平均温度与标准线差超过 ±10℃ 为不合格火道；全炉横排平均温度与标准线差超过 ±7℃ 为不合格火道。

（8）每个燃烧室横排温度曲线是调节各燃烧室横排温度的依据，10 排平均温度及全炉平均温度曲线是用来分析斜道调节砖与煤气喷嘴的排列是否合理、蓄热室顶部吸力定得是否正确的依据。

（9）全炉横排温度的测量：焦炉煤气加热每月 2 次，贫煤气加热每月 1 次。

2.1.3 焦饼中心温度及炭化室墙面温度测量

2.1.3.1 焦饼中心温度的测量

测量焦饼中心温度是为了确定某一结焦时间下合理的标准温度，以及检查焦饼沿炭化室长向和高向成熟的均匀情况。焦饼中心温度是焦饼成熟的指标，焦饼各点温度应尽量一致。一般生产中焦饼中心温度达到（1000 ±50）℃时焦饼已经成熟。

焦饼中心温度是从机、焦两侧装煤孔沿炭化室中心垂直插入不同长度的钢管测量的。钢管直径一般约 50mm，长度为从炉顶面至距炭化室底 600mm。测量前 30min 放入带有镍铬片的铁丝 2 根（先放长的，后放短的），长度控制在测量焦线下 600mm 和焦饼的中心点，测量温度时测量 2 个镍铬片和钢管底部，这三点分别代表焦饼的上、中、下三点。

测量时选择加热正常的炉号，打开上升管盖，在装煤孔处测量煤线，然后换上特制带孔的装煤孔盖，将准备好的钢管插入其中，要求所有的钢管均垂直地位于炭化室中心线上，发现插偏的应重新插管。

通常，推焦前 4h 开始测量，每小时测量 1 次，至推焦前 2h 每半小时测量 1 次，推焦前 30min 测量最后 1 次。最后 1 次测量的机焦侧中部两点温度的平均值即为焦饼中心温度，要计算出机焦侧焦饼上下温度差值。

在最后 1 次测量焦饼中心温度的同时，测量与被测炭化室相邻的两燃烧室的横排温度，并记录当时的加热温度。拔出焦饼管后测量焦线。焦炭推出后测炭化室墙面温度。

在正常生产条件下，焦饼中心温度每季度测量 1 次。当更换加热煤气、改变结焦时间、配煤比变动较大、需要调整标准火道温度及机焦侧温差时，应测量焦饼中心温度。

2.1.3.2 炭化室墙面温度的测量

炭化室墙面温度一般与焦饼中心温度同时测量，可间接观察燃烧室上下温度分布情况。

推焦后关好机焦侧炉门，打开上升管盖，用高温计测量与焦饼中心温度测点相同高度的炭化室墙面温度。测量时，除测温的装煤孔盖打开外其他炉盖均应关好。

测量顺序为从上到下测两面炉墙，上、中、下三点要成一线，测点应避开有石墨的地方。

2.1.4 边火道温度的测量

边火道温度在交换后15min开始测量，由交换机室端头焦侧开始，从机侧返回，在相邻两个交换测完。

测量完毕，分别计算出机焦侧炉头的平均温度（边炉除外）。因为边火道受外界影响较大，所以在计算边火道温度均匀系数时，以每个边火道温度与同侧平均温度差超过±50℃以上为不合格，边炉不计系数。

边火道温度均匀系数用$K_{边}$表示。其计算式为：

$$K_{边} = \frac{M - N}{M} \tag{2-4}$$

式中 M——测温火道数，个；

N——不合格火道数，个。

一般要求边火道温度控制在不低于标准火道温度100℃以内。正常结焦时间下最低不低于1100℃。当大幅度延长结焦时间时，边火道温度应保持在950℃以上。

边火道温度测量每月不少于2次。

2.1.5 蓄热室顶部温度的测量

蓄热室顶部温度的测量是为了检查蓄热室温度是否正常，并及时发现蓄热室有无局部高温、漏火、下火等现象。

蓄热室顶部温度测量点一般选在蓄热室温度最高点。当用焦炉煤气加热时，交换后由焦侧交换机端立即开始测量上升气流蓄热室；当用贫煤气加热时，交换前10min由焦侧交换机端开始测下降气流蓄热室。

分别计算机、焦侧的平均温度（端蓄热室除外），并找出最高和最低温度。

对于硅砖蓄热室，其顶部温度应控制在1320℃以下；对于黏土砖蓄热室，其顶部温度应控制在1250℃以下。如发现超过控制温度，应查找原因并处理。

蓄热室顶部温度测量每月不少于1次。

2.1.6 小烟道温度的测量

小烟道温度反映了蓄热室的热交换情况和下降气流废气量的分配。通过测量小烟道温度还可以发现因炉体不严密而引起的漏火、下火等现象。

小烟道温度的测点在下降气流小烟道连接弯管测温孔处。在用焦炉煤气加热时，测量前将500℃水银温度计插入上升气流小烟道连接弯管测温孔（温度计插入深度为小烟道全高的3/5，全炉一致），在下降气流转为上升气流前10min开始读数。为减少测量误差，按先读数后拔温度计顺序操作。在用贫煤气加热时，插拔温度计均应在下降气流时进行。

小烟道温度即废气排出温度，小烟道温度随着结焦时间缩短而提高。为了避免焦炉基础顶板和废气盘过热，提高焦炉热效率，当用焦炉煤气加热时，温度不应超过450℃；当用贫煤气加热时，温度不应超过400℃，分烟道温度不得超过350℃。为保持烟囱应有的吸力，小烟道温度不应低于250℃。

小烟道温度一般每月测量1次。

2.1.7 炉顶空间温度的测量

炉顶空间温度是指炭化室顶部空间荒煤气温度。炉顶空间温度宜控制在（800±30）℃范围内，最高不应超过850℃。炉顶空间温度与炉体结构、装平煤操作、调火操作以及配煤比等因素有关，它对化学产品产率和质量、炉顶石墨生长有直接影响。

测量炉顶空间温度时，50mm铁管（铁管长度控制在插入深度为炭化室顶与煤线之间）从靠近上升管侧的装煤口用特制带眼的大盖插入。

温度的测量在结焦时间的2/3时刻进行，用高温计直接测量铁管底部温度。

炉顶空间温度的测量每月不少于1次。当更换加热煤气、改变结焦时间、配煤比变动较大时需要测量。每座焦炉测量不少于2个炭化室。

2.1.8 冷却温度的测量

冷却温度是下降气流立火道温度在换向间隔时间内的下降值。冷却温度的测量是为了将交换后不同时间测定的火道温度换算为交换后20s时的温度，以便比较全炉温度的均匀性和稳定性及防止超过焦炉的允许温度1450℃。

冷却温度必须在焦炉正常操作、加热制度稳定的条件下测量。在测量过程中，不得改变加热煤气流量、烟道吸力、进风口开度以及提前或延迟推焦等。

测量冷却温度，在采用9-2或2-1推焦顺序时，应选择相连的8～10个加热正常的燃烧室；在采用5-2推焦顺序时，应选择相连的4～6个加热正常的燃烧室。因为与这些燃烧室相邻的炭化室分别处于不同的结焦阶段，测出的冷却温度平均值具有代表性。

测量分机、焦侧进行，换向后20s开始（火焰刚消失），以后每分钟测量1次，直至下次换向（或换向前2～3min）为止。按同一测量时间计算机、焦侧温度平均值，换向后每分钟的平均温度与换向后20s时平均温度的差值即为该时间的温度下降值。以换向时间和温度下降量为坐标，分别绘出机、焦侧冷却曲线。按直行温度的测量顺序和速度将全炉划分为几段，并按各段测温时间由冷却曲线查出对应的冷却温度校正值。

当更换加热煤气种类、结焦时间或加热制度改变较大时，应重新测量冷却温度下降值。结焦时间稳定时，每年检查不少于2次（春季、秋季各1次）。

2.2 压力制度的确定与测量

为了延长焦炉使用寿命和保证焦炉正常加热，必须制定正确的压力制度，以确保整个结焦时间内煤气只能由炭化室流向加热系统，而且炭化室不吸入外界空气。

焦炉内炭化室与燃烧室仅一墙之隔，由于炭化室墙砖缝的存在，当集气管压力过小时，气体只能在结焦前半周期内由炭化室漏入燃烧系统内；而在结焦末期，燃烧系统废气则将漏入炭化室内。当炭化室负压时，空气可能由外部吸入炭化室。在这种情况下，在结焦初期，荒煤气通过灼热的炉墙分解产生石墨，逐渐沉积在砖缝中，将砖缝和裂缝堵塞；在结焦末期，燃烧系统中废气通过砖缝等进入炭化室，首先将砖缝中所沉积的石墨烧掉，所以炭化室墙始终是不严密的。由于空气漏入炭化室，炉内焦炭燃烧，这不但增加了焦炭灰分，而且焦炭燃烧后的灰分在高温下将侵蚀炉墙砖，造成炉体损坏。但炭化室内压力也不应过高，过高会使荒煤气从炉门及其他不严密处漏入大气，既恶化操作环境，又使炉门冒烟着火，烧坏护炉设备。因此，在确定压力制度时，必须遵循下列原则：

（1）炭化室底部压力在任何情况下均应大于相邻同标高的燃烧系统压力和大气压力；

（2）在同一结焦时间内，沿燃烧系统高度方向压力的分布应保持稳定。

2.2.1 集气管压力的确定和炭化室底部压力的测量

2.2.1.1 集气管压力的确定

集气管内各点压力是不相同的，它是两端高而中部（吸气管处）低，即吸气管正下方的炭化室的压力（结焦末期）在全炉各炭化室中为最小。炭化室内的气体压力在结焦周期内的变化是很大的，其压力可达几百帕，甚至超过 1kPa，到结焦末期降到最低。所以集气管压力是根据吸气管正下方炭化室底部压力在结焦末期不低于 5Pa 来确定的。

在未测炭化室底部压力前，集气管的压力也可用下面公式近似计算：

$$p_{集} = 5 + 12H \tag{2-5}$$

式中 $p_{集}$——集气管压力，Pa；

H——从炭化室底到集气管测压点的高度，m。

集气管的压力初步确定后，再根据吸气管正下方炭化室底部压力在推焦前半小时是否达到 5Pa 而进行调整。调整时应考虑到集气管压力的波动值，就是当集气管压力最低时也能保证吸气管正下方炭化室底部压力在结焦末期不低于 5Pa。

新开工的焦炉集气管压力应比正常生产时大 30 ~ 50Pa，以便使砖缝尽快地被石墨密封，窜漏不明显时再调整到正常压力。

2.2.1.2 炭化室底部压力的测量

炭化室底部压力是确定集气管压力的依据，在任何操作条件下，结焦末期炭化室底部压力都应大于 5Pa。

炭化室底部压力的测量是在机焦侧吸气管正下方炭化室炉门上的测压孔进行的。测量时，先透好测压孔，将 φ12.7mm × 1000mm 不锈钢管用石棉绳缠好，垂直插入，管头露出炉门 150mm 左右，用胶皮管与斜型微压计的正端相连，于推焦前 30min 读底部压力数值。在记录炭化室底部压力时，应使集气管压力等于所规定的数值，并保持不变，同时记录这一压力。

当测量结果小于（或大于）5Pa 时，应将集气管压力提高（或降低），使炭化室底部压力保持在 5Pa，此时的集气管压力即为该结焦时间下应保持的集气管压力。

当改变结焦时间较大、改变装煤方式等时应测量炭化室底部压力。结焦时间稳定时，每年测量要不少于 2 次（春季、秋季各 1 次）。

2.2.2 看火孔压力的确定与测量

在实际操作中，以看火孔压力为基准来确定燃烧系统的各点压力是比较方便的。在各种周转时间下，看火孔压力均应保持在 -5 ~ 5Pa 之间。如果看火孔压力过大，则不便于观察火焰和测量温度，而且炉顶散热也多，使上部横拉条温度提高；如果看火孔压力过小，即负压过大，则冷空气被吸入燃烧系统，使得火焰燃烧不正常。

2.2.2.1 看火孔压力的确定应考虑的因素

看火孔压力的确定应考虑以下因素：

（1）边火道温度。因为边火道温度与压力制度有一定的关系，特别是贫煤气加热时影响较大。如果边火道温度较低，在1100℃以下时，可控制看火孔压力偏高一些（10Pa或更高些），这样蓄热室顶部吸力也有所降低，可减少封墙漏入的冷空气，使边火道温度提高。

（2）炉顶横拉条的温度。如果横拉条平均温度在350～400℃时，可降低看火孔压力，让看火孔保持负压（-5～0Pa），以降低横拉条温度。对双联火道的焦炉，同一燃烧室的各同向气流看火孔压力是接近的，只要控制下降气流使看火孔压力为零即可。

2.2.2.2 看火孔压力的测量

看火孔压力于交换后5min在上升气流测温火道测量，从交换机焦侧开始，从另一端机侧返回，两个交换全部测完。测量点在看火孔盖下150～200mm处。将测量胶管的一端与斜型微压计的正端相连，另一端与插入立火道的金属管相连。测量时注意防止装煤孔盖与看火孔盖烫坏胶皮管。

2.2.3 蓄热室顶部吸力的测量

蓄热室顶部吸力的测量是调火必须进行的重要工作之一。由于燃烧系统内压力在换向间隔时间内是变化的，但各蓄热室顶部吸力随结焦时间的变化大致相同，因此为了便于比较，在测量全炉蓄热室顶部吸力时，先测量标准蓄热室吸力，然后测量其他各蓄热室与标准蓄热室的相对吸力差值。

标准蓄热室在机焦侧各选择相邻的两个，要求与其对应的燃烧室温度正常，燃烧系统阻力正常，而且不应有漏火、下火等异常现象。同时为了测量方便，标准蓄热室一般选择在一座焦炉炉组的中部，但最好避开吸气管正下方。

测量前先检查加热制度是否正常，并将风门开度、废气砣提升高度调整到一致。将斜型微压计置放在标准蓄热室附近并调好零点，检查测压管是否漏气、是否畅通。

首先调节标准蓄热室顶部吸力达到要求，使得在两个交换间隔时间内的标准蓄热室上升和下降气流吸力相同。每次测量标准蓄热室吸力距交换后的时间应相同，一般交换后3min开始测量。将斜型微压计的负端接标准蓄热室的测压孔，正端接需要测量的蓄热室测压孔，斜型微压计的读数即为各蓄热室与标准蓄热室的顶部吸力差，由此可计算出蓄热室顶部吸力。

根据具体情况，调节任何蓄热室顶部吸力与标准蓄热室顶部吸力差，上升气流时不超过±2Pa，下降气流时不超过±3Pa。

测量后记录当时的加热制度、标准蓄热室顶部吸力以及各蓄热室与标准蓄热室的吸力差。

在测量过程中，焦炉的加热制度必须稳定，最好在检修时间进行，而且与标准蓄热室相关的炭化室不要处于推焦或装煤初期（3h 内）。

使用焦炉煤气加热时，蓄热室顶部吸力测量每月不少于 1 次，使用贫煤气加热时每月不少于 2 次。当改变加热制度时需要测量。但遇大风或暴雨天气时，一般不进行蓄热室顶部吸力的测量。

2.2.4 蓄热室阻力的测量

测量蓄热室阻力是为了检查格子砖堵塞情况。用斜型微压计直接测量上升或下降气流每个蓄热室的小烟道与蓄热室顶之间的压力差。

交换后 3min 开始从炉端的蓄热室逐个测量。将微压计正端与蓄热室顶端相连，负端与小烟道测压孔相连，读压差。蓄热室阻力与通过蓄热室中气体量的平方成正比，所以在每次测量时，要使两种气流下蓄热室顶部吸力与第一次测量时相同，或不改变蓄热室吸力而将测量结果换算后进行比较。

上升气流和下降气流都要测量。因为上升气流蓄热室的上下压力差是蓄热室浮力与阻力之差，所以蓄热室内阻力越大，测得压差越小；而下降气流蓄热室上下压力差是蓄热室浮力与阻力之和，所以蓄热室内阻力越大，测得压差越大。又因上升气流与下降气流蓄热室内浮力相近似，所以异向气流蓄热室上下压力差值近似等于蓄热室阻力之和。

每次测量后均需记录当时的加热制度，用测量结果分别计算每侧上升与下降气流蓄热室上下压力差的平均值。

焦炉煤气加热时一般要求 2 年测量 1 次蓄热室阻力，贫煤气加热时 1 年测量 1 次。

2.2.5 五点压力的测量

测量燃烧系统五点压力是为了检查焦炉燃烧系统实际压力分布和各部位阻力情况，所以应选择在燃烧室温度正常、相邻炭化室处于结焦中期、燃烧系统各部位调节装置完善、炉体严密的燃烧系统内进行测量。

测量时，在蓄热室走廊用 2 台斜型微压计分别测上升气流和下降气流蓄热室顶部压力，在炉顶用 1 台斜型微压计测量与所测蓄热室相连的燃烧室测温火道的看火孔压力。

交换后 5min，3 台表同时读数，接着测煤气蓄热室与空气蓄热室压差、蓄热室顶与小烟道测温孔处的压差，以及异向气流看火孔压差，隔 1min 再重测 1 次，共测 3 次。换向后再按上法进行测量。

测量完毕后换算出各点压力，绘制出五点压力曲线，并记录当时的加热制度。

五点压力一般每年测量 1 次。

2.2.6 横管压力的测量

当横管压力变化较大时，表示供热煤气量发生变化，所以测量横管压力可作为调整直行温度的参考。

用 U 形压力计直接在横管测压处测量，当测量全部横管压力时，考虑到煤气压力所产生的误差，可在中部选一个炉温较正常的横管为标准，测量其他各横管与“标准横管”的压差，然后再换算为各排横管的压力。

2.3 废气分析

废气分析是通过对焦炉加热煤气燃烧产生的废气中 CO_2、O_2、CO 体积分数的测定，来计算燃烧的空气系数，从而达到对燃烧情况检查的目的。分析的结果定量地反映了煤气与空气的配合情况。

2.3.1 奥氏分析仪

奥氏分析仪是用化学试剂吸收法分析燃烧后废气组成的仪器。其原理是：把定量的气体依次与各种能吸收单种气体的试剂（吸收剂）相接触，则 CO_2、CO、O_2等依次被吸收，根据各次吸收后体积减小的量，计算各成分的体积分数。

奥氏分析仪由 1 个带刻度的 100mL 计量管、3 个 U 形吸收瓶及 1 个水位瓶组成。计量管与吸收瓶用细玻璃管相连，每个吸收瓶上端装有直通旋塞，分别可与计量管相通或切断。水位瓶与计量管用胶皮软管相连，通过升降水位瓶使废气吸入或排出计量管。

2.3.2 配制药品

吸收瓶中分别装入吸收液。

按分析次序，在第一个瓶内装 KOH 或 NaOH 溶液，用以吸收 CO_2 气体。其溶液配比按 KOH 和 H_2O 的质量比为 1∶2 配制。

第二个瓶内装焦性没食子酸的碱溶液，用以吸收 O_2。其溶液配比为将 5g 焦性没食子酸溶于 15mL 水中，再与 32mL 水溶入 48g KOH 的碱溶液混合。为避免吸收空气中的氧，这两种溶液可在吸收瓶内混合。

第三个瓶内装氯化亚铜的盐酸溶液，用以吸收 CO。此溶液配制为将 35g CuCl 加 65g 铜片，然后注入 200mL 质量分数为 20% 的盐酸，经过振荡放置一昼夜后用 120mL 水稀释。

2.3.3 取样

废气分析的取样地点为：立火道取样在上升气流跨越孔中心附近；小烟道取样在下降气流小烟道出口处中心附近。

取样操作在换向后 5min 开始，立火道取上升气流，废气盘取下降气流。

取样工具为双连球及球胆。取样时应先将取样设备中的空气排出，并用废气充分清洗球胆。取样管用石英管或不锈钢管，取样过程中要保证连接点严密。

2.3.4 分析

分析时，先检查仪器是否严密，接着在计量管内准确地量取 100mL 废气，然后打开第一个吸收瓶（吸收 CO_2）上的旋塞，反复升降水位瓶使废气压入和抽出气瓶，直至废气中 CO_2 被完全吸收（两次读出剩余废气体积不变）。其废气体积减少部分即为 CO_2 在废气中所占体积分数。以同样的操作步骤接着吸收 O_2 和 CO。

因为焦性没食子酸碱溶液除了能吸收 O_2 外还能吸收 CO_2，CuCl 溶液除能吸收 CO 外还能吸收 O_2，所以顺序不能颠倒。如果前一种吸收不完全，不但影响本身的体积分数，而且还影响其他气体组成测量的准确性。3 种气体（CO_2、O_2、CO）吸收完毕后所剩余的废气体积比例可视为 N_2 的体积分数。

2.3.5 计算空气系数

空气系数 α 可按式 2-6 计算：

$$\alpha = 1 + K\frac{\varphi(O_2) - 0.5\varphi(CO)}{\varphi(CO_2) + \varphi(CO)} \tag{2-6}$$

式中 $\varphi(CO_2)$，$\varphi(O_2)$，$\varphi(CO)$——废气中各成分所占的体积分数；

K——$1m^3$ 煤气理论燃烧所产生的 CO_2 体积与需氧量之比。

2.4 焦炉停送煤气和更换加热煤气

2.4.1 焦炉停止加热

2.4.1.1 焦炉停止加热的主要原因

焦炉停止加热的主要原因是：

（1）焦炉煤气主管压力低于 500Pa，贫煤气主管压力低于 300Pa。

（2）煤气管道损坏或爆炸，影响焦炉正常加热。

（3）烟道系统发生故障，无法保持所需的吸力。

（4）交换设备（例如交换机和交换链条等）发生故障，不能在一个交换期间修复而影响正常加热。

2.4.1.2 焦炉停止加热的步骤

焦炉停止加热的步骤是：

（1）关闭全部交换旋塞（使用贫煤气加热时进行关门或不进行此步）。

（2）关闭全部加减旋塞。

（3）将分烟道吸力减到停止加热的数量，使上升气流蓄热室顶部吸力较正常吸力高出 10Pa，必要时调节总烟道翻板。

（4）将煤气调节翻板固定在全开的位置，再切断煤气压力调节机，必要时关总开闭器。在使用混合煤气加热时，将混合煤气开闭器关闭。

（5）若用贫煤气加热时，将废气盘煤气进风口盖板打开，与空气进风口高度一样。石棉垫取出（停止加热 2h 以内可不进行这项）。

（6）用小铁板遮蔽所有进风口，只留 10mm 缝隙。

（7）检查放散管开闭器是否关严，关闭地下室煤气与水封槽连接的开闭器，切断各计器管路。

（8）通知生产班停止推焦，集气管压力较正常值高 10～20Pa。

（9）如较长时间停止加热（超过 30min），应在加减旋塞和交换旋塞关闭的情况下，30min 交换 1 次废气。

（10）交换废气用自动交换操作，必要时手动交换。

2.4.2 恢复焦炉煤气加热

2.4.2.1 向地下室支管道送煤气

向地下室支管道送煤气的步骤是:

(1) 检查加减旋塞是否关严，地下室煤气管道与水封连接的开闭器是否关闭，焦炉煤气调节翻板是否在全开固定位置。

(2) 打开放散管开闭器。

(3) 对没有打开或修理过的煤气管道（压力始终保持正压），将煤气管道开闭器开到正常加热位置（在煤气开闭器关闭的情况下），用煤气吹扫，吹扫时间不应小于4min，并在末端取样做爆发试验，合格后关闭放散管开闭器。

(4) 如果煤气管道曾经打开过，必须先用蒸汽吹扫管道。当蒸汽产生压力后，开始用煤气吹扫，然后停蒸汽。当末端放散管白汽放净后，做爆发试验，合格后关闭放散管开闭器。

(5) 将水封槽的水注满，打开水封槽与煤气管道连接的开闭器。

(6) 在吹送煤气管道时，应监督煤气压力，使之不小于3000Pa。

2.4.2.2 向燃烧室内送煤气

向燃烧室内送煤气的步骤是:

(1) 煤气主管压力在4000Pa以上。

(2) 将两个换向期内废气进风口的小铁板全部放回焦炉煤气加热的开度。

(3) 恢复总烟道闸门的位置，并把两侧烟道的吸力调至正常加热时的数值。

(4) 开启交换旋塞。

(5) 与计器人员联系好，接通煤气流量压力表。

(6) 使用预热器。

(7) 逐渐地将上升气流的加减旋塞开正，并监督煤气压力，低于3000Pa时暂不继续开旋塞，与燃气负责人员联系，当压力升高时，再继续打开。

(8) 交换后立即接好压力调节机，调节焦炉煤气的压力和流量。

2.4.2.3 加热制度的确定

整个焦炉通入煤气后，按测得的直行温度和出炉情况调整加热制度，交换机恢复正常操作。

2.4.2.4 注意事项

恢复焦炉煤气加热的注意事项是:

(1) 禁止在其他炉交换期间向炉内送煤气。

(2) 禁止同时向数座焦炉内送煤气。

(3) 吹扫管道时和向炉内送煤气时，不得在该炉组推焦。

(4) 地下室和煤气管道附近不得有明火，不得进行焊接、切割操作，氧气、燃气罐应移出炉区。

(5) 不得在炉组四周进行修理工作。

2.4.3 焦炉煤气置换为贫煤气加热

2.4.3.1 准备工作

焦炉煤气置换为贫煤气加热的准备工作为:

(1) 必须有车间生产主任、调火工长、煤气工长、计器人员参加更换煤气工作,并与燃气救护站联系,派1~2名同志参加更换煤气工作。

(2) 检查贫煤气加减旋塞是否关严。

(3) 打开地下室贫煤气管道与水封槽连接的开闭器,将水放净后再关闭好。

(4) 将贫煤气调节翻板打开至全开位置。

(5) 用电话联系燃气调度送煤气。

(6) 逐渐打开主管开闭器,使贫煤气主管压力在4000Pa以上。

(7) 打开贫煤气放散管进行放散,取样做爆发试验,直至合格。

如果是短时间内没有使用贫煤气加热,支管又没有造成低压,(6)、(7) 项可不进行。

2.4.3.2 置换步骤

焦炉煤气置换为贫煤气加热的步骤是:

(1) 交换机在交换以后改为全程手动交换,立刻进行下列工作,并在一个交换时间内完成。

1) 将下降气流进风口盖放下,放入3~4mm厚石棉板,把盖板用顶丝拧紧,杠杆(或小链) 拆下;

2) 将下降气流废气盘贫煤气砣连接好;

3) 将下降气流废气盘进风口小铁板改为用贫煤气加热时的进风口开度;

4) 将下降气流的贫煤气加减旋塞开启(压力偏低时可开启1/2,压力过高时可根据经验调整贫煤气调节翻板开度);

5) 在交换前将下降焦炉煤气加减旋塞关闭;

6) 在交换前2min将机焦两侧分烟道吸力调为用贫煤气时的数值。

(2) 交换机进行焦炉煤气全程交换。交换期间密切注意主管压力,如压力低于规定值,立即联系增压或停止加热。

(3) 交换后,开动贫煤气压力调节机,按预定的压力进行调节,并将翻板旋转到自动调节的位置,打开混合器的焦炉开闭器(如不烧混合煤气可以不打开),全部计器开始运转和使用;并把全部焦炉煤气加减旋塞关严和把全部贫煤气加减旋塞开正。

(4) 全部更换工作在两个交换内完成,更换中要注意贫煤气压力,更换后把贫煤气通往水封的开闭器打开。

(5) 交换改为贫煤气自动全程交换。

2.4.3.3 收尾工作

收尾工作包括的内容有:

（1）不用混合煤气加热时，停止使用焦炉煤气预热器。

（2）停止焦炉煤气压力调节机运转及关闭焦炉煤气控制仪表导管上的旋塞。

（3）加热制度的各项参数根据以往的经验数据先设定，再根据测量的温度进行调节。

（4）到炉顶检查火道吸力、燃烧等情况。

（5）地下室做火把实验。

2.4.3.4 注意事项

焦炉煤气置换为贫煤气加热的注意事项是：

（1）禁止在其他炉交换期间向炉内送煤气。

（2）禁止同时向数座焦炉内送煤气。

（3）地下室和煤气管道附近不得有明火。

（4）放散时炉顶上大盖、加煤车、上升管等岗位的人员要加强注意，应站在煤气上风侧，避免煤气中毒。

（5）要通知放散下风的岗位加强注意。

2.4.4 贫煤气置换为焦炉煤气加热

炼焦炉贫煤气置换为焦炉煤气加热，分为有计划的和没有计划的置换。没有计划的先按停止加热处理，再按恢复焦炉煤气加热步骤进行操作。有计划的按以下步骤进行操作。

2.4.4.1 准备工作

贫煤气置换为焦炉煤气加热的准备工作包括的内容有：

（1）必须有车间生产主任、调火工长、煤气工长、计器人员参加更换煤气工作。

（2）检查焦炉煤气加减旋塞是否关严。

（3）打开地下室焦炉煤气管道与水封槽连接的开闭器，将水放净后再关闭好。

（4）将焦炉煤气调节翻板打开在全开位置。

（5）用电话联系燃气调度送煤气。

（6）逐渐地打开主管开闭器，使焦炉煤气主管压力在4000Pa以上。

（7）打开焦炉煤气放散管，使焦炉煤气放散，待取样做爆发试验合格后，关闭放散管。

（8）如使用混合煤气加热，关闭混合煤气开闭器。

2.4.4.2 置换步骤

贫煤气置换为焦炉煤气加热的步骤是：

（1）关闭下降气流贫煤气加减旋塞。

（2）高炉进行全程交换。

（3）启动焦炉煤气手动开门。

（4）逐步打开上升气流焦炉加减旋塞，并注意煤气压力，不得低于3000Pa，当发现过低时，暂时停止开加减旋塞，待压力上来后，再继续打开。如上升气流加减旋塞全部开正后，煤气压力正常，将下降气流焦炉煤气加减旋塞全部开正，同时也要注意煤气压力。

（5）交换后立即将焦炉煤气量及分烟道吸力调到使用焦炉煤气加热时的数量。

（6）开始使用焦炉煤气水封。

（7）贫煤气压力调节机停止使用，焦炉煤气压力调节机投入使用。

（8）关闭所有贫煤气加减旋塞。

（9）交换改为自动全程交换。

2.4.4.3 收尾工作

贫煤气置换为焦炉煤气加热后，要做的工作有：

（1）打开煤气进风口，并调节进风口小铁板为焦炉煤气进风口面积（如在2h内就能恢复使用贫煤气加热，可不用连接废气盘上盖板到交换轴上，但空气进风口面积必须打开至使用焦炉煤气时2个进风口面积之和的开度），否则在交换完焦炉煤气后，则需把废气盘上的盖板连接到交换轴上，并取出石棉板调节好2个进风口面积。

（2）打开预热器蒸汽放水旋塞及蒸汽开闭器，使焦炉煤气温度达到（45±5)℃。

（3）停止贫煤气压力调节机运转及关闭贫煤气控制仪表导管上的旋塞（贫煤气总管和支管U形压力表除外），关闭贫煤气总管开闭器（压力高于500Pa时可不关）及贫煤气管道与水封槽连接的开闭器。

（4）加热制度的各项参数根据以往的经验数据先设定，再根据测量的温度进行调节。

（5）到炉顶检查火道燃烧等情况。

（6）地下室做火把试验。

3 焦炉热工调节

3.1 用焦炉煤气加热时的调节

3.1.1 总煤气量和空气量的调节

3.1.1.1 煤气消耗量的确定

新焦炉投产时，预计加热煤气用量可按式 3-1 计算；当结焦时间确定后，根据设计参数可以粗略地计算出加热煤气用量，焦炉投产后再根据焦炉具体情况进行调整。

$$V_0 = \frac{q_s N}{Q_{DW}\tau} B \times 1000 \tag{3-1}$$

式中 V_0——标准状态下煤气流量，m^3/h；

q_s——湿煤耗热量，kJ/kg；

N——焦炉炭化室孔数；

Q_{DW}——煤气低位发热量，kJ/m^3；

τ——周转时间，h；

B——平均每孔装湿煤量，t。

计算示例：50 孔焦炉的周转时间为 19h，每孔装干煤量为 28.5t，湿煤含水 10%（质量分数），炼焦耗热量为 2400kJ/kg（湿煤），煤气热值为 17900kJ/m^3，假设工作状态与孔板设计所选用参数一致，计算所需加热煤气量。

解：煤气流量为：

$$\begin{aligned} V_0 &= \frac{q_s N}{Q_{DW}\tau} B \times 1000 \\ &= \frac{2400 \times 50}{17900 \times 19} \times \frac{28.5 \times 100}{100 - 10} \times 1000 \\ &= 11173\ (m^3/h) \end{aligned}$$

3.1.1.2 机、焦侧煤气流量的分配

由于机、焦侧装煤量与耗热量不同，因此煤气量也不同。在炭化室高度、长度相同的情况下，两侧的装煤量仅与炭化室两侧的宽度 S 有关。两侧的耗热量不同，是由于要求机、焦侧的焦饼同时成熟，因此焦侧的焦饼平均温度要比机侧高 15 ~20℃；因为焦侧的废气温度高，废气量大于机侧，所以焦侧废气的热损失大于机侧。经计算，焦侧的耗热量为机侧的 1.05 倍左右，则机、焦侧流量分配为：

$$\frac{V_{焦}}{V_{机}} = \frac{S_{焦}}{S_{机}} \times 1.05 \tag{3-2}$$

式中 $V_{焦}$，$V_{机}$——分别为焦侧、机侧煤气流量，m^3/h；

$S_{焦}$，$S_{机}$——分别为焦侧、机侧炭化室平均宽度，mm。

计算示例：某65孔焦炉（炭化室平均宽度为407mm，锥度为50mm）的周转时间为15h，焦炉煤气使用量为10000m^3/h，求机侧、焦侧的煤气流量。

解： 焦侧炭化室平均宽度为：

$$S_{焦} = \frac{407 + 432}{2} = 419.5\ (\text{mm})$$

机侧炭化室平均宽度为：

$$S_{机} = \frac{407 + 382}{2} = 394.5\ (\text{mm})$$

焦侧、机侧的流量比为：

$$V_{焦}/V_{机} = \frac{419.5}{394.5} \times 1.05 = 1.117$$

则焦侧的流量为：

$$V_{焦} = \frac{1.117}{1 + 1.117} \times 10000 = 5276\ (m^3/h)$$

机侧的流量为：

$$V_{机} = 10000 - 5276 = 4724\ (m^3/h)$$

3.1.1.3 煤气主管压力与孔板直径的调节

A 煤气主管压力的选择

供焦炉加热的煤气依靠一定的管道压力来输送，送往各燃烧室的煤气量由安装在分管上的孔板来控制。用焦炉煤气加热时，主管压力一般保持在700～1500Pa之间；用高炉煤气加热时，主管压力保持在600～1000Pa之间；使用混合煤气加热时，焦炉煤气压力比高炉煤气压力高200Pa以上。规定上述要求的目的是：

（1）保证调节各燃烧室煤气流量的灵敏性和准确性；

（2）防止煤气既不因压力偏高而增加漏失量，又不因偏低而产生回火爆炸的危险。

煤气主管压力、各分管的孔板断面和煤气流量有一定的关系。当各分管的孔板直径一定时，调节煤气主管压力是控制流量的基本手段。根据焦炉气体力学原理，若入炉后煤气相对压力视为0，由主管至炉内的浮力忽略不计时，主管压力和煤气流量的关系为：

$$\frac{p_1}{p_2} = \frac{V_1^2}{V_2^2} \tag{3-3}$$

式中 p_1，p_2——调节前后煤气主管压力，Pa；

V_1，V_2——调节前后相应煤气流量，m^3/h。

计算示例：如煤气流量为11000m^3/h，主管压力为1000Pa，假设孔板断面不变，求流量为10000m^3/h时的主管压力。

解： 流量为10000m^3/h时的主管压力为：

$$p_2 = p_1 \frac{V_2^2}{V_1^2} = 1000 \times \frac{10000^2}{11000^2} = 826\ (\mathrm{Pa})$$

流量调节时，煤气主管压力做相应变化。若压力变化范围超出允许值时，为保证安全或避免煤气泄漏，应更换孔板，调整煤气压力。

B 孔板直径的选择

孔板基本尺寸的大小取决于调节上所需要的灵敏度和所要保持的支管压力。孔板直径越小，阻力越大，调节的灵敏度越高，所用的支管压力也越大。当使用较大直径的孔板时，由于孔板阻力在其以后管路的总阻力中所占的比重小，在调节中改变少量直径对煤气量的影响也不大，而喷嘴或孔板粗糙程度（如挂焦油、萘渣）和断面有少量的变化对总阻力就有不小的影响，因此，使用大尺寸孔板调节灵敏度低。通常规定，使用孔板的断面不准超过管断面的70%。在生产上为了留有余地，一般都使用比允许最大直径稍小一些的孔板。

C 全炉孔板直径的分布

全炉孔板直径的分布应保证除边部燃烧室外，各燃烧系统进入的煤气流量一致。由于煤气沿主管方向流动，因阻力使静压力降低，又因动压的减少使静压力升高，因此阻力和动压的作用相互抵消后，沿主管的静压力分布差别不大。如果孔板的局部阻力足够大，那么孔板直径改变1mm时，局部阻力的变化量往往大于主管内各处静压力的差值，所以全炉孔板直径一般可基本保持一致。当主管较长时，一般采用变径处理，由于变径前后引起的阻力下降较大，因此变径前后的孔板直径略有差别。生产一定年限后的焦炉，由于积灰、漏气等原因，各燃烧室的分管和通道阻力将会不同，因此孔板直径的分布已无规律，由炉温而定。

边燃烧室的煤气用量约为中部的75%，所以相应分管的孔板断面也与此对应选用。

3.1.1.4 烟道吸力和进风门开度的调节

空气过剩系数对焦炉加热十分重要，它可用机、焦侧废气盘进风门的开度和烟道吸力来控制，且因煤气流量和大气温度变化而改变。

A 进风门开度不变时，机、焦侧分烟道吸力的确定

烟道吸力的大小应足以保持看火孔压力 -5 ~ 5Pa 和要求的空气过剩系数。按顺序上升与下降气流公式，烟道吸力按式3-4确定：

$$-\alpha_{烟道} = \sum \Delta p + H_{下} - H_{上} \tag{3-4}$$

式中 $-\alpha_{烟道}$——烟道吸力，Pa；

$\sum \Delta p$——进风口至分烟道翻板前阻力，Pa；

$H_{下}$——进风口至分烟道系统中下降气流段浮力，Pa；

$H_{上}$——进风口至分烟道系统中上升气流段浮力，Pa。

进风口开度不变时，$\sum \Delta p$ 与通过该系统的流量 V 的平方成正比，即：

$$\sum \Delta p \propto V^2 \tag{3-5}$$

若煤气流量变化不大，浮力差（$H_{下} - H_{上}$）基本保持一定，利用式3-4和式3-5可以

确定煤气流量或空气过剩系数改变时烟道吸力的改变值。

计算示例：某焦炉煤气流量为9000m³/h，分烟道吸力为180Pa，若加热系统浮力差为25Pa，分别计算增加200m³/h流量和煤气流量保持不变而空气系数α由1.25调至1.2时的分烟道吸力。

解： 加热系统阻力为：$\sum \Delta p = 180 - 25 = 155$（Pa）；

（1）当流量增加为9200m³/h时，该阻力值为

$$\sum \Delta p' = \sum \Delta p\left(\frac{V'}{V}\right)^2 = 155 \times \left(\frac{9200}{9000}\right)^2 = 162\ (\text{Pa})$$

此时分烟道吸力为：

$$-\alpha'_{烟道} = 162 + 25 = 187\ (\text{Pa})$$

（2）当$\alpha' = 1.2$时，该阻力值为：

$$\sum \Delta p' = \sum \Delta p\left(\frac{\alpha'}{\alpha}\right)^2 = 155 \times \left(\frac{1.2}{1.25}\right)^2 = 143\ (\text{Pa})$$

此时分烟道吸力为：

$$-\alpha'_{烟道} = 143 + 25 = 168\ (\text{Pa})$$

一般使用焦炉煤气加热时，65孔的大型焦炉每改变200m³/h，42孔大型焦炉每改变100m³/h，分烟道吸力约改变5Pa；使用高炉煤气加热时，65孔焦炉每改变500m³/h，42孔焦炉每改变250~300m³/h，分烟道吸力也改变约5Pa。当流量变化大时，仅改变烟道吸力，看火孔压力和空气系数均会改变，所以应同时调节风门开度。

B　流量变化时，为保持进风口阻力一定，进风口开度和分烟道吸力的确定

式3-5中加热系统阻力$\sum \Delta p$应包括进风门阻力$\Delta p_{进}$、风门内至上升气流顶的上升段阻力$\Delta p_{上}$和下降气流段顶至分烟道翻板前下降段阻力$\Delta p_{下}$，即：

$$\sum \Delta p = \Delta p_{进} + \Delta p_{上} + \Delta p_{下} \tag{3-6}$$

在炉内调节装置和废气盘翻板开度不动的情况下，式3-6中$\Delta p_{上}$与$\Delta p_{下}$均与气流流量的平方成正比，$\Delta p_{进}$则因进风口开度和进风量的改变而变化。若流量变化时，为保持进风门阻力一定，则必须改变进风门开度，此时可按进风门开度l与进风门量V成正比的关系，确定改变流量后的风门开度。再按因流量引起的$\Delta p_{上}$与$\Delta p_{下}$的变化计算分烟道吸力的变化值。

C　流量变化时，为保持看火孔压力一定，进风门开度和分烟道吸力的确定

为保持看火孔压力一定，可按上升气流看火孔压力为零，列出进风门外至上升气流顶看火孔的上升气流关系式，得到：

$$\Delta p_{进} + \Delta p_{上} = H_{上} \tag{3-7}$$

即其间的阻力等于浮力，一般进风门内至看火孔处的浮力可按每米高9Pa估算，并据此确定进风门的阻力。若进风门阻力系数与进风门温度不变，进风门阻力与流量V平方成正比，与风门开度l的平方成反比。即：

$$\frac{\Delta p_{进}}{\Delta p'_{进}} = \left(\frac{V}{V'}\right)^2\left(\frac{l}{l'}\right)^2 \tag{3-8}$$

由式3-8可求得保持看火孔压力一定条件下的进风门开度。再用上述相同的方法计算

分烟道吸力。

计算示例：某焦炉煤气流量为 9000m^3/h，分烟道吸力为 180Pa，进风门开度为 140mm，进风门阻力为 50Pa，从进风门内至炉顶高度为 8.8m，加热系统内上升与下降浮力差为 25Pa，当流量改变为 10000m^3/h 时，分别计算保持进风门阻力不变和保持看火孔压力不变时进风门的开度和分烟道吸力。

解：(1) 保持进风门阻力不变，当流量 $V=9000\text{m}^3/\text{h}$ 时：

$$\sum \Delta p = 180 - 25 = 155\ (\text{Pa})$$

$$\Delta p_{上} + \Delta p_{下} = \sum \Delta p - \Delta p_{进} = 155 - 50 = 105(\text{Pa})$$

当流量 $V=10000\text{m}^3/\text{h}$ 时：

$$\Delta p'_{上} + \Delta p'_{下} = (\Delta p_{上} + \Delta p_{下})\left(\frac{V'}{V}\right)^2 = 105 \times \left(\frac{10000}{9000}\right)^2 = 130\ (\text{Pa})$$

则：

$$-\alpha'_{烟道} = 130 + 50 + 25 = 205\ (\text{Pa})$$

风门开度为：

$$l' = l\frac{V'}{V} = 140 \times \frac{10000}{9000} = 156(\text{mm})$$

(2) 保持看火孔压力不变：按上升段每米高 9Pa 浮力估算，得

$$\Delta p_{进} + \Delta p_{上} = 8.8 \times 9 = 79.1\ (\text{Pa})$$

$$\Delta p_{上} = 79.1 - 50 = 29.1\ (\text{Pa})$$

当流量 $V'=10000\text{m}^3/\text{h}$ 时：

$$\Delta p'_{上} = 29.1 \times \left(\frac{10000}{9000}\right)^2 = 35.9\ (\text{Pa})$$

为保持看火孔压力，此时进风门阻力 $\Delta p'_{进}$应降至：

$$\Delta p'_{进} = 79.1 - 35.9 = 43.2\ (\text{Pa})$$

则进风门开度为：

$$l' = \sqrt{\frac{\Delta p_{进}}{\Delta p'_{进}}}\left(\frac{V'}{V}\right)l = \sqrt{\frac{50}{43.3}} \times \frac{10000}{9000} \times 140 = 168(\text{mm})$$

此时分烟道吸力为：

$$-\alpha'_{烟道} = 130 + 43.2 + 25 = 198.2(\text{Pa})$$

D 大气温度变化时进风门开度和烟道吸力的确定

大气温度变化较大时，由于大气密度变化，炉内浮力和实际温度下的空气体积改变，经进风口入炉的空气量和加热系统的压力分布将变化，影响空气过剩系数和炉温的稳定，因此，进风门开度和烟道吸力应做相应调整。

计算示例：某焦炉夏季大气温度为 40℃，分烟道吸力为 180Pa，进风门开度为 140mm，进风门阻力为 50Pa，若冬季焦炉旁大气温度为 5℃时，为保持空气过剩系数和看火孔压力不变，进风门开度和烟道吸力应做何调整。

解：大气温度变化时，炉内 8.8m 高的浮力变化量（炉内温度不变）为：

$$8.8 \times 1.28 \times 273 \times \left(\frac{1}{273+5} - \frac{1}{273+40}\right) \times 9.8 = 12.1\ (\text{Pa})$$

式中，1.28 为湿空气 0℃下的密度，kg/m^3。即冬季炉内浮力增加 12.1Pa。

(1) 为保证看火孔压力不变，根据前述 $\Delta p_{进}+\Delta p_{上}=H_{上}$的原理，可以用改变进风门阻力来平衡浮力的变化；为使炉内空气过剩系数保持不变，冬季的 $\Delta p'_{上}$应和夏季的 $\Delta p_{上}$相同，则：

$$\Delta p'_{进}=50+12.1=62.1\ (\mathrm{Pa})$$

根据式3-6，在进风量一定和进风口阻力系数看做近似不变的条件下，进风口开度可按如下公式计算：

$$\frac{\Delta p_{进}}{\Delta p'_{进}}=\frac{T}{T'}\left(\frac{l'}{l}\right)^2$$

则冬季进风门开度为：

$$l'=l\sqrt{\frac{\Delta p_{进}\,T'}{\Delta p'_{进}\,T}}=140\times\sqrt{\frac{50\times 278}{62.1\times 313}}=118\ (\mathrm{mm})$$

(2) 为保持空气过剩系数不变，炉内加热系统阻力 $\Delta p_{上}+\Delta p_{下}$应保持不变，即：

$$\Delta p'_{上}+\Delta p'_{下}=\Delta p_{上}+\Delta p_{下}$$

原夏季下降和上升段浮力差为25Pa，所以：

$$\sum\Delta p=180-25=155\ (\mathrm{Pa})$$

$$\Delta p_{上}+\Delta p_{下}=\sum\Delta p-\Delta p_{进}=155-50=105\ (\mathrm{Pa})$$

当冬季时：
$$\Delta p'_{上}+\Delta p'_{下}=105\ (\mathrm{Pa})$$

$(H'_{下}-H'_{上})$与$(H_{下}-H_{上})$的差别可按废气盘至分烟道测压点高度（若为2.8m）的浮力增量计算，即：

$$(H'_{下}-H'_{上})-(H_{下}-H_{上})=2.8\times1.28\times273\times\left(\frac{1}{273+5}-\frac{1}{273+40}\right)\times9.8=4\ (\mathrm{Pa})$$

则冬季分烟道吸力为：

$$\begin{aligned}-\alpha'_{烟道}&=(\Delta p'_{上}+\Delta p'_{下})+\Delta p'_{进}+(H'_{下}-H'_{上})\\&=105+62.4+(25+4)=196\ (\mathrm{Pa})\end{aligned}$$

3.1.2 直行温度的调节

3.1.2.1 直行温度稳定性的调节

全炉温度用机、焦侧测温火道平均温度来代表，全炉总供热的调节应当使机、焦侧测温火道平均温度符合所规定的标准温度，并保持稳定。当结焦时间一定时，常因装煤量、配煤水分、煤气发热量、煤气温度和压力等因素的变化，以及出炉、测温操作及调节不当，使直行温度的稳定性变坏，因此需要及时且正确地调节全炉煤气流量和空气系数。

A 装煤量和装炉煤水分

炭化室装煤量应力求稳定，在技术管理规程中规定每炉装煤量偏差不大于±1%。装煤量如果不严加控制，必然影响直行温度的稳定性和均匀性。

装炉煤水分的波动是影响直行温度稳定的主要原因之一。在正常结焦时间下，如果保持装入的干煤量不变，配煤水分每增减1%，炉温要升降5～7℃，相当于干煤耗热量增减60kJ/kg左右，则供焦炉加热的煤气量相应增减2.5%左右，这样才能保持焦饼的成熟度不变。如果装炉煤水分改变了，加热调节跟不上去，就会使炉温产生波动，所以应采取必要措施稳定装炉煤水分（如煤场建大棚和下雨天上料时尽量控制水分等）。

B 加热煤气发热量

加热煤气热值因煤气组成、压力和温度的不同而变化。焦炉煤气组成主要与配煤组成和焦炉操作有关。若配煤质量没有严格的要求，炭化室压力不稳定，甚至经常在负压下操作时，会使焦炉煤气的组成产生很大波动，煤气的发热量也随之波动。

在不同的结焦期内，一个炭化室的焦炉煤气组成有很大变化，在正常生产情况下，全炉的焦炉煤气是各炭化室所产煤气的混合气，因此不受炭化室结焦期的影响。但焦炉周期操作中的检修后期，全炉煤气热值将降低，检修时间越长，下降量越大。

由于入炉煤气管道很长且暴露于大气中，因此煤气入炉时温度随昼夜温度变化或遇到气温变化、刮风、下雨等影响均会发生变化，所以要总结经验，掌握大气温度变化对炉温影响的规律，争取调节的主动。一般情况下，昼夜温度的变化有一定规律。一般从早晨开始气温上升，到中午 12 点 ~ 14 点达到最高，然后逐渐下降，至次日 4 点 ~ 6 点达到最低。因此，其他因素稳定时，炉温变化规律和大气变化规律相反，即白班煤气温度高，密度小，湿度增加，实际温度下的湿煤气热值降低，炉温趋于下降；中班变化不大，夜班则炉温趋于上升。白班与夜班相比最大波动可达 10 ~ 15℃，所以直行温度安定系数中规定与标准温度偏差 ±7℃ 为合格。

C 空气过剩系数

煤气燃烧是在一定空气系数条件下进行的，所以炉温的高低不仅与煤气量有关，还和空气量有关。当空气系数较小时，增加煤气量反而会降低炉温，这是由于所增加的煤气并未参与燃烧，却增加了排出的废气量，导致废气温度降低，因此应注意燃烧情况的检查，及时掌握空气系数。空气系数除用仪器分析外，为了及时掌握情况，还应通过观察火焰来检查。

用焦炉煤气加热时，正常火焰是稻黄色。对废气循环焦炉，灯头靠近循环孔时，火焰与废气充满火道；灯头不靠循环孔时，火焰细长呈火炬状。空气系数大时，火焰发白，且短而不稳，火道底部温度偏高；空气系数偏小时，火焰发暗且冒烟。空气和煤气都多时，火焰相对较大，火道温度高；空气和煤气都少时则相反。

为使煤气和空气配合恰当，在一定的结焦时间的前提下，空气量的调节总是和煤气量的加减同时进行的。根据实际生产的经验，在正常结焦时间下，煤气量变化与烟道吸力变化的关系见表 3-1。

表 3-1 煤气量变化与烟道吸力变化的关系

炉型和孔数	煤气流量/$m^3 \cdot h^{-1}$	烟道吸力/Pa	直行平均温度/℃
50 孔 JN60	±（300 ~ 400）	±5	±（2 ~ 3）
65 孔 JN43	±（200 ~ 300）	±5	±（2 ~ 3）

D 大气温度和风向的影响

大气温度变化较大时，大气密度的变化使炉内浮力和实际温度下的空气体积改变，那么经进风口入炉的空气量和加热系统的压力分布将变化。如迎风侧的蓄热室走廊气温低，空气密度大，而且风的速度大，所以在进风口开度和分烟道吸力不变的情况下，进炉的空气量增多，燃烧系统吸力变小，看火孔压力增大；而在背风侧则相反。这样就影响空气系数，使机、焦侧炉温波动，因此分烟道吸力应做适当调整。

E 检修时间

若不考虑其他因素的变化，检修时间对炉温也有一定的影响，而且检修时间越长，对炉温的影响越大。检修开始时，全炉炭化室中没有处于结焦末期的，所以此时全炉平均温度最低。在检修末期，没有刚装煤的炭化室，而此时处于结焦末期的炭化室增多，所以此时全炉平均温度最高。当检修时间为2h时，这种温度变化的变化量约为5~8℃。结焦时间较长时，检修时间也长，假若一段检修时间使炉温波动大，且出炉操作也不均衡，则应把检修时间分为几段，以每段1.5~2h较为合理。

综上所述，为提高直行温度的稳定性，要掌握影响炉温各因素的变化规律，安排好循环检修计划，稳定出炉操作制度以及装炉煤的数量和质量，以保持焦炉加热制度的稳定。

此外，还要了解上一班煤气流量调节的效果，并注意炉温变化趋势。由于焦炉的炉砖蓄热能力较大，因此炉温处于稳定状态时增减流量后的效果一般要经过3~5h后才能反映出来。若炉温正处于上升或下降趋势，此时要改变炉温变化趋势，时间将会更长。

3.1.2.2 直行温度均匀性的调节

直行温度均匀性的调节是在直行温度稳定的前提下进行的，影响直行温度均匀性的因素主要有周转时间的长短、推焦均匀性、各部位的窜漏等。在调火工作中必须掌握这些情况，并对症下药。

A 周转时间

在一定供热的情况下，炉温随相邻炭化室结焦状态发生规律性的变化，中部燃烧室在一个周期内会出现三个高峰和两个低谷，其差值为30~40℃。所以在调节燃烧室温度的时候不能只看一两次测温结果，而应视2~3天的昼夜平均温度，确实有偏高或偏低的趋势时，再进行调节。

B 推焦和装煤

推焦如果不均匀或出现乱签，使各炭化室结焦时间不一致，装煤量或水分不均匀，或是使各炭化室吸热不一致等，都会造成直行温度的均匀性降低。如果温度过高或过低确实是这个因素造成的，可根据具体情况做暂时性调节或不调节，避免调节手段和供热的混乱。

C 炉体情况

焦炉使用后期易产生炉墙裂缝，通过这些裂缝，炭化室往燃烧室窜漏煤气。当窜漏量小时，窜漏的煤气在燃烧室就烧掉了，使温度局部升高；如果大量窜漏，会使火道不能完全燃烧而冒黑烟，严重时会造成炉温下降，对炉温的均匀性影响很大。当窜漏较小，个别火道温度偏高时，可通过换小相对应的喷嘴暂时控制炉温，等炉墙密封好后恢复正常；当出现大量荒煤气窜漏时，可打开看火孔盖，把漏进的荒煤气放走，使火道有较好的燃烧条件，提高炉墙上部温度，使炉墙砖缝及早被石墨密封，减少荒煤气的窜漏机会。

D 煤气量的调节

只有供给各燃烧系统（边炉除外）相同的煤气量，才能保证直行温度的均匀。各燃烧系统的煤气量主要靠安装在煤气分管上的孔板来控制，各燃烧室煤气量的均匀分配则需依靠孔板直径沿焦炉长向适当的排列来实现。

孔板必须要产生足够的阻力才能精确地调节各燃烧室的煤气量。计算和实践表明，孔板断面如果大于分管断面的70%，则阻力过小，对煤气量控制的精确性显著降低，所以孔板断面以小于分管断面的70%为宜。

孔板直径的平均值取决于煤气的使用量和所规定的煤气主管压力。

孔板直径的排列取决于煤气主管从始端至末端的压力分布。

边燃烧室的煤气量是中部燃烧室的70%~75%。当用焦炉煤气加热时，边燃烧室的孔板直径约为中部燃烧室的85%；用高炉煤气加热时，应按边煤气蓄热室供给的燃烧室来确定孔板直径。如80型焦炉，边蓄热室仅供边燃烧室，这就导致边蓄热室煤气孔板直径约为中部蓄热室煤气孔板直径的65%。

焦炉煤气孔板一般安装在交换旋塞前，孔板后管路的阻力会影响进入各燃烧室的煤气量，这些阻力由交换旋塞、煤气分管（包括下喷式焦炉的横管）、砖煤气道、喷嘴（或小孔板）等构成，只有当燃烧系统这些阻力均匀一致时，孔板直径的均匀排列才能使煤气分配量相同。在生产条件下，往往由于交换旋塞的开度不正、孔板安装不正或不清洁、孔板前后管道及旋塞的堵塞、砖煤气道窜漏或挂结石墨以及燃烧室火嘴或喷嘴的掉落及堵塞等影响进入的煤气量，而使直行温度的均匀性变坏。因此，调节直行温度的均匀性时，不要轻易更换孔板，应首先检查并消除上述影响因素，经常保持管路的畅通并使各旋塞开正。

当个别燃烧室温度低、煤气量不足时，可以用横管压力和孔板直径来配合检查管路中产生不正常阻力的部位。例如，当燃烧室温度低、煤气量不足时，横管压力、孔板直径与阻力的关系见表3-2。

表3-2 横管压力、孔板直径与阻力的关系

横管压力	孔板直径	不正常阻力的部位
大	大或正常	横管后
小	大或正常	横管前或横管
正常	大	横管后

根据测量结果，消除堵塞或加热设备上的缺陷后，一般情况下可使炉温上升。只有当这些影响因素在短时间内不能消除时，才更换孔板以解决煤气量的不足。为了调节准确和便于掌握情况，正常情况下不应该用调节旋塞开度的方法调节各燃烧室煤气量。大型焦炉煤气分管上的孔板直径每改变1mm，直行温度变化约15~20℃。分析直行温度时，一定要对照横排温度。有时直行曲线仅显示测温火道或包括测温火道在内的少数几个火道温度过高或过低，这时就不能轻易更换孔板，而应处理横排上的这几个个别火道温度。

E 空气量的调节

炉温不仅由煤气量决定，还因空气量而变化，所以在保证供给各燃烧室均匀煤气量的基础上，还需使各燃烧系统的空气量均匀一致。进入各燃烧系统的空气量取决于废气盘上进风门开度、废气盘翻板开度、废气砣杆高度和废气砣的严密程度。

废气盘进风门的开度除边炉外应全炉一致。根据边燃烧室进风量为中部燃烧室的70%~

75%的原则，边蓄热室废气盘上的进风门开度可为中部的85%～100%。

废气砣杆高度应全炉一致，废气砣应保持严密。在进风口开度、废气砣杆高度、废气砣严密程度一致的条件下，各燃烧室的进空气量主要由废气盘翻板的开度来调节。各燃烧系统蓄热室顶部以上部位的局部阻力基本相同，当各同向气流蓄热室顶部具有相同吸力时，即表示各燃烧室进入等量的空气。所以，在进风门开度、废气砣杆高度、废气砣严密程度一致的条件下，进风量是以蓄热室顶部吸力为依据采用废气盘翻板开度来调节的。为使蓄热室顶部吸力一致，由于废气盘翻板开度应按距烟囱远近而定，因此焦炉投产时配置的各废气盘翻板开度应有调节余量。

F 蓄热室顶部吸力的调节

用焦炉煤气加热时，调节蓄热室顶部吸力也就是调节空气和废气量的分配。用高炉煤气加热时，直行温度均匀性的调节主要靠调节蓄热室顶部吸力来实现。将各蓄热室不同气流的吸力调节均匀后，就可以使供给各蓄热室的煤气或空气量达到全炉均匀一致，从而达到炉温均匀的目的。

3.1.3 横排温度的调节

横排温度是调火中最重要的工作之一，它除了保证正常推焦和焦炭质量以外，还是能否发挥焦炉最大生产能力和降低耗热量的关键。

一座刚开工投产的焦炉一般不能立即得到理想的横排温度曲线，其主要原因是刚开工焦炉易出现漏气、设备运转不正常等问题需要解决。如炭化室往燃烧室漏荒煤气，需要提高集气管压力进行密封；砖煤气道漏气需要喷浆；蓄热室封墙漏气需要抹补；两叉部漏气需要抹补；设备故障需要修理或磨合等。在所有问题基本消除后，有一个稳定的加热制度，这时才能进行横排温度的调节。一般可按初调和细调两步进行。

3.1.3.1 横排温度的初调

焦炉在投产后的短期内，结焦时间还未正常，炭化室漏气的情况仍在继续，加热制度处于不稳定状态，此时要按轻重缓急对横排温度进行初步调节。横排温度初调的工作内容主要是调整加热设备，调节蓄热室顶部吸力，处理个别高温点和低温点，避免烧坏炉体，稳定加热制度，保持正常的焦炭成熟条件。

出现高温点的原因一般是喷嘴不严、从丝口漏气或直径偏大、喷嘴脱掉、炭化室局部窜漏荒煤气。应查清原因并进行处理，如为炭化室窜漏造成的，可先换小喷嘴，等炭化室挂结石墨后再恢复正常。

出现低温点的原因一般是喷嘴孔径偏小、砖煤气道漏气或堵塞、空气量不足等。可采取换大喷嘴、透开堵塞部位、砖煤气道灌浆等方法解决。

出现锯齿形横排温度曲线，可能是单双号调节旋塞开关不正或堵塞、两个交换行程不一致造成的。

炉头温度偏低多半是蓄热室封墙、小烟道两叉部等处不严密，漏入冷空气造成的。

在用焦炉煤气加热进行初调时，通过看火进行判断并调节是一种最直接、最快的办法，是调火每天都要进行的一项工作。

在看火中，有时发现火焰小而昏暗，燃烧无力，这是空气、煤气都少的缘故；有的火焰很大，亮而有力，这是空气、煤气都多的缘故。前者火道温度偏低，后者火道温度偏高。对于两侧炉头火道来说，由于空气预热温度低，火焰带有暗红颜色，如无黑影就是正常；带有黑影时，是空气不足的现象；若空气偏多，其火焰必短。

在看火中遇有上述情况，应看一下相邻的下降火道底部砖面的颜色，最好连下去多看几个，借以判断其燃烧与温度的情况，辨别是全燃烧室的普遍现象，还是个别火道的问题。一般有经验的调火工对下降火道的温度判断得很准确，误差可以不超过20℃；有关火道底部砖面颜色显示的温度范围请参见表3-3。

表3-3 火道底部砖面颜色显示的温度范围

火道底部砖面颜色	温度范围/℃	火道底部砖面颜色	温度范围/℃
黑红色（夜间可见）	约600	暗橙色	1100
暗红色（夜间可见）	约700	亮橙色	1200
深樱红色	800	橙白色	1300
樱红色	900	耀眼白色	1400
浅樱红色	1000		

3.1.3.2 横排温度的细调

细调的目的是使燃烧室在焦饼均匀成熟和合理的加热制度条件下，以最少的煤气和空气量达到符合要求的机焦侧温差和理想的横排温度系数。通常是在初调工作完成后，结焦时间和加热制度稳定、加热设备运转正常、蓄热室顶部吸力通过调节已处于比较均匀的条件下，选择1个试调区（10排左右）进行细调的。它是从试调区找出合适的加热制度，校对喷嘴和调节砖的排列，摸清调温规律，把全炉调温中遇到的问题拿到调试区进行观察，从中找出解决办法。把调试区摸出的规律性的东西拿到全炉推广。

A 煤气和空气的调节

焦炉设计所配置的调节砖尺寸和喷嘴（或小孔板）直径是从生产实践中总结出来的，一般不会使各火道的空气系数相差很大，所以在细调时先不进行调节，等把空气系数、吸力等调整好后再进行调节。

为使各火道都能完全燃烧，就必须采用偏大一些的空气系数，一般在立火道取样的平均空气系数 α 值为1.20～1.25之间。常用的调节方式为：

（1）当看火孔呈负压，燃烧室全排的空气系数较小，中部火道空气系数大于炉头部位火道时，调节方法是：增加废气盘进风口开度，同时稍增大下降气流吸力，这样空气动压头减少，使炉头部位进空气量增加，相应的也增加了中部火道的空气量。当看火孔压力呈正压时，空气系数 α 值较小，则需增加吸力（视情况决定是否需加大进风口开度）。

（2）当看火孔呈负压，整个燃烧室的空气系数较大，中部火道的空气系数大于边火道的空气系数时，调节方法是：减少下降气流吸力。若减小吸力后看火孔转为正压，但火道的空气系数仍然较大，应采取同时减少吸力和进风口开度的办法来进行调节。

在上述的调节过程中，应当特别注意上升气流蓄热室顶部吸力在调节前后的变化。当看火孔压力调到规定标准、沿燃烧室长向里外火道空气量分布合适的情况下，上升气流蓄热室顶部的吸力就是以后加热制度应保持的数值。这时的上升与下降气流的蓄热室顶部吸力差就是以后在相同操作条件下应保持的吸力差。这样就可保持炉温的稳定。

B 喷嘴和调节砖排列的校正

在燃烧系统压力分布的调节稳定以后，燃烧室的空气系数可基本达到均匀。但如果横排温度仍然不够好，说明喷嘴或调节砖排列存在一定的问题，一般先调整喷嘴的排列，每更换一次以后，应测量横排温度和空气系数，在温度变化完全稳定后，再进行下一次的调整。

在对喷嘴和调节砖的调整过程中，要注意观察和分析存在的问题，如果是个别问题，应进行个别处理，如果是全炉性的，要坚持按先试验后向全炉推广的方法进行调节，严防把喷嘴和调节砖搞得混乱，影响后来的调节工作。喷嘴和调节砖改变后均应留有改变后的详细记录。在焦炉煤气加热的横排调节中，建议尽量不要改变调节砖的排列。

3.1.4 炉头温度的调节

焦炉炉头温度受开关炉门和散热大等因素影响，这些影响因素给炉头温度管理带来一些困难。炉头温度管理不好，会出现炉头部位焦炭成熟不好、炉头部位炉墙提前损坏等，所以炉头温度的管理工作有必要加强。

3.1.4.1 边火道温度低的原因

边火道温度低的原因有以下 3 个方面：

（1）炉头热损失大。炉头部位散热本来就多，再加上摘炉门时冷却炉墙以及空气预热程度差等原因，所以炉头需要比其他火道多供给热量。一般说来，机侧和焦侧边火道的煤气供应量应分别比该侧中部火道平均煤气量供应多 25% ~40% 与 30% ~45%；同样，空气的供给量也要多些。由国内炭化室高 4.3m 以上焦炉的热平衡测定结果可知，焦炉侧面的热损失（操作平台以上部分）占总供热量的 5% 左右。焦炉侧面热损失随着结焦时间的延长而增加，这部分热量主要由边火道来承担，这就造成了炉头一对火道热量供需的不平衡，导致边火道温度偏低。

（2）炉头一对火道存在的浮力差。在正常结焦时间下，炉头一对火道具有一定的温度差，使其浮力差 1 ~2Pa，特别是采用贫煤气加热时，因有利于边部第 2 火道加热而不利于边部第 1 火道加热，此浮力差的值随着炭化室的增高和结焦时间的延长而增大。当结焦时间延长时，不仅浮力差增大，还由于气量的减少而使斜道阻力大幅度下降，浮力差所影响的气量也随之增大。例如，当结焦时间为 18h 时，斜道上升与下降的总阻力为 50Pa，上升斜道阻力为 25Pa，浮力差为 1Pa，它仅能影响 2% 的气量；当结焦时间延长到 24h 以上时，上升斜道阻力约降 12.5Pa，而浮力差要增加到 2Pa 以上，它能影响的气量增加到 8% 左右。所以结焦时间越长，越不利于边火道的加热。

（3）蓄热室封墙严密性不好。如果蓄热室封墙不严密，在使用高炉煤气加热时，由于焦炉燃烧系统除看火孔外均为负压，因此在加热过程中不可避免地会有一部分空气漏入。漏入空气蓄热室的冷空气，无论在上升气流还是下降气流，都会使蓄热室炉头部分冷却，降低上升气流空气的预热温度。当在上升气流时，进入煤气蓄热室的空气会在蓄热室内与煤气混合燃烧，产生废气，有的甚至烧到斜道，这就是习惯上的“白眼”。因此进入边火道中的煤气就掺杂有一部分废气，煤气的发热值就降低。进入边火道的煤气发热值低和空气预热温度的降低，往往导致边火道温度降低。随着结焦时间的延长和炭化室的增高，上升气流蓄热室吸力加大，漏入的冷空气也相应增加，使炉头部分的煤气质量进一步变坏，边火道温度会更低。

另外，当焦炉使用高炉煤气加热时，小烟道与两叉部接头处严密性的好坏对边火道温度也有相同的影响。

3.1.4.2 提高边火道温度的方法

提高边火道温度的方法是：

（1）补充加热。用高炉煤气加热时，为提高边火道温度，可用焦炉煤气对边火道进行补充加热。在机、焦侧各铺设两排管径 DN70mm 的钢管，一排与单数燃烧室的边火道相连，另一排与双数燃烧室的边火道相连，通过它们向砖煤气道送焦炉煤气进行补充加热。它的缺点是要进行交换，需要消耗一部分焦炉煤气。此法调节比较方便，效果较好，基本可满足生产要求。

（2）间断加热。当结焦时间为 24h 时，仍采用 18h 的煤气流量、分烟道吸力、煤气主管的压力和孔板，一个交换中有 1/3 的时间不送煤气。这种方法由于斜道阻力未减小，前面所述的火道浮力差的作用不会增大，上升气流蓄热室顶部的吸力不会变大，漏入的冷空气量也不会增多，可使边火道温度下降得较少。

（3）焦炉设计的改进。从设计角度考虑，为提高边火道温度可以从以下 3 个方面着手：

1）改进炉头一对火道斜道口调节砖的排列。当下喷式焦炉用焦炉煤气加热时，由于火道有足够的空气量，又可以单独调节边火道的煤气量，因此边火道温度就有保证。但是，当用贫煤气加热时，要想单独调节边火道的煤气量就相当困难。所以，设计时应充分考虑炉头第 1、第 2 火道所需热量的差别及漏入冷空气的影响。

2）合理确定斜道阻力。炉内阻力主要取决于斜道阻力。斜道阻力小，炉内阻力就小，这样既可降低烟囱的高度，又可减少异向气流之间的漏失量，但它使气量的调节不灵敏。如斜道阻力过大，则气量调节太灵敏，会由于施工和砖的制造误差带来横排温度分布的不合理，为了调整阻力，可能需要经常调节或更换调节砖，给此项工作带来更大的困难。所以，斜道阻力的大小应选取适当。

3）改进蓄热室封墙结构。可将蓄热室封墙结构改为从里到外由硅砖、硅酸钙板、高强隔热砖 3 层砖体结构组成，在高强隔热砖表面勾缝，最后在高强隔热砖外面抹一层厚为 20～30mm 的稀土保温材料或专用保温材料。采用这种结构后，当封墙表面严密性破坏而漏气时容易被发现和维护。

（4）加强生产管理。为保证焦炉边火道的加热，设计时采用的结构和选用的参数合理与否固然重要，但加强生产管理并采取合适的措施也很重要。因此，在生产管理和操作方面还应特别注意下述事宜：

1）焦炉表面的严密。蓄热室封墙、斜道正面、两叉部的严密对于炉头加热是至关重要的。在更换贫煤气加热前一定要对上述部位做一次全面认真的检查，如果发现缺陷，那么一定要在换煤气前处理好。生产时若发现边火道温度低，尤其是发现边火道煤气斜道口白眼时，首先要检查与它有关的上升煤气蓄热室的吸力是否变大，并及时进行调整；若温度仍低，则应检查上述各部位的严密性，发现问题立即处理。

2）压力制度。以往习惯将看火孔保持正压，一般为0～5Pa，而实际上看火孔压力负一些（即为－5～0Pa）对降低拉条温度，防止拉条被腐蚀和烧坏是有好处的。但是，看火孔负压就要增加蓄热室的负压，蓄热室封墙漏入的冷空气就会增多，对炉头的加热是十分不利的。所以边火道温度较低的焦炉（特别是贫煤气加热）的看火孔一定要保持正压，而且还应稍大一些，一般可保持在10～15Pa范围内。

当结焦时间延长时，一般保持上升煤气蓄热室顶的吸力不变，让看火孔正压，减少蓄热室封墙漏气，当正压大到影响测温时，可临时增加吸力，测温后立即恢复原吸力。

3.1.5 高向加热的调节

焦饼沿焦炉高向加热不均匀，会使焦炭粒度均匀性和强度降低，耗热量增加，焦炉操作困难，推焦阻力增加。所以，研究影响焦炉高向加热的各种因素及其影响、调节方法、效果和副作用等，是炼焦工作者的一项重要内容。

3.1.5.1 影响高向加热的因素

影响焦炉高向加热的因素主要是煤气燃烧的速度、气流速度和炉墙的传热等。其中，煤气燃烧的速度起主要作用。

A 煤气燃烧的速度

火焰的长短与煤气燃烧速度有关。燃烧速度越慢，火焰越长；反之则越短。煤气在立火道中的燃烧速度取决于它的燃烧时间。燃烧时间越短，燃烧越快。加热煤气与空气在立火道中燃烧所消耗的时间，是参加燃烧的各成分加热到燃点、可燃成分与氧汇合完成燃烧反应所需要时间的总和。

在立火道温度很高的条件下，煤气和空气在进入立火道前已被加热到发火点。从发火点开始到完全燃烧反应所耗用的时间只有几百分之一秒。所以，煤气在燃烧过程中所耗用的全部时间实际上就是煤气和空气混合所需的时间。

B 气流速度

从理论上分析，立火道内气体流动性质与燃烧状态是较复杂的，但在生产实践中都能体会到：焦侧火焰往往长于机侧；在较短的结焦时间下操作其火焰较长等。这是因为：

（1）焦侧立火道断面面积比机侧小，而气体流量却较多，所以焦侧立火道内气流速度大，火焰也就较长。

（2）当周转时间缩短时，单位时间内供入的气体量增加，使气流速度增大，从而使火焰拉长，改善焦饼上下加热的均匀性。

C 炉墙的传热

加热煤气在立火道内燃烧所产生的热量经过炭化室墙才能传给煤料。所以，炉墙的传热与焦饼的高向加热有密切关系。炉墙砖的厚薄、立火道隔墙的形状、加热水平高低以及分段加热等对焦饼高向均匀性均有影响。

3.1.5.2 改善高向加热的主要方法

改善高向加热的主要方法是改进焦炉设计和优化生产操作。

A 改进焦炉设计

改进焦炉设计包括以下6个方面：

(1) 采用高低灯头。高低灯头采用相邻火道不同高度的煤气灯头，以改变火道内燃烧点的高度，从而使高向加热均匀，此法仅限于富煤气加热。由于高灯头高出火道底面一段距离送出煤气，因此自斜道来的空气易将高灯头下部砖缝中的沉积炭烧掉，造成窜漏。采用高低灯头实现高向加热均匀的方式如图3-1(a)所示。

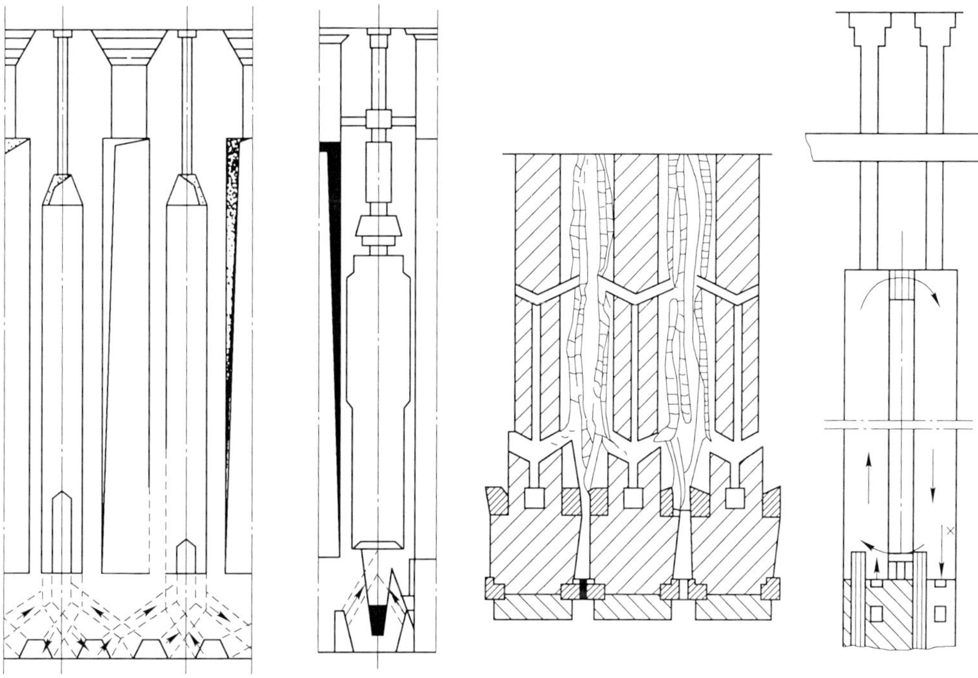

(a) (b) (c) (d)

图3-1 实现高向加热均匀的方式

(a)高低灯头；(b)炉墙不同厚度；(c)分段加热；(d)废气循环

(2) 采用不同炉墙厚度。采用增大炭化室下部炉墙砖的厚度，或者使立火道隔墙砖沿高向逐渐加厚，以及改变砖的形状的方法，可改善焦饼上部的加热状况。采用不同炉墙厚度实现高向加热均匀的方式如图3-1(b)所示。

(3) 采用分段加热。分段加热是将贫煤气和空气沿立火道隔墙中的孔道在不同高度处进入火道，使燃烧分段，这种措施可使火焰拉得较长，并通过孔道出口的断面调整高向加热，但火道的结构比较复杂。采用分段加热实现高向加热均匀的方式如图3-1(c)所示。

(4) 采用废气循环结构。废气循环是将下降火道的部分燃烧废气通过立火道隔墙下部的循环孔，抽回上升火道，形成炉内循环，以稀释煤气和降低氧的浓度，从而减缓燃烧速度，拉长火焰。采用废气循环结构实现高向加热均匀的方式如图3-1(d)所示。

(5) 选择适宜的加热水平高度。加热水平的高低对焦饼上部的成熟情况影响很大。例如：炭化室高为4.3m的双联火道焦炉，当加热水平为600mm时，焦饼上部的成熟情况是好的，但炉顶空间温度偏高，炉顶石墨挂结速度较快；当加热水平为 800mm 时，焦饼上部加热稍微不足，炉顶空间温度低。所以，目前往往采用 700mm 的加热水平高度。

（6）改变煤气和空气出口的距离及其出口夹角。煤气和空气出口的距离越大，则可燃和助燃气体分子的汇合越慢，燃烧越慢，火焰拉长。减小煤气和空气之间的夹角，可获得同样的效果。

B 优化生产操作

优化生产操作包括以下 5 个方面：

（1）改变空气系数。空气系数较小时，火焰较长；反之，空气系数较大时，火焰较短。控制不同的空气系数，可以调节焦饼高向加热的均匀性。这是一个简易方法，调节范围有限。因为空气系数过大，增加了废气带走的热损失；空气系数过小，燃烧不完全，更增加了热损失。

（2）焦炉煤气贫化和贫煤气富化。焦炉煤气贫化是指在焦炉煤气中混入高炉煤气。这样可燃成分浓度降低，火焰拉长，并且煤气用量增加，煤气出口流速增加，废气循环量增加，因而可拉长火焰。经试验可知，使用混合煤气加热后，可较明显地改善焦饼高向加热的均匀性，同时随混合比的增加，焦饼上下温差减小。贫煤气富化是指在高炉煤气中混入焦炉煤气，这个方法已广泛应用。进行煤气富化操作后，可燃成分浓度增加，流速降低，可使火焰缩短。目前贫煤气富化主要是为了稳定、提高加热煤气热值，减少流体阻力，以提高烟囱吸力。

（3）缩短周转时间。

（4）装煤、平煤方法选择。装煤、平煤方法对焦炉高向加热有影响。装煤量过满，平煤杆过分压实上部煤料，使煤饼上部堆密度过大，可导致上部加热不足，产生生焦。

（5）换向时间调整。换向时间也影响焦炉高向加热状况。在换向周期内，火道中气流与炉墙之间形成温度差，在上升气流换向后初期炉墙吸热较多，末期炉墙吸热减少。在下降气流换向初期，炉墙是放热的，而末期炉墙转为吸热。在换向初期，炉墙下部大量吸热，而上部吸热较少；在换向末期，炉墙上下部吸热相近，即增加了上部的吸热量。所以，随着换向时间的延长，可以增加炉墙上部的吸热量，从而改善焦饼上下加热的均匀性。在焦饼总成熟度略有提高的情况下，可适当降低标准火道温度。但是，在换向周期延长后，换向后期的炉顶空间温度升高，烟气温度提高，蓄热室效率下降，耗热量增加。因此，要全面权衡。

3.1.6 蓄热室高温的处理

3.1.6.1 蓄热室温度的检查及控制范围

为了检查蓄热室的蓄热效果，并及时发现蓄热室有无高温、漏火、下火等情况，需测量蓄热室顶部最高温度。

硅砖蓄热室最高温度不应超过 1320℃，黏土砖蓄热室最高温度不应超过 1250℃，但均不得低于 900℃，超过规定温度时应分析原因并进行处理。

蓄热室温度一般情况下与炉型、结焦时间和空气过剩系数有关。双联火道焦炉蓄热室温度一般为火道温度的 87% ~90%，两者相差约 150℃。

3.1.6.2 蓄热室高温的主要原因

蓄热室高温的主要原因是:

(1) 漏火。漏火是指由于砖煤气道不严或是炭化室底砖不严，漏往蓄热室的煤气燃烧的现象。

(2) 下火。下火是指燃烧室里烧不完的煤气继续进入蓄热室里燃烧的现象。煤气在燃烧室内燃烧不完全一般是炭化室墙窜漏、烘炉孔塞子砖脱落、煤气喷嘴脱落等因素引起的。

(3) 烧高炉煤气时，因蓄热室隔墙不严，高炉煤气漏至空气蓄热室或下降气流蓄热室而燃烧。

(4) 废气循环孔短路使煤气在蓄热室内燃烧。

3.1.6.3 蓄热室高温的后果

蓄热室高温会烧熔格子砖，或将格子砖表面的高炉灰、煤灰等烧结在格子砖上，影响正常加热，使火道低温，焦饼难推。黏土砖蓄热室的焦炉发生高温时，甚至会超过黏土砖的荷重软化点，使格子砖和墙面烧熔，以至炭化室底部下沉，因此被迫停炉。

3.1.6.4 蓄热室高温的处理办法

发现高温的蓄热室号后，应立即开大风门，使较多冷空气进入，关小废气盘翻板，减少经过该蓄热室的废气量，使高温蓄热室迅速降温；同时立即查找蓄热室高温的原因并解决。如是煤气喷嘴脱落引起的蓄热室高温，要立即把喷嘴上好。

短时间处理很困难时，可先采取临时措施，再组织力量安排相关部位检修。如炭化室荒煤气漏入立火道燃烧时，应打开相应看火孔盖，使荒煤气部分由火道顶导出炉外；窜漏严重时，窜漏炭化室装煤初期应打开上升管盖放散，结焦末期应关闭上升管翻板，防止集气管荒煤气倒流至炭化室。

3.2 用贫煤气加热时的调节

3.2.1 高炉煤气加热的特点

3.2.1.1 高炉煤气需要预热

同体积的高炉煤气的发热量较焦炉煤气低得多，一般为3300~4200kJ/m^3。热值低的高炉煤气是不容易燃烧的。为了提高燃烧的热效应，除了空气需要预热外，高炉煤气也必须预热。所以使用高炉煤气加热时，燃烧系统上升气流的蓄热室中，一半用来预热空气，另一半用来预热煤气。煤气与空气一样，经过斜道进入燃烧室立火道进行燃烧。

3.2.1.2 燃烧系统的阻力大

用高炉煤气加热时，耗热量高（一般比焦炉煤气高15%左右），产生的废气多，且密度大，阻力也较大。而上升气流虽然供入的空气量较少，但由于仅一半上升气流蓄热室通过空气，因此上升气流空气系统的阻力仍比使用焦炉煤气加热时要大。

3.2.1.3 燃烧火焰长

高炉煤气中的惰性气体约占60%以上，因而燃烧火焰较长，焦饼上下加热的均匀性较好。所以，在相同的结焦时间下，用高炉煤气加热的标准火道温度比用焦炉煤气加热的要低，一般低10～20℃。

由于通过蓄热室预热的气体量多，因此蓄热室、小烟道和分烟道废气温度都较低。小烟道废气出口温度一般比使用焦炉煤气加热时低40～60℃。

3.2.1.4 高炉煤气毒性大

高炉煤气中CO的体积分数一般为25%～30%。为了防止空气中CO含量超标，必须保持煤气设备严密。高炉煤气设备在安装时应严格按规定达到试压标准，如果闲置较长时间再重新使用，使用前必须再次进行打压试漏，确认管道、设备严密后才能改用高炉煤气加热。在日常操作过程中，还应对旋塞定期清洁加油；对水封也应定期检查，保持满流状态；蓄热室封墙、小烟道与连接管处的检查与严密工作也应经常进行。

高炉煤气进入废气盘后即处于负压状态。一旦发现该处出现正压，应立即查明原因，组织人力及时处理，确保高炉煤气进入废气盘后处于负压状态。

3.2.1.5 高炉煤气含尘量大

焦炉所用的高炉煤气含尘量要求最大不超过15mg/m^3。近年来，由于高压炉顶和洗涤工艺的改善，高炉煤气含尘量可降到5mg/m^{3}以下。但长期使用高炉煤气后，煤气中的灰尘也会在煤气通道中沉积下来，使阻力增加，影响加热的正常调节，因而需要采取清扫措施。

3.2.2 总煤气量与空气量的调节

3.2.2.1 煤气消耗量的确定

由于高炉煤气的热值为焦炉煤气的20%～25%，而且使用高炉煤气加热时的炼焦耗热量要比焦炉煤气加热时高10%～20%，因此，在相同结焦时间内所需的加热煤气量约为焦炉煤气的5.2倍$\left(1.15\times\frac{100}{22}\right)$，高炉煤气消耗量与焦炉煤气消耗量之间的关系可以按式3-9计算：

$$V_{高} = V_{焦}\frac{1.15Q_{焦}}{Q_{高}} \tag{3-9}$$

式中 $V_{高}$——高炉煤气总流量，m^3/h；

$V_{焦}$——焦炉煤气总流量，m^3/h；

$Q_{高}$——高炉煤气的热值，kJ/m^3；

$Q_{焦}$——焦炉煤气的热值，kJ/m^3。

用高炉煤气加热时，由于废气量增加，废气带走的热量占总耗热量的比例增大，焦侧的热效率相对机侧降低得多。另外，焦侧上升和下降气流的吸力差比机侧大，漏气的机会更多，因此，焦侧和机侧耗热量的比值比用焦炉煤气加热时大1% ~2%。根据经验，用高炉煤气加热时，焦侧、机侧煤气消耗量之比为1.12 ~1.16。

对于JN43型焦炉和JN60型焦炉，采用高炉煤气加热时，标准火道的温度制定时可比焦炉煤气加热时低10 ~20℃，然后再根据焦饼中心温度来调整标准温度与煤气流量。

为了减少高炉煤气漏失，煤气主管压力不宜过高，一般保持在600 ~1000Pa。

3.2.2.2 空气量的确定

由燃烧计算可知，$1m^3$ 高炉煤气燃烧时所需要的湿空气量为 $0.9m^3$ 左右，而焦炉煤气燃烧时所需要的湿空气量为 $5.5m^3$ 左右。所以，在同一结焦时间内，用高炉煤气加热需要的总空气量是焦炉煤气的0.85倍$\left(5.2 \times \frac{0.9}{5.5}\right)$。

根据计算和经验可知，用高炉煤气加热时，进风口开度约为焦炉煤气加热时的两个进风口开度的90%。

带废气循环的焦炉，用高炉煤气加热时立火道空气系数 α 值保持在1.2左右，小烟道出口处的空气系数 α 值为1.25 ~1.30。

$1m^3$ 高炉煤气燃烧后产生的废气量约为 $1.7m^3$，$1m^3$ 焦炉煤气燃烧后产生的废气量约为 $6m^3$。所以，在同一结焦时间下，用高炉煤气加热时产生的废气量为用焦炉煤气加热时的1.5倍$\left(5.2 \times \frac{1.7}{6}\right)$。

设高炉煤气加热的废气密度为 $1.37kg/m^3$，焦炉煤气加热的废气密度为 $1.21kg/m^3$，则在同一结焦时间下，用高炉煤气加热时的废气阻力约为用焦炉煤气加热时的2.55倍$\left(1.5^2 \times \frac{1.37}{1.21}\right)$。所以，所需要的烟囱吸力也相应增大。根据计算和经验，用高炉煤气加热时所需要的分烟道吸力约为用焦炉煤气加热时的1.8倍。

用焦炉煤气置换为高炉煤气加热时，开始可参照上述数据来制定加热制度，但是在调节过程中，往往进风口和废气盘调节翻板的开度是变化的。一般的，用焦炉煤气加热时翻板的开度较小，在置换为高炉煤气加热时，需要将翻板开大一些，以减少阻力。

3.2.2.3 流量的调节

用高炉煤气加热时炉温的变化比用焦炉煤气加热时缓慢，每调节一次流量，要在6h以上才能反映出来。所以煤气量和分烟道吸力的调节幅度不宜太大、太频繁，以避免波动过大。根据经验，在正常结焦时间下，高炉煤气每侧每次的调节量见表3-4。按此幅度改变流量时，煤气主管压力相应改变30 ~50Pa，相应的，该侧直行平均温度约变化5 ~7℃。

表3-4 高炉煤气每侧每次的调节量

焦炉类别	煤气流量/$m^3 \cdot h^{-1}$	烟道吸力/Pa
65孔焦炉（4.3m）	500	5
50孔焦炉（6m）	500 ~1000	5 ~10

根据经验，在生产条件稳定的情况下，42 孔 4.3m 焦炉煤气总量的波动一般是 $\pm 1000m^3/h$，65 孔 4.3m 焦炉煤气总量的波动一般是 $\pm 2000m^3/h$ 时，可不改变进风口开度。当结焦时间改变或流量变化超过上述范围时，应适当改变进风口开度和分烟道吸力，使看火孔和空气系数符合规定。

高炉煤气毒性大，因此当煤气进入废气盘后应处于负压状态，沿煤气蓄热室上升气流高度方向任何一点的压力不得大于 -5Pa。在调节中，应避免煤气量增加过多或烟道吸力过小而造成废气盘和蓄热室为正压。

3.2.2.4 混合煤气的使用

煤气热值低，对焦炉加热是不利的，它使焦炉的热工效率低，耗热量高，煤气用量大，所产生的废气量多，从而使加热设备和加热系统阻力增大，甚至造成煤气设备能力和烟囱吸力不足。所以，为了提高煤气的热值，可采用向高炉煤气内混入一定量焦炉煤气的措施。用混合煤气加热和用高炉煤气加热的调节方法基本相同。

A 混合比的选择

用混合煤气加热时，主要是控制焦炉煤气的混入量。焦炉煤气的混入量占混合煤气总量的百分比简称为混合比。混合比有体积混合比和热量混合比。

体积混合比是指焦炉煤气混入体积占混合煤气总体积的百分比，可用式 3-10 计算：

$$\text{体积混合比} = \frac{V_{焦}}{V_{高} + V_{焦}} \times 100\% \tag{3-10}$$

式中 $V_{焦}$——焦炉煤气流量，m^3/h；

$V_{高}$——高炉煤气流量，m^3/h。

热量混合比是指焦炉煤气混入热量占混合煤气总热量的百分比，可用式 3-11 计算：

$$\text{热量混合比} = \frac{V_{焦} Q_{焦}}{V_{焦} Q_{焦} + V_{高} Q_{高}} \times 100\% \tag{3-11}$$

式中 $Q_{焦}$——焦炉煤气发热量，kJ/m^3；

$Q_{高}$——高炉煤气发热量，kJ/m^3。

在生产中，一般控制体积混合比。在正常结焦时间和斜道口调节砖不变的情况下，体积混合比为 3% ~7%，混合后的热值约为 $4200kJ/m^3$ 比较合适。如果混合比增加，则对加热的影响是：

（1）焦炉煤气中的甲烷易在蓄热室分解，生成游离碳堵塞格子砖。

（2）使燃烧火焰缩短，影响焦饼加热的均匀性。所以当焦饼上部温度高于下部温度时，可适当增加混合比，以降低上部温度。

（3）煤气总流量减少，煤气蓄热室顶部上升气流负压增加，当空气蓄热室压力大于煤气蓄热室压力时，空气容易漏入煤气蓄热室中燃烧。因此混合比的增加，不应使空气蓄热室顶部压力大于煤气蓄热室顶部压力。可开大空气斜道口的开度，以减少空气蓄热室顶部压力。

（4）煤气量、废气量减少，使炉内燃烧系统阻力减少，所以混合比增加，烟囱吸力减少。

（5）对横排温度有影响，特别是使炉头温度增高，所以要注意高温事故。

B 混合煤气加热的调节

使用不同混合比的煤气加热，需要的空气量和产生的废气量不同，造成的加热系统阻力也不同，因而所需要的吸力也不同。根据计算和实践可知，混合比每增加1%，分烟道吸力减少5Pa左右。所以为稳定加热制度，要求混合比变化在±0.5%以内。

使用混合煤气加热时，要注意两种煤气的压力，若焦炉煤气压力低于高炉煤气压力，就会产生倒流或混入困难；若焦炉煤气低压时间较长，应当及时关闭混合煤气管道上的开闭器并查找原因。若高炉煤气压力太低，且持续时间又长，就会使大量的焦炉煤气混入高炉煤气管道中，所以也应关闭混合煤气管道上的开闭器。否则，当高炉煤气管道充满大量焦炉煤气时，容易造成燃烧不完全或发生爆炸事故。

3.2.3 蓄热室顶部吸力的调节

3.2.3.1 煤气、空气蓄热室顶部压差的意义与影响因素

A 蓄热室顶部上升与下降气流之间的压力差

蓄热室顶部上升和下降气流之间的压力差，与通过气体流量的平方成正比。当各燃烧室斜道口断面相同时，如果各压力差一致，就表示通过的气体流量也一致。同时，在周转时间改变不大（小于2h）、耗热量变化不多及其他条件（系统阻力、浮力）也基本不变的情况下，由于气体流量与周转时间成反比，因此可以认为压力差也与周转时间成反比，则周转时间调节前、后的相互关系为：

$$\frac{\alpha'_{上}-\alpha'_{下}}{\alpha_{上}-\alpha_{下}}=\frac{\Delta p'}{\Delta p}=\left(\frac{v'_0}{v_0}\right)^2=\left(\frac{\tau}{\tau'}\right)^2 \tag{3-12}$$

式中 $\alpha_{上}$，$\alpha_{下}$，$\alpha'_{上}$，$\alpha'_{下}$——调节前后蓄热室顶部上升气流和下降气流的压力，Pa；

Δp，$\Delta p'$——调节前后蓄热室顶部上升与下降气流的压差，Pa；

v_0，v'_0——调节前后气体在标准状态下的流量，m^3/h；

τ，τ'——调节前后周转时间，h。

计算示例：当周转时间为18h时，煤气和空气蓄热室下降气流的平均压力为-75Pa，上升气流的平均压力为-40Pa，求当周转时间改为17h，上升和下降气流蓄热室顶部吸力差应为多少？当上升气流蓄热室顶部压力保持不变时，下降气流蓄热室顶部压力应为多少？

解：周转时间为17h的压力差为：

$$\begin{aligned}\alpha'_{上}-\alpha'_{下}&=(\alpha_{上}-\alpha_{下})\left(\frac{\tau}{\tau'}\right)^2\\&=[-40-(-75)]\times\left(\frac{18}{17}\right)^2\\&=35\times\left(\frac{18}{17}\right)^2=39\,(\text{Pa})\end{aligned}$$

下降气流的蓄热室顶部压力为：

$$\alpha'_{下}=\alpha'_{上}-39=-40-39=-79\,(\text{Pa})$$

即下降气流的蓄热室顶部吸力应增加，可采用开大废气盘调节翻板或分烟道翻板的方

法解决。

B　上升气流煤气和空气蓄热室顶部之间的压差

上升气流煤气和空气蓄热室顶部之间的压差代表着进入燃烧系统空气和煤气的配比。在煤气和空气斜道的形状与断面相同的条件下，其阻力与两种气体体积的平方成正比，即：

$$\frac{\Delta p_{煤}}{\Delta p_{空}} = \left(\frac{V_{煤}}{V_{空}}\right)^2 \tag{3-13}$$

式中　$\Delta p_{煤}$，$\Delta p_{空}$——煤气斜道和空气斜道的阻力，Pa；

$V_{煤}$，$V_{空}$——煤气和空气的体积，m^3。

因为煤气和空气进入立火道底部后的压力是相同的，所以在两斜道浮力近似相等的条件下，可用上升气流伯努利方程式，立火道底部的压力应为：

$$\alpha_{立} = \alpha_{煤}^{上} + h - \Delta p_{煤}$$

$$\alpha_{立} = \alpha_{空}^{上} + h - \Delta p_{空}$$

所以

$$\alpha_{煤}^{上} - \alpha_{空}^{上} = \Delta p_{煤} - \Delta p_{空} \tag{3-14}$$

式中　$\alpha_{煤}^{上}$，$\alpha_{空}^{上}$——煤气和空气蓄热室顶部压力，Pa；

h——浮力，Pa。

由式3-14可知，上升气流煤气蓄热室和空气蓄热室顶部的压力差等于煤气和空气斜道的压力差。

计算示例：已知高炉煤气的热值为3930kJ/m^3，空气系数 $\alpha = 1.20$，燃烧1m^3高炉煤气所需空气量为0.89m^3，结焦时间为18h，上升气流煤气斜道阻力为19.6Pa，煤气蓄热室顶部吸力为35Pa，求空气蓄热室顶部压力。

解：两斜道的阻力比为：

$$\frac{\Delta p_{煤}}{\Delta p_{空}} = \left(\frac{V_{煤}}{V_{空}}\right)^2 = \left(\frac{1}{0.89}\right)^2 = 1.26$$

空气斜道阻力为：

$$\Delta p_{空} = \frac{\Delta p_{煤}}{1.26} = \frac{19.6}{1.26} = 15.6\ (\text{Pa})$$

煤气和空气蓄热室顶部压力差为：

$$\alpha_{煤} - \alpha_{空} = \Delta p_{煤} - \Delta p_{空} = 19.6 - 15.6 = 4\ (\text{Pa})$$

空气蓄热室顶部压力为：

$$\alpha_{空} = \alpha_{煤} - 4 = -35 - 4 = -39\ (\text{Pa})$$

上升气流煤气和空气蓄热室顶部压差与下列因素有关：

（1）空气系数 α。α 值越大，表示1m^3煤气完全燃烧所需的空气量越多，那么煤气、空气蓄热室之间的压差就越小，当煤气的热值在3700～3900kJ/m^3时，若 α 值为1.3，煤气、空气蓄热室的压差基本为0，也就是所谓等压操作。

（2）煤气热值。煤气的热值越高，说明煤气中可燃成分越多，1m^3煤气完全燃烧所需的空气量也越多，煤气、空气蓄热室的压差就越小。当煤气热值为4500kJ/m^3左右时，若立火道 α 值为1.2，此时煤气、空气蓄热室的压差也为0。若煤气热值进一步升高，如用发生炉煤气加热，在煤气斜道口与空气斜道口的调节砖排列一样时，若要立火道 α 值保持 1.2，上升空气蓄热室的压力将大于上升煤气蓄热室的压力。这时上升空气蓄热室中的空气将漏到煤气蓄热室中，造成炉头煤气质量变差，炉头温度降低。为避免上述现象发生，在用发生炉煤气加热时，煤气斜道口的开度与空气斜道口的开度之比定为 1∶1.3。

(3) 结焦时间。假如不考虑由于结焦时间的变化而引起炼焦耗热量的变化，立火道 α 值保持不变，则上升气流煤气、空气蓄热室顶部之间的压力差与结焦时间的平方成反比。

C 下降气流煤气和空气蓄热室顶部之间的吸力差

下降气流煤气和空气蓄热室顶部之间的吸力差代表着废气在两个蓄热室中的分配比。它同上升气流煤气和空气蓄热室顶吸力差一样，也是阻力差，即 $\alpha_{空} - \alpha_{煤} = \Delta p_{空} - \Delta p_{煤}$。一般情况下，煤气量比空气量多，而单位体积的高炉煤气和空气的吸热能力相近，所以对于煤气蓄热室需要给予更多的热量，即要进入更多的废气。

因下降气流斜道阻力约为上升气流斜道阻力的 80%，所以，为了保持与上升气流煤气、空气的分配比例一致，应使下降气流煤气与空气蓄热室顶部之间的吸力差比上升气流煤气与空气蓄热室顶部之间的吸力差小，约为上升气流煤气与空气蓄热室顶部之间的吸力差的 80%，一般约差 1Pa，而且下降气流煤气蓄热室顶部的吸力应该比空气蓄热室顶部的吸力大。

下降气流煤气与空气蓄热室顶部之间的吸力差与上升气流有关，所以影响上升气流煤气与空气蓄热室顶吸力差的因素同样也影响下降气流煤气和空气蓄热室顶部之间的吸力差，而且关系不变。

废气在两个蓄热室中的分配是否合适，可以用下降气流小烟道出口处的废气温度来检查。在没有下火的情况下，两个小烟道出口废气温度相差在 20℃以内时，说明废气量分配基本合适。如果相差较大，可以用废气盘翻板开度来调节。调节时应注意立火道空气系数 α 值的情况，若空气系数 α 稍小，可适当开大温度低的废气盘翻板；若 α 稍大，可适当关小温度高的废气盘翻板；若空气系数 α 合理，可同时适当关小温度高的废气盘翻板和开大温度低的废气盘翻板。

总之，在一切调节中，都应以保证立火道燃烧正常、温度均匀和稳定为最终目的，不能顾此失彼。

3.2.3.2 影响蓄热室顶部吸力的因素

影响蓄热室顶部吸力的因素有以下 5 个方面：

(1) 交换时间。在分烟道吸力自动调节的前提下，每个交换周期内蓄热室顶部的吸力在交换初期最大，末期最小，其差值为 5～6Pa。该值与交换时间、结焦时间的长短有关。造成此现象的原因是分烟道吸力一定时，刚交换后上升气流蓄热室的格子砖温度最高，气体预热的温度最高，即浮力最大；下降气流蓄热室格子砖温度最低，热阻力（下降浮力）最小。可见，在整个交换周期内，燃烧室空气系数 α 值是变化的，刚交换时 α 大，交换末期 α 小。所以测定蓄热室顶吸力时，应测定每个蓄热室与标准蓄热室吸力的相对差。

(2) 结焦时间。从装煤到推焦的周期性变化中，炭化室内的压力也发生从大到小的周期性变化。从炭化室墙不严密处漏入燃烧室的荒煤气量也是变化的，刚装煤时漏入量大，推焦前则很少。对于不同的炭化室来讲，漏入燃烧室的荒煤气量不仅与所处的结焦时间有关，而且与炭化室墙的严密程度有关。从炭化室漏入燃烧系统的煤气量越多，燃烧系统压力越高。一个结焦周期内蓄热室顶部的吸力变化约为 3 ~ 5Pa。为了减少它的影响，测蓄热室顶部吸力时，最好选择与标准蓄热室有关的处在结焦周期 1/3 ~ 1/2 的炭化室。在测吸力前，首先应弄清楚焦炉正在推焦的签号。结焦周期对吸力有影响，同时影响上升与下降气流，但是对上升气流的影响稍大一些，即上升气流与下降气流蓄热室顶部的吸力差会稍大一些。在正常炉况下，它对燃烧室的温度（昼夜平均值）没有影响，所以此种原因造成蓄热室顶部吸力偏大或偏小是不应该调节的。

（3）风门的开度。按规定每侧各风门的开度除边炉外应当一致，边炉风门开度为中间开度的 1/3，将次边炉的风门开度定为中间的 85% 也是合理的。如果风门开度不一致，那么全炉蓄热室顶的吸力也必然相差较大。开度大的蓄热室顶的吸力不论上升气流还是下降气流都偏小，上升气流吸力更小，这使上升气流与下降气流蓄热室顶部的吸力差变大，说明进入该燃烧系统空气量增多。但空气量的增多不是与风门开度成正比的。

（4）封墙的严密性。不论是上升还是下降气流蓄热室封墙漏气，都会使上升与下降气流蓄热室顶部的吸力变小，它的影响分 3 种情况：上升气流封墙漏气，蓄热室顶部上升与下降气流吸力差稍有增大，进气量增加；下降气流封墙漏气时，蓄热室顶部上升与下降气流吸力差稍有减小，进气量减少；上升和下降气流封墙都漏气时，与下降气流封墙漏气的效果比较接近。

（5）风和风向。刮风时，特别是风速较大时，烟囱出口处受风速影响而造成整个废气系统吸力波动很大，而迎风侧和背风侧的影响也不相同，靠窗与不靠窗的影响也不相同，因此刮大风时不应进行吸力的测调工作。

总之，影响吸力的因素很多，在测调吸力时如发现测量结果不正常，应综合分析，“对症下药”才能使得吸力稳定，保证进入各燃烧系统的空气量和煤气量基本相等。

3.2.4 直行温度的调节

3.2.4.1 高炉煤气孔板直径的排列

高炉煤气孔板直径的排列是根据煤气主管两端的压力差而定的。由于高炉煤气主管管径较粗，按管道布置的特点，始端的压力一般小于末端的压力。因此，始端分管的孔板直径应加大，而末端分管的孔板直径要减小。

在正常情况下，当孔板直径为分管直径的 75% 左右时，孔板的阻力约占分管阻力的 70%，当煤气主管末端压力比始端压力大 4% 时，为了使进入各燃烧室的煤气量相同，则末端的孔板阻力应增加$\frac{0.04}{0.7}\times100\%=6\%$。当流量一定，孔板直径变化不大，孔板的阻力系数不变时，孔板的阻力 Δp 和孔板直径 d 的 4 次方成反比，即：

$$\frac{\Delta p_{孔1}}{\Delta p_{孔2}}=\left(\frac{d_2}{d_1}\right)^4 \tag{3-15}$$

所以孔板的直径比为 $\sqrt[4]{1.06}\approx1.015$。

管道压力的变化程度与管道的直径和长度以及管路的布置情况有关，所以每座焦炉应根据各自的特点，测出管道的压力变化情况，按压力的不同来适当安排孔板直径的排列。

由于边燃烧室的温度波动较大，因此在确定其孔板直径时，应给予一定的调节余地。一般边煤气分管的孔板直径为中部的63% ~68%，靠边第二个分管的孔板直径为中部的95% ~96%。

3.2.4.2 蓄热室顶部吸力的调节方法

用高炉煤气加热时，蓄热室顶部吸力的调节方法为：

（1）当上升煤气蓄热室顶部吸力测量值偏正（即吸力小于标准），与其相连的下降气流蓄热室顶部之间的压差也偏大，且直行温度偏高，一般是煤气量多造成的（可参照燃烧情况），此时应减少煤气量；反之，则应增加煤气量。

示例：

蓄热室号	上升煤气/Pa	下降煤气/Pa	直行温度/℃	空气系数 α 值
5 号	0	-1	+15	单火道 α 值小
6 号	2	-2	+10	双火道 α 值小
7 号	1	0	-3	

注：蓄热室与燃烧室立火道对应关系为同双前单。

分析：由吸力测量值可见，6 号煤气蓄热室顶部上升气流吸力值偏正，而且，6 号→5 号上升与下降的压差比标准大 2 - （-1） =3Pa，6 号→7 号上升与下降的压差比标准大 2 -0 =2Pa，且 5 号、6 号燃烧室温度偏高，空气系数 α 值偏小，说明 6 号蓄热室煤气供应量偏大，可把进入 6 号蓄热室的高炉煤气孔板换为小的。这样 6 号煤气和空气蓄热室上升气流的相对压力值将减少，5 号和 7 号蓄热室下降气流的相对压力差也将减小，即表中上升煤气的数值将偏负，因为它们与 4 号和 8 号燃烧室相通，所以在调节中还要考虑对该两燃烧室温度的影响。

（2）当上升煤气蓄热室顶部吸力测量值偏正时，上升与下降蓄热室顶部压差也偏大，而且温度偏低，空气系数 α 值偏小时，是空气量不足造成的，应开废气盘翻板；反之，则关小废气盘翻板。

示例：

蓄热室号	上升蓄顶/Pa		下降蓄顶/Pa	直行温度/℃	空气系数 α 值
	煤 气	空 气			
5 号	0	-3	-1	-15	单火道 α 值小
6 号	2	0	-2	-10	双火道 α 值小
7 号	1	-3	0	-3	

注：蓄热室与燃烧室立火道对应关系为同双前单。

分析：由 6 号→5 号和 6 号→7 号上升与下降的压差均比标准大。又从燃烧情况看，空气系数 α 值小，说明煤气量不少。当从 6 号蓄热室上升煤气和上升空气相比，压差仅 2Pa（较小），且空气蓄热室顶部为零，说明空气量少。这时可开大 5 号和 7 号蓄热室废气盘翻板，增加由 6 号空气蓄热室上升的空气量，以提高 5 号和 6 号燃烧室温度。此时，5 号和 7 号蓄热室顶部下降气流的吸力加大，应考虑对 4 号和 7 号燃烧室的影响。

（3）当相邻燃烧室的直行温度一高一低时，应对照供应该两燃烧室煤气的蓄热室与前后相连接的下降气流蓄热室的压差，如也是一大一小时，则是因为分配量不均造成的，可调节前后燃烧室号下降气流废气盘翻板。

示例：

蓄热室号	上升煤气/Pa	下降煤气/Pa	直行温度/℃	空气系数α值
5号	0	1	-8	正常
6号	2	3	+10	正常
7号	1	-3	-3	

分析：表中6号→5号上升与下降压差比标准仅大2-1=1Pa，而6号→7号上升与下降压差比标准大2-（-3）=5Pa，这时与6号蓄热室连接的5号、6号燃烧室温度一为负一为正，说明气体分配不当，此时可关小7号、开大5号蓄热室废气盘翻板。但这时要照顾4号和7号燃烧室温度的影响。

（4）当同一号煤气、空气蓄热室的小烟道温度差别较大时，应对照该两蓄热室的下降吸力与该两蓄热室相连的蓄热室顶压力差，调节废气的分配。

由于各燃烧室系统都相互联系，因此变动某蓄热室的调节装置必须考虑相关蓄热室顶部吸力的变化和相关燃烧室的温度变化。此外，各燃烧室的单双号火道和不同的蓄热室相连，所以，调节吸力时还要考虑测温火道的单双号，判断燃烧情况，以直行温度均匀为目的，用调节和稳定蓄热室顶部吸力来调节和稳定炉温。

在炉龄较长的焦炉中，出现燃烧室多火道斜道堵塞时，单凭吸力均匀也不能达到炉温的均匀，在用高炉煤气加热时，为保住炉温，可对堵塞号相关的蓄热室采取特殊的压力制度。

总之，炉体老化后，吸力的调节应服从温度，吸力可以允许超过所允许的范围。风门的开度也可以根据需要调整，而不必强调一致。

3.2.5 横排温度的调节

3.2.5.1 斜道口的开度

用高炉煤气加热时，煤气和空气均通过斜道进入各火道，所以横排温度的调节首先靠斜道口开度的合理排列。

设计的斜道出口断面在投产后应按横排温度进行调节，通常应选出10个燃烧室进行试验，调节时在5~20mm范围内可拨调节砖。在燃烧完全的情况下，拨煤气斜道口的调节砖距离对温度的大致影响为：

拨砖距离/mm	温度变化/℃
5	5~10
10	10~15
15~20	15~20

拨砖无效时，需要换不同厚度的调节砖。在调节过程中，一定要使各燃烧系统阻力一致，否则会造成蓄热室顶部吸力紊乱，影响调吸力。所以，如焦中温度高、焦头温度低时，可加厚焦中调节砖或减薄焦头调节砖，但必须10个燃烧室选用同一办法试调。

根据我国JN-43型焦炉及大容积焦炉烧高炉煤气的实践表明，按设计院计算所确定的斜道口开度基本满足横排温度均匀分布的要求。

3.2.5.2　蓄热室顶部吸力对横排温度的影响

当调节砖排列固定的情况下，上升气流蓄热室顶部吸力的变化对横排温度有一定的影响。所以，当调节砖排列基本固定后，在结焦时间一定、进入各燃烧系统流量一定，也就是说下降与上升气流蓄热室顶部吸力差一定的情况下，可以采取不同手段改变上升气流的蓄热室顶部吸力来适当调节横排方向的气流分布，以在一定范围内调节横排温度。有以下两种典型例子：

（1）在废气盘翻板开度不变的条件下，为增加上升气流蓄热室顶部吸力，可减小进风口开度，并开大分烟道翻板，使下降与上升气流的蓄热室顶部吸力差保持不变（即流量不变）。此时，由于经过风口的气流速度加大，促使炉头处静压减小，上升空气量减小，而炉中处则静压加大，空气量增加，使进入中部火道的空气量增加，头部的空气量减小。若原来火道内燃烧的α值偏大，则中部温度会降低，头部温度会升高些；若原来火道内燃烧的α值偏小，则中部温度会提高，头部温度会降低。

（2）在煤气加减旋塞开度不变的条件下，为增加煤气蓄热室顶部吸力可提高废气砣杆的高度，但为使下降与上升煤气蓄热室顶部吸力差不变，可适当降低主管压力。此时，经过燃烧系统的流量不变，但由于下降气流废气砣杆高度增加，经过此处的气流流速减小，造成炉头处静压增加，炉中处静压降低。由于下降气流时靠火道底的静压与小烟道的静压差流动，对双联火道焦炉来说，各火道底的静压基本一致，则炉头处压差小，下气流量少，炉中处压差大，下气流量就多。所以提高废气砣杆高度可适当调节各火道的气体量分布，从而影响横排温度的分布。

因此，当蓄热室顶部吸力制度确定后，为稳定横排温度的分布，必须稳定蓄热室顶部吸力。

3.2.5.3　焦炉煤气混合比对横排温度的影响

增加高炉煤气中的焦炉煤气混合比，可以提高燃烧室炉头火道的温度，这是因为混合比加大，使进入蓄热室的煤气量减少。在孔板尺寸不变的情况下，降低气流在小烟道的流速，可使小烟道头部的煤气静压相对增加，并减小了小烟道两端的静压差，使头部的气流上量相对增加。此外，高炉煤气中氢气含量增加，进入蓄热室后，氢气容易在炉头上升而增加炉头煤气热值。所以，增加焦炉煤气混合比有助于头部火道温度提高。

3.2.5.4　炉体缺陷对横排温度的影响

蓄热室格子砖容易被高炉灰、随空气抽入的粉尘或窜漏荒煤气带来的游离碳等积存而堵塞，这会引起横排温度分布变化，这类现象在一些旧焦炉上是常见的。由于这些灰尘在各蓄热室中的分布都是不均匀的，因此影响了气体的均匀分配。积存在格子砖的浮灰可用吹风的办法消除，这样就可以改善蓄热室长向的气流分布。但灰浆、熔渣甚至格子砖局部烧熔等，就难以用吹风的办法消除。根据工厂的审查经验可采取下述办法调节横排温度：

（1）更换适当的孔板，使整个蓄热室多上点煤气，阻力大的部位煤气量够用，温度能上去，阻力小的部位煤气过量，使相应火道温度反而压下一些，这种处理办法往往受蓄热室顶部吸力的波动影响很大，且孔板尺寸不适当时，横排曲线反而会倒过来，并且会浪费一定量的煤气。

（2）对下喷式焦炉，可在低温火道单独供给焦炉煤气。

（3）拨调节砖，使与蓄热室阻力大的部位相连的斜道口开大，但这样可能因煤气及空气斜道吸力差太大而相互窜漏。

（4）最有效的办法是扒蓄热室，更换格子砖，但工作量大，蓄热室墙因受温度剧变而易损坏。

斜道的堵塞和窜漏也是旧焦炉常碰到的问题。斜道堵塞使火道得不到燃烧所需的空气和煤气，使相连火道温度低。斜道窜漏时，煤气漏到空气斜道中提前燃烧，使斜道温度提高而火道温度降低，即所谓“白眼”。斜道如果是浮灰堵塞，可以用工具捅掉，如果是熔渣挂结就难以消除，有的厂曾用氧气烧熔的办法解决。斜道窜漏可以喷补，但灰浆容易堵格子砖。也有用改变斜道口开度或调节蓄热室顶部吸力的办法，使两斜道内的吸力一致，减少窜漏。

总之，旧焦炉上的炉体、设备可能出现各种情况，应采取相应手段调节横排温度。

综上所述，高炉煤气加热时的调温技术比较复杂，出现的问题也可能多一些，为了充分利用钢铁企业中的高炉煤气，省出热值高并能作为化工原料的焦炉煤气以供应其他部门，做到综合利用和煤气的综合平衡，一切有条件的焦炉均应创造条件使用高炉煤气。一些长期工作在用高炉煤气加热的焦炉上的调火工人反映，当调节正常后，炉温的稳定和控制远比焦炉煤气加热的焦炉好，工作量也小，还有利于实现焦炉加热的自动调节。

3.2.6 小烟道高温的处理

为了解蓄热室废气热量回收的程度，并及时发现因炉体不严密造成的漏气、下火等，需定期测量小烟道温度。蓄热室格子砖堵塞或下火等均使小烟道温度升高。测量发现小烟道高温时，需认真查找原因并及时处理。在炉体状况较好的情况下，小烟道高温一般为焦炉封墙、两叉部等部位密封不严造成的，使用火检漏比较容易发现，发现后使用专用的保持材料进行抹补处理即可。

3.3 焦炉热效率与炼焦耗热量

3.3.1 焦炉传热

焦炉各部位的传热是传导、辐射、对流共存的综合传热过程，这些传热方式分别在不同部位和不同的时间起主导作用。由于焦炉炭化室定期装煤出焦，加热火道的气流方向定期交换，炭化室内炉料状态和加热系统内的气流组成以及各处温度均不断产生周期变化，因此焦炉内各处的传热均属不稳定传热。只是在做近似分析时，可按周期变化的平均值以稳定传热的基本原理做计算。

火道向炉墙的传热：焦炉立火道中火焰和热废气的热量通过对流和辐射向炉墙传递。废气温度高达 1400 ~ 1600℃，焦炉煤气燃烧过程中因热解而产生的高温游离碳有强烈的辐射能力，所以辐射传热量占 90% ~95% 以上；火道中气流速度较慢，所以对流传热量仅占

5% ~10%以下。

炉墙的传热：炭化室炉墙的传热属不稳定的热传导。由于炭化室周期装煤、出焦，在装煤后1~2h，炭化室墙将大量热传给煤料，炭化室墙温度由1050~1100℃急剧降至700℃左右，此时炉墙两侧温度差加大，热流提高。以后随炭化室墙面温度升高，热流逐渐降低。在近似计算中，也可按稳定热传导求平均值。

炭化室煤料的传热：炭化室煤料在整个结焦时间内为不稳定的平壁热传导，煤料的温度和热物理参数随时间、空间的变化而变化。

蓄热室的传热：蓄热室中的格子砖是热量的传递者。蓄热室内通废气时，格子砖被加热；交换后，格子砖将蓄存的热量传给空气或贫煤气。随着定期交换，格子砖反复进行等量的蓄热或放热。蓄热室各部位温度在上升气流（冷却期）和下降气流（加热期）期间，均随时间呈周期性变化，属于不稳定传热过程。

3.3.2 焦炉的热效率

焦炉的热效率是衡量焦炉能量利用技术水平和经济性的一项综合指标。

按照国家对设备热效率计算通则（GB 2588—81）的规定，不同的热工炉窑用统一的热效率表示。焦炉的热效率为有效热量与供给的全部热量的百分比，即：

$$\eta = \frac{Q_{YX}}{Q_{GJ}} \times 100\% \tag{3-16}$$

或

$$\eta = \left(1 - \frac{Q_{SS}}{Q_{GJ}}\right) \times 100\% \tag{3-17}$$

式中 η——热效率；

Q_{YX}——有效热量，kJ/t（干煤）；

Q_{GJ}——供给的热量，kJ/t（干煤）；

Q_{SS}——损失的热量，kJ/t（干煤）。

有效热量是指达到工艺要求时理论上必须消耗的能量。

供给的热量是指外界供给焦炉的热量，但不包括物料带入的显热。

损失的热量是指供给的热量中未被利用的部分。

所以焦炉的热效率 η 也可按下式进行计算：

$$\eta = \frac{Q'_1 + Q'_2 + Q'_3 + Q'_4 + Q'_5 + Q'_6 - (Q_5 + Q_6)}{\sum Q - (Q_5 + Q_6)} \times 100\% \tag{3-18}$$

式中 $\sum Q$——供给焦炉的总热量，kJ/t（干煤）；

Q_5，Q_6——分别为干煤和入炉煤中水分带入的显热，kJ/t（干煤）；

$Q'_1 \sim Q'_6$——分别为焦炭、焦油、粗苯、氨、净煤气和水汽带走的热量，kJ/t（干煤）。

为了便于比较各种工业窑炉利用热量的效率，必须按国家标准规定计算焦炉的热效率。

3.3.3 炼焦耗热量

焦炉的炼焦耗热量是指1kg入炉煤炼成焦炭需要供给焦炉的热量，单位是kJ/kg

(煤)。炼焦耗热量指标除了用来作为加热焦炉的煤气消耗量的计算依据以外，还是评定焦炉结构是否完善、热工操作和管理水平好坏以及决定炼焦消耗定额高低的一项主要指标。由于应用的方面不同，采用的计算基准各异，所以炼焦耗热量的计算方法不同。

3.3.3.1 炼焦耗热量计算

炼焦耗热量根据计算时采用的煤的水分的不同，可分为湿煤耗热量、绝对干煤耗热量、相当干煤耗热量和7%水的湿煤耗热量，其计算方法如下。

A 湿煤耗热量

湿煤炼焦耗热量是指1kg湿煤炼成焦炭应供给焦炉的热量，用 $q_{湿}$ 表示，单位为kJ/kg(湿煤)。计算公式为:

$$q_{湿} = \frac{V_0 Q_{DW}}{G} \tag{3-19}$$

式中 V_0——标准状态下的实际加热煤气量，m^3/h；

Q_{DW}——干煤气的低位发热量，kJ/m^3；

G——装入焦炉的湿煤量，kg/h。

在计算中，上述各项所取数值的时间应是一致的，当焦炉操作条件一定时，湿煤耗热量随入炉煤水分的变化而变化。由于各焦炉装入煤水分不同，因此湿煤耗热量相互之间缺乏可比性，其数值的大小也不能真实地反映出焦炉热工的操作水平。

B 绝对干煤耗热量

绝对干煤炼焦耗热量是指装入的1kg干煤炼成焦炭所消耗的热量，但不包括装入的湿煤中水分蒸发和加热所需的热量，用 $q_{干}$ 表示，单位为kJ/kg（干煤）。计算公式为:

$$q_{干} = \frac{q_{湿} - 51M_{ar}}{100 - M_{ar}} \tag{3-20}$$

式中 M_{ar}——装入煤的全水分含量,%；

$q_{湿}$——湿煤耗热量，kJ/kg（湿煤）；

51——1kg湿煤中1%水分所消耗的热量，kJ/kg（湿煤）。

数值51的来源如下:

装入的湿煤水分在炼焦过程中将变成水蒸气，与荒煤气一起离开焦炉。所以:

$$1kg水带走的热量 = 2490 + 2 \times 600 = 3690\ (kJ)$$

式中 2490——水的蒸发潜热，kJ/kg；

2——水汽在0~600℃范围内的平均比热容，kJ/(kg·℃)；

600——水汽离开炭化室的平均温度,℃。

当焦炉热效率为72.5%时，在炼焦过程中，1kg水所消耗的热量应为：3690/0.725≈5100kJ，则1%水分所消耗的热量为5100/100=51kJ/kg。

应当指出，数值51与实际是有差异的，它取决于炼焦过程中荒煤气离开炭化室的温度和焦炉的热效率，而这些数值因焦炉不同是不同的，即使是同一座焦炉，随着生产条件的改变，这些数值也是变化的，所以它只是一个近似值。

C 相当干煤耗热量

相当干煤炼焦耗热量是以1kg干煤为基准计算的炼焦实际消耗的热量，包括入炉煤水分的加热和蒸发所消耗的热量。

D 7%水的湿煤耗热量

为统一计算基准，便于比较，将实际湿煤耗热量换算为水分含量相同（7%）的湿煤的耗热量。

用焦炉煤气加热时：

$$q = q_{湿} - 29(M_{ar} - 7) \tag{3-21}$$

用贫煤气加热时：

$$q = q_{湿} - 33(M_{ar} - 7) \tag{3-22}$$

式中 q——7%水的湿煤耗热量，kJ/kg；

$q_{湿}$——湿煤耗热量，kJ/kg；

29——焦炉煤气加热时每增减1%水分时耗热量的变化，kJ/kg；

33——贫煤气加热时每增减1%水分时耗热量的变化，kJ/kg；

M_{ar}——实际煤水分的百分比；

7——标准煤水分的百分比。

3.3.3.2 影响耗热量的因素

用炼焦耗热量作为焦炉热工评价指标，虽没有热效率那样全面，而且随着炉体老化耗热量还发生变化，但耗热量基本反映了焦炉的能耗情况，计算方法简单，所以各厂仍将它作为焦炉热工的考核指标。影响炼焦耗热量的因素很多，主要有以下几个方面。

A 焦饼中心最终温度和标准温度

根据焦炉的热平衡可知，焦炭带走的热量是很多的，一般占支出热量的30%～40%。若以焦饼最终平均温度为1000℃计，则焦饼温度每增加50℃，焦炭带走的热量增加5%左右，炼焦耗热量约增加6%。所以应当在保证焦炭质量和顺利推焦的前提下使焦饼中心最终温度维持在最低值。

要降低焦饼中心温度，就要降低标准温度，而降低标准温度的前提是炉温必须均匀稳定，否则降低温度后，会使部分焦炭成熟不好，从而降低焦炭质量并容易造成推焦困难。

B 炉顶空间温度

从炉顶排出的荒煤气带走的热量也是较多的。当结焦时间、装入煤料一定时，荒煤气出口温度每降低10℃，耗热量降低20kJ/kg左右，所以降低炉顶空间温度对耗热量的降低也是有利的。

C 空气系数

加热煤气量与空气量合适的比例对降低耗热量有较大意义。空气系数过小时，燃烧不完全，部分可燃气体损失，对耗热量影响很大；空气系数过大时，废气带走的热量增多，导致耗热量增加。

若废气中含有1%（体积分数）CO，则相当于3%～4%（体积分数）的焦炉煤气或6%～7%（体积分数）的高炉煤气未经完全燃烧，耗热量增加5%～6%。

空气系数每增加0.1，在使用高炉煤气加热时，耗热量将增加30～40kJ/kg；在使用焦炉煤气加热时，耗热量将增加20～25kJ/kg。

空气系数不仅影响耗热量，而且直接影响焦炉高向加热和产品质量，所以控制合适的空气系数并调节均匀很重要。

D 废气温度

在结焦条件一定的情况下，废气出口温度降低25℃，可使焦炉的热效率提高1%，耗热量降低25～35kJ/kg。废气温度的高低与火道温度、蓄热室格子砖的蓄热面积、气体在蓄热室内的分布情况及交换周期等有关。

蓄热室格子砖的蓄热面积增加可使废气温度下降。采用9孔薄壁格子砖与采用6孔格子砖相比，废气温度降低了50℃，耗热量降低约60kJ/kg。但废气温度不能无限地降低，因为废气中的酸性气体（如SO_2、SO_3）在温度较低时可能生成酸，从而对小烟道、烟道、烟囱砌体以及有关设备产生腐蚀；另外，废气温度过低还会影响烟囱吸力。所以一般要求小烟道温度不低于250℃。

气体在蓄热室中分布均匀，可以提高蓄热面的利用率。气体的分布和箅子砖孔排列有关。另外，在生产中应保持格子砖清洁畅通，避免灰尘堵塞和高温烧熔。

交换周期越长，格子砖热效率越低，但交换时间若过短，则交换频繁，这对操作不利，并增加了交换时的煤气损失，因此交换周期一般采用20～30min。

E 装入煤水分

与含标准水分7%的湿煤相比，配煤水分每变化1%，耗热量相应变化29～33kJ/kg。当配入水分较高的煤泥或下大雨使配煤水分急剧上升时，耗热量会增加较多。

配煤水分的变化不仅对耗热量影响很大，而且还影响焦炉加热制度的稳定和焦炉炉体的寿命。水分的波动也会引起煤料堆密度的变化，从而影响焦炉生产能力。同时，在水分波动频繁时，如果调火工作跟不上，易造成焦炭过火或不熟，还可能引起焦饼难推。所以规定稳定配煤水分是焦炉正常操作的主要条件之一。

F 周转时间

一般大型焦炉的周转时间，炭化室宽度为450mm的在18～20h，炭化室宽为407mm的在16～18h，此时耗热量是最低的。周转时间每改变1h，耗热量将增加1%～1.5%。

G 炉体、设备严密程度和炉体绝热

若炉体不严，从蓄热室封墙漏入空气，或蓄热室单主墙窜漏、炭化室墙窜漏，煤气旋塞或砣不严，都会造成加热煤气的损失，增加耗热量，所以必须加强对炉体和煤气设备的维护。另外，炉体表面绝热好坏不但影响散热的大小，还将影响操作环境。

H 加热煤气种类

用高炉煤气加热的耗热量要比用焦炉煤气加热时高10%～20%。尽管烧高炉煤气时的小烟道温度比烧焦炉煤气时低，但烧高炉煤气时产生的废气量大，废气从烟囱带走的热量多，同时因炉体和设备不严密而造成的漏失量也多，每次交换时上升气流蓄热室中的贫煤气直接流入小烟道中，这些都增加了炼焦耗热量。

从炼焦耗热量上看，用焦炉煤气加热时的耗热量要比用贫煤气加热时少。但是焦炉煤气是优质的气体燃料，所以对复热式焦炉来说，如条件允许，应尽可能地烧贫煤气，这样对能源的合理利用、环境保护以及社会和经济综合效益等都有好处。

4 焦炉推焦计划的制订及特殊操作

4.1 焦炉推焦计划

4.1.1 炼焦生产中的几个“时间”概念

炼焦生产中的时间概念包括周转时间、操作时间、检修时间和结焦时间。

4.1.1.1 周转时间

周转时间（又称小循环时间）是指一个炭化室两次推焦相距的时间，包括煤的干馏时间和推焦装煤等操作时间。

周转时间是由生产任务来确定的，但还应考虑到焦炉砖的材质、炭化室宽度、炉体及设备状况、操作管理水平以及焦炭质量等因素。

在确定周转时间时，应留有一定余地，以确保生产任务的完成。在生产过程中，焦炉周转时间应保持稳定，不应频繁变动。当实际周转时间短于设计周转时间时称为强化生产。在炉体良好的状态下，强化生产实际周转时间最多只能短于设计周转时间 1h。

4.1.1.2 操作时间

操作时间是指某一炭化室从推焦、平煤、关上小炉门再至下一炉号开始摘门所需的时间，即相邻两个炭化室推焦的间隔时间。

每炉操作时间一般为 10 ~ 12min。缩短操作时间有利于炉体保护和减轻环境污染，但必须以保证各项操作为前提。操作时间应根据操作工的水平和几个车辆综合操作情况而定，应以工作最紧张的车辆需要的时间作为操作时间的依据。一般熄焦车操作一炉要 5 ~ 6min（干法熄焦时约 8min），推焦机要 10 ~ 11min，装煤车和拦焦机操作时间均少于推焦机。所以，对于共用一套车辆的 2 × 50 孔、2 × 42 孔、2 × 36 孔焦炉组，每炉操作时间应以推焦机能否在规定时间内操作完为准。而 2 × 65 孔、2 × 50 孔焦炉组，只是共用一台熄焦车操作，其他车辆每炉一套，所以操作时间应以熄焦车能否在规定时间内操作完为准。由操作时间意义可以看出，操作时间中开始推焦以前和开始平煤以后的时间已属结焦时间范围内。

4.1.1.3 检修时间

检修时间是指全炉所有炭化室都不出炉的间歇时间。实际上是将周转时间分为总操作时间和检修时间，即：

$$周转时间 = 每孔操作时间 \times 孔数 + 检修时间$$

检修时间用于车间清扫和设备维修，以保证机械设备正常运转和焦炉正常生产。检修时间以2~3h为宜，过短不利于维修和更换备品备件，起不到检修的作用；过长会造成荒煤气发生量不均衡。所以在确定检修时间时，应考虑到设备状态及检修能力。

4.1.1.4 结焦时间

结焦时间是指煤在炭化室内高温干馏的时间，一般规定为从平煤杆进入炭化室到推焦杆开始推焦的时间间隔。

4.1.2 推焦串序

焦炉推焦应按一定串序进行，推焦串序是否合理对炉体寿命、热量消耗、操作效率及机械损耗等均有影响。

4.1.2.1 推焦串序编制的原则

推焦串序的编制原则是：

（1）相邻炭化室的结焦时间最好相差一半。因为结焦前半期，特别是装煤初期，煤料大量吸收热量，而结焦后半期需热量较少，当相邻炭化室结焦时间相差一半时，燃烧室两侧的炭化室分别处于结焦前半期和后半期，使燃烧室的供热和温度比较稳定，减轻了因炭化室周期性装煤、出焦所造成的燃烧室温度波动，有利于炉墙保护。此外，当相邻炭化室结焦时间相差一半时，出炉炭化室两侧炭化室内煤料正处于膨胀阶段，由两侧炉墙传来的膨胀压力可平衡推焦时对砌体的推力，从而可防止炉墙因单侧受力而变形损坏的可能性。

（2）应充分发挥焦炉机械的使用效率，减少焦炉机械操作全炉的行程次数。

（3）新装煤的炭化室应均匀分布于全炉，以利于集气管长向煤气压力和炉组纵向上温度均匀分布。

（4）应适当拉开出炉炭化室与待出炉炭化室的距离，改善工人的操作条件。

推焦串序通常表示为 m-n 串序，m 代表一座焦炉或一组焦炉所有炭化室划分的组数（签号），也即相邻两次推焦间隔的炉孔数；n 代表两趟签号对应炭化室相隔的炉孔数。

生产上采用的串序有9-2串序、5-2串序和2-1串序。若推焦车采用五炉距一次对位操作，即推焦杆和平煤杆的配置间隔5个炭化室的尺寸，可在一次对位后同时进行某一炭化室的推焦和上一炭化室的平煤，则焦炉采用5-2串序推焦。

4.1.2.2 推焦串序的种类

根据推焦串序编制的原则，目前采用的推焦串序有以下几种：

（1）9-2串序，它是我国普遍采用的顺序。

（2）5-2串序，现已被广泛采用，机械行程较9-2顺序短，更适用于五炉距“一点定位”新型推焦机。

（3）2-1串序，国外采用较多。

4.1.2.3 推焦串序的实际编排

以1×65孔焦炉为例，9-2串序、5-2串序、2-1串序的排列分别如下。

A 9-2 串序

1 排签：1，11，21，31，41，51，61，71；
3 排签：3，13，23，33，43，53，63；
5 排签：5，15，25，35，45，55，65；
7 排签：7，17，27，37，47，57，67；
9 排签：9，19，29，39，49，59，69；
2 排签：2，12，22，32，42，52，62，72；
4 排签：4，14，24，34，44，54，64；
6 排签：6，16，26，36，46，56，66；
8 排签：8，18，28，38，48，58，68。

B 5-2 串序

1 排签：1，6，11，16，21，26，31，36，41，46，51，56，61；
3 排签：3，8，13，18，23，28，33，38，43，48，53，58，63；
5 排签：5，10，15，20，25，30，35，40，45，50，55，60，65；
2 排签：2，7，12，17，22，27，32，37，42，47，52，57，62；
4 排签：4，9，14，19，24，29，34，39，44，49，54，59，64。

C 2-1 串序

1 排签：1，3，5，…，31，33，35，…，61，63，65；
2 排签：2，4，6，…，30，32，34，…，60，62，64。

4.1.2.4 循环检修计划的编排

为均衡生产，必须定期检修，焦化厂采用循环检修计划组织出炉操作。循环检修推焦计划按月编制，其中规定焦炉每天及每班的操作时间、出炉数和检修时间。实际上，当周转时间和 24h 可取最小公倍数时，只要安排一个大循环的计划就可重复使用。

大循环是指不同日期在相同时间推同号炭化室的间隔时间，即小循环时间开始重复的时间间隔。

$$\begin{aligned}\text{一个大循环时间（h）} &= \text{大循环所需天数} \times 24\text{h}\\ &= \text{大循环中包括的小循环数} \times \text{周转时间（h）}\end{aligned}$$

因此，大循环所需时间可由 24 与周转时间的最小公倍数求得（当周转时间不为整数时，可将 24h 与周转时间均换算为分钟数以后，再由分钟数的最小公倍数求出）。

计算示例：求周转时间为 18h 的大循环时间及小循环次数是多少？

解：

$$\begin{array}{r|ll} 6 & 24 & 18 \\ \hline & 4\text{（次）} & 3\text{ 天} \end{array}$$

大循环时间，即最小公倍数为：

$$6 \times 4 \times 3 = 72\text{（h）} = 3\text{（d）}$$

$$\text{小循环次数} = \frac{\text{大循环时间}}{\text{周转时间}} = \frac{72}{18} = 4\text{（次）}$$

在编制循环检修推焦计划时，还应根据周转时间的长短来安排检修时间。当周转时间较短时，一个周转时间内安排 1 ~ 2 次检修；若周转时间较长，为均衡出炉数并有利于炉温稳定，可分多次安排检修时间。

计算示例：1×65 孔焦炉，当周转时间为 18h、单孔操作时间为 12min 时，循环检修计划怎样编制？

解： 全炉操作时间为：65×12=780（min）=13（h）

检修时间为：18－13=5（h）

假设检修时间分 3 次，其出炉时间及检修时间为：

第一次：出炉数 22 炉，需 12×22=264（min）=4h24min，检修时间为 1h36min；

第二次：出炉数 22 炉，需 12×22=264（min）=4h24min，检修时间为 1h36min；

第三次：出炉数 21 炉，需 12×21=252（min）=4h12min，检修时间为 1h48min。

因为周转时间 18h 的大循环时间为 72h，即 3 天，所以在一个大循环时间内有 4 个小循环。假设某月 1 日零点开始推焦，根据计算原则，可排出大循环计划表和循环检修推焦计划表，分别见表 4-1 和表 4-2。

表 4-1 大循环计划表

小循环	推焦时间(22 炉)(时：分)	检修开始 1h 36min(时：分)	推焦时间(22 炉)(时：分)	检修开始 1h 36min(时：分)	推焦时间(21 炉)(时：分)	检修开始 1h 48min(时：分)	周转结束(时：分)
第一次	0：00	4：24	6：00	10：24	12：00	16：12	18：00
第二次	18：00	22：24	0：00	4：24	6：00	10：12	12：00
第三次	12：00	16：24	18：00	22：24	24：00	4：12	6：00
第四次	6：00	10：24	12：00	16：24	18：00	22：12	0：00

表 4-2 循环检修推焦计划表

项 目		出焦时间（时：分）	出焦数	出焦数合计	检修时间（时：分）
第一天	零点班（0 ~ 8 点）	0：00 ~ 4：24 6：00 ~ 8：00	22 10	32	4：24 ~ 6：00
	白班（8 ~ 16 点）	8：00 ~ 10：24 12：00 ~ 16：00	12 20	32	10：24 ~ 12：00
	夜班（16 ~ 0 点）	16：00 ~ 16：12 18：00 ~ 22：24	1 22	23	16：12 ~ 18：00 22：24 ~ 24：00
第二天	零点班（0 ~ 8 点）	0：00 ~ 4：24 6：00 ~ 8：00	22 10	32	4：24 ~ 6：00
	白班（8 ~ 16 点）	8：00 ~ 10：12 12：00 ~ 16：00	11 20	31	10：12 ~ 12：00
	夜班（16 ~ 0 点）	16：00 ~ 16：24 18：00 ~ 22：24	2 22	24	16：24 ~ 18：00 22：24 ~ 24：00
第三天	零点班（0 ~ 8 点）	0：00 ~ 4：12 6：00 ~ 8：00	21 10	31	4：12 ~ 6：00
	白班（8 ~ 16 点）	8：00 ~ 10：24 12：00 ~ 16：00	12 20	32	10：24 ~ 12：00
	夜班（16 ~ 0 点）	16：00 ~ 16：24 18：00 ~ 22：12	2 21	23	16：24 ~ 18：00 22：12 ~ 24：00

4.1.2.5 推焦计划的编排

推焦计划应根据循环检修计划及上一周转时间内各炭化室实际推焦装煤时间制定。编制时应保证每孔的周转时间与规定的结焦时间相差不超过 15min，烧空炉时周转时间与结焦时间相差也不应大于 25min。

按表 4-2，假设某些炭化室在前一周转时间内的实际推焦、装煤时间见表 4-3，则推焦计划的编排见表 4-4。

表 4-3 某些炭化室在前一周转时间内的实际推焦、装煤时间

炭化室号	实际推焦时间（时：分）	实际装煤时间（时：分）
23	0：00	0：04
33	0：12	0：16
43	0：24	0：28
53	0：36	0：40
63	0：48	0：52
5	1：00	1：04
15	1：12	1：16

表 4-4 推焦计划的编排

炭化室号	计划推焦时间（时：分）	计划结焦时间（时：分）
23	18：00	17：56
33	18：12	17：56
43	18：24	17：56
53	18：36	17：56
63	18：48	17：56
5	19：00	17：56
15	19：12	17：56

4.1.3 计划的特殊处理

4.1.3.1 乱签炉号的处理

因各种原因产生一个或几个延迟推焦的炉号，这样就造成所谓的“乱签”。这时在编排计划时，就应逐步“归签”，尽量在较短的时间内恢复正常。恢复正常的办法是：

（1）向前提，即每次出炉时，将乱签的炉号向前提 1～2 炉，以求逐渐达到其在顺序中的原来位置。这种方法不损失炉数，但调整慢。

（2）向后丢，即在该炉号出炉时不出，使其向后丢，逐渐调整至原来位置，这样调整快，但损失炉数。一般延迟 10 炉以上可采取向后丢炉的办法调整，但延长的结焦时间不应超过规定结焦时间的 1/4。应注意防止高温事故。

4.1.3.2 事故后推焦计划的处理

事故后的推焦计划与事故持续时间和检修时间有关。现将事故时间分两种情况进行讨论：

（1）事故持续时间小于一段检修时间。事故持续时间小于检修时间时，因事故影响的炉数用攇炉的办法解决，尽快赶回丢失的炉数。在攇炉时一般规定 1h 内只能多出 2 炉，否则影响出炉操作质量，甚至易发生机械设备及生产操作事故。

（2）事故持续时间大于一段检修时间。因事故持续时间较长，可以采取缩短操作时间和利用检修时间推焦的办法赶回一定的产量，如事故时间太长，则应丢炉时必须丢炉。

4.2 焦炉强化生产

焦炉的结焦时间短于设计结焦时间的生产为强化生产。焦炉的强化管理是以强化焦炉维护和操作管理为前提的，必须坚持科学的态度，否则会严重损坏焦炉，缩短焦炉寿命。一般焦炉强化生产是指结焦时间比设计时间缩短 1h 以内，或按规定结焦时间除以 1.07 的结焦时间即为强化结焦时间。

实践经验证明，焦炉强化生产后往往容易出现空气供入量不足、蓄热室下火严重、升温困难、焦饼成熟不均匀、伴有生焦、炭化室墙面石墨增长较快、容易难推焦、上升管堵塞使荒煤气排出不畅等问题。所以，必须采取严格的管理制度和温度压力制度。

4.2.1 加热制度确定

强化生产后，加热制度要在温度管理、炼焦耗热量及煤气流量、烟道吸力等 3 个方面加以调整。

4.2.1.1 温度管理

强化生产时，重要的管理措施是制定合理的温度制度。由于在温度控制与调节方面往往会出现困难，因此炉温的合理分布会出现恶化，因此必须增加炉温的检查频次，防止出现高温事故或出现某些火道加热不足。

《焦炉技术管理规程》规定，焦炉在换向后 20s，立火道测温点的温度最高不得超过 1450℃；硅砖蓄热室顶部温度不得超过 1320℃，黏土砖蓄热室顶部温度不得超过 1250℃。

当焦炉遇到延长推焦时，要特别加强监督工作并及时处理出现的高低温号。高温或低温故障都能引起推焦困难，尤其是要杜绝高温事故，防止因高温烧垮焦炉。处理高温事故时，要避免出现低温事故。

在强化生产时，标准温度高达 1330～1350℃，同时焦炉操作带来的温度波动等使误差综合约在 130～150℃，这样使实际炉温的高峰值容易接近 1450℃。在这样的温度下，会使焦炉的损坏加剧，因为高温条件可加速 SiO_2 转化为气态 SiO 的化学反应，在超过 1470℃的情况下，促使硅砖中的 α-鳞石英向 α-方石英转化。焦炉的立火道数量很多，燃烧的均匀性如果受到破坏，温度进一步高达 1620℃，超过了硅火泥和硅砖的荷重软化温度时，焦炉砌体将遭到不可挽回的破坏。所以，强化生产必须在严格的科学管理下进行，即使如此，强化生产也只是短期应急办法，不应该长期强化生产。

4.2.1.2 炼焦耗热量及煤气流量

结焦时间缩短后，废气带走的热量和焦饼带走的热量增加，因而会增加炼焦耗热量。一般情况下，结焦时间每缩短 1h，炼焦耗热量约增加 40～80kJ/kg（煤）。强化生产时，增加煤气供应量，可以采取更换孔板或清扫煤气管道沉积物减少阻力这两种办法。

4.2.1.3 烟道吸力

结焦时间缩短后，单位时间供热增加，整个燃烧室系统的阻力增加，所以要增加烟道的吸力。一般结焦时间每缩短 1h，分烟道吸力约增加 30Pa（高炉煤气）和 10～20Pa（焦炉煤气）。当烟道吸力不足时，可以采取以下措施：

（1）减少整个燃烧系统的阻力。如将风门、废气盘翻板、分烟道和总烟道翻板尽量开大，以减少附加阻力；使用高炉煤气加热时增加煤气混合比，甚至改用焦炉煤气加热；清扫蓄热室及有关部位，必要时减小调节砖厚度等。

（2）增加烟囱的吸力。一般使用抽风机强制抽风，甚至用焦炉煤气加热废气的办法增加吸力。

4.2.2 集气管压力监督

强化生产后，单位时间内荒煤气发生量增多，上升管、桥管及集气管的阻力增加，炭化室内部的平均压力也相应增大。应稳定集气管压力，防止因集气管压力失调而造成焦炉炉顶、炉门等部位冒烟或着火。

4.2.3 加强生产操作

加强生产操作包括加强上升管清扫工作、加强推焦装煤操作和增加清除石墨频率 3 个方面。

4.2.3.1 加强上升管清扫工作

炉温提高，上升管、桥管等处的石墨增长快，容易出现堵塞现象，使荒煤气排出的阻力增加，炭化室内部压力升高，增加炉门冒烟冒火；当炉体不严时，下火增加。如果操作时采用降低集气管压力的办法，空气将吸入炭化室，使部分焦炭燃烧，这样不仅增加了焦炭灰分，还会因荒煤气的裂解增加焦油中游离碳含量，使集气系统更易堵塞。所以当强化生产时，应加强三通一活和炉门炉框的检查。

4.2.3.2 加强推焦装煤操作

强化生产后，推焦装煤次数增加，应严格按计划操作，加强炉门炉框的清扫工作，保持炉门的严密性。装煤要满，不得出现缺角现象，避免引起高温事故。煤饼高度要严格按规定高度控制（特别是捣固焦炉），防止堵塞引起煤气排出不畅或难推焦和因煤少引起高温事故。

炉温提高后，炉墙石墨增长很快，焦块较碎，使平均推焦电流增大，炉墙所受的挤压负荷增加，这对于炉墙具有破坏性。如果炭化室墙面状态不好，更易出现推焦困难。一般焦炉，当推焦电流达 400A 时，过流继电器自动切断电路，表示该号炭化室发生推焦困难，此时要求有关人员认真检查，消除障碍后再推焦。当推焦电流达 300A 时，表明该炭化室存在隐患，要认真检查，消除隐患。当平均推焦电流比正常生产时高 50A 左右时，预示着将产生大量的推焦困难，这时要全面查找原因，或提高炉温，或消除石墨。

4.2.3.3 增加清除石墨频率

消除石墨除采用压缩空气吹烧的办法外，还可采用刮刀清除、烧空炉清除和人工清除等办法。

炉顶部分的石墨用刮刀清除。即在推焦杆头上部装置刮刀，在出焦过程中将炉顶石墨刮除。在用此方法时，每次刮除的石墨不能太厚，刮刀应先安在推焦杆头上两角，将炭化室顶石墨刮出两道槽，然后刮中部石墨，否则易将炉顶砖刮起。刮刀应定期更换。

当平均推焦电流比正常生产时高 30A 以下时，采用烧空炉的办法消除石墨有效。当平均推焦电流比正常生产时高 30 ~ 50A 时，要先烧空炉削弱石墨与墙面附着力，然后由装煤口或炉头伸入钎子将石墨铲除。

根据石墨生成速度，采用烧单炉、烧两炉，甚至烧三炉等方法。几种方法只是烧石墨的时间不同。烧单炉为 10 ~ 15min（一个操作时间），两炉为 25min 左右。灼烧石墨的周期根据石墨的多少而定。一直烧到平均推焦电流基本恢复正常为止。

4.3 焦炉延长结焦时间

由于自然灾害或某些客观原因（煤源不够、焦炭销路不好、炼焦赔本等），焦炉不能维持正常生产时，一般采用延长结焦时间的方法降低生产能力，维持生产。

延长结焦时间的饥饿炉仍在维持低负荷的生产，平均温度一般保持在 1200℃ 左右，以便保证装煤后炉头砖最低温度在硅砖晶型转化点以上，避免炉头砖受到激烈的温度冲击而损坏。实践证明，大型焦炉结焦时间在 100h 以内时，用焦炉自身的煤气供热尚可自给自足。如果是外界供热，结焦时间延长的幅度不受自身煤气供给的限制。

一般大型焦炉的结焦时间大于 20 ~ 22h 时进行低负荷生产，称为延长结焦时间状态下的生产。在此阶段，生产工艺的主要特点是，焦炭成熟后仍在炭化室中停留一段时间，然后出焦。结焦时间越长，焦炭成熟后在炭化室中停留的时间越长。在一个周转时间内，20 ~ 22h 前是成熟过程，而 20 ~ 22h 后是保温的过程。所以，在工艺管理上就带来一些不同于正常结焦时间阶段的特点。

4.3.1 最长结焦时间

最长结焦时间是指对焦炉本身来讲可以达到的最长的结焦时间。如果加热煤气由外界供给，则结焦时间的延长幅度可以认为不受限制。如果用本焦炉发生的煤气供热，则最长结焦时间受到煤气发生量的限制。

按计算，大型焦炉的生产能力低至设计能力的 10% 时可以满足使用自身发生的煤气供热。但是，由于炭化室中的石墨已烧掉，荒煤气的漏失量增加，从安全考虑，生产能力以不低于 15% 为宜，中型焦炉以不低于 20% 为宜，小型焦炉以不低于 25% 为宜。最长结焦时间：大型焦炉约为 100h，中型焦炉约为 80h，小型焦炉约为 70h。

4.3.2 炉温控制

延长结焦时间的炉温控制从以下几个方面进行。

4.3.2.1 标准温度的确定

结焦时间延长，在22~25h间每延长1h，标准温度降低10~15℃，结焦时间延长到25h后，炉温应基本不变，这时标准温度控制在1200℃，一般不得低于1150℃。结焦时间延长以后，由于炭化室硅砖积蓄的热量减少、供热强度降低以及结焦时间的后期保温的影响，因此直行温度波动的幅度较大，其波动的幅度随结焦时间的延长而增大。

4.3.2.2 横排温度与炉头温度的调节

随着结焦时间的延长，大型焦炉结焦时间在20~24h时横排曲线开始变形，30h左右炉头温度急剧下降，横排曲线变成“馒头”形状。这种情况产生的主要原因是：随着结焦时间的延长，炉体表面单位时间散失的热量降低不大，在正常情况下，散失的热量约占炼焦耗热量的10%左右，但是，在结焦时间延长的情况下，散失热量占炼焦耗热量的百分比相应增加。

炉头火道的供热量和其余火道相比，正常生产时，一般要多供应30%~40%的热量。延长结焦时间后，焦炉的总供热量大量减少，但是散失的热量减少不多，在这种条件下，炉头火道负担的散失热量的比例就不断地增加，促使炉头温度不断降低。另外，炉头火道墙体裂纹增加，由炭化室漏入的煤气过多而燃烧不完全，加剧了炉头温度降低的程度。

上述情况表明，横墙曲线变形的程度主要取决于炉头温度降低的幅度。所以，调整横排温度的主要方法是增加炉头的供热量，以满足炉头火道不断增加的散热损失。一般情况下，炉头温度保持不低于1050℃。用不同煤气加热时炉头温度的调节方法如下：

（1）用焦炉煤气加热时。用焦炉煤气加热时，下喷式焦炉结焦时间小于24h，可采用增加边火道喷嘴直径的方法增加煤气量，但结焦时间再延长时仍采用增加边火道喷嘴直径的方法增加煤气量就不显著了，应采用减小中部喷嘴直径的办法增加边火道煤气量。如果是处在结焦时间频繁变动和很快可以恢复正常结焦时间时，一般采用在中部火道喷嘴中加铁丝的办法以提高边火道温度。边火道煤气量增加后，为了保证正常燃烧，可适当提高空气系数，这时中部火道的空气系数宁可偏大些。这样也有利于防止小烟道温度的降低。

（2）用高炉煤气加热时。用高炉煤气加热时，降低蓄热室顶部吸力（关小废气盘小翻板），让看火孔压力偏大（10~30Pa），这样就会减少蓄热室部位窜漏，提高边火道温度。用高炉煤气加热时，提高边火道温度最有效的办法是边火道补充焦炉煤气的加热，这种情况下空气系数的控制可以大一些，以达到各火道都能完全燃烧。

4.3.2.3 炉头裂缝喷补及蓄热室部位的密封

结焦时间延长后，炉头墙面由于温度降低及石墨的减少造成荒煤气漏失增加，使边火道煤气燃烧状态恶化，所以要采用喷补的方法密封炉墙，减少荒煤气漏失，改善边火道的燃烧状态，提高边火道温度。

蓄热室部位、斜道正面、小烟道插口等处不严密，也给边火道的加热状况造成恶化，这些部位的密封工作，对改善边火道的加热是十分必要的，特别是采用高炉煤气加热时尤为重要。

4.3.2.4　炼焦耗热量

炼焦耗热量包括结焦需要的热量和炉体散失及废气带走的热量。一般情况下，结焦时间大于22～24h时，每延长1h，炼焦耗热量增加12～16kJ/kg（煤）。

4.3.2.5　煤气管压力的控制

如果用本焦炉生产的煤气加热焦炉，结焦时间延长会导致煤气压力降低。此时可采用换小孔板的方法保持煤气压力在600～1000Pa范围内。可以重排一套孔板，孔板的截面积视结焦时间的延长程度而定，一般可采用为原截面积30%～40%的孔板。当结焦时间很长而煤气压力很低时，可采用笺号管理方法，即向成焦阶段的炉号供应足够的煤气，而对在保温阶段的炉号少供煤气。但是，这种方法在管理上很复杂，应做好识别和监督记录，避免造成高温和低温。

4.3.2.6　集气管压力与温度的控制

结焦时间延长以后，由于产生的煤气量少和出炉间隔时间较长，使集气管压力较低，波动较大，因此，延长结焦时间时，使用鼓风冷凝系统的大循环管，可以有效保持集气管的压力，并在装煤前后及时调整大循环管中的循环煤气量，以保持集气管压力的稳定。集气管与鼓风机间应加强联系。

结焦时间延长后，根据测量炭化室底部压力数据来提高集气管压力，减少炉墙窜漏。

4.3.2.7　制定出炉计划的方法

延长结焦时间后，出炉次数减少，如果按原来的检修次数安排推焦，势必造成检修时间太长，煤气发生量不均匀。所以，必须重新安排检修次数，编排符合延长结焦时间状况下的推焦计划。其编排原则是：

（1）每炉操作时间不宜太长，以免炉门和炉盖敞开的时间过长而损坏炉体的严密性；

（2）应均匀出焦，使煤气发生量均匀，便于保持集气管压力。

以结焦时间48h的60孔焦炉为例，每班应出10炉。第一种计划方案排每炉操作时间为30min，每班生产5h，检修3h；第二种计划方案排每炉操作时间为12min（与正常生产时的操作时间相同），将8h分为5段，每段连续出2炉后再检修。两种不同计划方案的对比见表4-5。两种方案比较，以第二种方案为好。

表4-5　两种不同计划方案的对比

班　次	炭化室号	推焦时间	
		第一种方案	第二种方案
第一班	1	0：00	0：00
	6	0：30	0：12
	11	1：00	1：36
	16	1：30	1：48
	21	2：00	3：12

续表 4-5

班 次	炭化室号	推焦时间	
		第一种方案	第二种方案
第一班	26	2：30	3：24
	31	3：00	4：48
	36	3：30	5：00
	41	4：00	6：24
	46	4：30	6：36
第二班	51	8：00	8：00
	56	8：30	8：12
	3	9：00	9：36
	8	9：30	9：48
	13	10：00	11：12
	18	10：30	11：24
	……		

4.4 焦炉焖炉

焦炉因某种原因短时间内不能生产，如焦炉设备进行大中修技术改造（更换集气管、更换烟囱等），这些项目的施工均需要一定的时间作保证。在工作量大、工期紧，又是高温高空作业的情况下，施工条件较差。为满足施工时间和安全条件的要求，一般采用延长结焦时间的办法是不能适用的，所以需要对焦炉进行短时间的停产保温焖炉，这样当施工完毕后，就不需要经过烘炉又能很快恢复正常生产。

由于焖炉操作是在生产焦炉上进行的，操作所采取的一切措施，包括温度制度、压力制度、炉体密封、护炉铁件的管理等，都要以保证焦炉砌体的完整性为原则，在这一原则的指导下，分别采取相应的措施。

4.4.1 焖炉方法及其选择

焦炉的焖炉是焦炉操作中的一种比较特殊的工艺。特别是某些焦化厂在设备大修或进行较大的技术改造项目时，所需时间或工期较长。时间或工期越长，这种特殊操作的难度越大。

4.4.1.1 焖炉方法

焖炉操作通常采用三种方法：一是满炉保压法；二是满炉常压法；三是空炉常压法。

A 满炉保压法

满炉保压法就是将焦炭留在炭化室内，用焦炉煤气或惰性气体往炭化室炉顶空间充压或往集气管内充压。这种充压的目的是保证炭化室底部在焖炉期间都为正压。

采用这种办法的优点是：在焦炉焖炉操作的所有情况下，燃烧系统各处压力小于相邻部位炭化室的压力，与在正常生产条件下的操作是相同的。炭化室内的气体压力在充压焖炉时间内基本是稳定的。炭化室始终保持正压，就可以防止外部空气从炉门和炉头等不严密处进入炭化室。如果空气进入炭化室，使焦炭燃烧，这样不仅消耗部分焦炭，而且反应放出的大量热量难以散发。

炭化室与燃烧室仅一砖之隔，由于炉墙砖缝及裂缝的存在，炭化室与燃烧室之间总是不严密的，所以只能靠荒煤气通过炽热的炉墙而分解产生的石墨逐渐沉积在砖缝及裂缝中，将砖缝及裂缝堵塞，起到密封炉墙的作用。如果吸入大量空气，势必烧掉炉墙砖缝及裂缝中的石墨，造成炉墙窜漏严重。可见，保压法能避免空气漏入而防止恶果产生，这是保压法的最大优点。

采用何种介质保压，是保压法能否成功的关键。一般情况下可用焦炉煤气充压保压，也可用惰性气体充压保压。当用焦炉煤气充压保压时，由于炭化室内已无煤气，因此充压煤气倒流入炭化室。当保压煤气压力过大时，则煤气将从装煤孔处漏出，在炉外燃烧，造成炉盖被烧坏，同时严重影响炉顶作业。当保压煤气压力过小时，则又不能控制炭化室底部在闷炉期间内任何情况下保持正压。所以用焦炉煤气保压并控制其压力，使煤气既不从装煤孔冒出燃烧，又能保持炭化室底部正压，这样就将较为顺利地达到预期的结果。

是否可以采用蒸汽充压保压呢？国内有的焦化厂已从闷炉的实践中得到了回答：如果闷炉时间不超过48h，用蒸汽充压可以满足要求。如果闷炉时间过长，燃烧室火道将会产生高温，而且这种高温会越来越严重。其主要原因是水蒸气流入炉顶空间，在高温条件下发生了化学反应，其反应式为：

$$C + H_2O \xrightarrow{\text{高温}} CO\uparrow + H_2\uparrow$$

这一反应生成了两种可燃气体 CO 和 H_2。产生的可燃气体通过炉墙的砖缝和裂缝窜入燃烧室立火道内与过剩的空气进行燃烧，从而造成高温。实践证明，闷炉时间过长时，用水蒸气充压保压是不成功的。

采用惰性气体充压保压是较为理想的，例如采用 N_2，但是一般情况下，惰性气体的气源比较难找。

B 满炉常压法

满炉常压法就是将焦炭留在炭化室内，在常压下进行闷炉操作。采用此办法，对炉门、炉头、装煤孔等部位的严密工作要求严格。采用这个办法进行闷炉的主要优点是：

（1）焦炭留在炭化室内，整个焦炉的蓄热量较大，炉温易于控制且较稳定；

（2）对炉门及炉头等部位采取一定的严密措施后，炉墙石墨烧坏很少，炉墙可以保持严密；

（3）如果温度控制得当，闷炉结束后恢复生产较容易。

但要注意的问题是：要选择合理的开始闷炉时间；此时要求炭化室的煤气发生量最小，只有当炭化室处于结焦末期才能满足此要求；荒煤气导出系统要采取与炭化室隔离的措施。

C 空炉常压法

空炉常压法就是将全炉炭化室的焦炭在闷炉前全部推空，并将生产时的荒煤气导出系统与炭化室隔绝，使炭化室成为一个独立的系统。其优点是操作比较简单，只要能保证焦炉用加热煤气就行。其不足之处是炉墙石墨烧失严重，特别是当空气从炉门及炉头不严密处漏入炭化室时，这种恶果随着闷炉时间的延长而加剧。所以使用本法闷炉之前，要求对炉门、炉头、装煤孔等部位进行严格的严密工作。

4.4.1.2 选择闷炉方法的原则

选择合理的闷炉方法，并根据确认的可靠方法制定详细实施方案的具体操作规定，同时在操作中严格贯彻执行，是保证闷炉操作成功的关键。选择闷炉方法应当从以下几个方面考虑：

（1）要从实际出发，根据厂情和焦炉炉体状况采取不同的措施。

（2）以保证焦炉砌体的完整性为中心，制定合理的炉体严密措施及温度压力制度。

（3）满足工程项目施工时间的要求。

（4）闷炉结束后，能迅速恢复生产，并转入正常操作。

当保温时间只有几天、十几天时，炉门状态良好，则可考虑带焦保温，这样炭化室石墨不易被烧掉，有利于保持焦炉严密性；当保温时间较长，以推空保温较好。空炉保温可避免因空气漏入炭化室使焦炭燃烧，炉墙结渣。焦炉长期保温后，当重新投产时必须对每个炭化室进行热修补炉。应当注意的是，对炉龄较长的焦炉而言，实施较大的技术改造项目，应进行综合技术经济指标分析，如果不合理，就应待焦炉大修时考虑。焦炉炉龄越长，炉况越差，闷炉操作的困难越大。

4.4.2 焦炉闷炉的操作

下面重点介绍满炉常压法。闷炉操作从闷炉前、闷炉过程和恢复生产三个过程进行说明，其主要工作见表4-6。

表4-6 闷炉操作的主要工作

进 度	序 号	内 容	备 注
闷炉前	1	材料、备件、工具准备	
	2	炉体密封工作	
	3	炭化室墙面检查	
	4	铁件测量与调节	
	5	炉体其他部位检查	
	6	配煤比制定	
	7	推焦、加煤操作	
	8	加热制度	
闷炉过程	1	直行温度的测量和调节	
	2	炉头温度的测量和调节	
	3	蓄热室顶部温度的测量和调节	
	4	小烟道温度的测量和调节	
	5	集气管压力	
	6	看火孔压力	
恢复生产	1	推焦装煤操作	
	2	恢复正常加热	
	3	炭化室墙面检查	
	4	铁件测量与调节	

4.4.2.1 闷炉前

闷炉前需要做的工作如下。

A 材料、备件、工具准备

焦炉闷炉所需要的材料、备件及工具，一般与焦炉正常生产备用的相同，如发现不够或没有，需提前准备好。具体内容根据实际情况制定。

B 炉体密封工作

对炉体密封程度的要求是由采用何种闷炉方式决定的。对于满炉常压法或空炉常压法来说，闷炉前对炉体各部位严密工作的要求比满炉保压法要高得多。闷炉期间炉体密封工作的好坏在很大程度上影响到闷炉后焦炉砌体的质量。重视焦炉各部位的密封是闷炉操作获得成功的关键。

a 炉顶部位的密封

对整个炉顶表面在闷炉前 3 ~ 4 天进行一次较为彻底的吹风、灌浆。灌浆所用泥料为低温火泥，制泥料时其稠度要求不能太干，也不能太稀，要求稠度合适，泥料要能保证顺利地自流到一定深度的缝隙中。灌浆时一定要注意是先吹风、后灌浆的程序，并且要用特制的工具往缝隙里填塞。表面灌浆时，注意不要使泥浆流入燃烧室立火道内。

b 炉肩、保护板上部的密封

拆除旧的小炉头，并用风吹扫干净。在拆除小炉头后，于露出的炉肩、炉门框和保护板上部进行灌浆严密。在炉肩、保护板、炉门框上部的密封处理完毕后，可重新将小炉头砌上，并勾缝精整。

c 炉台部位的密封

在机焦两侧正面的两端台抵抗墙缝隙，可先用风吹扫干净并重新塞好粘有水玻璃的石棉绳，外用耐火泥抹平，刷浆密封。检查炉框下部的底脚砖，如有问题需进行更换。

d 蓄热室部位的密封

如蓄热室封墙状况好，全部抹一层稀土保温材料或焦化专用保温材料；如蓄热室封墙状况不好，则需拆除原有保温材料，在砖外面先进行勾缝，再抹保温材料。

严格检查小烟道部位与废气盘连接处的严密情况，若有不严密处应先塞散石棉绳，再进行抹补，确保严密。

C 炭化室墙面检查

闷炉前应检查所有炭化室墙面的情况（包括炉头部位的过梁砖），并做好记录。

检查炭化室底部炉砖情况，特别要注意磨板与底砖的相对位置。

D 铁件测量及调节

闷炉前炉体状况检查的目的是为了与闷炉后的炉体状况进行对比，以了解闷炉操作是否能给炉体带来什么危害和检验闷炉效果的好坏。

a 炉体伸长量的测量

在闷炉前的加热制度条件下，要进行炉体各部位伸长量的测量。此测量值作为焦炉闷炉操作前的原始数据。

b 炉柱曲度的测量

在测量炉长的同时进行炉柱曲度的测量计算。

c 大小弹簧负荷的测量及调整

焦炉闷炉过程中，焦炉的炉温会下降，焦炉砌体也会产生一些收缩。为确保铁件对焦炉砌体的保护作用，焦炉的机上及下部大弹簧负荷可比正常约大0.5～1.0t（根据实际情况）。同时，由于保温时炉顶温度增高，因此此阶段将装煤口和上升管根部的拉条沟扒开使拉条充分散热。

E 炉体其他部位检查

检查炉体其他部位是否有异常现象，并做好记录。

F 配煤比的要求

闷炉煤料要求结焦性能好，收缩性适中，严禁装入变质煤；煤质在闷炉前后要相对稳定。

G 推焦、加煤操作

推焦、加煤操作的方法分述如下。

a 推焦操作方法

推焦操作方法是：

(1) 闷炉前仍按生产时的推焦串序进行推焦，并注意推焦时的电流情况，做好记录。

(2) 推焦后，机焦侧的炉头焦均不得扔入炉内。

b 装煤操作方法

装煤操作方法是：

(1) 装煤操作与正常生产操作一样，要注意装满煤、平好煤，焦侧不应缺角。

(2) 装完煤后，应对装入煤炉号的炉门和炉盖进行密封。

H 加热制度

在闷炉操作的过程中，当炭化室内煤气吸完后，可把每个炭化室隔离成一个独立的系统。当隔离4～5h后，焦炉顶部表面温度将急速上升，其主要原因是炉内积聚的热量较多，并有少部分可燃性气体在炉顶空间燃烧，这样将会造成全部炉盖烧红，可能会烧坏炉盖。同时，由于炉顶表面温度的升高以及烧红了的炉盖的辐射作用，炉顶操作条件恶化。

为了避免以上情况，一般在闷炉前应将结焦时间延长至25～28h较为适宜。

闷炉期间，标准温度的确定不是为了保证焦饼成熟的稳定指标，而是为了保证焦炉炉头火道温度不低于900℃。

闷炉期间焦炉所需要热量只是弥补焦炉散热和废气带走的热量，所以标准温度比正常生产时要低些，同时根据炉头温度的要求，标准温度可以确定在1050～1100℃之间。

4.4.2.2 闷炉过程

A 直行温度的测量和调节

测量直行温度是为了检查闷炉期间焦炉沿纵向温度分布的均匀性和全炉温度的稳定

性。其测量方法、频次与正常生产时完全一样。

直行温度调节可采用更换比正常生产时小一些的孔板调节和采用旋塞控制的方式进行调节。因闷炉操作一般只是一个过渡性操作，设备检修完成后就会恢复正常生产，从工作量上考虑，采用旋塞控制较好。

当全炉温度过高或过低时，主要采用调节煤气量和空气量的方法进行调节；如果温度太高无法控制时，可采用间断加热或停止加热一段时间的调节方式。

B 炉头温度的测量和调节

每8h测量一次全炉机焦侧炉头火道的温度。闷炉操作时，边火道散热多，温度低且波动较大。影响炉头温度的主要因素有：炉头砌体及灌浆的严密程度；蓄热室封墙的严密程度；炉头斜道、喷嘴及砖煤气道的堵塞情况；蓄热室顶部吸力等。

闷炉期间要采取一切措施保证炉头温度不低于900℃，因为在870℃时硅砖有一个晶型转化点，达到转化点温度时炉头砌体将发生一定程度的损坏。

提高炉头温度的办法主要是：加强炉头砌体及蓄热室封墙的严密性；尽量降低蓄热室顶部的吸力；在保证空气量的前提下增加边火道煤气量或减少中部火道的煤气量。

C 蓄热室顶部温度的测量和调节

蓄热室顶部温度每8h测量一次，测量方法与正常生产时一样。发现温度异常时，要及时查找原因并进行处理。

D 小烟道温度的测量和调节

小烟道温度每8h测量一次，测量方法与正常生产时一样。发现温度异常时，要及时查找原因并进行处理（烧高炉煤气时，小烟道部位易发生着火，发现后要立即对两叉部等位置进行密封处理）。

E 集气管压力

在充压闷炉时，集气管压力应比正常生产大10~20Pa。满炉常压闷炉时，把焦炭成熟的炉号关上上升管翻板，使其成为一个独立的系统。

F 看火孔压力

为了防止炉顶温度过高和烧掉砖缝中的石墨，消除闷炉操作对拉条的不利影响，看火孔压力可保持为-5~-15Pa。闷炉开始时可能负压较大，以后逐步减小。

4.4.2.3 恢复生产

恢复生产的步骤如下。

A 推焦装煤操作

推焦串序仍采用正常生产时的推焦串序，推焦时详细记录推焦电流，并注意异常现象。只要按闷炉常压法的要求进行闷炉，炉内的焦炭性质就不会发生大的变化，推焦应该是正常的。

装煤操作与正常生产时一样。

B 恢复正常加热

闷炉结束后的结焦时间最好与闷炉前的结焦时间一样，等生产稳定后再逐步调整结焦时间。

焦炉加热制度（孔板或旋塞开度、风门开度、烟道吸力、蓄热室吸力等）调整至闷炉前的状态。闷炉后第一循环推焦要控制好温度，避免出现高低温号（可通过旋塞进行控制）。

C 炭化室墙面的检查

全面检查炭化室炉墙砌体的情况并做好记录，同时将检查结果与闷炉前进行对比，以便衡量闷炉操作对炉体是否产生危害。

D 铁件测量及调节

在闷炉结束后，要进行一次炉体状况检查，与闷炉前进行对照，分析闷炉操作对炉体膨胀的影响。

a 炉体伸长量的测量

在闷炉结束后，结焦时间恢复到正常生产时进行炉体各部位伸长量的测量。

b 炉柱曲度的测量

在测量炉长的同时进行炉柱曲度的测量计算。

c 大小弹簧负荷的测量及调整

测量大小弹簧吨位，逐渐调整为规定值。闷炉前增加的机上和下部大弹簧吨位，在结焦时间正常后也应逐渐降低至以前规定值。

4.5 焦炉的日常特殊调节

4.5.1 焦炉晚点

焦炉生产过程中经常发生晚点的情况，如设备故障、满炭和生产事故等，发生停止出焦的现象后，要及时调整焦炉加热情况，对于能知道具体晚点时间的比较好处理，对于随时可能出焦但又不肯定的晚点处理比较困难。

4.5.1.1 能确定具体时间的晚点

对于在1h以内的晚点，可只对晚点炉号两边燃烧室温度进行控制（采取关小加减旋塞开度的方式），故障处理完后可以进行撵炉，加完煤后把相对应的燃烧室加减旋塞打开。

对于1~2h的晚点，也可以只通过把相对应的加减旋塞开度关闭较多的方式进行处理，同时把预计要晚点的也可事先适当关小加减旋塞开度，在故障处理完成后，不能强行撵炉，形成的晚点空在排计划时要分多次提炉，避免结焦时间太短。

对于2~4h的晚点，要根据情况减少吸力和煤气流量，同时对于个别炉室要关小加减旋塞开度，以免发生高温事故。晚点结束后建议修改当天计划进行生产，恢复正常后的温度控制根据计划情况进行调节。

对于大于4h的晚点，要尽量减少煤气量和吸力，同时关小风门，增加直行温度测量频次，根据温度情况及时进行处理，恢复正常后要重新调整计划，温度控制根据计划再进行调整。

4.5.1.2 不能确定具体时间的晚点

焦炉设备发生故障或生产出现事故后一般都能较为准确地估计处理需要的时间，但也不排除个别事故处理时间远远超出估计值的情况，这样控温工作不确定因素就会增多。如计划晚点2h，但3h后还不能恢复生产，这时就要多减少煤气量、吸力和关小风门，加减旋塞也应加大关闭程度和数量，增加测温次数，避免出现高温号。恢复生产后调整计划，调整计划时要考虑当前结焦时间和炉温情况，避免焦炭过火或下一循环出现生焦。

4.5.2 难推焦

4.5.2.1 难推焦的处理

焦炉在生产过程中，有时会发生推焦困难事故。焦炉推焦时，推焦电流超过规定的最大电流时称为难推焦。焦饼一次推不动，再推第二次时一般称为二次焦事故。发生难推的原因很多，如：加热制度不合理；炉墙石墨沉积过厚；炉墙变形；平煤不良；原料煤的收缩值过小以及推焦杆变形等。焦饼难推原因及防止措施见表4-7。

表4-7 焦饼难推原因及防止措施

难推原因		推焦症状	影响程度	焦炭特性	防止与解决措施
配煤不良	配煤中缺乏足够数量的收缩性煤	难推或堵塞	大量炉室	焦炭正常	配煤比有较大变动时需做配煤试验
	配入大量不黏结性煤	难推	大量炉室	焦饼失掉完整性	配煤比有较大变动时需做配煤试验
	装入已氧化了的煤	难推或堵塞	大量炉室	焦饼失掉完整性，易碎	加强煤场管理
	个别来源煤的质量不稳定	难推或堵塞	个别或部分炉室	焦炭质量不均匀	加强煤场管理和煤质化验
	煤粒度不良或煤塔中煤粒分层	难推	个别或部分炉室	焦炭质量不均匀	严格执行操作规程
	装入煤水分增高	难推	大量或个别炉室	焦炭正常	加强对入炉煤的质量检验
装平煤不良	平煤不良堵塞装煤孔	堵塞	个别炉室	焦炭正常	严格执行操作规程，严禁平煤后将余煤扫入炉内
	未考虑炉室变形而装煤过多	难推或堵塞	个别炉室	焦炭正常	定期检查炉室，加强维修
	炭化室机侧装煤不满	难推或堵塞	个别炉室	焦炭正常	严禁装煤不满
加热不良	全炉温度偏低	难推或堵塞	大量炉室	不成熟及易碎	经常观察推出焦饼
	横排温度不均	难推或堵塞	大量或个别炉室	焦炭质量不均	经常观察推出焦饼
	破坏推焦计划，提前推焦	难推	个别炉室	不成熟及易碎	遵循推焦图表
	压力制度破坏，炭化室漏入空气	难推	个别炉室	局部过热，焦炭易碎	确定合理压力制度
炉墙	炭化室墙有病变	难推或堵塞	个别炉室	焦炭正常	对病号炉应建立专门的装煤制度
	炉头或炉框变窄（特别是焦侧）	难推或堵塞	个别炉室	焦炭正常	注意推焦电流变化，用人工清扫夹焦
	石墨太多	难推或堵塞	个别炉室	焦炭正常	除去石墨

如遇到难推焦炉号时，应立即停止推焦并查明原因，严禁不查明原因连续推焦。查明原因并处理后，征得值班负责人准许并在场方可进行二次推焦。三次以上推焦时必须有车间负责人在场并允许方可推焦。

困难推焦有一个从量变到质变的过程，如果在量变阶段及时发现问题，采取措施，消除隐患，就可避免困难推焦。例如，炉墙“石墨”的增长是由少到多，相应的推焦电流也会由小到大，当发现“石墨”生长较快，推焦电流变大时，可以除掉石墨；如果是炉温低造成难推焦，应关上炉门，延长时间，成熟后再推；如果温度过高，焦炭过火引起难推，就应扒除炉头部分焦饼，直至见到焦饼收缩缝和一段垂直焦饼后，才能再次推焦；如果是煤的膨胀压力大造成的难推，可关上炉门，延长结焦时间，等该炭化室两边炭化室内煤料半焦收缩后再推，但这样处理对炉墙影响较大。

二次焦对炉体损害比较大，是导致炉体变形的主要原因。某一炭化室炉墙变形，三班都要从推焦、装煤、加热给以特殊管理。这样可以减少困难推焦，否则二次焦会不断发生，并造成相邻炭化室墙的损坏，甚至向全炉蔓延，加速全炉的损坏。

4.5.2.2 病号炉的装煤和推焦

焦炉在生产过程中，由于装煤、摘门、推焦等反复不断的操作而引起的温度激变、机械力的冲击与化学腐蚀作用，炉体各部位逐渐发生变化，炉墙产生裂缝、剥蚀、错台、变形、掉砖甚至倒塌。炭化室墙面变形，推焦阻力增加，导致推焦困难。因炉墙变形要经常推二次焦的炉号，称为病号炉。一座炉中有了病号炉，对病号炉就要采取措施尽量减少二次焦发生，防止炭化室墙进一步恶化。处理病炉号的常用措施有：

（1）少装煤。根据病号炉炭化室墙变形的部位、变形程度，在变形部位适当少装煤。周转时间可同其他正常炉一样。少装煤的优点是病号炉推焦按正常顺序推焦，不乱签；缺点是损失焦炭产量。这种方法一般在炭化室墙变形不太严重的炉号上可以采取。

（2）适当提高病号炉两边火道温度。将炉墙变形的炭化室两边立火道温度提高，保证病号炉焦炭提前成熟，有一定闷炉时间，焦炭收缩好，以便顺利推焦。但改变温度给调火工和三班煤气工带来许多不便，一般不宜采用。

（3）延长病号炉结焦时间。如果炭化室墙变形严重，那么只少装煤也解决不了推二次焦的问题，还可以在采取少装煤的同时延长病号炉的结焦时间。这样在排推焦计划时，病号炉另排，不能在正常顺序中。病号炉最好按其周转时间单独排出循环图表，每天病号炉推焦时间写在记事板上，防止漏排、漏推而发生高温事故。

4.5.3 停产检修

焦炉生产过程中经常会出现停产检修，如熄焦车轨道检修、皮带系统检修、化产煤气管网检修等，停产检修时间一般需要 8h 或更长，这时候焦炉炉温需进行特殊管理。根据生产需要有停止加热检修和不停止加热检修两种，其中停止加热检修处理较为方便。

4.5.3.1 停止加热检修

按焦炉停止加热的步骤停止加热，检修完成后恢复加热，推焦计划重新调整。

4.5.3.2 不停止加热检修

通过减少煤气量、空气量及吸力，并配合关旋塞开度的方式进行调节，如发现自动翻板关死后支管压力仍偏高，可关主管阀门进行控制。检修完成后重新调整计划，这时可根据炉温情况进行调节，如炉温较高可第一段先多出一些炉，避免出现高温号，对加完煤的炉号要正常加热，避免下一循环出现生焦。

5 护炉设备的维护和管理

5.1 护炉设备的构成

焦炉砌体在烘炉和生产过程中，因温度变化引起炉砖膨胀、收缩，使砌体发生变形，因开、关炉门，推焦时焦饼的挤压，结焦过程煤料的膨胀等引起的机械力等对炉体的作用，均能使砌体受到损坏。为了减少这类损坏，砌体外部必须配置护炉设备，利用护炉设备上可调节的弹簧势能，连续不断地向砌体施加数量足够、分布合理的保护性压力，使砌体在外力作用下保持完整和严密，并具有足够的强度。护炉设备分横向和纵向两部分。纵向有两端抵抗墙和配有弹簧组的纵拉条，横向有两侧炉柱、上下横拉条、弹簧、保护板、炉门框和炉门等。横向护炉铁件的装配图如图5-1所示。

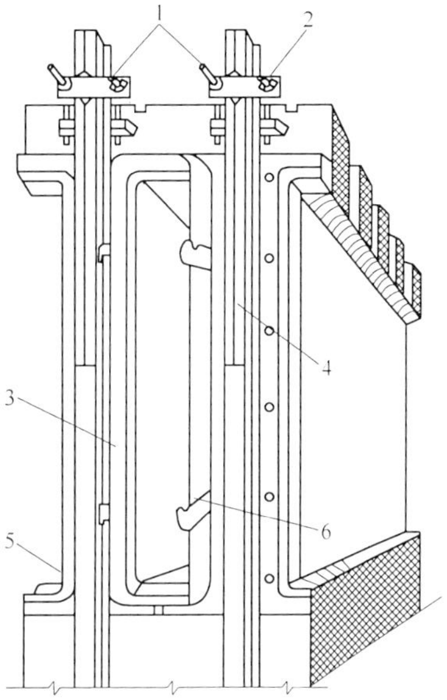

图 5-1　横向护炉铁件的装配图

1—横拉条；2—弹簧；3—炉门框；4—炉柱；5—保护板；6—炉门挂钩

5.2 护炉设备的作用

5.2.1 炉体纵向膨胀及其保护

烘炉过程中，砌体的纵向膨胀靠设在斜道区、炉顶区等实体部位的膨胀缝以及两侧炉端墙处的膨胀缝来吸收。砌体做纵向膨胀时，由于各层膨胀缝的滑动面间有很大的摩擦阻力，单靠抵抗墙不能克服该摩擦阻力使砌体内部发生相对位移而使膨胀缝变窄，而且砌体纵向膨胀对抵抗墙产生的推力会使抵抗墙向外倾斜以致开裂破坏。因此，在焦炉炉顶必须配置纵拉条，其两端穿过抵抗墙，并靠两端的弹簧组和螺栓提供纵向保护性压力，当该力大于各层膨胀缝滑动面的摩擦阻力或砌体的纵向推力时，砌体的纵向膨胀才能被膨胀缝吸收。炭化室越高，膨胀缝所在区域的上部负荷越大，膨胀缝层数越多，滑动面越长、越粗糙，摩擦阻力对抵抗墙的水平推力也越大，则纵拉条的断面越大，弹簧组提供的吨位也越大。

5.2.2 炉体横向膨胀及其保护

炉体横向不设膨胀缝，烘炉过程中，随炉温升高砌体横向逐渐伸长，投产后的两三年内，由于残余石英继续向鳞石英转化，炉体继续伸长。此外在生产过程中，周期装煤出焦导致炉体周期性的膨胀、收缩。为使砌体中每个横向结构单元在膨胀、收缩过程中能沿蓄热室墙底层砖与基础平台间的滑动层做整体移动，并保证砌体的完整、严密，就必须在机、焦两侧设置能够提供横向保护性压力的护炉设备。炉柱、横拉条和弹簧装配示意图如图5-2所示。

保护性压力通过上下大弹簧、上下拉条、炉柱、小弹簧、保护板传递给砌体，砌体和炉柱沿高向的受力情况如图5-3所示。上部大弹簧通过贯穿炉顶的上部横拉条施加在炉柱上部的力为 q_1，下部大弹簧给炉柱下端以力 q_2。这两个力通过炉柱直接给砌体，或再通过小弹簧、保护板给砌体，即传递保护性压力。其中 q'_1、q'_2、q'_5 和 q'_6 为刚性力，取决于炉柱与砌体或保护板的直接贴靠；q'_3、q'_4、q'_7 和 q'_8 为弹性力，可通过小弹簧的压紧程度调节。一般情况下，刚性力约为弹性力的1~1.4倍，所以保持炉柱有适当曲度，它可以保证炉柱与保护板上、下端及小炉头、斜道区的贴靠，以稳定刚性力，对炉体保护十分重要。由图5-3还可以看到，保护板必须始终贴靠燃烧室炉肩和蓄热室墙，以保证对砌体的压力传递。受压不足或由于砌体内开裂使保护性压力传递中断，均会导致砌体松散、漏气甚至使焦炉逐渐损坏。

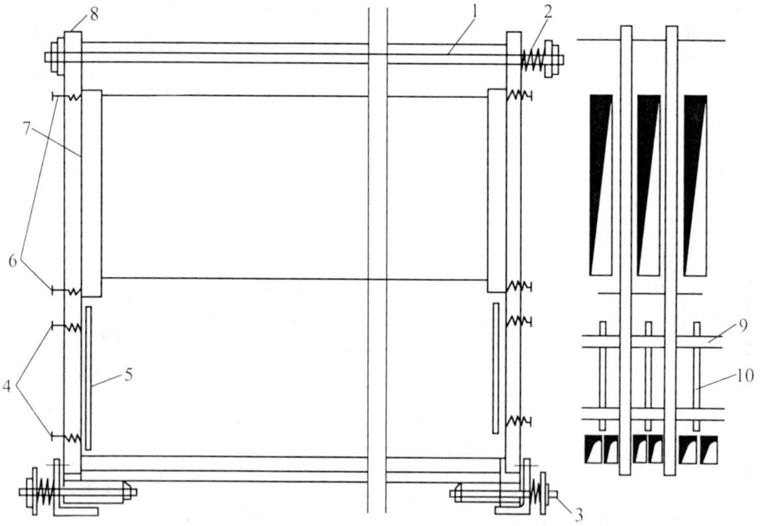

图5-2 炉柱、横拉条和弹簧装配示意图

1—上部横拉条；2—上部大弹簧；3—下部横拉条；4—下部小弹簧；5—蓄热室保护板；6—上部小弹簧；7—炉柱；8—木垫；9—小横梁；10—小炉柱

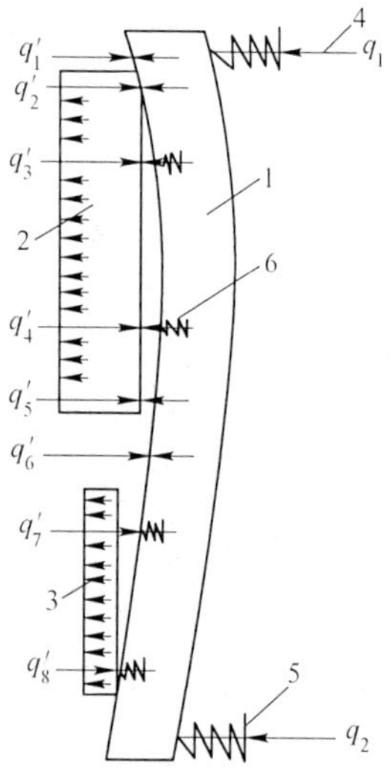

图5-3 砌体和炉柱沿高向的受力情况

1—炉柱；2—燃烧室保护板；3—蓄热室保护板；4—上部大弹簧；5—下部大弹簧；6—小弹簧

5.3 护炉设备的介绍

5.3.1 保护板与炉门框

保护板与炉门框的主要作用是将保护性压力均匀合理地分布在砌体上，同时保证炉头砌体、保护板、炉门框和炉门刀边之间的密封。所以，要求其紧靠炉头且弯曲度不能过大。

保护板有铸铁型和钢板型两大类，前者称为大保护板，后者称为小保护板，它们与炉门框的装配关系如图5-4和图5-5所示。大保护板镶扣在燃烧室头部，炉门框是周边带筋的铸铁框，用钩形螺栓固定在两个相邻保护板的边框上。由于相邻两保护板与炭化室中心接头，炉门框压紧在两相邻保护板交接处，因此全炉保护板与炉门框的联结是整体结构，压力传递较好，对炉柱保护严密，使其不易受炭化室泄漏煤气的侵蚀。小保护板与炉门框为各炭化室、燃烧室独立配置，炉门框用固定在炉柱上的顶丝压紧在保护板上，安装、更换方便，质量也较小，但对炭化室的严密性差，炭化室泄漏的煤气容易烧烤炉柱，当炉柱变形时，其上顶丝不能压紧炉门框和保护板，进一步削弱护炉作用。此外，小保护板不伸入砌体，炉头容易剥蚀。所以，小保护板仅在小型焦炉中被采用。

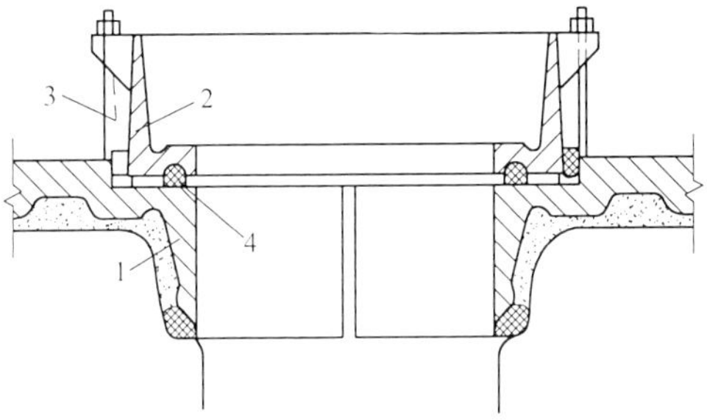

图 5-4 大保护板与炉门框的装配关系

1—保护板；2—炉门框；3—固定炉门框螺栓；4—石棉绳

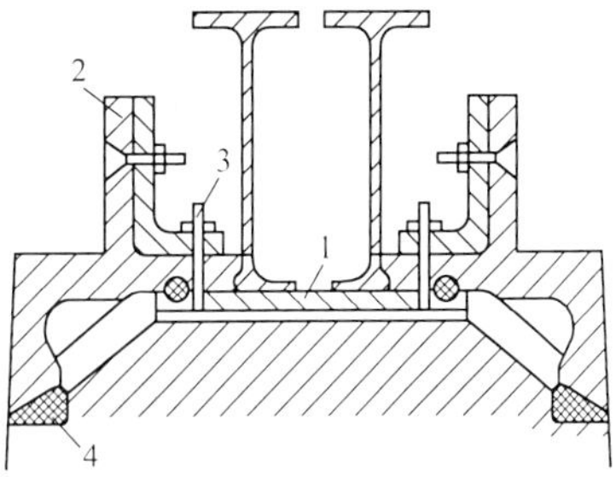

图 5-5 小保护板与炉门框的装配关系

1—炉柱；2—炉门框；3—保护板；4—石棉绳

炉门框是固定炉门的，因此要求炉门框有一定的强度和刚度，加工面应光滑平直，以便与炉门刀边严密接触，密封炉门。炉门框安装时，应垂直对正，四周均匀填好密封材料，并使其压紧。炉门框周边的筋可以减少炉门冒出的烟火直接接触炉柱，起到保护炉柱的作用，所以不能过矮。生产中，炉门框的刀封面应保持清洁，这样炉门刀边才能与炉门框严密接触，避免冒烟冒火。

5.3.2 炉柱及其曲度

炉柱是用工字钢（或槽钢）焊接而成的，也可由特制的方形空心钢制成，炉柱安装在机、焦侧炉头保护板的外面，由上下横拉条将机、焦两侧的炉柱拉紧。上部横拉条的机侧和下部横拉条的机焦两侧均装有大弹簧。焦侧的上部横拉条因受焦饼推出时烧烤，所以不设弹簧。炉柱内沿高向装有若干小弹簧。炉柱是护炉设备最主要的部件。

炉柱的作用就是将弹簧的压力传给炉体，只要这个压力使砖的裂缝和砖缝始终处于压缩状态，就可以控制炉体伸长，使炉体完整严密。炉柱还起着架设机焦侧操作台、支撑集气管的作用。

当炉柱受力逐渐增大时将弯曲，且曲度逐渐增大。炉柱曲度的变化受炉柱高向力分布的影响，炉柱曲度变化影响对炉体的保护作用。炉柱曲度过大将使保护板中部不受力，破坏对炉体高向负荷的均匀分布，所以炉柱曲度要经常测量。

5.3.3 炉门

炉门的严密对防止冒烟冒火和炉框、炉柱变形、失效有重要影响。所以，通常不属于护炉设备的炉门实际上也是很重要的护炉设备。现代焦炉采用的炉门的基本要求是：结构简单，密封严实，操作轻便，维修方便和清扫容易。下面主要介绍普通刀边炉门和空冷式弹簧门闩炉门。

5.3.3.1 普通刀边炉门

普通刀边炉门是靠固定在炉门整个周边上的刀边紧压在炉门框的加工平面上，采用铁对铁的密封，其构造如图5-6所示。

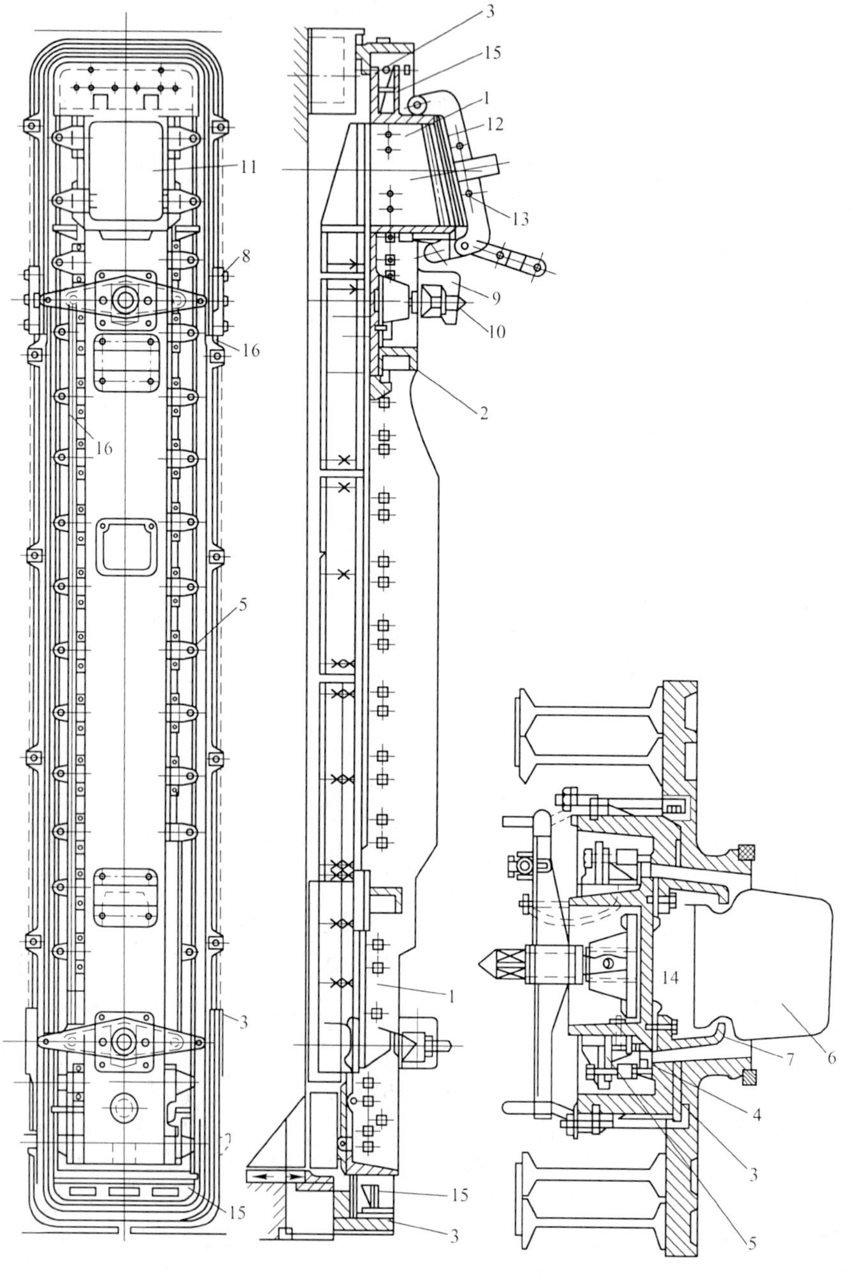

图5-6 普通刀边炉门的构造

1—外壳；2—提钩；3—刀边；4—角钢；5—刀边支架；6—衬砖；7—砖槽；8—横铁；9—炉门框挂钩；10—横铁螺栓；11—平煤孔；12—小炉门；13—小炉门压把；14—砌隔热材料的空隙；15—支架；16—横铁拉杆

炉门的外壳由生铁铸成，外壳上设有提钩、刀边支架和顶丝装置，还附有安挂炉门的横铁和螺栓，炉门上的横铁卡在炉门框的挂钩上，炉门安放在炉门框中间。安炉门时，拧紧横铁螺栓。摘门时，先放松螺栓，转动横铁脱离挂钩，就可取下炉门。炉门内侧设有砖槽，槽内砌黏土砖衬砖，衬砖与槽间空隙砌有隔热材料，以减少散热。炉门衬砖应有一定的厚度并保持完整。

炉门刀边是轧制而成的。刀边厚度一般不超过2mm，要求焊口平直，周边尺寸符合要求。在刀边支架周长上安有调节装置，用来调节刀边使其与炉门框封严。炉门刀边是否完好，与防止冒烟冒火关系很大。因此，当炉门摘下后，要立刻清扫刀边、炉门框和炉门衬砖上的焦油渣及焦粉等残留物质，否则残余物越积越厚，炉门刀边将逐渐失去自封作用，造成冒烟冒火。

炉门由于摘挂频繁，且与大气接触，温度变化剧烈，因此炉门刀边和衬砖易损坏。因此，焦炉都设有炉门修理站，按计划循环进行炉门修理工作。

炉门刀边是使炉门严密的重要部位，通过刀边压紧在炉门框上切断炭化室与外界大气的联系。常用的刀边有顶丝刀边、敲打刀边和弹簧刀边。

（1）顶丝刀边。顶丝刀边用角钢制成，其刀边的压紧装置是设在炉门外壳上的带螺纹顶丝。这种顶丝在生产过程中易积灰和焦油或受热变形，因而顶丝常无法转动，压紧刀边需要经常检修、更换，所以已被敲打刀边等取代。

（2）敲打刀边。敲打刀边用扁钢制成，靠螺栓固定，调节时将螺帽放松，敲打固定卡子，使刀边压紧炉门框，然后再拧紧螺帽。国外推荐一种带凸轮卡子的刀边，它是用一块带凸轮的卡子卡住刀边，凸轮顶住刀边，当外力加在刀边上时，同刀边接触的凸轮半径将随螺栓转动而增大，从而防止刀边后退。敲打刀边制作简单，更换和调节方便，对轻度变形的炉门框也能适应。敲打刀边的结构如图5-7所示。

（3）弹簧刀边。弹簧刀边用角钢和弹簧钢板制成，靠螺栓固定在炉门筋上，刀边靠弹簧顶丝压紧在炉门框上，弹簧顶丝的压力可用压紧螺栓调节。弹簧刀边靠弹簧顶丝的弹力压紧刀边，能起到自动调节的作用，方便管理。弹簧刀边的结构如图5-8所示。

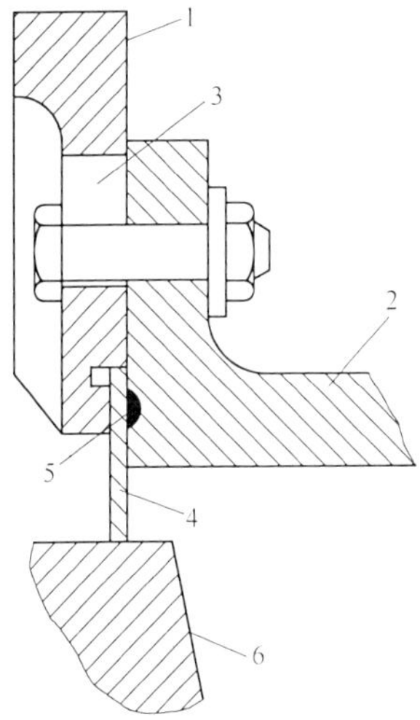

图5-7 敲打刀边的结构

1—固定卡子；2—炉门筋（外壳）；3—卡子长孔；4—刀边；5—石棉绳；6—炉门框

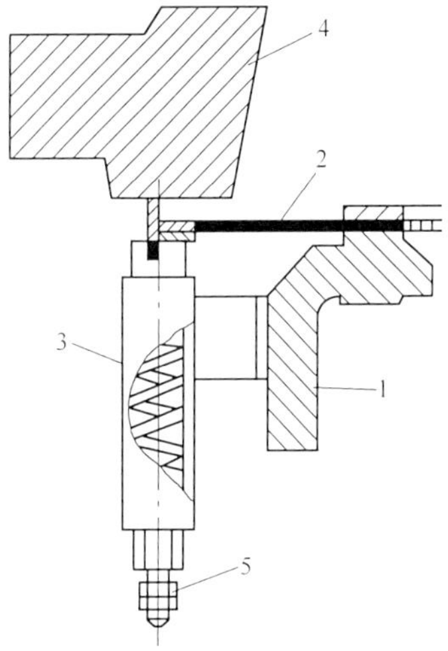

图5-8 弹簧刀边的结构

1—炉门筋（外壳）；2—刀边；3—弹簧顶丝；4—炉门框；5—压紧螺栓

5.3.3.2 空冷式弹簧门闩炉门

为了防止炉门外壳（本体）受热变形，目前炭化室高6m焦炉基本都采用空冷式弹簧门闩炉门，如图5-9所示。该炉门由炉门本体、腹板和砖槽三大部分组成。砖槽与腹板用螺栓连接，砖槽与炉门本体用滑块连接，其间有约40mm的空隙，空气可以通过该空隙自上而下自然对流冷却炉门本体，从而能明显减小炉门本体的内外温差，防止受热变形。与砖槽连接的腹板仅1.5mm，内外温差很小，不会发生热弯变形，刀边就焊接在腹板四周，所以炉门刀边能紧扣在炉门框的密封面上，炉门刀边靠弹簧顶丝压紧。炉门闩靠弹簧压紧，弹簧置于门闩内侧，摘挂炉门时压缩弹簧使门闩松开，正常生产时弹簧承受一定的负荷，所以开关炉门方便，时间短，受力稳定。

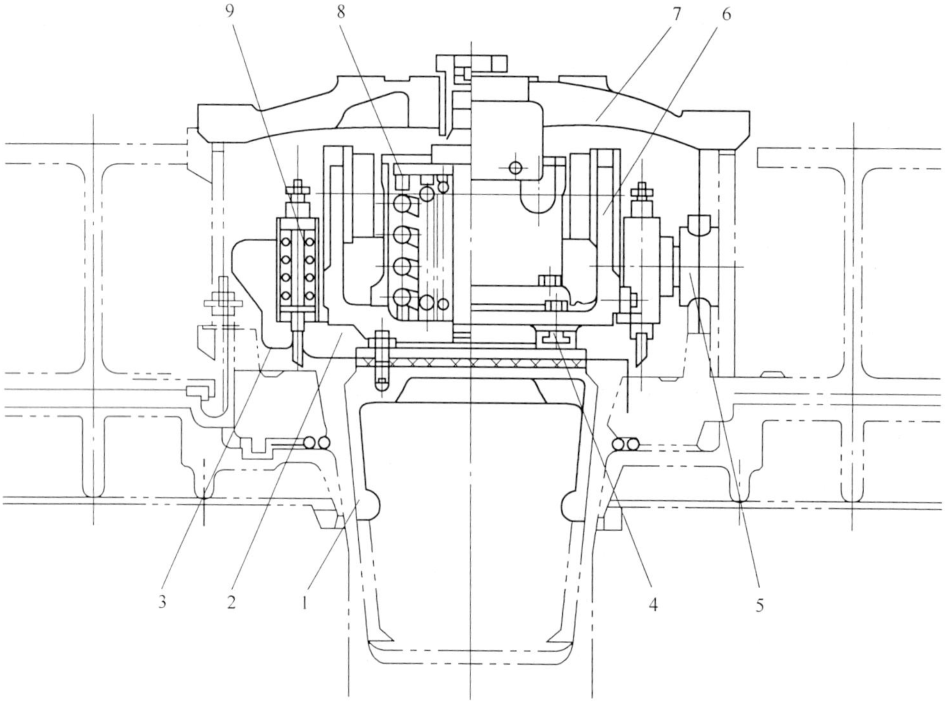

图5-9 空冷式弹簧门闩炉门

1—砖槽；2—腹板；3—刀边；4—滑块；5—导辊；6—炉门本体；7—门闩；8—门闩弹簧；9—压刀边弹簧

5.3.4 横拉条、纵拉条、弹簧

5.3.4.1 横拉条

横拉条是用ϕ50mm的圆钢制成的，沿燃烧室长向安装在炉顶和炉底。上部拉条放在炉顶的砖槽沟内，下部拉条埋设在机、焦侧的焦炉基础平台里。拉条的材质一般为低碳钢。它在250～350℃时强度极限最大，伸长率最低，随温度的升高，强度显著下降，伸长率增大。上升管孔、装煤孔等温度较高处拉条直径往往变细，上升管附近除温度较高外，还有氨水的腐蚀，所以拉条变细更快。拉条变细可通过大弹簧的负荷经常变小来发现。

5.3.4.2 纵拉条

纵拉条是由扁钢制成的，设于炉顶。其作用是沿炉组长向拉紧两端抵抗墙，以控制焦炉的纵向膨胀。纵拉条两端穿在抵抗墙内，并设有弹簧组，保持一定的负荷。纵拉条对保持炉组完好，特别是对保持端部燃烧室的完好十分重要。

5.3.4.3 弹簧

焦炉用弹簧分大弹簧和小弹簧两种。由大小弹簧组成弹簧组，安装在焦炉机、焦侧炉柱的上下横拉条上。炉柱高向的不同部位还装有几组小弹簧。弹簧能反映出炉柱对炉体施加的压力，使炉柱靠紧保护板，又能控制炉柱所受的作用力，以免炉柱受力过大。炉柱上下弹簧组所受的压力反映出炉体所受的总负荷。小弹簧所受的压力只能反映出各点负荷的分布情况。

5.4 护炉设备的管理

5.4.1 炉柱的管理

焦炉砌体由于受到机械力和温度冷热激变的冲击，为了保持砌体的严密性和结构强度，因而采用护炉设备对其施加保护性负荷。这种保护性负荷是通过炉柱施加于炉体的，所以对炉柱的管理是非常重要的。

炉柱将保护性负荷分配到沿炉体高向的各区域中。大型焦炉炉柱施加给炉体的负荷为15～20kN/m。

炉柱应该在其弹性范围内工作，这样才能使其传给炉体的负荷保持稳定。对于36号工字钢制作的炉柱，其曲度应保持在25mm以内，超过25mm时，炉柱就超过了弹性范围。实际生产中的炉柱还存在热弯曲，只有炉柱曲度不超过20mm才认为是在弹性范围内。随着炉柱工作年限的增加，产生残余变形也是不可避免的，即虽然上下部大弹簧的负荷尚在规定范围内，而炉柱曲度却超过规定值较大，这时就必须对各传力点严密监护，保持其可靠传力作用。上述曲度是变化曲度，是对炉柱原始曲度为零而言的。但是如果炉柱原始曲度不是零而是某一数值，求变化曲度时，就应用原始曲度值校正。这种校正程序往往被生产单位忽视，因而其曲度值失去了可比性，而不能作为监护炉柱曲度的依据。

为简化计算，将炉柱当做简支梁对待，但实际情况并非如此。炉柱曲度变化与大弹簧负荷间不是线性关系就是明显的例子。这是由于大弹簧负荷的保持值远大于炉柱曲度的反作用力的缘故。在这种情况下，炉柱成为炉体的组成部分，炉柱曲度的变化也随着炉体正面上下膨胀差的变化而变化，而不是随着大弹簧负荷的变化而变化。炉柱曲度的这一变化特征值应特别注意，以免在管理上进入误区。简而言之，炉柱曲度与炉体正面弯曲度呈线性关系。

炉柱一经火烧，其强度显著下降，在被火烧处曲度急速增大，所以在生产中应及时消灭着火，并避免红焦烧烤炉柱。

在焦炉正常生产的条件下，炉柱曲度年最大增长值（或变化）应不大于2mm。如果炉柱曲度年增长值大于2mm，就表示炉柱可能受到过意外损伤。如果炉柱曲度与原来曲度相比变小了，这也是不正常的，表明对焦炉各部位给予的保护性挤压力（尤其是刚性力）也在减小，对这些情况要及时查明原因并给予纠正。

综上所述，为保持炉柱分配保护性力的机制正常进行，炉柱曲度不是越大越好，也不是越小越好，而是随着焦炉炉龄增长，与一个不断增加的最佳曲度值相吻合。

生产上一般采用三线法测量炉柱的曲度。三线法是在焦炉两端抵抗墙，分别在炉门上下横铁和箅子砖的标高处设置上中下3个测线架，沿焦炉炉组方向安装3条直径为1mm左右的用松紧器拉紧的细丝，3条线应在同一垂直平面上，不使它们碰触任何物体，然后测出从炉柱到钢丝的水平距离。三线法测量炉柱曲度计算图如图5-10所示。

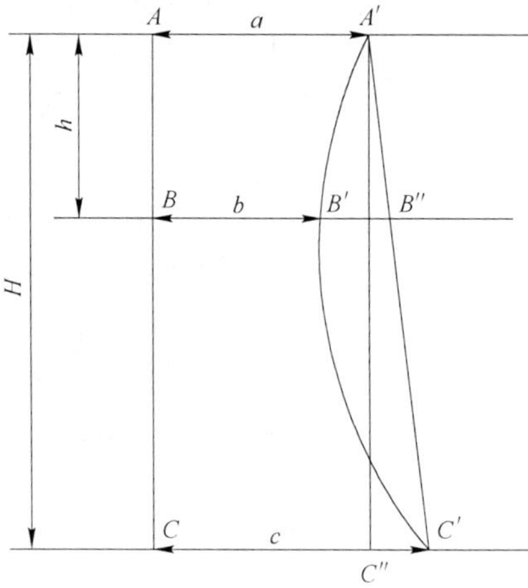

图5-10 三线法测量炉柱曲度计算图

图5-10中，A'、B'、C'表示炉柱，上线的所在标高分别为A、B、C点，炉柱与三线的水平距离分别为a、b、c，h为上线与中线间的距离，H为上线与下线间的距离，炉柱弯曲度W可按式5-1计算：

$$W = (a - b) + (c - a)\frac{h}{H} \tag{5-1}$$

炉柱实际曲度为按上述方法测量的曲度与自由状态曲度的差值，即：

$$W_{实} = W - W_{自由} \tag{5-2}$$

炉柱曲度测量时，注意视线垂直于钢板尺，钢板尺应水平放置，尺上的刻度线应平行于钢丝线，读出钢丝到各测定点的距离，并做好记录。测量数据必须与上次的测量数据相比较，超过允许公差时，应及时找出原因，并加以处理。炉柱曲度正常不超过25mm，调节时应结合弹簧压力、炉柱与保护板间隙的情况综合考虑。曲度最大不应超过50mm，超过50mm时应进行处理。

5.4.2 炉体伸长的管理

一座正常生产的焦炉生产炉龄约25~30年，对焦炉来讲，这期间是一个衰老的过程。焦炉的衰老过程是指焦炉砌体本身及其相应辅助设备的正常老化及意外损伤所造成焦炉生产能力不断降低的过程。焦炉正常老化是焦炉生产的必然结果，焦炉遭受意外损伤则会加速焦炉的老化。

砌体的正常老化和意外损伤的特征集中表现在4个方面，即生成裂纹及裂缝；剥蚀及磨损；变形与穿孔；通道堵塞与烧融。这些损伤的共性是对焦炉的膨胀有直接和间接的影响。所以了解焦炉的年膨胀量，就可以掌握焦炉的变化脉搏，用来评估焦炉现状及衰老趋势。

生产过程中的焦炉膨胀是硅砖中晶形转化造成的焦炉炉长增长过程。此外，还有因焦炉受到意外损伤带来的焦炉炉长的附加增长。如因护炉铁件对砌体的挤压力不足造成的砌体松散，导致裂缝的不断增大，使焦炉产生炉长的附加增长。

硅砖中晶形转化造成的焦炉炉长增长过程称为焦炉正常伸长（膨胀），因焦炉受到意外损伤带来的焦炉炉长的附加增长称为焦炉的非正常伸长（膨胀）。正常伸长对焦炉基本没有破坏性，焦炉仍保持原来的完整性、严密性和结构强度；非正常伸长对焦炉有破坏性，它使焦炉砌体在某些方面的性能削弱。

每年正常伸长量是一个有规律的不断减小的量，且其值较小。在同类型焦炉中是可以估计的。可以把该值看做常数。一般投产 2 年后的焦炉炉长年伸长率不应超过 0.035%。

每年非正常伸长量是一种偶然性的变量，难以进行估计。

实测的年伸长量是这两种伸长量的叠加值，根据叠加值变异性的分析、比较和经验评估，就可以评价焦炉的现状及衰老趋势。

焦炉膨胀监测点的选择是根据烘炉工艺条件确定的，并一直应用于焦炉生产的全过程。这些监测点虽然是根据烘炉工艺条件确定的，但在焦炉生产过程中，由于这些监测点具有鲜明的区域代表性，因此仍然具有灵敏反映焦炉动态的机能。

膨胀监测点选在上横铁、下横铁、斜道及箅子砖等水平标高处。在这些监测点的同一水平标高处，沿机焦两侧分别引拉钢丝线。这些钢丝线固定在抵抗墙的测线架上。每侧的 4 条钢丝线应保持在同一竖直平面内，并与焦炉中心线距离始终保持不变。

随着焦炉膨胀的增长，钢丝线到焦炉炉体正面的距离也随之缩短，缩短的数值即为焦炉炉体总膨胀量。相邻两年总膨胀量的差即为年膨胀量，再除以炉长的设计尺寸即得年膨胀率。

5.4.3 拉条和弹簧的管理

5.4.3.1 拉条的管理

炉顶部位的横拉条对焦炉炉体受力状态有较大的影响，这是由于横拉条所处焦炉炉顶部位环境不好（高温）而使横拉条容易烧坏的缘故。

横拉条损坏部位一般都是在装煤口和上升管根部，在高温条件下它被烧细或烧断，进而导致炉柱上部自由外移，保护板上缘的刚性力急剧降低，随着小炉头及保护板外倾，上升管口或装煤口砌体松散开裂，该部位的开裂缝继续扩大，所以在结焦末期煤气窜漏着火，拉条再烧坏再扩大，造成恶性循环。横拉条烧细烧断的原因主要有：

(1) 炉顶区砌体保护性压力不足，促使炉顶区砌体松散变形。结果就在炉顶区的较弱环节即上升管底部及装煤口处形成裂缝，窜火烧拉条。

(2) 炉顶余煤清扫不净，堆积在装煤口上并燃烧，引发上拉条温度升高造成拉条变细。

(3) 单纯按弹簧负荷进行松放，缺少其他参照系保护，这一点是现场普遍存在的问题。因焦炉生产 7 ~ 8 年后，大弹簧就会产生残余变形使弹簧的自由高度变短，大弹簧的名义负荷变大，实际负荷变小。如果未觉察这种变化，认为大弹簧负荷大了就进行松放，并且对松放量不记录，不统计，缺少对比，经过长年累月的松放，结果就会造成过度松放，人为地降低了炉顶区的保护性压力。为避免产生上述问题，应不间断地记录并统计大螺帽的松放量。并在任意一段时间内使螺帽的松放量不得大于炉体的膨胀量。对于使用时间较长，感受到有意外损伤（如火烧等）的弹簧，应拆卸后进行加压试验，以便掌握弹簧模数变化情况，对失效的弹簧应及时更换。

5.4.3.2 弹簧的管理

弹簧在最大负荷范围内，负荷与压缩量成正比。烘炉和生产过程中，弹簧的负荷必须经常检查和调节。生产中弹簧的测量周期一般为每月测量一次，按选好的测量点，进行大小弹簧压缩量的测定，并做好准确记录。测量结束，根据测量数值按弹簧的压力确定弹簧的负荷值，并填好记录表。弹簧压力超过规定值时，根据炉柱曲度、炉柱与保护板之间间隙的情况，综合考虑调节。

应经常检查各弹簧的工作状态。各弹簧、拉条丝扣的清扫、加油每季一次，应使弹簧压紧炉柱，发现弹簧有压靠或断裂时应及时更换，但必须采取有效措施防止炉柱外移。

弹簧在安装前必须进行测试，测出各弹簧的压缩量与负荷的关系，然后编组登记，分部位分组安装。各组弹簧的测试数据应作为原始资料保存，以备检查对照。上部大弹簧组在长期的生产使用中易发生弹性疲劳现象，明火烧烤会加速疲劳。一经发现弹簧失效应及时处理。大弹簧组加保护罩可以延长使用寿命。

5.4.4 保护板和炉门框的管理

5.4.4.1 保护板的管理

生产中要经常检查保护板是否有损坏，如发现保护板断裂，要采取防止断裂处出现错台的有效措施。

炭化室区域设三线小弹簧的焦炉，要经常检查炉柱与保护板上下端是否贴靠。发现保护板上、下端未与炉柱贴靠，应分析原因，及时调节上下大弹簧和小弹簧的负荷，确保炉柱与保护板上下端紧靠。炉柱与保护板间隙和保护板倾斜量的测量及计算如下。

A 炉柱与保护板间隙测量

（1）测点：机、焦侧操作走台往上约1.5m处，并明确标志。

（2）用钢板尺测出炉柱外缘（边）与保护板的垂直距离 D（mm）。

（3）计算公式：炉柱与保护板间隙 $= D -$ 炉柱厚。

B 保护板倾斜量的测量

$$A = B - C \tag{5-3}$$

式中 A——倾斜量，mm；

B——机侧或焦侧上横铁处膨胀值，mm；

C——机侧或焦侧下横铁处膨胀值，mm。

当保护板倾斜量发生明显变化时，要及时分析原因，采取措施以保证保护板贴紧焦炉砌体。

5.4.4.2 炉门框的管理

炉门框应加强清扫，并保持加工面平直和光滑，从而保证与刀边之间的密封。对有缺陷的炉门框应该及时修理或更换。

5.5 护炉铁件的修理

5.5.1 炉柱的修理

对弯曲度大于50mm，或既弯曲又扭曲严重，妨碍拦焦车行走的炉柱，一般采用矫直或更换的方法处理。矫直法分为炉上矫直和炉下矫直两种。

5.5.1.1 炉上矫直

炉上矫直是对正在工作的变形炉柱不进行拆卸而就地矫直。这种方法比较简单、方便，但必须在炉柱仅有挠性变形而无扭曲（或扭曲事先矫直）及断裂，并且在相应的保护板不需要拆下修理时采用。矫直方法如下。

A 电焊矫直

采用电焊矫直时，首先把预矫直炉柱对面的同号炉柱固定，以防矫直时另一侧砌体因不受力而松动。一般固定炉柱的方法有以下几种：

（1）在炉顶用手拉葫芦、弹簧箱、滑轮与钢绳组成的拉紧装置，将预矫直炉柱与对面炉柱及与预矫直炉柱相邻的炉柱拉紧。炉柱拉紧装置示意图如图5-11所示。

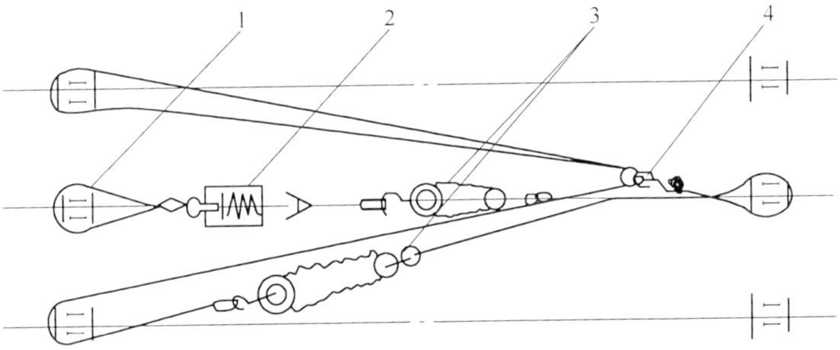

图5-11 炉柱拉紧装置示意图

1—待矫直炉柱；2—弹簧箱；3—手拉葫芦；4—双滑轮

（2）用槽钢或工字钢把预矫直炉柱上部两根横拉条固定为一体，拆除小炉头表面砖，将槽钢或工字钢的侧面紧贴端火道的正面。

（3）将预矫直炉柱对面的炉柱用工字钢固定在相邻炉柱上。炉柱固定示意图如图5-12所示。

当对面同号炉柱固定好后，把预矫直炉柱的上、下拉条丝扣加油润滑，凿除预矫直炉柱周围的底脚砖和操作平台，使平台与炉柱间形成大于100mm的空隙，松放预矫直炉柱的各线弹簧，使炉柱处于自由状态。若炉柱承托集气管，则应先拆除托架，除去负荷。然后清扫蓄热室保护板和砌体间的灰渣和砌块等杂物，在炉柱正面原加强板处，沿高向用电焊枪切割两条平行沟缝。沟缝的长度依曲度大小而定，一般当炉柱曲度为50mm时，沟缝的尺寸约为25mm×16mm×2400mm。接着用低碳钢焊条把这两条沟缝焊满，借冷缩应力矫直炉柱曲度。随后在炉柱的正面或侧面各焊长度不小于400mm的补强板进行加固，焊时不允许炉柱产生温度变形。最后恢复各弹簧原有负荷，拆除对面炉柱加固装置，砌筑和

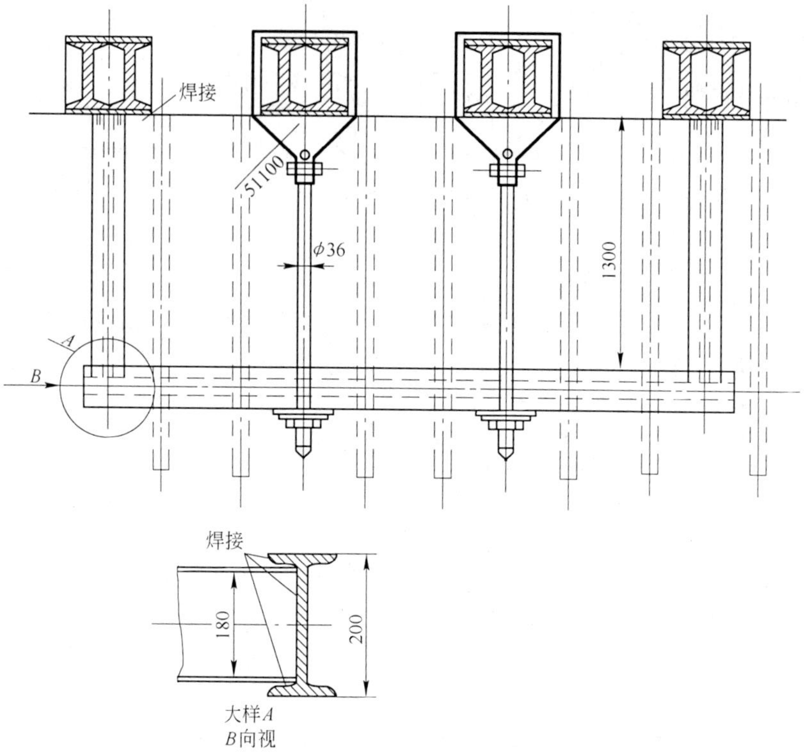

图 5-12 炉柱固定示意图

浇灌被矫直炉柱附近的底脚砖与操作平台。

这个方法的优点是：工具与操作都较简便，节省工时和钢材，矫直后炉柱不会产生波浪形状。

B 切割加压矫直

用上述的某种方法固定预矫直炉柱对面的同号炉柱后，松放预矫直炉柱上的弹簧，凿除底脚砖与操作平台，清扫蓄热室保护板内的杂物。若燃烧室保护板与砌体之间的灰渣较多，则应摘除炉门框并砌封墙，否则可省略此项步骤。接着在距操作平台表面 1.7～2.0m 处（曲度最大）的炉柱正面切割一条 20～30mm 的水平缝，两侧切成三角形口。使它中间立筋与炉柱中间立缝处于同一竖面上，若不能满足这个要求，则应先将扭曲的立筋矫直或割除。此外，还应防止燃烧室保护板和蓄热室保护板在相接处重叠。接着在距炉柱顶部约半米处的两侧各切割一个圆孔，并在相应部位的正面中间切割一条宽 25mm、长 200mm 的立缝，在距操作平台 150mm 高处的炉柱两侧各切割一个圆孔，其正面也切一条尺寸与上述相同的立缝。用手拉葫芦把由两根工字钢组成的加压梁吊至预矫直炉柱处，分别用拉臂插入炉柱上、下立缝中，两端各用销钉把拉臂分别固定在炉柱及加压梁上（见图 5-13 和图 5-14）。然后用千斤顶加压把炉柱顶直，接着焊两侧切口和补强板，拆除加压梁，继续焊炉柱正面切口和补强板。最后将弹簧负荷、底脚砖、操作平台与炉门等都恢复原状。

当机侧炉柱需要矫直时，可以不用这套加压装置，而只需用推焦杆加压炉柱即可焊接，较为简便。

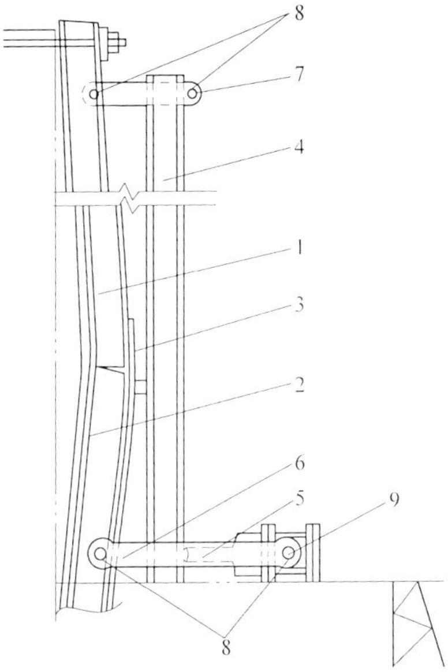

图 5-13 炉柱切割加压矫直（一）
1—被矫直炉柱；2—保护板；3—炉柱割口；
4—加压梁；5—千斤顶；6—长拉臂；
7—短拉臂；8—圆钢；9—工字钢座

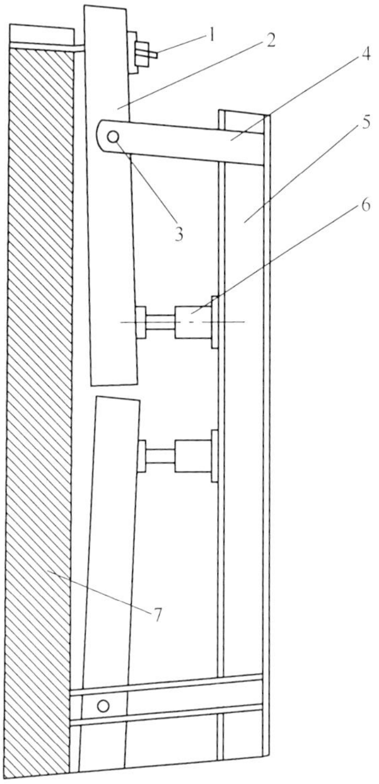

图 5-14 炉柱切割加压矫直（二）
1—横拉条；2—炉柱；3—轴锁及开口销；
4—支腿；5—工字钢；6—千斤顶；
7—炉体

5.5.1.2 炉下矫直

炉下矫直是把变形的炉柱从焦炉上拆下来，置于平台上进行矫直。炉下矫直有冷压矫直和火焰矫直两种方法。

A 冷压矫直

把两根挠性变形的炉柱凸肚相对地叠在一起，两端用螺栓夹住，螺栓的数量与加持的位置依曲度情况而定。接着用千斤顶对两端加压，同时组建拧紧螺栓，直至炉柱两端靠拢为止。若凸肚与凸肚之间置一块垫板，使炉柱矫成稍负的曲度则更为理想。

B 火焰矫直

把具有挠性变形的炉柱放在平台上（凸面朝上），用氧乙炔焰加热至适当温度，炉柱借自重消除曲度后，再用空气和水冷却。

5.5.1.3 炉柱更换

当炉柱同时在正面和侧面产生挠性变形而且伴有扭曲变形，在炉上用矫直法难以修复，以及当炉柱与相配用的保护板都严重损坏时，通常采用更换炉柱的办法保证生产顺利进行。更换的炉柱可以结合炉下矫直法进行修理。

焦炉炉柱损坏比较严重的地方通常是在操作平台以上的部位，所以更换半截炉柱就可以基本消除缺陷，这样做比换整根炉柱简便。

更换半截炉柱的方法、步骤和使用工具与在炉上切割加压矫直法几乎完全一样，不同的是切割炉柱的部位不在曲度最大的地方，而在距操作平台表面200mm高处。

在生产条件下更换整根炉柱，涉及面广、麻烦，并且需要较长时间，所以一般较少采用。只有当焦炉停产时，机、焦侧车辆停止运行，操作平台可以全部拆除的情况下才能进行。

5.5.2 炉门框的修理

修理炉门框通常是将它取下在炉下进行。首先于装煤4～6h时摘门，扒除焦炭直至第一火道为止。接着在炉肩砌封墙，拆除炉门框上部小炉头砌体，拆卸或切割与保护板相连接的螺栓，用吊车取下炉门框。然后将新炉门框周边用黏结剂把石棉绳或其他矿物纤维粘好，安装磨板，用吊车将新炉门吊起安装。此时应注意使保护板与炉门框的内缘吻合，避免产生水平与垂直方向的倾斜。接着，从炉门框中部开始向上、下两端逐个依次拧紧螺栓。最后扒封墙，关炉门。

5.5.3 保护板的修理

当保护板严重变形或断裂而影响炉门框和保护板的密封性能时，应立即更换。首先按照摘除炉门框的方法、步骤把与预更换保护板相邻两侧的炉门框取下，用槽钢把保护板和相邻保护板或炉柱点焊固定，按照拆除半截炉柱的方法、步骤把炉柱切断取下。接着拆除固定保护板顶部的槽钢，用吊车把保护板取下。然后清扫炉头正面的石墨、泥块与石棉绳残渣，修补好缺损的砖块。沿新大保护板周边用黏结剂把石棉绳或其他矿物纤维固定好后，用吊车把它吊起合在炉头上。保护板上部用螺栓与相邻大保护板连接并用与相邻炉点焊的槽钢卡住，下部用千斤顶支撑。接着按照安装半截炉柱及安装炉门框的方法与步骤安装炉柱与炉门框，并恢复弹簧负荷。拆除炉柱上部的槽钢与下部的千斤顶，用石棉绳塞严保护板与保护板之间的上、下接缝，用精矿粉、水玻璃和黏土火泥混匀的物料抹严炉肩与保护板间隙，此外，再用黏土火泥稀浆分多次把保护板与炉头正面间隙灌满。最后拆封墙，关炉门，砌小炉头、底脚砖及操作平台。

5.5.4 纵拉条、横拉条及弹簧的修理

当纵拉条或横拉条被拉细或拉断时，可按下列各法进行修理或更换。

5.5.4.1 焊接法

焊接法分为背棒焊接和对接两种方法。

A 背棒焊接

横拉条背棒焊接示意图如图5-15所示，当拉条拉细但尚未拉断时，采用背棒焊接比较方便和牢固。

B 对接

横拉条对接分V形对接（见图5-16）和斜坡形对接（见图5-17）两种方法。当拉条被

拉断后，距拉条断裂处两侧约1.5m各焊一块20mm×70mm×70mm的钢板，用钢绳套住这两块钢板并用10t的手拉葫芦拉紧，接着把损坏处割成V形或斜坡形，然后再进行焊接。

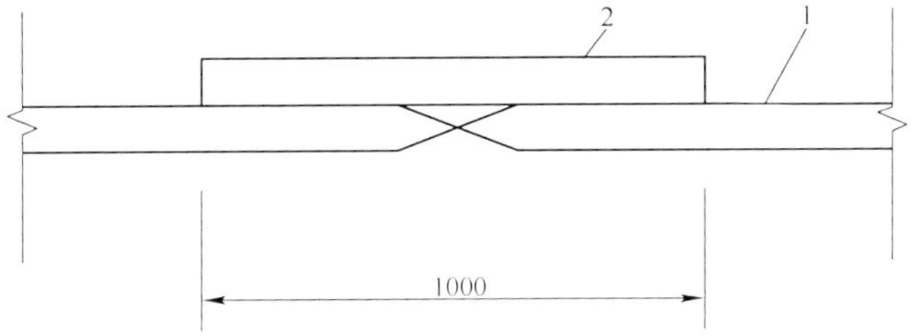

图5-15 横拉条背棒焊接示意图

1—横拉条；2—直径为30mm的圆钢

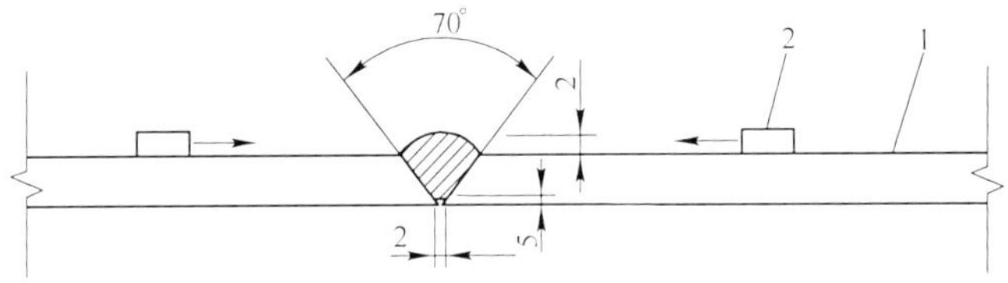

图5-16 横拉条V形对接

1—横拉条；2—20mm×70mm×70mm钢板

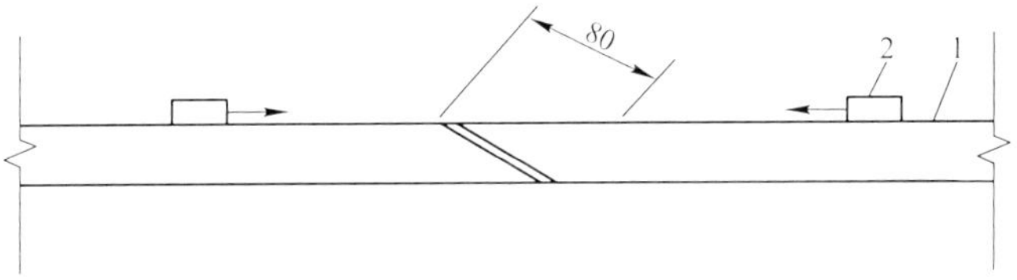

图5-17 横拉条斜坡形对接

1—横拉条；2—20mm×70mm×70mm钢板

5.5.4.2 拉条更换方法

拉条更换前应详细检查新拉条是否变形，长度是否足够，其丝扣公差应为$^{+20}_{-10}$mm，丝扣与螺帽应吻合，若均符合设计要求，就可以进行更换。首先，用两根钢绳分别套住机、焦两侧炉柱顶端，两根绳扣的另一端均与手拉葫芦相连，然后拉紧绳扣使炉柱固定。接着扒开拉条沟盖砖，松放顶部拉条弹簧组，用平煤卷扬将拉条抽出或分段切割后取出。在清扫干净拉条沟后，用黏土火泥稀浆灌进沟内，直至将缝隙灌满为止。最后安装新拉条，在上升管和装煤口部位应用硅酸铝纤维毡等隔热材料隔热，接着砌拉条盖砖，恢复弹簧在生产状态下的负荷，拆除炉柱紧固装置。

5.6 炭化室高6m焦炉护炉铁件技术管理规程（试行）

5.6.1 总则

（1）焦炉护炉铁件主要包括大小炉柱、大小弹簧、纵横拉条及炉门框等。

（2）护炉铁件的作用：给焦炉砌体施加连续、合理的保护性压力，使砌体保持整体严密，增加其结构强度，从而确保焦炉的正常生产和延长焦炉的使用寿命。

1）一般情况下，横向施给焦炉每个炭化室的保护性压力，按炭化室高度计算为20～25kN/m。

2）通常，纵拉条施给焦炉的保护性总压力为（2000±200）kN，纵拉条不设大弹簧组的焦炉，要根据抵抗墙垂直偏斜量的变化情况采取必要的调节措施。

（3）焦炉护炉铁件的管理以稳定的结焦时间、稳定的配煤和不频繁更换加热煤气种类为基础，以控制焦炉炉体年伸长率不大于0.035%为前提，根据炉柱的强度和曲度状况，保证对焦炉砌体有足够的保护性压力，防止炉墙变形和局部损坏，同时兼顾护炉铁件完好。

（4）焦炉从冷态、烘炉到开工生产的各个阶段，必须建立一套完整的原始记录和基础档案。

（5）调节弹簧负荷时，一定要参照膨胀量、炉柱曲度等进行，坚持“精测细调”的原则。

5.6.2 主要控制参数

（1）炉体伸长率：投产2年后的焦炉，炉体年伸长率一般不超过0.035%。

（2）上部大弹簧负荷：投产2～3年的焦炉可按照130～140kN保持，以后可按140～160kN保持，晚期或炉柱强度较好的焦炉还可适当加大。

（3）下部大弹簧负荷：投产2～3年的焦炉可按照90～100kN保持，以后可按100～110kN保持，晚期可适当加大。

（4）昼夜温差大的地区，弹簧负荷可适当保持小一些；昼夜温差小的地区可适当保持大一些。

（5）小弹簧负荷：

1）炭化室各线小弹簧负荷：一线20～30kN；二线25～35kN；三线20～30kN。

2）蓄热室各线小弹簧负荷：

主墙部分：一线20～30kN；二线20～30kN；

单墙部分：一线10～15kN；二线10～15kN；三线10～15kN。

3）对于炭化室区域设置五线小弹簧的焦炉，可以参照上、下大弹簧负荷进行合理分配。

（6）纵拉条负荷：每根纵拉条弹簧负荷可按250～300kN保持。

（7）炉柱平均曲度：中期以前小于20mm，中期以后小于30mm。

（8）采用不等高凸台结构大保护板的焦炉，其上、下部大弹簧及小弹簧的控制负荷按上述规定参照执行。

5.6.3 测量与管理

5.6.3.1 炉柱

炉柱曲度变化不能过大，每年应控制在1mm之内，对曲度变化大的炉柱，要查找原因并分析、处理。

炉柱曲度的测量：

（1）生产期间一般采用三线法测量炉柱曲度，利用焦炉上横铁、下横铁、箅子砖等标高处的固定测线架拉钢丝线进行测量。

（2）三条钢丝线应位于同一垂直平面；若三条钢丝线不在同一垂直平面但平行，测出的数据必须加以校正。

（3）测量用钢丝线直径为0.8～1.5mm适宜。

（4）测量时钢丝线必须绷紧，并且不能与任何障碍物相接触。

（5）用钢板尺分别测量出每个炉柱与钢丝线的距离，测量时钢板尺必须与炉柱垂直，测点固定并有标志。

（6）炉柱曲度按式5-1计算。

5.6.3.2 弹簧

（1）必须使用合格弹簧，每个弹簧必须编号、试压并编制换算表。

（2）炉柱与保护板的间隙一旦超过小弹簧顶丝的调节极限值，必须更换顶丝。

（3）每根炉柱上部左右两侧大弹簧的负荷要基本保持一致，相差不能大于5kN。

（4）弹簧垫板不得变形，否则必须更换弹簧垫板。

（5）弹簧负荷的测量与调节：

1）测量弹簧的高度，并按换算表换算成相应的压力。

2）测量弹簧负荷时，测点一定要对准固定标志，钢板尺要与弹簧中心线平行。

3）相邻两次测量数据相差值超过5kN的一定要重测。

4）每次弹簧放量不能过大，每次松量不超过5kN。

5）调节弹簧负荷时发现始终偏大或偏小，应及时对拉条和弹簧检查和处理。

（6）定期检查弹簧有无失效，一旦失效必须及时更换。

5.6.3.3 纵横拉条

（1）横拉条直径为原设计直径的3/4时应补强，为原设计直径的2/3时必须更换，更换时必须有技术措施。

（2）拉条沟保持严密，防止着火烧拉条以及荒煤气、水腐蚀拉条。

（3）上升管根部、装煤孔附近、炉体边界处的拉条状况要每半年抽查一次，抽查量不得少于一个笺号，并做好记录。

（4）横拉条温度每半年抽查一次，抽查量不得少于一个笺号，抽查点为上升管根部和装煤孔处。

（5）炉顶表面纵拉条应保持平整，不得撤除纵拉条。

5.6.3.4 保护板

（1）经常检查保护板是否有损坏，如发现保护板断裂，要采取防止断裂处出现错台的有效措施。

（2）炭化室区域设三线小弹簧的焦炉，要经常检查炉柱与保护板上下端是否贴靠。发现保护板上、下端未与炉柱贴靠，应分析原因，及时调节上、下大弹簧和小弹簧的负荷，确保炉柱与保护板上、下端紧靠。

（3）炉柱与保护板间隙的测量（测量方法参见第5.4.4.1节）。

（4）保护板倾斜量按式5-3计算。

（5）当保护板倾斜量发生明显变化时，要及时分析原因，采取措施以保证保护板贴紧焦炉砌体。

5.6.3.5 炉门框

（1）经常检查炉门框上的勾型螺栓是否松动、弹簧是否失效，发现问题要及时处理。

（2）炉门框断裂或变形引起推焦困难以及刀封面扭曲造成炉门冒烟时，要更换炉门框。

5.6.3.6 操作台

（1）经常检查操作台与支柱的滑动情况，出现异常应及时调节。

（2）操作台支柱垂直偏斜量的测量：

1）测量时在支柱上端水平支出一线架，固定位置吊一线锤。

2）分别测出支柱上端、下端与垂线的距离 g、h。

3）偏斜量的计算公式为：

$$X = g - h$$

式中 X——支柱垂直偏斜量，mm；

g——上端支柱内侧面距垂线的距离，mm；

h——下端支柱内侧面距垂线的距离，mm。

4）每次测量时，测点要固定并有明显标志。

（3）操作台支柱偏斜量发生明显变化时，要找出原因并采取措施。

5.6.3.7 炉体膨胀

（1）炉体伸长量的测量：

1）测量炉体伸长量的测线架与测量炉柱曲度的测线架为同一装置。

2）每个炉室伸长量的测点在保护板上要固定，并有明显标志。

3）每个炉室的伸长值计算公式为：伸长值＝冷态测量值－本次测量值。

（2）焦炉膨胀量只能是正值，若出现负值或相邻两次测量增长值在2mm以上时，应查明原因并重新测量。

（3）焦炉伸长量、伸长率可按式5-4、式5-5计算：

$$\text{焦炉伸长量} = \frac{\text{上横铁处焦炉伸长量} + \text{下横铁处焦炉伸长量}}{2} \tag{5-4}$$

$$\text{焦炉年伸长率} = \frac{\text{焦炉年伸长量}}{\text{设计炉长}} \times 100\% \tag{5-5}$$

（4）焦炉炉体沉降：

1）焦炉炉体沉降状况应请专业测量队每3年测量一次，并做好记录，后期焦炉可适当延长测量周期。

2）焦炉炉体沉降测点：炉端炭化室机、焦侧附近的焦炉基础顶板边梁侧面上共4个固定标志。

5.6.3.8 抵抗墙

（1）抵抗墙垂直偏斜量的测点：机侧端、中心、焦侧端。

（2）抵抗墙垂直偏斜量测量：从抵抗墙顶部吊一垂线，分别测出上、下部抵抗墙至垂线的距离。

（3）抵抗墙各测点垂直偏斜量的计算公式为：

$$X = i - j \tag{5-6}$$

式中 X——抵抗墙垂直偏斜量，mm；

i——抵抗墙上部至钢线距离，mm；

j——抵抗墙下部至钢线距离，mm。

（4）抵抗墙垂直偏斜量发生明显变化时，要查找原因，采取措施。

5.6.3.9 五炉距

（1）按炉号顺序依次测量五个炉号炉柱的同侧边缘间距。

（2）对测量结果要进行对照比较，相差较大时要分析原因。

5.6.3.10 焦炉测量基准点

（1）应保持抵抗墙顶面焦炉中心标志完好。

（2）抵抗墙机、焦侧面的测线架底座要牢固，支杆要无变形。

（3）测线架挂线处应有明确标志，挂线位置距焦炉中心线距离应有记录。

（4）每3年要由专业测量队对焦炉的测量基准点、测线架进行测量校正。

（5）变更测线架的位置必须经总工程师或技术主管领导批准。

5.6.3.11 其他

在下列情况下要测量弹簧负荷，检查炉柱曲度是否变化，检查保护板、炉门框是否断裂：

（1）闷炉时；

（2）下暴雨时；

（3）结焦时间变化大时；

（4）更换加热煤气种类时。

铁件测调人员应保持相对稳定并定期进行培训，持证上岗。护炉设备或测量结果发生异常时应及时报告车间。

车间煤气主任或技术主管人员每季度应对铁件的管理和测量进行一次综合分析检查。

5.6.4 严禁事项

（1）严禁炉门、炉框、焦炉各处煤气窜漏以及操作不当等原因造成着火，烧坏护炉铁件。

（2）严禁往护炉铁件上泼水。

（3）严禁集气系统的焦油、氨水及水滴漏在护炉铁件上。

（4）未经允许，严禁割焊护炉铁件。

（5）严禁随意变更测量点。

5.6.5 记录

（1）护炉铁件管理记录本。

（2）炉柱曲度测量记录。

（3）炉柱曲度上下大弹簧负荷综合测量记录。

（4）弹簧负荷对照表。

（5）小弹簧、小炉柱测量记录。

（6）横拉条直径、温度测量记录。

（7）保护板与炉门框断裂记录。

（8）抵抗墙垂直偏斜量测量记录。

（9）纵拉条弹簧负荷测量记录。

（10）机焦侧炉柱曲度综合记录。

（11）炉体膨胀量测量记录。

（12）保护板与炉柱间隙测量记录。

（13）上升管垂直偏斜量测量记录。

（14）五炉距测量记录。

（15）焦炉炉体沉降测量记录。

（16）操作台支柱垂直偏斜量测量记录。

（17）保护板倾斜量测量记录。

（18）焦炉各测量基准点、测线架测量校正记录。

注：所有记录台账必须长期保存，建立档案。

5.6.6 炭化室高6m焦炉铁件检测制度

炭化室高6m焦炉铁件检测制度见表5-1。

表5-1 炭化室高6m焦炉铁件检测制度

序 号	测量及检查项目	测检周期	备 注
1	炉柱曲度测量	每三个月一次	
2	上部大弹簧负荷测调	每月一次	
3	下部大弹簧负荷测调	每三个月一次	
4	小弹簧负荷测调	每半年一次	
5	炉柱与保护板间隙测量	每三个月一次	
6	保护板上下端与炉柱贴靠情况检查	每三个月一次	
7	横拉条温度和直径的抽查	每半年抽查一次	

续表 5-1

序　号	测量及检查项目	测检周期	备　注
8	保护板倾斜量测量	每三个月一次	
9	抵抗墙垂直偏斜量的测量	每年一次	
10	纵拉条大弹簧负荷测量	每半年一次	
11	操作台支座垂直偏斜量测量	每年一次	
12	操作台滑动情况检查	每半年一次	
13	炉体伸长量的测定	至少半年一次	
14	测量上升管垂直偏斜量	每年一次	
15	测量焦炉五炉距	每年一次	
16	焦炉沉降测量	每三年一次	
17	焦炉各基准点测量线架测量与校正	每三年一次	

注：各厂根据焦炉的炉况及需要，可适当增加检测频次。

6 煤 气 设 备

焦炉煤气设备包括焦炉加热设备和荒煤气导出设备两套系统。

6.1 焦炉加热设备

焦炉加热设备的作用是向焦炉输送和调节加热用煤气和空气以及排出燃烧后的废气。

加热设备主要包括煤气管路、废气盘和交换机。炼焦生产工艺要求供热均匀稳定和调节灵敏方便，所以在煤气管道上设有调节和控制用的不同类型的节流管件及测量温度、压力、流量的接点。为了改善加热条件，配备有预热器、水封等附属设备。

6.1.1 加热煤气设备

复热式焦炉可以使用焦炉煤气加热和高炉煤气（包括混合煤气、发生炉煤气等贫煤气）加热，所以配备有两套煤气加热系统，高炉煤气和焦炉煤气管道布置如图 6-1 所示。单热式焦炉只配备一套煤气加热系统。

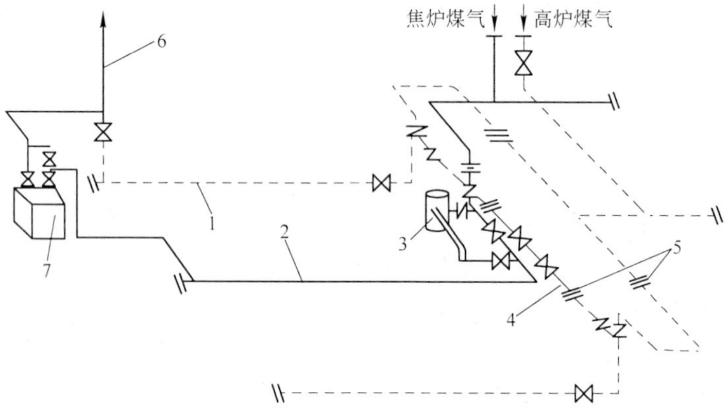

图 6-1　高炉煤气和焦炉煤气管道布置

1—高炉煤气主管；2—焦炉煤气主管；3—预热器；4—混合用焦炉煤气管；5—孔板；6—放散管；7—水封

焦炉加热煤气管道用于向焦炉输送煤气。它由总管、主管和分管等几个部分组成。

各种炉型的高炉煤气管道布置情况基本相同。由总管来的煤气分配到机焦侧主管中去，然后经分管进入到焦炉内。

焦炉煤气管道的布置情况因炉型不同而异。侧入式焦炉的焦炉煤气管道主管布置在机焦两侧，煤气再经分管进入焦炉水平砖煤气道中。下喷式焦炉的焦炉煤气管道布置情况是由总管来的煤气导入地下室的一根主管中，再经分管、横管、下喷管进入竖直砖煤气道中。

当焦炉煤气主管较长，阻力较大，压降较多时，如果主管是等直径的，就得准备多种规格的节流孔板，以便适应焦炉煤气管道主管压降的变化状况，保持进入各燃烧室的煤气量达到均匀一致。这样，在管理和维护方面很不方便。因此，加热煤气主管是变直径的，即加热煤气主管后半段的直径小于前半段的直径，在这样的条件下，加热煤气主管全长的静压力分布基本均匀一致，从而达到全炉孔板直径的配置基本一致。但是在加热主管的缩径部分，因压力产生突变，因此在此部位仍要配置几个大些的节流孔板才行。

加热煤气管道中的煤气流速一般规定总管中不超过15m/s，主管中不超过12m/s。

为了防止生产中煤气外漏，引起中毒和爆炸，对于煤气管道的各部分均应保持严密，在日常的生产中要经常注意检查和维护，而在投产前应按设计的规定进行管道的严密性试验。

在总管和主管上设有煤气开闭器，用于调节和切断全炉的煤气。在生产过程中，由于焦油渣或高炉灰的沉积，会使开闭器关闭不严。因此，当长期切断煤气时，尤其是检修时，必须安装盲板切断煤气，以保证安全。

主管上设有煤气压力自动调节翻板，按生产需要，通过它可自动保持煤气压力的规定值。

为了防止萘、焦油等物质从煤气中冷凝析出堵塞管道和管件，并且为了稳定煤气的温度以稳定供热，在使用焦炉煤气加热时，要在总管上设置煤气预热器来预热焦炉煤气。

煤气预热器是直立列管式的热换热器。它由三段组成，下面一段进入煤气后，将煤气分散到中间一段的列管中去，煤气在列管管内流过的过程中，被管外的蒸汽预热到45～50℃，最后，煤气集中到上面一段，并进入加热煤气主管中。预热器示意图如图6-2所示。蒸汽在中段上部进入，在中段下部排出。下端设有人孔，底部有煤气冷凝液排出管。加热蒸汽一般为压力0.7MPa、温度169.6℃的饱和蒸汽。

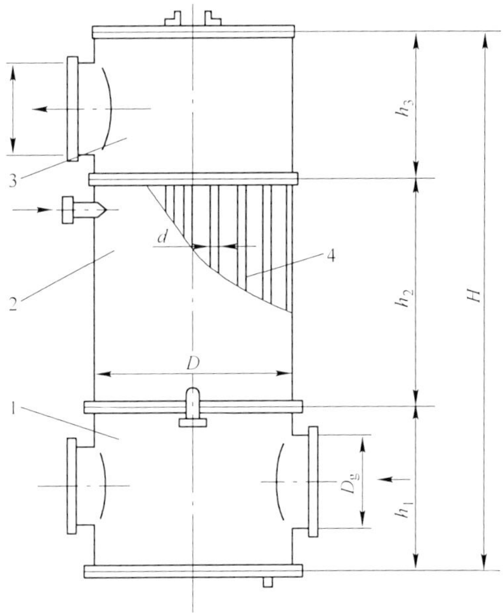

图6-2 预热器示意图

1—下段；2—加热段；3—三段；4—列管

在分管上安装有调节旋塞、交换旋塞和孔板盒。调节旋塞用于切断或接通煤气（见图

6-3）。焦炉煤气交换旋塞（见图6-4）用于定期交换煤气和导入除炭用的空气，使焦炉处于不同位置的加热状态。孔板用于控制各燃烧室进入的煤气量，为方便调节，采用孔板盒结构。在使用高炉煤气加热时，JN型焦炉一般不采用交换旋塞交换煤气，而是在交换开闭器上设有贫煤气砣，用来定期交换煤气。

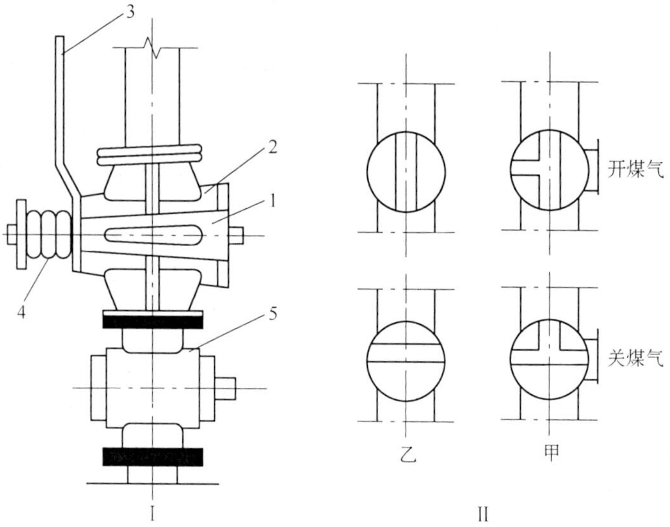

图6-3 调节旋塞与交换旋塞

Ⅰ—焦炉煤气调节及交换旋塞构造示意图；Ⅱ—加热煤气交换旋塞工作原理

甲—焦炉煤气旋塞；乙—高炉煤气旋塞

1—旋塞芯子；2—旋塞外壳；3—扳杆；4—压紧弹簧；5—调节旋塞

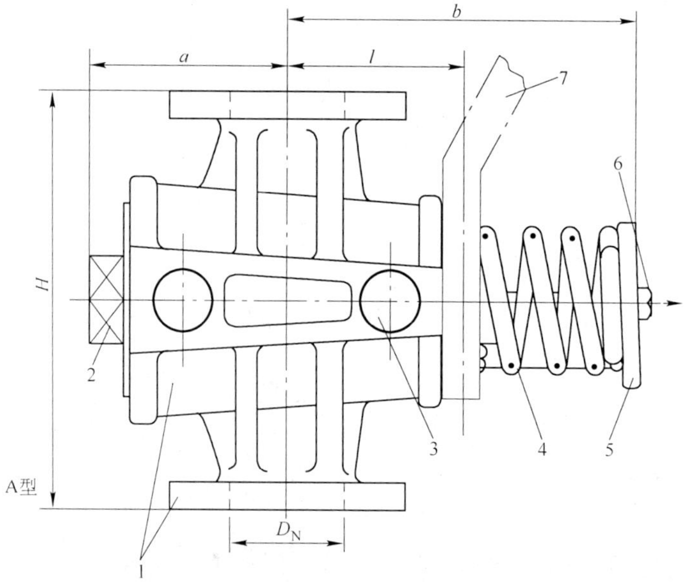

图6-4 焦炉煤气交换旋塞

1—外壳；2—芯子；3—油杯；4—弹簧；5—小盖；6—螺栓；7—交换扳杆

焦炉煤气交换旋塞有A型、B型两种结构，其示意图如图6-5所示。

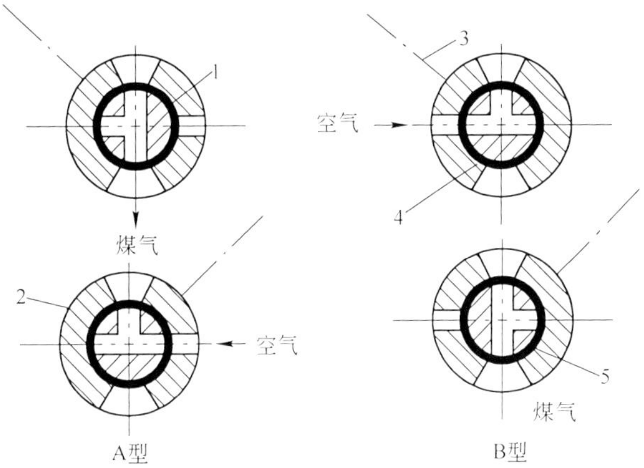

图6-5 焦炉煤气A型和B型交换旋塞示意图

1—芯子；2—外壳；3—扳杆位置；4—芯子油沟；5—外壳油沟

在加热煤气管道上设有两种水封槽，分别为冷凝水封槽和自动放散水封槽。

冷凝液水封槽：管道中煤气冷凝下来的水和焦油自流排入该水封槽中。为顺利地排出水和焦油，水封槽顶表面的标高低于主管下表面的标高。排出管插入深度从水封液面起1.2m深处，冷凝水封槽如图6-6所示。

在水封槽上配置有向水封槽注水用的清水管、防冻用的蒸汽管和排气用的放散管等。

为了保证水封槽正常工作，要经常检查水封槽的满流情况，以便保持足够的水封液面高度和防止焦油渣堵塞水封槽，有些厂安装一个联通玻璃管，以检查满流。应当特别注意的是，水封槽经过几年使用后，严密性会显著下降，经常会发生渗漏煤气的情况。所以，检查水封时必须有两人，一人在安全的地方监护，而另一人下去检查。

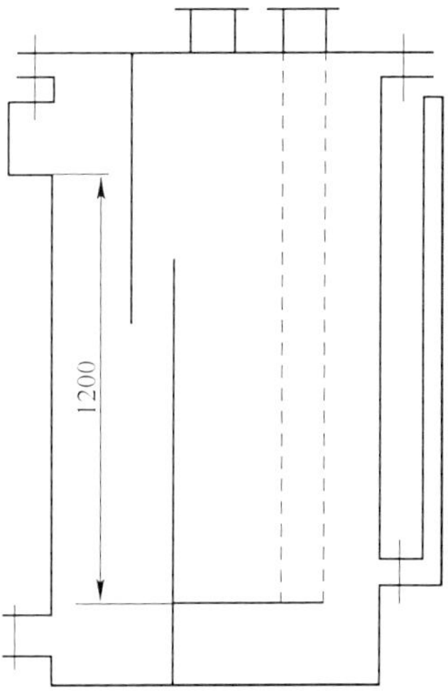

图6-6 冷凝水封槽

自动放散水封槽：换向时，在煤气切断后，焦炉煤气管道中的压力急剧升高，为缓和煤气压力升高后对仪表等设备带来的危害，设置自动放散水封。自动放散水封可以通过水封内水的高度来调节压力，当煤气压力高于水位高度所封压力时，煤气便冲破水面由放散管排出。

高炉煤气管道上还设有向其中混入焦炉煤气的混合设施，如混合管、混合器等。混合设施用以调节贫煤气入炉的热值，达到加热的稳定和适应焦炉本体的状况。混合器由两个同心管套装组成，在内管上钻有小孔，使焦炉煤气沿内管小孔喷入高炉煤气管道中与高炉煤气均匀混合。混合器可安装在机焦侧高炉煤气主管的流量孔板和自动调节翻板的后面。从焦炉煤气主管至混合器的混合管上也安装有调节阀和流量孔板。这时，在焦炉煤气主管压力大于高炉煤气主管压力的情况下，焦炉煤气可稳定均匀地混入高炉煤气中，使混合煤气的组成均匀。

此外，在加热煤气管道系统中还设有泄爆阀、放散管、取样管件、蒸汽或惰性气体吹扫管件等。加热煤气管道还设有低压报警系统。

有些焦炉为了保证边火道温度正常，还设有边火道补充加热管道。

6.1.2 废气设备

废气系统设备包括交换开闭器和总分烟道翻板等。

6.1.2.1 交换开闭器

交换开闭器是控制蓄热室的空气和高炉煤气进入并排出废气的装置。它通过两叉（或单叉）连接管与小烟道相连，通过烟道弯管与分烟道相通，并有连接管与高炉煤气管相接。交换开闭器结构形式有多种，大体可分为提杆式双砣盘型（如 JN43-58 型焦炉）和杠杆式砣型（如 JN43-80 型焦炉、JN60 型焦炉）两种。

A 提杆式双砣盘型交换开闭器

提杆式双砣盘交换开闭器（见图 6-7）主要由筒体、砣盘、小烟道连接管等组成。小烟道连接管与空气小烟道和煤气小烟道相连，上部有进风门。筒体下部与分烟道相连，在筒体上安装废气的小翻板。砣盘的提起和落下控制着废气的导入或空气的供入。

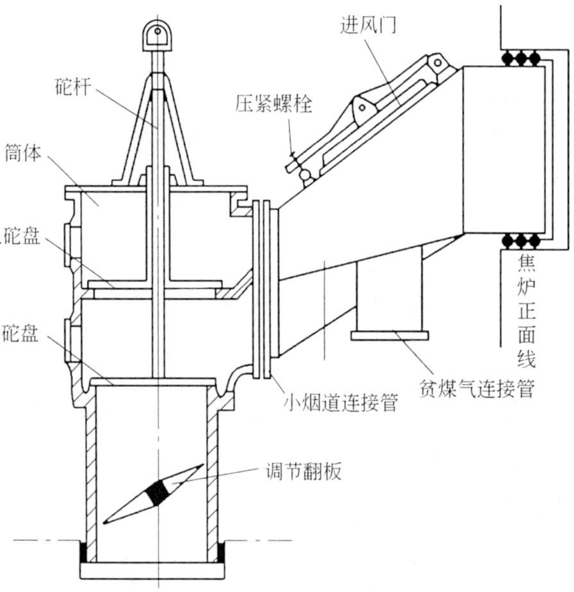

图 6-7 提杆式双砣盘交换开闭器

当用焦炉煤气加热时，煤气、空气小烟道连接管上的进风门都处于工作状态。上升气流时，废气砣落下，切断废气的排出，煤气、空气蓄热室供入空气。下降气流时，废气砣提起，同时风门盖关闭，煤气、空气蓄热室废气排入分烟道。

当用贫煤气加热时，煤气小烟道连接管上的进风口关闭锁定，并卸下开闭器链条使它处于不工作状态，只有空气小烟道连接管进空气。上升气流时，高炉煤气通过煤气连接管进入煤气蓄热室。此时，上砣盘落下，用以隔断煤气和空气，防止其在交换开闭器中汇合燃烧。下砣盘也落下，以避免空气流入烟道。下降气流时，上下砣都提起，煤气、空气小烟道连接管都排出废气。

B 杠杆式砣型交换开闭器

杠杆式砣型交换开闭器有单体式和双体式两种不同的结构形式。单体式结构的每对煤气蓄热室配备两个交换开闭器，其中一个是煤气废气交换开闭器，另一个是空气废气交换开闭器。单体杠杆式砣型交换开闭器如图 6-8 所示。双体式结构的每对蓄热室配备一个交换开闭器。

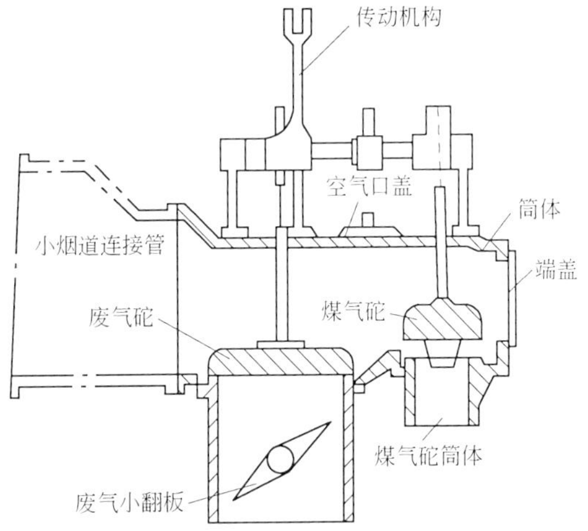

图 6-8 单体杠杆式砣型交换开闭器

杠杆式交换开闭器大多带有贫煤气交换砣。其主要由筒体、传动机构、废气砣、煤气砣、空气口盖和小烟道连接管、废气小翻板等组成。

用贫煤气加热焦炉时，锁紧空气口盖并与传动装置断开，借助传动机构落下废气砣、提起煤气砣，贫煤气便导入煤气蓄热室。当落下煤气砣提起废气砣时，废气导入分烟道。用焦炉煤气加热焦炉时，煤气砣与传动装置断开。打开空气口盖，落下废气砣，空气进入蓄热室；换向落下空气口盖，提起废气砣，废气导入分烟道。

6.1.2.2 总分烟道翻板

总烟道翻板和分烟道翻板是用来调节和稳定烟道吸力的设备。

总烟道翻板一般为手动调节，通常靠近烟囱根部布置，翻板悬挂在烟道盖板上，下部托架不承重，只起定位作用，上部固定架内设有组合的滚动轴承。翻板和烟道壁的间隙控制在 50 ~ 150mm。为了便于铸造，大型焦炉的翻板一般不做成整体，而分成 2 块或 4 块，再用扁钢和螺栓连接成整体。翻板调节装置周围应设混凝土凸台，并加上盖板。

分烟道调节翻板一般为自动调节，通常布置在分烟道的头部，翻板与第一个交换开闭器间的距离应在 3m 以上，并有自动调节装置。分烟道翻板与烟道壁间的间隙、分烟道翻板支承等与总烟道翻板相似。分烟道调节翻板结构形式如图 6-9 所示，图中 a、b、H、R

值因烟道断面不同而异。

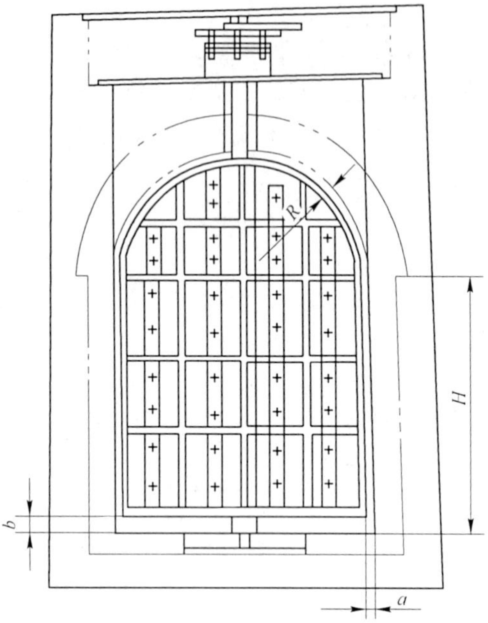

图 6-9 分烟道调节翻板结构形式

此外，分烟道中还有测温、测压设施。有些焦炉还安装分烟道废气氧含量自动测量及控制系统。

6.1.3 交换设备

交换设备是用于切换焦炉加热系统气体流动方向的动力设备和传动机构，包括交换机和交换传动装置。

6.1.3.1 交换系统及交换过程

交换机按规定时间运转，通过它的传动轴分别带动高炉煤气拉条、焦炉煤气拉条和废气拉条往返移动规定的行程。各拉条通过扳杆、链条等带动交换旋塞和废气盘砣杆及空气盖进行有规律的开关，以改变煤气、空气和废气的流动方向。

交换机操作步骤都是 3 个：关煤气→交换废气和空气→开煤气。按这种程序操作的目的是：

（1）煤气必须先关，以防止加热系统中有剩余煤气，否则容易发生爆炸事故。

（2）煤气关闭后，等一短暂的间隔时间后再进行空气和废气的交换，这样可以使残余煤气完全烧尽。在交换废气和空气时，废气砣和空气盖均稍微打开，以避免吸力过大受冲击。

（3）空气和废气交换后，也等一短暂间隔时间后再打开煤气，这样可以使燃烧室内有足够的空气，煤气进去后能立即燃烧。最后打开煤气，这是为了避免煤气在空气之前进入燃烧系统而产生爆炸气体。

换向周期（即两次交换之间的时间间隔）应根据焦炉加热制度、煤气种类、蓄热室换热能力等确定，一般大型焦炉烧高炉煤气时换向周期为20min。换向周期过长，格子砖吸热和放热效果降低，烟道温度升高，使热效率变差；换向周期过短，则增加交换次数，可引起炉温波动，并不可避免地损失一些煤气。烧焦炉煤气时，所有上升气流蓄热室都用以预热空气，格子砖换热能力提高，所以可隔30min交换一次。

当几座焦炉共用一条煤气总管时，因为要防止交换时煤气压力变化幅度太大，所以不能同时进行交换，一般相差5min进行交换。

6.1.3.2 交换机

交换机是带动各传动拉条进行交换的动力机械。交换机分为机械交换机和液压交换机两种。

液压交换机由液压站、双向往复式油缸和电气控制系统组成。由液压站供给油缸压力油，驱动活塞杆两端连接的拉条传动系统进行交换。各油缸的动作程序由电液换向阀和电气控制系统控制并相互联锁。液压站通常用两台电机驱动两台油泵，其中一台备用。另备有一台手动油泵，以便停电时进行人工交换。液压交换机的结构简单，制造方便，随着液压技术的完善，液压交换机显示出诸多优点。目前新建焦炉已很少采用机械交换机，大都采用液压交换机。

JM-4型液压交换机油路如图6-10所示。电动指挥仪每隔20~30min按交换顺序启闭电磁阀，电动机通电后带动叶片泵。储油箱内的油被加压到工作压力，经管路冲开单向阀，在分配器内进行分配。分配器上装有压力表，如果工作液的压力大于规定压力，溢流安全阀就自动打开，分配器内的一部分液体经管路流回储油箱，以控制液体的工作压力。再通过电液换向阀定向，进入油缸推动油缸活塞，活塞杆带动各交换拉条，进行煤气、空气和废气的换向。在液体回流的管路上，安装有调节节流阀控制回流液的流量，使活塞在油缸内按规定的交换程序和交换时间按一定速度匀速地运动。停电时，可用手摇泵上油，用重物压电液换向阀，完成交换过程。

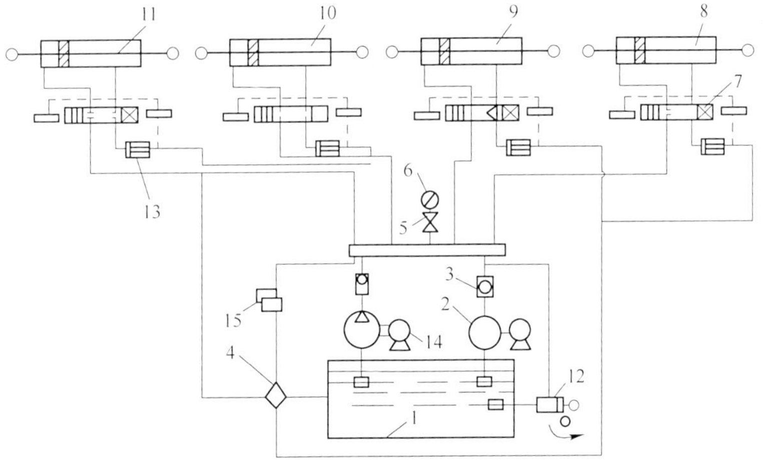

图6-10 JM-4型液压交换机油路

1—油箱；2—叶片泵；3—单向阀；4—滤油器；5—压力表阀门；6—压力表；7—电液转换阀；8，9—焦炉煤气油缸；10，11—废气油缸；12—手摇泵；13—调节节流阀；14—电动机；15—溢流安全阀

JN43-80 型焦炉采用 JM-4 型液压交换机。其技术性能为：

焦炉煤气油缸杆头额定拉力/kN	50
废气油缸杆头额定拉力/kN	70
焦炉煤气油缸直径/行程/mm	ϕ110/460
废气油缸直径/行程/mm	ϕ125/700

6.1.3.3 交换传动装置

交换传动装置包括焦炉煤气传动拉条和废气传动拉条及导轮等。

交换动作发起后，交换机带动煤气（焦炉煤气）拉条、废气拉条按一定程序运行，以改变煤气、空气、废气的流动方向。交换时煤气砣、废气砣、风门的工作顺序如图 6-11 所示。

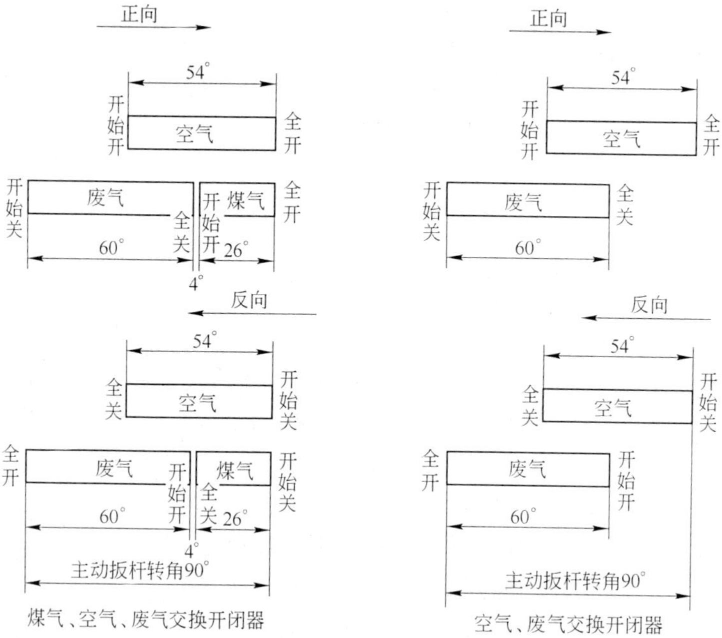

图 6-11 交换时煤气砣、废气砣、风门的工作顺序

JN43-80 型焦炉交换机行程和拉力见表 6-1。

表 6-1 JN43－80 型焦炉交换机行程和拉力

拉条名称	设计行程/mm	生产控制行程/mm	拉力（65 孔）/kN
焦炉煤气拉条	460	425～435	30
废气拉条	700	600～620	50

生产期间，拉条行程受气温条件影响而发生变化，所以应随时监督行程的变化情况，一年内应几次调节行程，保证其准确性，以达到煤气、废气开关的准确性。

6.1.3.4 交换设备的维护

交换机在工作过程中要有一定拉力，以完成各交换旋塞、废气砣及进风口盖板的启闭动作，在安装、使用和维护时均需要严格要求，不许增加额外的受力和摩擦阻力，以避免交换系统和交换机本身造成损坏。所以，应注意下述问题：

（1）拉条的行程应保证旋塞开关、砣杆提起高度合乎要求，并全炉一致。

（2）拉条在运行过程中应平稳，无卡住、无跳动等情况，拉侧的紧链和送侧的松链应十分明显。

（3）拉条与扳把、拉条与砣杆在同一垂直平面内运行，托轮和导向轮的相对位置应保持拉条呈直线运动，钢绳无扭曲现象。各旋塞和各砣杆均安装在同一水平线上。

（4）交换机各传动严格保持平行，齿轮啮合严密，各轴运行时间、各传动齿行程、各轴与轴承间隙符合要求。

（5）各轴、各齿、各旋塞的润滑良好，油槽畅通，并定期擦洗、加油。各砣杆定期擦洗，无卡砣现象，旋塞的压紧弹簧在保证旋塞严密前提下不过紧。

（6）行程调节与焦炉加热有密切关系，各拉条的行程不足或过量，将影响焦炉的供入煤气或空气及废气的排出，所以应当经常调节使之保持不变。调节时，应根据标志点检查位移情况，调节至规定的行程量，同时要观察旋塞是否开正，砣杆和风门提起高度是否合适并全炉一致，还要观察两个交换的行程是否一致，链条松紧是否合适等。

6.2 荒煤气导出设备

炭化室中煤料在高温干馏条件下产生的煤气因尚未经净化处理，习惯上称为荒煤气或粗煤气。荒煤气导出系统的设备包括上升管、桥管、水封阀、集气管、吸气弯管、吸气管、氨水喷洒系统等。

6.2.1 上升管和桥管

上升管直接与炭化室或通过上升管铸铁座与炭化室相连。上升管由钢板焊制而成，内砌黏土衬砖。其上部与桥管相连接。桥管为铸铁件内砌黏土衬砖。上升管、集气管结构如图 6-12 所示。桥管上开有清扫孔，装设有高低压氨水喷头。桥管上部与水封盖相连。低压氨水喷洒是采用约 75℃的热氨水将炭化室排出的荒煤气冷却到 80 ~ 100℃，并使其中的大部分焦油冷却下来。采用热氨水喷洒有利于达到氨水汽化吸热而降低煤气温度。另外，采用热氨水冷却焦油可使其保持良好的流动性，避免焦油凝固堵塞管路。桥管喷洒氨水时的蒸发量约为 2% ~4%。正常生产时，单集气管时氨水喷洒量为 5t/t（干煤），双集气管时氨水喷洒量为 6t/t（干煤）。氨水压力为 0.2MPa 左右。高压氨水喷洒只有在装煤时进行，靠高压氨水的喷射力产生吸力，吸力造成装煤孔下的负压，以防止烟尘及煤气外逸。高压氨水喷洒的压力要控制得当，一般以 1.8 ~2.0MPa 为宜。

低压氨水冷却煤气的效果除了与氨水温度有关外，还与喷头喷出的氨水雾化状况有关。雾化程度与氨水喷嘴结构、清洁程度和操作压力有关。涡旋式实心喷嘴如图 6-13 所示。由图 6-13 可知，氨水沿切线方向进入喷嘴，进分流芯分成两股，一股绕叶片外壁做加速螺旋运动造成一定的喷射角度，另一股通过中间孔直喷进去，增加了喷洒面中部水量，提高了喷洒的均匀性，提高了雾化程度。一线螺旋喷嘴如图 6-14 所示。由图 6-14 可知，在锥腔外壳中放一螺旋芯片，螺旋片中部加工成一端为 ϕ6. 5mm、另一端为 ϕ11mm 的锥孔，氨水一股沿螺旋喷出，另一股沿锥孔喷出，雾化效果良好。

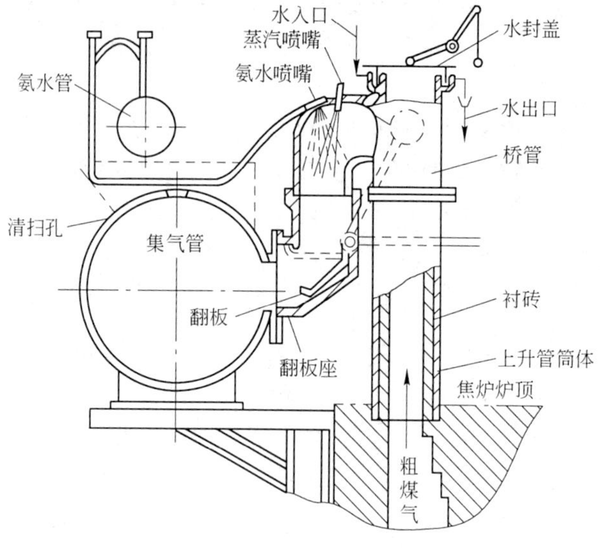

图 6-12　上升管、集气管结构

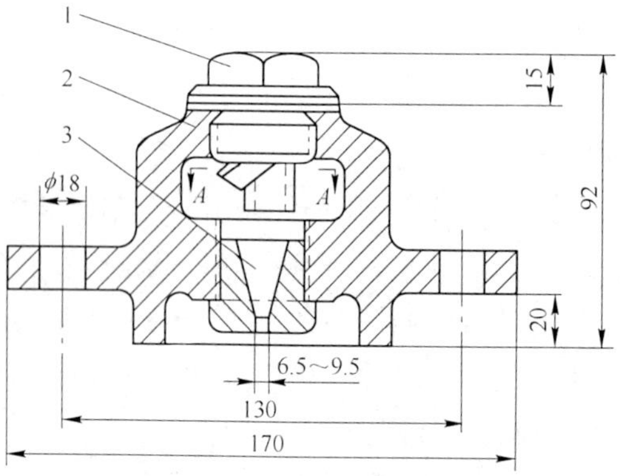

图 6-13　涡旋式实心喷嘴

1—分流芯丝堵；2—外壳；3—喷嘴；4—叶片

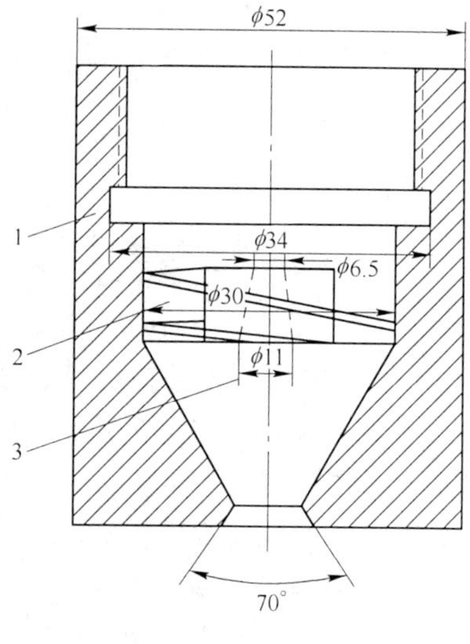

图 6-14　一线螺旋喷嘴

1—外壳；2—螺旋芯；3—喷嘴

上升管盖采用水封盖，可杜绝上升管盖冒烟，使炉顶操作环境得到改善。上升管水封形式有直通式和连通式，其结构如图 6-15 和图 6-16 所示。

上升管盖的水封高度应与高压氨水喷射在桥管处所产生的最大负压相适应。由于采用高压氨水装煤消烟时，高压氨水对桥管与阀体接头处冲击力较大，若密封不严，氨水会外漏，因此，选择合适的承插口结构形式及密封材料很重要。

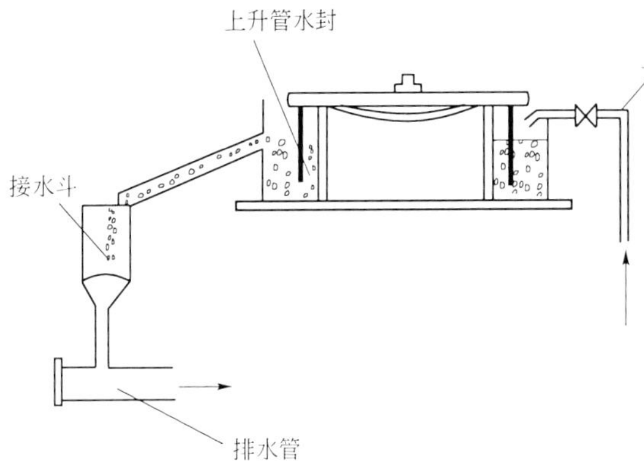

图 6-15 直通式上升管水封结构

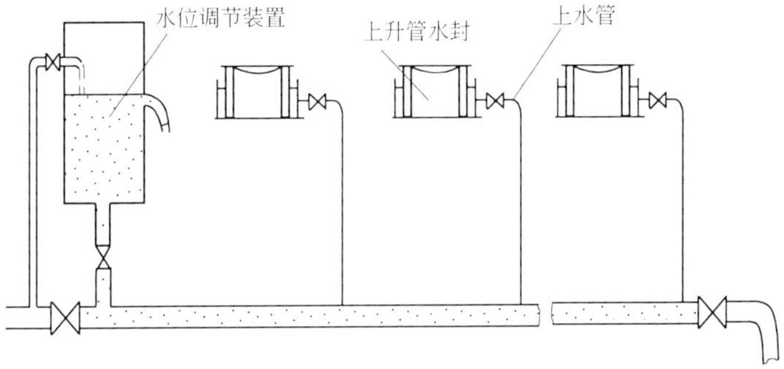

图 6-16 连通式上升管水封结构

6.2.2 集气管与吸气管

集气管是用钢板焊制而成的圆管或槽型结构，它沿整个焦炉纵向置于炉柱托架上，用以汇集各炭化室的荒煤气、冷凝焦油和氨水。集气管上部每隔一个炭化室设有清扫孔及盖，以清扫沉积于底部的焦油渣。集气管上部也装有氨水喷洒管和高压氨水清扫管。

集气管通过吸气弯管、焦油盒与吸气管相连。集气管与吸气管系统如图 6-17 所示。集气管中的氨水靠集气管坡度及液体的位差流动。所以集气管可以水平安装（靠位差流动），也可以按 0.006 ~ 0.01 的坡度安装，倾斜方向与焦油、氨水导出方向相同。

集气管一端装有清扫氨水喷嘴和蒸汽管。每个集气管上还设有两个放散管，以备停风机、停氨水时因集气管压力过大或开工时放散用。放散管下部装有水封式放散阀。DN500mm 水封放散阀如图 6-18 所示。

吸气弯管专供荒煤气排出，其上装有手动和自动调节翻板，用以调节集气管压力。吸气弯管下方的焦油盒仅通焦油、氨水。经吸气弯管和焦油盒后，煤气与焦油、氨水又汇合于吸气管，为使焦油和氨水顺利流至回收车间的气液分离器并保持一定流速，吸气管的安装坡度应为 0.01 ~ 0.015。

集气管是否畅通，关系到一座焦炉的荒煤气能否顺利导出。所以，集气管必须经常清扫。

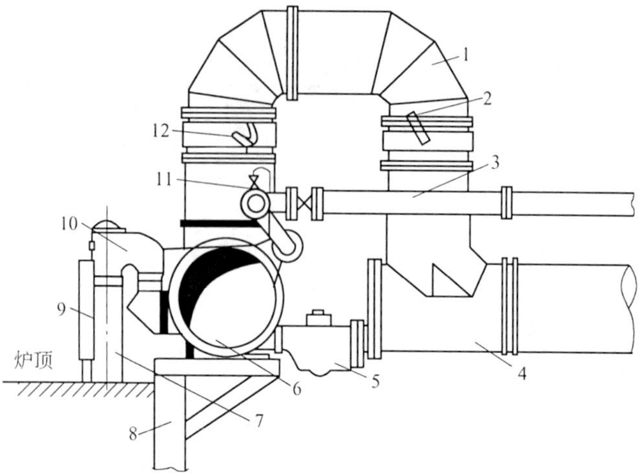

图 6-17 集气管与吸气管系统

1—吸气弯管；2—自动调节翻板；3—氨水总管；4—吸气管；5—焦油盒；6—集气管；
7—上升管；8—炉柱；9—隔热板；10—桥管；11—氨水管；12—手动调节翻板

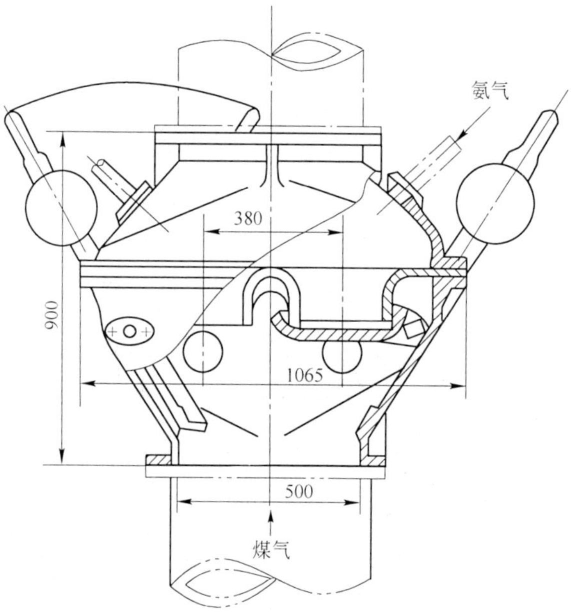

图 6-18 DN500mm 水封放散阀

集气管分单、双两种形式。单集气管多数布置在焦炉的机侧。单集气管具有钢材用量少、投资省、炉顶通风较好等优点。但装煤时炭化室内气流阻力较大，容易冒烟。炉顶两侧都装有上升管和集气管时，称为双集气管。双集气管两侧集气管间有横贯煤气管连接。双集气管煤气由炭化室两侧析出而汇于吸气管，从而降低集气管内两端的压差，使全炉炭化室压力较均匀；装煤时降低炉顶空间煤气压力，减轻冒烟，易于实现无烟装煤；生产中荒煤气在炉顶空间停留时间短，减少了化学产品的分解，有利于提高化学产品的产率和质量；结焦末期机、焦侧集气管的压力差使部分荒煤气经炉顶空间环流，降低了炉顶空间温度和石墨的形成几率。但双集气管消耗钢材较多。

6.2.3 氨水系统

荒煤气导出设备中供喷洒及清扫用的氨水系统是必不可少的。集气管操作台上设置低压氨水总管，从总管接出各喷洒支管至各喷洒点。总管一端接逆止阀并与工业水管相接，各段总管上安装氨水压力表。低压氨水由循环氨水泵房的氨水总管送到炉上，喷洒后回流的氨水沿吸气管流至气液分离器再至机械化氨水澄清槽后返回循环氨水泵。

高压氨水是由单独泵房供到炉上的，用于装煤消烟和集气管清扫。装煤消烟时通过在桥管部位喷射高压氨水，使上升管和炉顶空间形成较大吸力，可把装煤时产生的煤气和烟尘及时、顺利地导入集气管内，避免逸出炉外污染环境。

实现高压氨水装煤消烟有两种方式：一种是双重结构喷嘴方式及高压氨水、低压氨水分开喷洒；另一种是高、低压氨水喷嘴合一方式。目前，大多数焦炉采用高、低压氨水喷嘴合一方式。这种方式是通过三通球阀进行切换操作和采用导流式喷嘴（见图6-19）进行高、低压氨水喷洒。

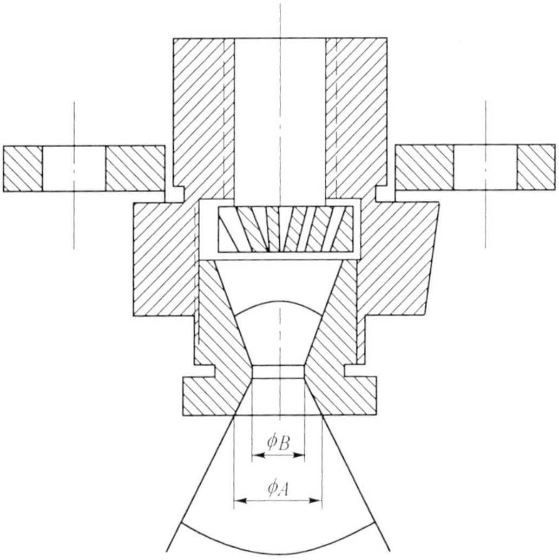

图6-19 导流式喷嘴

高压氨水装煤消烟时，氨水压力控制很重要，压力控制过低，效果不好；压力控制过大，则将吸入空气和煤粉并造成炭化室内放炮。现一般采用变频控制。采用高压氨水装煤消烟时，应加强操作管理，避免因装煤后忘关高压氨水阀门而抽坏炉体或使氨水进入炉内。

7 焦炉砌体的维护

7.1 焦炉用耐火材料

现代焦炉主要用耐火材料砌筑而成。例如一座年产500kt冶金焦50孔JN60型焦炉，炉体所需的耐火材料总重约16kt。所以，耐火材料的性能与焦炉的生产能力及使用寿命密切相关。

耐火材料一般是指耐火度在1580℃以上的无机非金属材料。它包括天然矿石及按照一定的目的要求经过一定的工艺制成的各种产品。它具有一定的高温力学性能、良好的体积稳定性，是各种高温设备必需的材料。

7.1.1 耐火材料的性质

通常用下列指标来衡量耐火材料的性能：

（1）耐火度。耐火度是衡量耐火制品高温下抵抗熔化的能力。用规定尺寸的角锥形试样与一些标准试样放在一起，以一定的速度加热升温，这些标准试样是以高岭土、氧化铝及石英按不同比例配制而成的，各有已知的耐火度。当升温至待测试样与某标准锥试样同时软化弯倒，即角锥的顶点弯倒和底盘接触时，则待测试样的耐火度等于该标准锥的耐火度。所以耐火度是试样制品软化弯倒的温度。耐火材料的耐火度一般不小于1580℃。

（2）荷重软化温度。荷重软化温度是表示耐火材料在高温和荷重同时作用下的抵抗能力。荷重软化温度是在0.2MPa压力下，以一定的升温速度加热，随着温度的升高，试样不断产生变形，当试样的最大高度降低0.6%时的温度，即为荷重软化温度。耐火制品荷重变形曲线如图7-1所示。

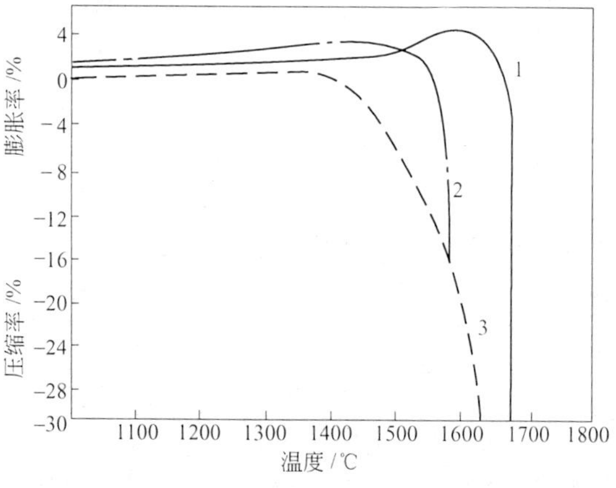

图7-1　耐火制品荷重变形曲线

1—硅砖；2—镁砖；3—黏土砖

（3）高温体积稳定性。高温体积稳定性是耐火制品在高温下使用时，体积发生不可逆变化的性能。耐火砖在制造、烧成过程中由于反应不充分以及晶型转化不完全，当其在高温下长期使用时，反应进一步发生和晶型进一步转化引起的参与变形量作为评定高温体积稳定性的标志。通常是将体积为 V_0 的试样加热到 1200～1500℃保温 2h，然后冷却到室温后测定其体积 V，由此求出高温体积稳定性。

$$高温体积稳定性 = \frac{V - V_0}{V_0} \times 100\% \tag{7-1}$$

（4）热膨胀性。热膨胀性是耐火制品受热后一般都发生膨胀的性质。它可用线膨胀系数或体积膨胀百分率来表示。

（5）温度急变抵抗性（抗急冷急热性）。温度急变抵抗性是耐火制品抵抗温度急变而不损坏的性能。将试样加热到（850±10）℃后，放在流动的冷水中冷却，并反复进行，直到试样损坏，脱落部分的质量占原试样质量的 20% 时为止，此时其经受的急冷急热次数，就作为该制品耐急冷急热性能的指标。

制品的热稳定性与制品的热膨胀性有很大的关系，若制品的线膨胀系数大，则由于制品内部温度分布不均匀而引起不同程度的膨胀，从而产生较大的压力，降低了制品的热稳定性。此外制品的形状越复杂，尺寸越大，其热稳定性也越差。经上述测定，不同的耐火制品抵抗性差别很大，如硅砖抵抗性最差，仅 1～2 次；普通黏土砖 10～20 次；而粗粒黏土砖可达 25～100 次。

（6）气孔率。耐火制品中的气孔包括开口气孔与闭口气孔。气孔率一般是指与大气相通的显气孔的体积与制品总体积的百分比，又称为显气孔率。制品的气孔率越小，导热性能越好，耐压强度越高，但抗急冷急热性能较差。

（7）体积密度和真密度。体积密度是指包括全部气孔在内的每 $1m^3$ 砖的质量数，计算真密度时的砖样体积只包括岩石部分。由于不同晶型石英的真密度是不一样的，因此，通过砖的真密度可了解其烧成情况。烧成较好的硅砖，真密度较小。

（8）导热性。耐火制品的导热性取决于其相组成及组织结构（指气孔率的大小、分布情况及晶相和玻璃液相的分布），用导热系数 λ 来表示，其常用单位为 kJ/（m·h·℃）。多数耐火制品的导热系数随温度升高而增大（如硅砖、黏土砖等），也有些制品则相反（如镁砖和碳化硅砖）。

（9）常温耐压强度。常温耐压强度是指制品在常温下，单位面积上能承受的最大压力。结构均匀致密、烧成良好的耐火制品的耐压强度较高。

（10）抗侵蚀性。抗侵蚀性是指制品在高温下抵抗熔渣、炉料分解产物的化学与物理作用的性能。影响制品抗侵蚀性的主要因素是制品与熔渣的化学组成、工作温度、炉料分解产物的性质和制品的致密程度等。

7.1.2 耐火砖

7.1.2.1 硅砖

硅砖是以石英石（硅石或石英砂）为原料，经粉碎，并加入黏结剂、矿化剂经混合、成形、干燥和按计划加热升温而烧成的。硅砖中 SiO_2 的质量分数大于93%，是酸性耐火材料，具有良好的抗酸性渣的侵蚀作用。硅砖的导热性能好，耐火度为 1690 ~ 1710℃，荷重软化点在 1620℃以上，无残余收缩。其缺点是耐急冷急热性能差，热膨胀性强。

A 硅砖的多晶结构

SiO_2（二氧化硅）在不同的温度下能以不同的晶型存在，在晶型转化时会产生体积变化，并产生内应力，所以硅砖的制造、性能和使用与 SiO_2 的晶型转变有密切关系。

硅砖的主要成分为 SiO_2，已知 SiO_2 有 7 个结晶变体和 1 个非晶体，这 7 种变体和 1 种非晶体之间的相互转变称为多晶转变。SiO_2 各变体的性质见表 7-1。

表 7-1 SiO_2 各变体的性质

名 称	晶系	真密度/$g \cdot cm^{-3}$	稳定条件/℃	备 注
α-石英	六方	2.53	573 ~ 870	自然界没有 α-石英，因为其稳定存在范围为 573 ~ 870℃，870℃时转变为 α-鳞石英
β-石英	六方	2.65	< 573	在自然界中，SiO_2 最普遍的形态是 β-石英，呈石英砂、硅石等形式，573℃时转变为 α-石英
α-方石英	斜方	2.23	1470 ~ 1713	将 α-鳞石英加热至 1470℃，缓慢转变为 α-方石英；α-方石英在 1470 ~ 1713℃内稳定存在，在 1713℃时 α-方石英熔融
β-方石英	等轴	2.31	180 ~ 270	是一种亚稳定变体，存在温度范围在 180 ~ 270℃以下，180 ~ 270℃时，β-方石英迅速转化为 α-方石英
α-鳞石英	斜方	2.23	870 ~ 1470	自然界不存在，在冷却时缓慢转化为 α-方石英，在 (1670 ± 10)℃时，熔化为石英玻璃，870℃以下呈亚稳定状态，163℃时转为 β-鳞石英
β-鳞石英	六方	2.24	117 ~ 163	是一种亚稳定变体，117℃时转变为 γ-鳞石英，存在的温度范围为 117 ~ 163℃
γ-鳞石英	斜方	2.26	< 117	是一种亚稳定变体，在 117℃以下存在
石英玻璃	非晶质	2.2	< (1713 ± 10)℃，快冷	SiO_2 的各种变体在加热到足够温度时都会熔化，其熔融物黏度很大，冷却后呈玻璃状，不析出晶粒而成为石英玻璃

B 硅砖多晶结构的相互转换关系

在不同温度条件下，石英相互转化关系如图 7-2 所示。

图 7-2 中所示的转化过程中，横向箭头表示仅在一定条件下缓慢地进行可逆转化的方向，实际上可以认为是不可逆的。纵向箭头表示加热和冷却时的快速转化方向，其转化是可逆的。

由于晶体结构和物理化学性质的不同，结晶变体的转化大致分为两大类，一类为慢速转化（高温型转化），一类为快速转化（低温型转化），这两种类型的转化如图7-3 所示。

C 硅砖的膨胀特性

石英晶型在各种不同温度下能够互相转换，同时伴随有体积的变化。SiO_2 的三种晶型在加热过程中其膨胀情况如图 7-4 所示。由图 7-4 可知，在加热过程中，方石英体积变化最激烈，其次是石英，变化比较缓慢的是鳞石英。同时，鳞石英还具有导热性能好的优点。所以，焦炉砌筑用的硅砖应尽量采用真密度小的硅砖，其鳞石英的质量分数较高。不同真密度硅砖的矿物组成见表 7-2。

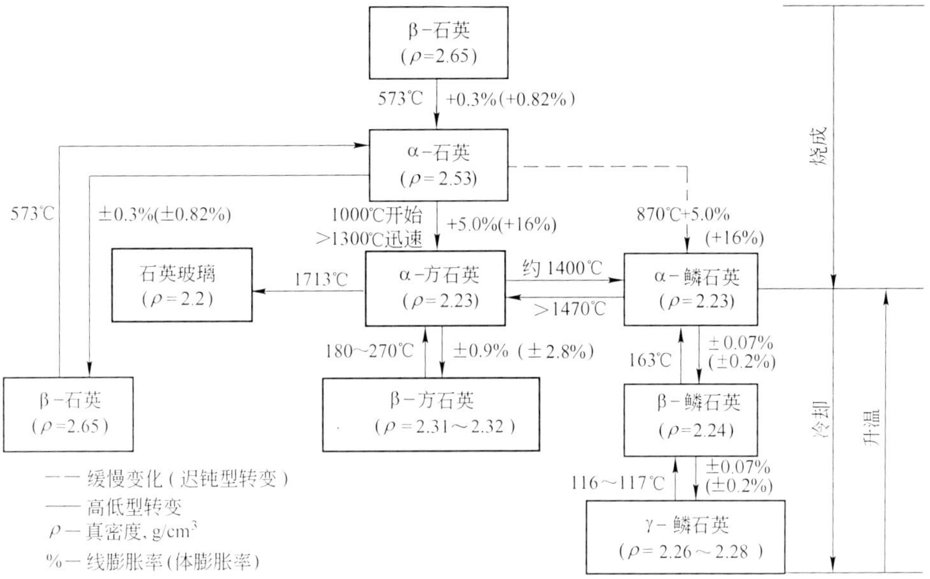

图 7-2 石英相互转化关系

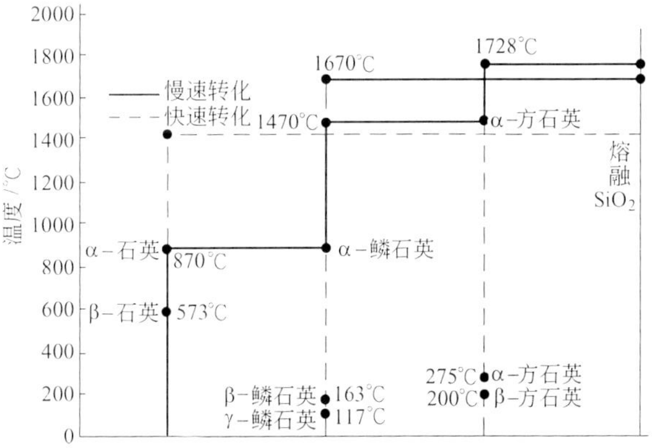

图 7-3 SiO_2 加热时的晶型转化

表 7-2 不同真密度硅砖的矿物组成

硅砖真密度/$g\cdot cm^{-3}$	鳞石英的质量分数/%	方石英的质量分数/%	石英的质量分数/%	石英玻璃的质量分数/%
2.33	80	13		7
2.34	72	17	3	8
2.37	63	17	9	11
2.39	60	15	9	16
2.40	58	12	12	16
2.42	53	12	17	18

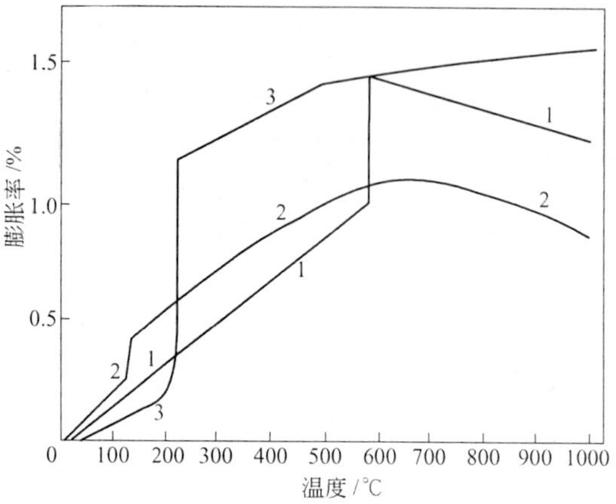

图 7-4 石英晶型膨胀曲线

1—石英；2—鳞石英；3—方石英

从图 7-2 和图 7-4 中可以看出，硅砖的热膨胀是不均匀的，600℃以前晶型转变较多，体积变化较大，而且在 117℃、163℃、180～270℃和 573℃等几个转化点，体积变化尤为显著，这时最容易引起砌体变形和开裂。所以了解硅砖的性质对焦炉各部分材质的选用以及对焦炉的砌筑、烘炉、生产维修及冷炉等都有重要意义。由于硅砖具有多种优点，因此用于焦炉可以提高燃烧室的温度，缩短结焦时间，增加焦炉生产能力，延长炉体的使用寿命。现代焦炉主要用硅砖砌筑。

600～700℃以下时，硅砖对温度的剧变抵抗性能差。这是由于高低型晶型转变，体积突然膨胀或收缩所至，因此，硅砖不宜用于温度剧烈变化的部位。但在 700℃以上时，硅砖的体积变化比较平稳，能较好地适应温度的变化。

D 焦炉用硅砖的指标

焦炉用硅砖应符合 YB/T 5013—2005，其标准中规定硅砖的理化指标见表 7-3，砖的尺寸允许偏差及外观见表 7-4～表 7-9。

表 7-3 焦炉用硅砖的理化指标

项 目	规定值		复验时单值允许偏差
	炉底、炉壁	其 他	
$w(SiO_2)$/%	≥94.5		
$w(Al_2O_3)$/%	≤1.2		
$w(Fe_2O_3)$/%	≤1.2		
$w(CaO)$/%	≤2.5		
0.2MPa 荷重软化开始温度/℃	1650		-10
真密度/$g \cdot cm^{-3}$	≤2.33	≤2.34	+0.01
残余石英/%	≤1.0		
显气孔率/%	≤22	≤24	+1
常温耐压强度/MPa	≥40	≥35	10%

续表7-3

项 目	规 定 值		复验时单值允许偏差
	炉底、炉壁	其 他	
加热永久线变化（1450℃×2h）/%	0～0.2		
热膨胀率（1000℃）/%	≤1.28	≤1.30	+0.03
如有必要时，可提供室温～1200℃的热膨胀曲线			

表7-4 砖的尺寸允许偏差 （mm）

尺 寸	允许偏差规定值
≤150	-2～+1
151～350	-3～+2
351～550	-4～+3
>550	-4～+4
炉壁砖、蓄热室（各3～5个砖号）的一个主要尺寸	-2～+1
斜烟道出口调节砖的一个主要尺寸	-1～+1

表7-5 砖的扭曲 （mm）

对角线长度	炭化面	气流面	其他面
≤320	≤0.5	≤1.0	≤1.5
>320	≤1.0	≤1.0	≤长度的0.5%（最大4）

表7-6 砖的熔洞

砖 面	熔洞直径/mm	深度/mm	平均每100cm² 砖面上允许的熔洞数①
炭化面	≤4	≤3	3
其他面	≤8	≤5	4

①应按每个砖面实际面积进行折算。

表7-7 砖的铁斑

砖 面	孔直径/mm	平均每100cm² 砖面上的允许数①
炭化面	≤6	1
其他面	≤10	2

①应按每个砖面实际面积进行折算。

表7-8 砖的缺棱缺角长度及个数

项 目	规 定 值	
	炭化面	其他面①
缺棱长度/mm	$e\leqslant15$ $f\leqslant6$ $g\leqslant10$	$e+f+g\leqslant65$
缺角长度/mm	$a\leqslant10$ $b\leqslant8$ $c\leqslant15$	$a+b+c\leqslant65$
缺棱、缺角个数	≤2	≤3

①单重大于15kg的砖缺角缺棱长度除炭化面外，其他面允许三边之和不大于70mm。

表 7-9 砖的裂纹和断面层裂 (mm)

裂纹或层裂宽度	裂纹长度		断面层裂长度
	炭化面	其他面	
≤0.10	不限制		不限制
0.10～0.25	≤60	≤65	≤60
0.25～0.50	不准有	≤65，不多于2条	≤30
>0.50	不准有		不准有

注：1. 裂纹的长度不得大于裂纹所在面与裂纹平行边全长的1/2；
2. 裂纹只允许跨过一条棱，但边宽度小于50mm的面允许跨过两条棱，跨棱裂纹长度不合并计算；
3. 跨顶砖工作面不允许有横向裂纹；
4. 不准有延伸至砖表面的断面层裂。

7.1.2.2 黏土砖和半硅砖

A 黏土砖

黏土砖的主要原料是耐火黏土和高岭土，其主要成分是高岭石（$Al_2O_3 \cdot 2SiO_2 \cdot 2H_2O$），其余部分为 K_2O、Na_2O、CaO、MgO 及 Fe_2O_3 等杂质，它们约占6%～7%左右（质量分数）。黏土砖是经煅烧的硬质耐火黏土（熟料）与部分可塑性黏土经粉碎、混合成形、干燥后烧成的。加入熟料是为了减少烧成及使用过程中的收缩，提高成品率和使用寿命。烧成过程是高岭石不断失水分解生成莫来石（$3Al_2O_3 \cdot 2SiO_2$）结晶的过程。黏土砖中的 SiO_2 和 Al_2O_3 在烧成过程中与杂质形成共晶低熔点的硅酸盐，包围在莫来石的周围。

黏土砖属于弱酸性耐火制品，能抵抗酸性熔渣和酸性气体的侵蚀，对碱性物质的抵抗能力稍差。黏土砖的热性能好，耐急冷急热。

黏土砖的耐火度与硅砖不相上下，高达1690～1730℃，但荷重软化温度却比硅砖低200℃以上。这是因为黏土砖中除含有高耐火度的莫来石结晶外，还含有接近一半的低熔点非晶质玻璃相。

在0～1000℃的温度范围内，黏土砖的体积随温度升高而均匀膨胀，线膨胀曲线近似于一条直线，线膨胀率为0.6%～0.7%，只有硅砖的一半左右。但温度达1200℃后再继续升温时，其体积将由膨胀量最大值开始收缩。黏土砖的残余收缩导致砌体灰缝的松裂，这是黏土砖的一大缺点。当温度超过1200℃后，黏土砖中的低熔点物逐渐熔化，因颗粒受表面张力作用而互相靠得很紧，从而产生体积收缩。

由于黏土砖的荷重软化温度低，在高温下产生收缩，导热性能比硅砖小15%～20%，机械强度也比硅砖差，因此黏土砖只能用于焦炉的次要部位，如蓄热室封墙、小烟道衬砖及蓄热室格子砖、炉门衬砖、炉顶及上升管衬砖等。

B 半硅砖

凡 Al_2O_3 的质量分数小于30%、SiO_2 的质量分数大于65%的耐火制品称为半硅砖。半硅砖是用石英砂（或石英杂质）和高岭土（或黏土）按一定粒度组成混合、成形、干燥，最后烧成。由于其中含石英较多，性质介于黏土砖和硅砖之间，它的残余膨胀、抗煤气侵蚀、酸性渣蚀及荷重软化温度均比黏土砖高。

C 焦炉用黏土砖及半硅砖的指标

焦炉用黏土砖及半硅砖应符合 YB/T 4168—2007 的要求，标准中规定砖的理化指标见表7-10，砖的尺寸允许偏差及外观见表7-11和表7-12。

表7-10 焦炉用黏土砖及半硅砖的理化指标

项 目	规定值	
	JNZ-35	BGZ-65
$w(SiO_2)$ /%		≥65
$w(Al_2O_3)$ /%	32～42	<30
$w(K_2O+Na_2O)$ /%	≤1.0	≤1.0
显气孔率/%	≤24	≤24
常温耐压强度/MPa	≥25	≥25
0.2MPa 荷重软化温度（$T_{0.6}$）/℃	≥1350	≥1350
加热永久线变化（1350℃×2h）/%	-0.4～+0.2	-0.2～+0.2

表7-11 砖的尺寸允许偏差及外观 (mm)

项 目		允许偏差规定值
不同尺寸	尺寸≤150	-2～+1
	尺寸151～300	-2～+2
	尺寸>300	尺寸的±1%
扭 曲	长度≤300	≤1.0
	长度>300	≤2.0
缺角长度（$a+b+c$）		≤40
缺棱长度（$e+f+g$）		≤60
裂纹长度	宽度≤0.10	不限制
	宽度0.10～0.25	≤70
	宽度0.20～0.50	≤40
	宽度>0.5	不准有
厚度相对偏差		≤1
缺棱、缺角个数		≤3

表7-12 砖的熔洞和铁斑点

砖 面	熔 洞			铁斑点	
	直径/mm	深度/mm	每100cm² 砖面上允许的溶洞数①	直径/mm	每100cm² 砖面上允许数①
接触煤和煤气的面	3～5	≤3	3	5～10	3
	5～8		1		
其他面	5～7		3	5～15	3
	7～10		1		

①应按每个砖面实际面积进行折算。

7.1.2.3 高铝砖

高铝砖是 Al_2O_3 的质量分数大于48%的硅酸铝或氧化铝质耐火制品。高铝砖的耐火度和荷重软化温度均高于黏土砖，抗渣蚀性能（尤其是对酸性渣）较好，且这些性能随着 Al_2O_3 的质量分数的增加而提高，但热稳定性不如黏土砖。高铝砖的致密度高，气孔率低，机械强度高且耐磨。焦炉燃烧室炉头及炭化室铺底砖的炉头部位用高铝砖砌筑效果较好；但不宜用于炭化室墙面，因为高铝砖在高温下易产生卷边翘角。

高铝砖按其理化指标分为 LZ-80、LZ-75、LZ-65、LZ-55 和 LZ-48 五种牌号。高铝砖应符合 GB/T 2988—2004 的要求，标准中规定高铝砖的理化指标见表7-13，高铝砖的尺寸允许偏差及外观见表7-14。焦炉中选用的是 LZ-48 牌号的高铝砖。

表 7-13　高铝砖的理化指标

项　目		指　标				
		LZ-80	LZ-75	LZ-65	LZ-55	LZ-48
$w(Al_2O_3)$ /%		≥80	≥75	≥65	≥55	≥48
显气孔率/%		≥22	≥23	≥23	≥22	≥22
常温耐压强度/MPa		≥55	≥50	≥45	≥40	≥35
0.2MPa 荷重软化开始温度/℃		≥1530	≥1520	≥1500	≥1450	≥1420
加热永久线变化/%	1500℃ ×2h	-0.4 ~0.1				
	1450℃ ×2h					-0.4 ~0.1

表 7-14　高铝砖的尺寸允许偏差及外观　　(mm)

项　目		允许偏差规定值
不同尺寸①	尺寸≤150	-2 ~ +2
	尺寸 151 ~300	-3 ~ +3
	尺寸 >300	-4 ~ +4
厚度相对偏差		≤1
楔度差		≤1
扭　曲	长度≤300	≤1.0
	长度 >300	≤2.0
缺角长度 $(a+b+c)$		≤40
缺棱长度 $(e+f+g)$		≤60
熔洞直径		≤6
裂纹长度	宽度≤0.25	不限制
	宽度 0.25 ~0.5	≤50
	宽度 > 0.5	不准有

①根据用户需求可对砖的一个主要尺寸进行分档。

堇青石砖是在高铝材料的配料中加入一定量的合成堇青石（$2MgO \cdot 2Al_2O_3 \cdot 5SiO_2$）制造的高抗热震性的高铝材料，主要作为焦炉炉门衬砖使用。堇青石炉门衬砖的理化指标见表7-15。

表7-15 堇青石炉门衬砖的理化指标

项 目	指 标	项 目	指 标
w（Al_2O_3）/%	≥40	体积密度/$g \cdot cm^{-3}$	2.1
耐火度/℃	≥1580	重烧线变化率（1250℃×2h）/%	≤0.2
0.2MPa荷重软化温度（$T_{0.6}$）/℃	≥1300	w（MgO）/%	≤3
常温耐压强度/MPa	≥30	抗热震性能，1100℃水冷	≥40次
显气孔率/%	≤28		

7.1.3 耐火泥料

耐火泥料是高温炉体砌筑用的结合剂，它可以保持砌体的严密性。焦炉用耐火泥料分为硅火泥和黏土火泥两大类。

7.1.3.1 硅火泥的性能

硅火泥是用硅石、废硅砖粉和耐火黏土（生黏土）配制而成的粉料。硅石是硅火泥的主要原料，硅石中SiO_2的质量分数越高，则火泥的耐火度越高。废硅砖粉的加入能改善火泥与硅砖的高温黏结性能，这是由于硅砖粉具有与硅砖一致的热膨胀曲线，因此在石英晶型转化引起的体积变化时，火泥脱离硅砖的可能性较小，黏附于硅砖的能力良好。一般硅砖粉质量分数在20%～30%较合适。硅火泥中加入生黏土可以增加可塑性，降低透气性和失水率，但加入量不宜过大，否则会使硅火泥的耐火度降低、收缩率增加，一般以不超过15%～20%（质量分数）为宜。

根据SiO_2的质量分数不同，硅火泥可分为高温火泥、中温火泥和低温火泥。焦炉一般只使用中温火泥和低温火泥。焦炉用硅火泥的理化指标见表7-16。

表7-16 焦炉用硅火泥的理化指标

项 目		JGN-92	JGN-85
耐火度/℃		≥1670	≥1580
冷态抗折黏结强度/MPa	100℃干燥后	≥1.0	≥1.0
	1200℃×3h烧后	≥3.0	≥3.0
0.2MPa荷重软化开始温度/℃		≥1500	≥1420
粒度组成/%	>1mm	≤3	≤3
	<0.074mm	≥50	≥50
黏结时间/min		1～2	1～2
w（SiO_2）/%		≥92	≥85

7.1.3.2 黏土火泥的性能

黏土火泥是由煅烧过的块状熟料或粉碎黏土砖加入结合黏土（生黏土）制成。熟料是黏土火泥的主要成分，质量分数约为75%～80%。生黏土是结合剂，加入生黏土可增加可塑性，降低透气性和失水率，但加大收缩性，配入生黏土过多容易产生裂纹，所以配料比不宜过大，质量分数约为20%～25%。焦炉用黏土火泥的理化指标见表7-17。

表7-17 焦炉用黏土火泥的理化指标

项　目		指标（NN-38）
耐火度/℃		≥1690
$w(Al_2O_3)$/%		≥38
冷态抗折黏结强度/MPa	110℃干燥后	≥1.0
	1200℃×3h烧后	≥3.0
线变化率/%	1200℃×3h烧后	-3～+1
黏结时间/min		1～3
粒度组成/%	<1.0mm	100
	>0.5mm	≤2
	<0.074mm	≥50

7.1.4 其他筑炉材料

7.1.4.1 隔热耐火材料

隔热耐火材料是指气孔率高、体积密度低、热导率低的耐火材料。为减少高温墙面向外界的散热，高温炉的受热面与外壁间常用隔热材料砌筑。焦炉常用的隔热材料有漂珠砖、膨胀珍珠岩砖、隔热砖和CFBT-93新型保温材料，其理化指标见表7-18。

表7-18 漂珠砖、膨胀珍珠岩砖、隔热砖和CFBT-93新型保温材料的理化指标

项　目	漂珠砖	膨胀珍珠岩砖	隔热砖	CFBT-93新型保温材料
体积密度/g·cm^{-3}	≤1.0	≤0.35	≤0.6	1. 使用温度 -25～800℃； 2. 热导率0.028～0.04 W/(m·K)； 3. 膏体收缩率20%～30%
常温耐压强度/MPa	≥10.0	≥0.49	≥1.0	
重烧线变化率/%	≤2（1250℃×2h）		≤2（900℃×8h）	
热导率/W·(m·K)$^{-1}$	≤0.50 [(350±25)℃]	≤0.08 [(25±5)℃]	≤0.15 [(300±10)℃]	
耐火度/℃	≥1650			

7.1.4.2 缸砖

缸砖是用熔点较低的黏土制成的，表面上釉，质密耐磨，用做焦炉炉顶表面砖和凉焦台面砖，其理化指标见表7-19。

表7-19 缸砖的理化指标

项　目	指　标	项　目	指　标
$w(SiO_2)$/%	≤70	显气孔率/%	≤13
$w(Al_2O_3)$/%	≥20	体积密度/g·cm^{-3}	≥2.30
常温耐压强度/MPa	≥62	$w(Fe_2O_3)$/%	>6

7.1.4.3 耐火纤维及耐火纤维材料

耐火纤维通常是指使用温度在1000～1100℃以上的纤维材料。耐火纤维是纤维状的新型耐火材料，它具有一般纤维的特性，如柔软、高强度，可加工成各种带、线、绳、毡和毯等，又具有普通纤维所没有的耐高温、耐腐蚀的性能，并且大部分耐火纤维抗氧化。焦炉上常用的硅酸铝耐火纤维的理化指标见表7-20。

表7-20 硅酸铝耐火纤维的理化指标

项目		指标
长期使用温度/℃		1000
化学成分（质量分数）/%	$Al_2O_3+SiO_2$	≥96
	Al_2O_3	≥48
	Fe_2O_3	≤1.2
	Na_2O+K_2O	≤0.3
性能	纤维直径/μm	2～4
	纤维长度/mm	约50
	渣球含量/%	≤10

耐火纤维材料是以耐火纤维为原料经加工制成的各种高温隔热材料。材料质量轻，热导率低，是一种新型优质高温隔热材料。常用的普通硅酸铝耐火纤维毡（牌号为PXZ-1000）的理化指标和硅酸铝纤维毯的规格及理化指标见表7-21和表7-22。

表7-21 硅酸铝耐火纤维毡的理化指标

项目		指标
化学成分（质量分数）/%	$Al_2O_3+SiO_2$	≥96
	Al_2O_3	≥45
	Fe_2O_3	≤1.2
	Na_2O+K_2O	≤0.5
物理性质	渣球（>0.25mm）含量/%	≤5
	加热收缩率（1150℃，保温6h）/%	≤4
	含水量/%	≤0.5

表7-22 硅酸铝纤维毯的规格及理化指标

项目	低温型LT	标准型RT	高纯型HP	高温型HT
颜色	白	白	白	白
纤维直径/μm	2～4	2～4	2～4	2～4
加热收缩率（1150℃，保温6h）/%	5.0（1093℃）	3.5（1232℃）	3.5（1232℃）	3.5（1399℃）
热导率/$W\cdot(m\cdot K)^{-1}$	0.084（316℃）	0.129（538℃）	0.158（760℃）	0.187（817℃）
最高使用温度/℃	980	1200	1260	1370
$w(Al_2O_3)$/%	40～44	46～48	47～49	52～55
$w(Fe_2O_3)$/%	0.7～1.5	0.7～1.2	0.1～0.2	0.1～0.2

7.1.4.4 普通建筑材料

焦炉砌体的普通建筑材料主要是水泥和普通砖。

A 水泥

常用的水泥有硅酸盐水泥、矿渣硅酸盐水泥和矾土水泥。普通硅酸盐水泥有225、275、325、425、525、625等标号；矾土水泥有300、400、500等标号。标号越高，质量越好，通常是将水泥制成规定尺寸的立方体，养护28天（矾土水泥为3天）后进行耐压试验，试块破坏时的压力值作为确定标号的依据，如225号水泥的抗压强度不低于22.5MPa。矾土水泥不能和硅酸盐水泥、石灰混合使用，否则会析出$Ca(OH)_2$加速矾土水泥凝结，导致强度降低。

B 普通砖

普通砖按耐压强度分为150、125、100等标号。优质普通砖的耐压强度应高于15MPa，吸水率不大于20%。

7.1.5 维修用耐火泥

焦炉在热态时对所产生的裂缝、剥蚀或熔洞等炉体损坏进行喷补或抹补时，所用的耐火泥料在喷抹时应能牢固地黏附在高温墙面上，并且有一定的塑性；对炉砖无侵蚀性，又要防止使热砖受到剧冷而开裂；当泥料干燥烧结时，其收缩和膨胀率应与炉砖接近，能与砖面牢固挂结；在操作条件下，能抵抗机械磨损、化学侵蚀和冷热应力，并具有相当高的耐火度，不致烧熔，从而使用周期长。常用的热修泥料是以水玻璃为黏结剂的硅质或黏土质火泥，以及以磷酸为黏结剂的黏土火泥。

7.1.5.1 水玻璃泥料

水玻璃学名为硅酸钠或硅酸钾，由于钾盐较贵，所以水玻璃通常为钠盐。水玻璃是由磨细的石英砂或石英粉与碳酸钠或硫酸钠或氢氧化钠按一定比例配合后，加热至1300～1400℃熔融冷却而成。其反应式为：

$$Na_2CO_3 + nSiO_2 \longrightarrow Na_2O \cdot nSiO_2 + CO_2\uparrow \quad (7\text{-}2)$$

水玻璃是无色透明的固体，由于有杂质影响，一般多呈黄绿色，它经蒸汽熔化后即呈液态。

水玻璃的分子式为$Na_2O \cdot nSiO_2$，其中n为SiO_2与Na_2O的分子数之比，称为水玻璃的模数。模数高，水玻璃溶液含SiO_2多，即含胶体微粒多，含晶质少，所以黏结性高，但碱性较低且不易溶于水，使用较困难；模数低，则水玻璃溶液中含Na_2O多，即含晶质多，含胶体微粒少，所以碱性较强，黏结性能较低，但易溶于水，使用方便。

水玻璃的黏度与温度、密度、模数都有关，温度高，密度或模数低，都能降低黏度。水玻璃的密度又随模数和Na_2O、SiO_2的质量分数不同而各异，模数大，SiO_2的质量分数高，则水玻璃密度大。由于通常以Na_2O量计算水玻璃在泥料中的加入量，因此根据密度与模数按表7-23可查得水玻璃的碱含量（Na_2O）。常用于修炉的水玻璃的密度为1.3～1.5g/cm^3，Na_2O的质量分数为10%～14%，模数为1.5～3.0。

表 7-23 水玻璃溶液的密度与模数、Na_2O 的质量分数的关系

密度 /g·cm^{-3}	Na_2O 的质量分数/%												
	2	3	4	5	6	7	8	9	10	11	12	13	14
	水玻璃溶液模数												
1.050	1.58	1.24											
1.078	3.64	2.10											
1.100		3.21	1.50										
1.125		4.15	2.34	1.38									
1.150			3.40	2.10	1.15								
1.175			4.00	2.92	1.90	1.13							
1.200				3.50	2.52	1.78	1.19						
1.225				3.98	3.02	2.25	1.62						
1.250					3.47	2.68	2.05	1.54					
1.275					3.92	3.11	2.39	1.88	1.50				
1.300						3.51	2.47	2.20	1.78	1.33			
1.350						4.25	3.43	2.86	1.93	1.48			
1.400							4.24	3.48	2.73	2.40	2.03	1.66	1.38
1.450										2.83	2.41	2.09	1.73
1.500											2.78	2.51	2.08

水玻璃作为补炉泥料的黏结剂，主要作用是在常温及高温下会吸收 CO_2 而析出 SiO_2 凝胶。它不仅可以使泥料黏附于炉墙上，而且在常温及高温下都可以逐渐硬化而保持较高的强度，此外，其中的 Na_2O 能降低泥料的熔点，在高温下提前出现液相，从而与炉墙烧结。由于泥料含水分较多，水分蒸发后收缩大，不仅泥料与墙面收缩不一致，而且水分蒸发后泥料与墙面产生间隙，所以烧结不牢固，挂料时间短。

配制泥料时，应注意水玻璃量不宜加得太多，因为加入水玻璃量小于 5% 时，对硅火泥的高温性能影响不大，而加入量大于 5% 时，每增加 5% 的水玻璃，耐火度降低 20 ~ 40℃；每增加 10% 的水玻璃，则单独成形的火泥的荷重软化点下降 100 ~ 140℃，砌体间隙里的火泥的荷重软化点下降 10 ~ 70℃。水玻璃对硅火泥性能的影响见表 7-24。

表 7-24 水玻璃对硅火泥性能的影响

外加量占硅火泥总量的百分率/%		荷重软化点/℃			耐火度/℃	灰缝厚度/mm
水玻璃	折合 Na_2O	火泥中砌体间隙中	单独成形的火泥	两者差		
0	0	1530	1520	10	1640	4
5	0.84	1470	1440	30	1640	6
10	1.67	1480			1600	6
15	2.51	1460	1300	160	1570	6
20	3.34	1430			1540	5
25	4.18	1390	1200	190	1520	4

把含 25%（质量分数）水玻璃的硅火泥砌在砖块中，经自然干燥后送入炉内。当温度升至 1350℃时，灰缝无明显变化，火泥与砖黏结情况良好；温度升至 1400℃，灰缝表面有白色泡沫物质形成，黏结能力下降；至 1420℃，灰缝变形；1500℃时灰缝开始熔化，砌体上、下两部分发生位移现象。

用水玻璃调制的黏土火泥，补炉机理除与上述水玻璃－硅火泥的相同外，水玻璃在高温下还能使泥料与黏土砖中的高岭土加速形成莫来石晶体，从而增加泥料的强度与热稳定性。不过，用水玻璃调制的黏土火泥必须及时使用，否则水玻璃析出的 SiO_2 凝胶会与 Al_2O_3 作用而失去黏结能力，使水玻璃消耗增加。

往黏土火泥中外加 0% ~20%（质量分数）的水玻璃，耐火度变化不大，荷重软化点略有提高。水玻璃对黏土火泥性能的影响见表 7-25。由试验可知，在 1000℃时，水玻璃加入量为 20%（质量分数）的黏土火泥，黏结力比加入量为 0% ~10%（质量分数）的强。但水玻璃加得太多会使泥料变脆，强度下降，而且使水玻璃消耗量增加。一般水玻璃加入量以能使泥料中碱含量达到 1.5%（质量分数）左右为宜。

表 7-25 水玻璃对黏土火泥性能的影响

外加水玻璃量（质量分数）/%	荷重软化点/℃	耐火度/℃
0	1380	1690
10	1390	1690
20	1420	1690

7.1.5.2 磷酸泥料

A 磷酸泥料的补炉机理

磷酸是五氧化二磷水解的无色透明晶体。通常工业磷酸中磷酸的质量分数约为 85%，工业磷酸呈浓浆状，密度为 1.69g/cm^3，熔点为 42.3℃。

正磷酸 H_3PO_4 是较弱的三价酸，加热到 213 ~300℃时失去水分形成焦磷酸 $H_4P_2O_7$，继续加热至 300 ~400℃，焦磷酸又失水变成偏磷酸 HPO_3。

磷酸和耐火材料里的铝、硅等氧化物发生反应，可以生产磷酸盐胶凝材料。这些胶凝材料的可塑性和可掺性（可以任意外加其他物质以改善制品的性能）好，耐火度高（约在 1500 ~3000℃范围内），高温时可以瓷化，耐急冷急热性好，密度小，黏结力强，制造工艺比较简单。

磷酸加入硅火泥中，在常温下与 SiO_2 不起反应，加热至 90℃时生成不定组成的固定物质 $nSiO_2 \cdot mP_2O_5 \cdot qH_2O$；260℃时变为偏磷酸氧化硅 $SiO_2(PO_3)_2$，它是良好的凝胶材料；至 325 ~350℃时，不定组成三固相分解，生成结晶磷酸硅；700℃时得 $SiO_2 \cdot P_2O_5$；800℃时生成 $2SiO_2 \cdot P_2O_5$。

磷酸加入黏土火泥中，在常温下可以和 MgO、CaO、Fe_2O_3 等碱性化合物起反应，生成磷酸镁、磷酸钙、磷酸铁等化合物，从而使泥料在常温时就具有一定的黏结性。但是，当磷酸镁在泥料中的质量分数超过 1.5% 时，将导致泥料在常温下固结而失去塑性，不利于喷、抹操作。所以通常要求泥料中 MgO 的质量分数小于 0.52%，CaO 的质量分数小于 1%。由于氧化铁和磷酸在反应时还会产生氢气，增加泥料空隙，从而使其强度下降，因此氧化铁的质量分数越小越好。

黏土火泥中除约50%在高温下与磷酸作用生成偏磷酸氧化硅等胶凝剂的 SiO_2 外，还有约40%的 Al_2O_3，它在常温下和磷酸也不发生反应（和黏土生料 $Al_2O_3 \cdot 2H_2O$ 有缓慢作用），在200℃左右时生成二氢磷酸铝［$Al(H_2PO_4)_3$］和磷酸铝（$AlPO_4$）的混合物，250～280℃时生成无定形物质，400℃时为 $H_2(AlP_3O_{10})$，500℃时为偏磷酸铝［$Al(PO_3)_3$］$_n$，800℃时为四偏磷酸铝［$Al(PO_3)_3$］$_4$，至1000～1200℃时部分分解逸出五氧化二磷并烧结成为方石英型磷酸铝 $AlPO_4$，但主要仍是四偏磷酸铝，至1300～1500℃时这种反应比较剧烈，全部转化为方石英型磷酸铝 $AlPO_4$，在长期高温的作用下，$AlPO_4$ 变为纯刚玉 Al_2O_3。其反应式为：

$$Al_2O_3 + H_3PO_4 \xrightarrow{-H_2O} \begin{matrix} AlPO_4 \\ Al(H_2PO_4)_3 \end{matrix} \xrightarrow{250\sim280℃} \text{无定形物质} \xrightarrow{300\sim400℃}$$

$$H_2(AlP_3O_{10}) \xrightarrow[-H_2O]{500℃} [Al(PO_3)_3]_n \xrightarrow[-H_2O]{800℃} [Al(PO_3)_3]_4 \xrightarrow[\text{烧结并部分分解}]{1000\sim1200℃}$$

$$[Al(PO_3)_3]_4 + AlPO_4 + P_2O_5\uparrow$$

$$[Al(PO_3)_3]_4 \xrightarrow{1300\sim1500℃} AlPO_4 + P_2O_5\uparrow$$

$$\underset{\text{熔点}2050℃}{AlPO_4,\text{方石英型}} \xrightarrow{\text{长期受压}} \underset{\text{熔点}2050℃}{Al_2O_3,\text{纯刚玉}}$$

二氢磷酸铝与偏磷酸铝都是很好的胶凝材料，它们与硅质炉墙能很好地胶合并逐渐烧结、硬化，最终产物方石英型磷酸铝不但熔点高而且还具有与硅质炉墙相类似的晶型转变，即当温度波动时，它与硅砖的膨胀、收缩比较接近，这就减少了磷酸泥料与墙面的内应力，从而使挂料时间得以延长。

由于偏磷酸氧化硅与磷酸硅等胶凝材料不具备与硅砖相似的晶型转化性质，因此磷酸-硅质火泥在硅质炉墙上的挂料时间就低于磷酸-黏土火泥在硅质墙上的挂料时间。所以通常喷补、抹补硅质炉墙均采用磷酸-黏土火泥，而不采用磷酸-硅质火泥。

B 磷酸泥料的配制

往泥料中兑入的磷酸的质量分数因操作方式不同而各异。通常喷料用的磷酸的质量分数为40%，密度为 $1.26g/cm^3$；抹料用的磷酸的质量分数为60%～68%，密度为1.4～$1.5g/cm^3$。

调制磷酸的质量分数对泥料性能影响很大。若磷酸的质量分数太大，则兑入酸量少，调和不均，并且泥料黏度大，不易喷补与抹补，但泥料强度好。若磷酸的质量分数太小，则用酸量大，带入泥料中的水分较多，当泥料干固后空隙增加，强度不好，且会使炉墙局部剧烈冷却而损坏，此外，泥料黏性不好，不利于抹补。

磷酸稀释用水量可按式7－3计算：

$$X = \frac{A - B}{B} g \tag{7-3}$$

式中 X——稀释用水量，kg；

A——原磷酸的质量分数，%；

B——所需磷酸的质量分数，%；

g——原磷酸质量，kg。

喷补、抹补用磷酸泥料加酸量见表7-26。

表7-26 喷补、抹补用磷酸泥料加酸量

种类		喷料	补料
黏土火泥加入量/kg		100	100
外加正磷酸量	密度/g·cm^{-3}	1.25～1.3	1.3～1.4
	质量/kg	37～42	26

喷补泥浆的最佳含水量是应使喷料能达到充分雾散的程度。通常使用的泥浆含水量都在30%左右。抹补的磷酸泥料比喷补的磷酸泥浆含水量要小得多，一般使用的抹补泥料含水量在17%左右。

7.2 焦炉炉体损坏的原因

焦炉在生产过程中，由于受多种因素的影响，随着时间的推移不断发生变化而自然衰老损坏。一代炉龄可长达25～30年以上，这期间的大部分时间是在损坏—维修—再损坏—再维护中度过的。

焦炉是在高温下长期进行连续性生产的工业窑炉。与其他工业炉相比，它的用砖量大，结构复杂，炉龄长，投产后一般不会再停下来，否则炉体就会严重损坏。焦炉的主要部分由硅砖砌成。在日常生产中，由于在装煤、出焦时受冷热激变的热应力的冲击和推焦机械力的挤压、摩擦，再加上煤气中有害物质的侵蚀，随着生产时间的推移，在部分砌体（特别是炭化室的炉头部位）上会出现剥皮、碎裂、凹陷、裂缝、错台等缺陷。在特殊情况下，还会出现炉墙大面积变形，甚至掉砖倒塌，造成热效率降低、推焦困难、恶化操作条件等，严重时将导致减产或停产。

焦炉的损坏有两种情况，正常的老化和非正常老化。正常老化并得到合理维护的焦炉，其使用寿命一般可达30年以上，而受到各种非正常损坏或者得不到合理维护的焦炉，往往达不到设计使用年限，甚至只有十几年或几年的使用寿命。所以，加强焦炉的生产技术管理与及时的热修维护可以延长焦炉的使用年限。

7.2.1 非正常损坏的原因

焦炉非正常损坏的原因是：

（1）筑炉用耐火材料不符合标准，或者理化性能太差。如硅砖的耐火度达不到要求，尺寸公差偏差大，表面扭曲等。我国目前很多耐火材料厂家在经过隧道窑的改进和技术改进后，生产的硅砖能达到国际先进水平，不过也有个别耐火材料厂家生产的硅砖性能较差。

（2）焦炉砌筑质量的影响。几何尺寸超出公差要求，砌砖灰缝不饱满，在投产后荒煤气或加热用的净煤气窜漏严重，形成局部高温，都会使炉体损坏。

（3）烘炉质量不佳。由于烘炉升温管理不好，特别是烘炉没有严格按烘炉曲线升温，致使炭化室、斜道、蓄热室的墙面拉开阶梯裂缝，盖顶砖与炉底砖断裂等质量问题的发生。

（4）护炉铁件管理不善或炉门冒烟着火烧坏护炉铁件，以及拉条等因高温烧灼而膨胀变形，没及时更换或调整，使炉体失去应有的保护，造成炉头砌体松散变形，甚至倒塌。

（5）长期使用膨胀压力过大或收缩过小的炼焦煤而导致推焦困难。

（6）经常出现生焦或过火焦，结焦时间过长、过短或不按计划出焦，生产管理混乱，造成推焦困难，致使炉墙变形。

（7）热修维护不及时加速了炉体的损坏。

7.2.2 正常损坏的原因

焦炉正常损坏的原因是：

（1）温度变化的影响。在生产过程中，反复开关炉门，装煤、出焦时温度变化产生的热应力对炉墙产生影响，这种影响使炉头部位在投产 3 ~5 年就开始发生剥蚀或裂纹。随着生产时间的推移，损坏程度不断增加，并向炉内延伸；装煤口部位因受外界冷气流的影响，也很快形成剥蚀、裂纹等损伤；炉头部位的盖顶砖也常由于温度激变而造成断裂。

（2）机械力的作用。炭化室墙面出现裂缝或变形之后，摘装炉门及推焦所产生的机械应力对炉墙裂缝的扩大和墙面变形的加剧起着促进作用。

（3）物理化学作用。硅砖的主要成分二氧化硅是酸性氧化物，它在高温下不抗碱性渣的腐蚀，会与煤中的金属氧化物发生作用，在硅砖表面形成低熔点硅酸盐，这些低熔点硅酸盐与硅砖中的二氧化硅由于线膨胀率及耐磨程度不同，在热应力与装煤出焦等机械力的作用下，逐渐从硅砖本体中脱落，如此反复作用就不断腐蚀砖面。

（4）在长期生产过程中，炭化室墙皮砖中的二氧化硅向靠近燃烧室的一侧（称为热侧）“富集”，其他氧化物向靠近炭化室的一侧（称为冷侧）“富集”，同时在硅砖的气孔中渗碳。所以，墙皮砖的热侧含鳞石英多，冷侧含方石英多，冷侧与热侧不仅岩相与物理性质不同，而且在推焦装煤后，冷侧与热侧的温度变化也不同。因温差周期性的激烈变化而产生的热应力促使墙皮砖面炭化、剥落。

（5）在炼焦过程中，煤干馏产生的氢与一氧化碳及硅砖体内的二氧化硅等气体，在1300℃的温度下会还原成一氧化硅（SiO），呈气态逸出，温度越高这种反应的速度越快。有金属铁存在的情况下，在较低温度（1050℃）时，也会发生这种反应。这种反应会使墙面砖表面的二氧化硅含量减少，使结构变得多孔酥松，形成麻面。

（6）炉龄增长与石墨沉积。硅砖砌体在烘炉升温过程中，二氧化硅发生晶型转变引起体积膨胀，焦炉投产后，这种转化仍在进行。在砖内熔剂（Fe_2O_3、CaO、Na_2O 等）和外界还原气氛存在的条件下，部分石英向鳞石英转化，当熔剂不足时，石英转变为方石英，所有这些晶型转化都伴随着体积变化（膨胀）。这种变化在焦炉投产后将会逐年减弱，以致最后消失。

在焦炉投产几年后，由硅砖中晶型转化而引起的膨胀已基本结束，但此后炉体的长度仍要增长。这是因为炭化室墙面上受机械应力和温度变化热应力而逐渐产生的裂纹，在装煤时因砌体的冷却收缩而变大。在装煤几小时后，砌体温度又逐渐升高，同时产生相应的膨胀，但由于原来的裂纹（裂缝）已被煤气分解的石墨所填充，裂缝不能完全闭合，只有向外扩张，使炉体伸长。如此周而复始，使裂缝的宽度越来越大（由裂纹变成裂缝，由小缝变成大缝），裂缝的条数也越来越多，从而使炉体每年不断伸长。

由此可见，在烘炉及投产初期的几年里，炉体的伸长主要是硅砖砌体晶型转化引起的（因为这时炉墙还没有普遍产生裂缝）；在投产几年后直到焦炉停产大修，炉体的伸长主要是砌体裂缝条数不断增加，裂缝宽度不断加大造成的。

对炉长为14m以上的大型焦炉而言，当炉体的总伸长量（包括烘炉与生产期间的伸长量）达到450～500mm时，焦炉就难以维持生产（炭化室墙上的裂缝有石墨充填，无石墨时也可用耐火粉料补上，而斜道区与蓄热室内部及小烟道内部拉开的大裂缝所造成的窜漏已无法修补），需要拆除重砌，即大修。

硅砖的晶型膨胀是不可避免的，非晶型转化引起的炉体膨胀与焦炉的生产管理和技术管理密切相关，管理较好的大型焦炉，年伸长量在3～4mm左右，管理较差的焦炉，年伸长量就会大大增加，从而加速炉体的衰老损坏，缩短焦炉的使用寿命。所以，焦炉生产过程中的年伸长量是衡量焦炉日常管理好坏的一个综合指标。

7.3 焦炉修补的方法

焦炉修补主要有湿法修补、半干法补炉和干法补炉3种方法。

7.3.1 湿法修补

湿法修补（湿法补炉）手段主要是喷补和抹补。湿法补炉所用工具及操作都比较简单，但由于湿法补炉存在着无法克服的缺点，即在修补旧缺陷的同时，又会对砌体造成新的损坏，因此，随着技术的发展，湿法补炉正在逐渐被干法补炉取代。

7.3.1.1 喷补

喷补是将调制好的泥料放入喷浆机中，利用压缩空气把泥浆从喷浆机中压出，喷附于破损的墙面上，破损部位就被修复。

喷补的适用范围很广，不论大小裂缝、剥皮、麻面、凹陷等都可进行喷补，既可补赤热的墙面，又可补温度较低的炉顶及蓄热室区域。其优点是操作简单，速度快，效率高，适用面广。为使泥浆形成分散的薄层喷附于砌体上，一般要求每层浆的厚度不大于7mm，待第一层干结后再喷第二层。该法的缺点是泥浆的含水量高达40%左右，当泥浆接触墙面时，水分剧烈蒸发，水蒸气产生的压力影响泥料与墙面的黏结，一般挂料时间不长；同时，含水量较大的泥浆对赤热墙面的骤然冷却，可能使硅砖砌体龟裂，直接影响焦炉的寿命。所以这种方法目前已很少使用，仅在配合抹补或抹补操作比较困难时使用。

7.3.1.2 抹补

抹补的程序是：先用铲子铲除炉墙缺陷部位的石墨，并用压缩空气吹扫干净，再用大铲进行抹补，将泥料抹在缺陷部位的墙面上，停留几秒钟后，再沿墙面平行方向滑动泥铲，每次抹在墙面上的泥料不宜太厚，以免脱落，泥料黏附墙面后，再用铲子将抹补层与墙面找齐。

抹补用泥料的含水量比喷补泥料要小得多，所以对砌体造成的副作用相对较小。抹补对较小的裂缝是不适用的，但修补大的裂缝、孔洞时速度很快。因此，抹补是当前湿法补炉的主要手段。

抹补操作技术较难掌握，抹补得好，挂料时间才能长，所以，在实践中要不断总结经验，找出好的操作方法，以便延长一次修补的挂料时间。

7.3.2 半干法补炉

半干法补炉（喷补）是干粉料与液态胶结剂（水玻璃的水溶液等）事先不进行混合，在喷枪内各走自己的通道，在喷枪喷出之前才混合。此法喷补泥料中的含水量较小（约占泥料总量的11%~14%），修补焦炉时，对赤热炉墙造成的影响相对要小一些，而且修补层的气孔率较低，挂料时间也稍长一些。

半干法补炉的主要缺点是粉料与胶结剂在喷出前的配合比很难控制，喷出泥料干湿不匀，甚至有时仅喷出干料，有时仅喷出液态的胶结剂，直接影响修补质量。

7.3.3 干法补炉

干法补炉主要方法有耐火粉料喷吹法、火焰焊补法和陶瓷焊补法。

7.3.3.1 干法补炉的特点

干法补炉与传统的湿法补炉相比，有着根本的不同，其主要特点是：

（1）补炉时不降低墙面温度，对原砌体没有损伤，工艺合理；

（2）修补层与砖表面或裂缝之间为物理（机械）结合，不破坏原砌体结合面的表层结构，并且黏结牢固；

（3）修补层的耐急冷急热及耐磨性能均优于硅砖，所以能够耐久。

7.3.3.2 耐火粉料喷吹法

耐火粉料喷吹法比较简单，一般不需要外加热源，而是利用砌体本身已有的温度将粉料烧结。不过该法仅适用于焦炉状态较好、墙面裂缝宽度不大的炭化室墙面的修补。具体做法是把鼓风系统（鼓风机与前后管道系统）与装煤口相连接，将硅石粉（附加低熔点的熔剂）吹入炭化室中，连续向炭化室鼓风半小时左右，然后停止鼓风，使进入炉墙小裂缝中的粉料烧结，待墙面密封后，再将加热系统的吸力复原。

7.3.3.3 火焰焊补法

火焰焊补法主要由焊枪、焊料、燃气、氧气、冷却水的供应系统及炉门隔热装置组成。作为火焰焊补热源的乙炔气（或液化气）与助燃氧气在焊枪内混合或在喷嘴中混合，并由喷嘴喷出燃烧；焊料被氧气从供料装置中带出，经导管在焊枪喷嘴中与产生火焰的燃气同时喷出，并在火焰中被加热至软化呈半熔状态而附挂于损伤的墙面上；焊料在火焰再加热下牢固地熔结在破损的砌体上，破损的砌体便被修复。

由于焊枪在高温环境中工作，其喷嘴又受到自身高温火焰的剧烈烧烤，因此焊枪必须用低温介质（水或压缩空气）连续进行冷却。

火焰焊补的焊料以前利用耐火度较低的低熔焊料，后来又将焊料的耐火度提高到1500℃以上。焊补设备有固定式和轻便式两种。固定式的驱动部分已完全机械化，焊补操作遥控指挥，其焊补能力为每小时30~50kg焊料，最大为80kg。轻便式的焊枪为人工操作，每小时的焊补能力为 10 ~ 15kg 焊料。我国目前使用的是轻便式的小型焊枪，人工操作，使用的焊料是低熔点焊料，耐火度为 1270 ~ 1350℃，每小时的焊补能力为 15 ~ 20kg 焊料。

根据近十几年来的焊补经验，焊补层的寿命（挂料时间）主要取决于焊补前的墙面清理与焊补质量。当质量不好时焊补层很快就会脱落。这是一项技术性很强的工作，必须由专门的技工进行操作。

7.3.3.4 陶瓷焊补法

陶瓷焊补法是利用配合在耐火粉料中的硅粉或铝粉（或硅粉、铝粉同时配入）的燃烧热，将部分耐火粉料烧熔，其烧熔部分把未烧熔部分黏结在一起形成焊补层。其焊补过程是利用氧气作焊料的输送介质，通过特制的喷枪将焊料喷出，焊料中的硅粉、铝粉在高温空间及赤热的待修墙面上燃烧，待修砖的表面被加热至软化熔融，部分焊料也被烧熔，熔融状态的表面与熔化的焊料紧密地结合在一起，砌体的损伤部位便被修复。由于修补采用堆焊形式，因此对砌体上出现的剥蚀、掉角、裂缝、熔洞（修补熔洞面积较大的部位时可采用先放置零膨胀砖再焊补的方法）、凹面或其他缺陷都能进行修补。

在赤热的炭化室内，硅粉与铝粉同时燃烧产生的热可形成 2200℃的高温，可使硅砖与焊料熔融结合，这种氧化反应为焊补提供了热源。焊补层在冷却到墙面操作温度时，大部分形成方石英和鳞石英，其理化性质与硅砖几乎一样。

焊补系统由焊补机、焊枪以及各种连接胶管组成。焊补机是氧气、粉料的控制装置。焊枪分为水冷和非水冷两种形式，水冷焊枪主要用来焊补炭化室的中心部位；非水冷焊枪用来焊补炭化室炉头和边缘部位。焊枪结构比较简单，质量较小，操作灵活方便。

7.4 焦炉砌体的日常维修

焦炉生产过程中由于多种因素的影响，每时每刻都在发生变化，当砌体各部位出现凹凸、剥蚀、裂缝、熔融、掉砖、错台与局部堵塞等情况时，用清扫、灌浆、喷补、勾缝、抹补、焊补及矫直等方法就能消除缺陷并防止它蔓延，这些一般称为焦炉砌体的日常维修。

对立火道及蓄热室单、主墙等有较大的变形、倒塌、下沉而严重影响正常生产的情况，利用上述方法不能消除缺陷，而必须把这些缺陷部位拆除重砌，这种方法称为对立火道或蓄热室的挖补或翻修。

按合理的要求使用焦炉和对焦炉砌体的日常维修，通常都称为焦炉的维护工作。这项工作不应该仅限于焦炉维修瓦工对炉体的维修，还应该包括生产操作人员在生产过程中对焦炉的护理。

焦炉维护与翻修时保护焦炉使其处于完好状态，以期达到优质稳产与长寿的两大类工作。这两大类工作应以维护为主，翻修为辅。凡是能维护好的砌体就不应当翻修，因为翻修立火道与蓄热室的工作量大，需要的时间长，所以往往使保留的砌体因过度冷却而损坏，而维护是一种预防性工作，充分重视它往往可以延缓或减少缺陷的产生，并且可以把缺陷消灭在萌芽状态。

上述焦炉砌体的各种维修方法，各有各的用途，不能互相取代。对于砌体的缺陷有时用一种方法就可以消除，有的则需要同时用几种方法进行修理。

7.4.1 维修组织

多年的实践经验表明，随着焦炉炉龄的增长，维护工作量也相应增加，原有的瓦工定员数量已不能满足客观需要，为了及时妥善地维修焦炉，应该适当增加瓦工维修人员。

7.4.2 库房与设备

大型焦化厂应设有全厂性的耐火砖库、耐火泥库及修炉用具库，库里应储备足够数量的立火道、炉顶、蓄热室等部位常用的砖和修炉材料。这些焦炉用砖必须按炉型、砖号分别整齐堆放，每个砖垛的高度不应超过2.5m，以防倒塌，砖垛与砖垛之间应留有适当的距离便于人力或车辆进行搬运。所有不定性耐火材料、保温材料及建筑材料均应分类储放，不得混入杂质或互相混合。

每个炼焦车间应设置耐火砖库、耐火泥库与工具库。有的厂在靠抵抗墙处设置耐火材料库，在炉间台设置工具库，既经济又方便。

7.4.3 炉体档案

建立炉体档案不但可以了解炉体现状，而且还可以通过它知道炉体缺陷产生的原因、发展过程、处理方法、泥料配方以及修后的效果。这是一件很细致、很重要的工作。每座焦炉的每个炭化室、立火道、蓄热室、斜道、炉顶区、分烟道、总烟道及烟囱等各个部位，在一代炉龄里都应该按检查日期、缺陷情况、修理日期、修理方法、配料比、修理质量与特点、遗留问题以及生产后效果逐项填写。焦炉砌体各部位检查制度见表7-27，对损坏严重的旧焦炉，可根据具体情况缩短其中某些项目的检查周期。

表7-27 焦炉砌体各部位检查制度

部　位	项　目	检查周期
炉顶区	炭化室干燥孔脱落	半年一次
	上升管衬砖脱落	经　常
	上升管根部冒烟	经　常
	桥管接口处冒烟	经　常
	看火孔座砖及铁圈断裂、冒烟	经　常
	装煤孔座砖及铁圈断裂、冒烟	经　常
	炉顶表面凹凸不平	每月一次
	小炉头凹凸不平、冒烟	经　常
	立火道不清洁、掉砖	每月一次
炉台区	炭化室墙及炉头墙凹凸不平、裂缝、掉砖	每月一次
	底脚砖凹凸不平、冒烟	经　常
	隔热墙正面凹凸不平	半年一次
	炉肩缝泥料脱落	每月一次
	炉柱缝冒烟	经　常

续表 7-27

部 位	项 目	检查周期
炉台区	炉底表面凹凸不平	每季一次
	火道窜漏	每月一次
	炉门衬砖脱落	每月一次
蓄热室区	蓄热室封墙及上部大砖用火把试漏	每月一次
	废气盘座及废气盘两叉部火把试漏	每月一次
	小烟道下火及其单、主墙窜漏	每月一次
	砖煤气道窜漏、堵塞	每月一次
	隔热墙正面凹凸不平	半年一次
	废气盘保温、刷浆	半年一次
	烟道、烟囱根裂缝	半年一次
	炉柱缝冒烟	经 常
	清扫孔及立管根部混凝土裂纹	每年一次
	烟道通廊花墙损坏	每年一次

7.4.4 炉顶部位的修理

7.4.4.1 更换装煤口座与铁圈

装煤口座及铁圈断裂严重并导致经常冒烟着火时应该进行更换。更换在结焦末期进行，具体程序是：先打开上升管，关闭翻板，用撬棍取下装煤口圈与座砖，清除残留的石墨、焦油、灰渣；然后用黏土泥浆铺匀，将炉口砖摆好，打上灰浆，放入铁圈，铁圈与炉口砖要靠紧找平与炉顶表面平，并使之稍低于炉顶表面 10 ~ 15mm；接着盖上炉盖，砌完后灌浆，使砖缝内达到饱满；最后关上升管盖，打开翻板。

7.4.4.2 更换看火孔座砖

看火孔座砖破碎或铁圈断裂都应随时更换。更换前取出拉条盖砖清扫拉条沟；然后扒除枕头砖和看火孔砖清扫砖座；接着将看火孔座圈缠上沾有水玻璃黏土泥浆的石棉绳镶入看火孔砖内；再将底座铺上泥浆，砌上看火孔砖找平后再砌上枕头砖，要求看火孔中心偏差不得超过 10mm，砌完后灌浆，灌浆时应打开看火孔盖检查，不得将泥浆及碎砖掉入立火道内；最后盖上看火孔盖，填平拉条沟，盖上盖砖。

7.4.4.3 炉顶表面的严密

由于炭化室部位均为硅砖砌筑，而且此处温度较高，因此膨胀量比用黏土砖砌筑的炉顶区大，致使炉顶及表面砌体从砖缝处拉开，从而引起荒煤气窜漏。其中不少缝隙将被石墨、焦油堵死，但仍有一些大缝隙不能被密封，所以需要进行灌浆与勾缝。在灌浆前，应先用压缩空气把砖缝中的灰渣吹干净，灌入用水调制的黏土火泥稀浆。灌时应打开附近看火孔盖，随时检查浆液是否漏进火道内，如有漏入应立即停止灌入，待浆液干后继续采用间断法灌入。炉顶表面的砖缝一般利用较干的黏土火泥进行勾缝。

7.4.4.4 局部修理炉顶表面砖

炉顶表面砖严重损坏或凹凸不平时，不但妨碍扫炉盖工作的顺利进行，而且会积存雨水，导致炉温剧烈下降和炉体损坏。修理时，应先拆除破损的旧表面砖，扫净灰渣，接着在铺匀较干的黏土火泥后砌砖。新砌表面砖应用2m长木靠尺、水平尺找平，表面应与相邻旧表面砖平齐。有的厂为了增加炉顶表面砌体的强度，在黏土火泥中外加20%的矾土水泥，效果较好。

7.4.4.5 密封桥管接头

桥管接头密封不好将会引起冒烟现象，恶化操作环境。修理时，在结焦末期关翻板并打开上升管盖，抠出桥管接头（承插处）的填充物；接着塞入浸透用水玻璃调制的黏土火泥稀浆的石棉绳，用钢钎打实；其上部留出20～30mm深的地方，用掺有精矿粉的沥青料灌满灌严。

7.4.4.6 密封上升管根部

上升管根部与座砖接缝窜漏时，应先将根部泥块杂质清扫干净并浇水浸润，然后用50%的黏土火泥、50%的精矿粉，外加10%的水玻璃调制成较干的泥浆物料填入缝隙内，捣实、抹平。

7.4.4.7 修理拉条沟及其盖砖

拉条在装煤口或上升管附近的部位，容易因高温、化学作用而损坏，所以应及时修理或更换，以防砌体松散。在这种情况下，必须对拉条沟盖砖进行拆除重砌。操作时，先拆除全部拉条盖砖，松动拉条沟内的保温填料，取出拉条，用压缩空气清扫净沟内杂物；接着用黏土火泥稀浆把沟内缝隙灌满，灌时要防止浆液窜漏进火道内。置入新拉条后，往沟内填充硅藻土粉或其他隔热材料，接着在拉条沟上部铺上较干的黏土火泥并砌砖，或者不砌砖敞口空着。

7.4.4.8 修理小炉头

当小炉头严重变形或冒烟着火而用勾缝、灌浆的方法不能解决时，需要对它进行修理。首先，拆除小炉头砌体，抠净保护板或炉门框上部与内部砌体间的石棉绳与石墨；用浸透水玻璃及黏土火泥稀浆的石棉绳填满间隙内并捣实，在其上部用50%的精矿粉、50%的黏土火泥，外加15%的水玻璃拌匀的填料覆盖、抹平；接着对内部保留砌体的砖缝用较干的水玻璃-黏土火泥勾严密，然后仍用黏土砖和黏土火泥砌筑。砌筑时，沿炉柱两侧边缘各留一道垂直缝隙，便于以后再翻修。新砌小炉头正面应与炉柱背面平齐，顶部表面应比相邻炉顶表面低5mm。翻修小炉头较危险，操作时，应严密监视集气管压力的波动与推焦车或拦焦车的运行，以防伤人。

7.4.4.9 堵烘炉孔（干燥孔）

燃烧室顶部大量漏入荒煤气并且在对应的炭化室墙面不存在大裂缝的情况下，多为烘炉孔内的塞砖脱落所致。它不仅影响火道温度与压力制度，而且也容易产生高温烧坏砌体。检查时，可逐个打开加煤口，或站在推焦车、拦焦车上观察。修理时，应先打开上升管盖，同时，关闭桥管翻板；然后站在拦焦车或推焦车上，利用钩子钩住砖尾部小孔，粘满用水调制的硅火泥泥浆，接着塞入烘炉孔内。塞砖的外露表面不应凸出于炭化室墙面，以防推焦时刮掉。如果装煤口下方的烘炉孔塞砖脱落，应站在炉顶装煤口附近，用同样的方法进行堵塞。

7.4.4.10 更换上升管

上升管损坏或衬砖脱落时应进行更换。更换前应事先准备好上升管并砌好衬砖。砌筑时，在内衬和筒壳之间应垫 2 ~ 3mm 的皱纹马粪纸形成膨胀缝，新砌体内衬的卧缝不应超过 5mm，垂直缝不超过 4mm，砌筑用的泥料有的是用清水调制的黏土火泥，也有的加 8% 的水玻璃和 10% 的矾土水泥以增加强度。砌筑时应防止雨水浇湿，砌完毕要在砌体完全干燥后使用。

更换上升管时，在推焦前 4h 停止供应氨水，关闭桥管翻板，在焦侧装煤孔上安装临时烟囱。适当降低集气管压力，清除桥管接头处的填料和石棉绳，卸掉上升管与桥管的连接螺栓，插上风管压火，吊走桥管，再吊走上升管，拆除上升管座砖并将底部清扫干净；安装时先砌上升管座砖，座砖标高要求与相邻号的一致；接着安装上升管和桥管，调整好后拿走风管；最后密封桥管接头和上升管根部，盖好上升管盖，拆除临时烟囱，接好氨水管。

7.4.4.11 清扫斜道、火道

斜道内掉入少量砖块、煤粉、火泥等杂物，影响气流分配，会引起火道温度波动，所以应及时清除斜道内杂物。清扫前必须检查工具是否有断裂的情况，以免铁制工具部分脱落掉入立火道内。对斜道内的砖块、灰渣，可用铁链子或铁刮刀（根据炉高情况制作工具，为方便放入立火道内和从立火道内拿出，可采用两节或三节的形式）伸进斜道内，顺斜道方向透。透时要防止碰倒灯头砖，注意调节砖开度，而且不要用力过猛，如果卡住，不要硬拉，时间过长应及时停该号煤气处理。斜道长向上下来回清扫。

立火道内如有大的砖块等杂物，可用钎子把它拨到火道边上，以确保不影响焦炉加热。

7.4.4.12 更换牛舌砖

烧高炉煤气横排温度不均匀，没有发现其他问题时需要调节牛舌砖。更换牛舌砖时，应先把量好尺寸的新牛舌砖进行预热。一般都是将牛舌砖预热到 600 ~ 700℃后，装在保温桶内运至炉顶，然后放进立火道内，这样就可以避免损坏牛舌砖。

更换工作一般在下降气流进行，首先把立火道内的旧牛舌砖取出，若取出有困难，可把它放在立火道边上，接着用铁钩把新牛舌砖缓慢置入斜道内。

7.4.5 炉台部位的修理

7.4.5.1 更换炉门衬砖

炉门衬砖因经常受急冷急热的作用而逐渐损坏，所以需要定期更换。更换时，应把炉门摘下放在炉端台，抠净铁槽中的石墨和剩余砖渣，在铁槽底部铺石棉板或硅藻土砖，上面用黏土火泥抹平。砌砖时，应从炉门下部往上逐块砌筑，砌砖用的黏土火泥中，有的厂掺20%的矾土水泥，以增加砌体强度。当砌至炉门顶部时，应在最上部的衬砖与铁槽之间留出约30mm的膨胀缝，并往膨胀缝内打入木楔挤住砌体，防止吊门时松动或脱落。此木楔在炉门安装到生产的炉室上后逐渐被烧掉，其间隙被炉门砌体所胀满。

7.4.5.2 修补底脚砖

炭化室底脚砖不严密将导致大气中的冷空气漏进斜道内，使端火道温度下降，不但造成炉头砌体破裂，而且使焦炭难以成熟，应该及时处理。

一般当底脚砖外部有裂缝时，可用水玻璃调制的黏土火泥在其正面进行勾缝。当底脚砖内部有缝时，必须用撬棍把底脚砖全部扒除，直至露出斜道正面后，用水玻璃-黏土火泥对所有裂缝（包括空灰缝）勾缝，接着用水调制的黏土火泥稀浆将底脚砖砌好。

7.4.5.3 炭化室底的修理

炭化室底因不断地推焦而磨损严重，当其表面比磨板表面低得太多时，容易导致推焦困难或把炉框推变形，应该及时修理。修理时，在出焦后先除去炉底残存的焦炭，用压缩空气吹净砖缝内的残渣，接着把相对密度为1.2的磷酸按黏土火泥质量的36%～38%配入，黏土火泥稀浆倒入凹陷处，待干后再倒一层稀浆，如此分多次灌满并用抹子抹平。有条件的厂可以使用火焰焊补或陶瓷焊补进行修补，效果更好。

7.4.5.4 修补砌体抵抗墙

砌体抵抗墙正面受温度应力及雨雪侵蚀作用而逐渐发生变形、脱落时，应该把它拆除重砌。修前先搭好跳板、跳架，接着拆除抵抗墙正面砌体并层层留出茬口，扫净灰渣进行砌筑。要求新砌墙的正面与混凝土抵抗墙、边燃烧室正面平齐，顶部表面与旧砌体平齐。

7.4.5.5 保护板灌浆

更换炉框与保护板或者在进行揭顶翻修端火道之后，都应进行保护板灌浆。更换保护板时，于结焦末期扒除端部焦炭，用标准黏土砖或硅藻土砖在距炉肩0～10mm处砌一座封墙，并在封墙表面涂一层黏土火泥。待检修人员拆除炉柱、炉门框与保护板后，清扫并修整炉头砌体，接着重新安装保护板、炉柱与炉门框，用石棉绳把炉肩与保护板（或炉门框）之间的缝隙塞紧。然后再用45%的精矿粉、45%的黏土火泥和10%的水玻璃调制的泥料涂抹炉肩缝，涂抹的厚度应与保护板平齐。把黏土火泥和成稀浆，从大保护板顶部与炉头顶部的间隙用漏斗往下灌入。灌浆时应边灌边检查有无悬料及立火道、蓄热室内部、炉柱背后有无浆液漏入的现象，如有应暂时停灌，检查原因并设法处理。为了避免灌入的稀浆在干燥后收缩缝隙太大，应采取分段多次灌入的办法，即在每灌一段后暂停一会，待泥浆干缩后再继续灌上一段。

用人力灌浆效率低，劳动强度大。有的厂采用喷浆机用压缩空气把浆液压进保护板内，这种方法效率高，效果好。

对新建焦炉或揭顶翻修炉头的保护板灌浆，一般在烘炉温度到750℃以上时进行，因为此时灌入的浆液能较快地干固，而且若发生浆液漏入立火道时，可以从炉顶看火孔观察出来或根据水蒸气大量从看火孔逸出进行判断。

7.4.5.6 炭化室墙面裂缝、凹面的修补

炭化室墙面，特别是炉头部位的墙面，在生产过程中由于受机械和温度应力不断地作用而逐渐损坏，新建焦炉炭化室头部一般在投产几年后就开始出现裂纹和微量剥蚀。由于现在普遍使用的湿法喷补对硅砖墙面具有一定的损坏作用，因此新建焦炉在开工5年或7年内不宜采用这种方法修补。一般来说，这段时期墙面产生的裂纹及剥蚀都较轻微，而且石墨对它还能起密封作用，所以对生产或损坏面的扩大影响微小。只有当这些破损面或裂纹进一步发展后，为了防止气体窜漏和缺陷继续扩大，才对它们及时地进行修补。

修补前，应对这些裂缝、剥蚀处进行周密的检查，以确保修理的部位、范围与数量。剥蚀一般用肉眼从炉门或装煤口处检查，凡剥蚀较严重的墙面，多半在该处已形成凹面（或麻面）。检查裂缝可在装煤初期打开看火孔盖进行观察。如果发现看火孔冒浓烟，可打开新装煤的炭化室上升管的高压氨水阀，若看火孔冒出的黑烟立即消失或显著减少，说明此炭化室和立火道之间存在洞穴或大裂缝，接着在推焦后再打开炉门确定洞穴或裂缝在墙面上的位置。

凡靠近炉框的炉头破损面、缺角，应在推焦前通过喷补、抹补、焊补等方法进行修理，以免炭化室内部受冷空气吹袭，被焦饼遮住的破损墙面应在推焦后进行修理。一般来说，修理时间超过10min的，应设置超过2m高的隔热板挡住焦炭或相邻墙面；修理时间超过1h的，应沿炭化室全高在炉门口用长柄托板砌一道硅藻土砖墙或装一块活挡板隔热，或用硅酸铝纤维毡隔热。当被修理的缺陷距端部约5个火道远时，可以用从装煤口置入的钢吊梯托住缠有硅酸铝纤维毡的喷枪进行喷补，或用带支点的大铲架在钢吊梯上进行抹补。

对于装煤口附近炭化室的墙面凹陷、裂缝与孔洞，应在关闭炉门及打开上升管同时关闭桥管翻板的情况下，从炉口伸入喷枪与铲子进行维修。每次喷补或抹补完毕，应用铲子铲平，并用耙子把落在炉底的泥料耙净，接着关上炉门、空门干燥1h后再进行装煤。

7.4.5.7 更换炉底砖

当炉底缺陷用喷补、灌浆或焊补的方法都不能消除时，应当更换炉底砖。

更换炉端1～3块炉底砖时，一般在结焦初期扒除约一个火道的焦炭，用薄保温板（两块0.75mm厚的铁板夹一层5mm厚的硅酸铝纤维毡）和中保温板贴靠在焦炭正面及两侧外露墙面的下半部并固定好。然后打碎破损的炉底砖，取出后用压缩空气吹净余渣，接着倒入用磷酸调制的黏土火泥稀浆，再置入预热后的新炉底砖，调整其高度使之与相邻炉底砖一致。

修理端部炉底砖还可以采用临时炉门进行隔热。把炉门下部开一个800mm高的口子，在割去的部位焊折弯挡板，在挡板上用标准黏土砖或漂珠砖砌好。当焦炭推出后，摘去预修侧炉门并换上临时炉门，就可以在不影响继续装煤及省略扒焦炭、放置保温板等一系列艰苦操作的条件下，更换1~3块炉底砖。换完后用保温板覆盖外露砌体，待焦炭成熟并推出后，再换回正常生产用的炉门。

若端部炉底砖需要更换的数量较多，更换炉底砖的范围超出端部3个火道，为了避免扒焦困难，应把炉内焦炭推空，关上底部带小门的临时炉门或贴上硅酸铝纤维毡，打开全部装煤口盖，使炭化室下部处于稍微负压状态。接着，取下检修用的小门或取下下部的一块硅酸铝纤维毡，通过检修口用气锤、铁钎打碎损坏的炉底砖，在清除砖渣并用压缩空气吹扫后，倒入耐火稀浆，将预热后的新炉底砖推入砌好。装煤前应空炉加热40min以上，并接通集气管，利用倒流的荒煤气分解的石墨密封炉墙。

7.4.5.8 炭化室墙面孔洞的修理

炭化室墙面出现掉砖与孔洞时，如果损坏的面积较小（约1~2块砖的面积），修理时间较短，那么可以按下列方法处理，否则应按挖补法进行处理。

A 砌入法

有的厂在推焦后待空炉两侧燃烧室温度降至600℃左右时，打开一个炉门和一个装煤口盖，操作者身着铝铂衣、防热服等，迅速进入炉内量出洞穴尺寸，按尺寸加工预热好的砖，在砖上打灰后，再进入炉内把砖砌入洞内。接着勾缝，关上炉门，然后升温投产。这种操作环境极为恶劣，而且当洞穴的位置距炭化室底较高时，难以修理。

有的厂采用扒焦方法处理炉头部位的通洞，在装煤时控制装煤量，装煤后在1/3~2/3结焦时间内，将炉头部位的焦炭扒除至待修面；用隔热砖砌上挡墙，非修理墙面贴入隔热材料保温，操作者身着防热服等进入炉内量出洞穴尺寸，按尺寸加工预热好的砖，在砖上打灰后，再进入炉内把砖砌入洞内。处理好后，关上炉门，升温一会儿后，扒出隔热砖、隔热材料，进行生产。此项操作的优点是减少了炭化室墙面温度大幅下降，可防止墙面砖碎裂，有利于炉体长寿。

有的厂不采取降温和进入炉内的方法进行修理，而是当预修炭化室的焦炭推出后，操作者站在炉门口或装煤口外，用钎子清除洞内的石墨与杂物，按洞穴估量的形状与尺寸加工已预热好的砖，用托板托着打好火泥的砖块，用吊梯或钢架送到洞穴旁边，再用长把抹子把砖推进洞内。接着用喷浆机喷严砖缝，清除落到炉底上的砖渣与灰块，拆除吊梯或钢架，再关上炉门预热20min后装煤。这种方法不需要降低炉温就可以进行，对炉墙的损伤较小，但是，由于它是在炉体外进行远距离操作，因此修理质量难以保证，而且操作较困难。

B 焊补法

在焊补前，用长柄托板把预加工好并且已预热的砖块推进洞内，然后按照焊补操作程序进行焊补。

7.4.5.9 炭化室墙面的矫直

矫直炉墙是我国热修工作者独创的修炉法。对炭化室墙面局部凸肚与错台，过去通常采用挖补或翻修火道的方法进行修理，这些方法的缺点是工作量大，耗费原材料多，劳动强度大，需要的工具与劳力多，工期长，损失产量多等。矫直法是在对炉墙缺陷不进行拆除更换，对不修理部位不进行保温的情况下，利用简单的器具产生的机械力使墙面缺陷（凸肚与错台）消失的方法。它不存在上述挖补与翻修火道等方法的缺点。

A 端部 1~3 火道墙面的矫直

a 挡墙的安置

在装煤初期打开预修侧炉门，扒出焦炭至凸肚部位全部露出为止。紧靠凸肚，从炉门推入一个活挡墙，活挡墙可采用铁架制作，然后包上硅酸铝纤维毯。活挡墙制作图如图 7-5所示。活挡墙的宽度和高度可根据炭化室的宽度和修补高度确定。活挡墙推入后再在修理区域上面和炉门口采用两个用硅酸铝纤维毯包好的特制铁架与活挡墙连接并挂好，如图 7-6 所示。这样就把修理区与不修理区进行了完好的分隔。

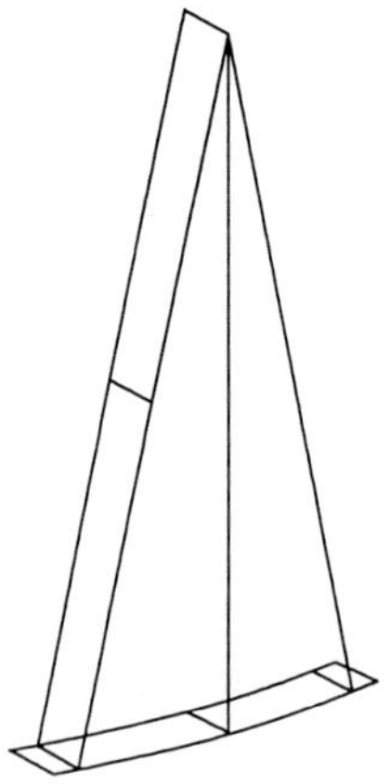

图 7-5 活挡墙制作图

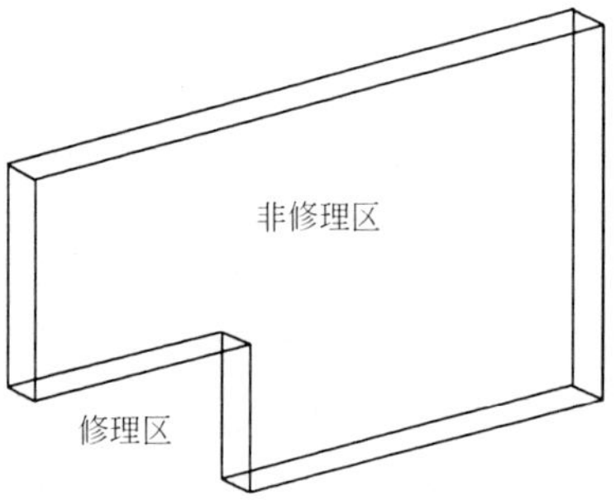

图 7-6 修理区隔热图

b 加热煤气的处理

用侧入（由废气盘进入）贫煤气加热的焦炉，在整个修炉期间预修侧被保护的火道（挡墙内的火道）会因预修火道的停火而同时停火，这就容易使被保护气体因温度过低而损坏，所以，对具有焦炉煤气加热设备而又正在用侧入高炉贫煤气加热的焦炉，应预先把整个修炉区改用焦炉煤气加热，然后把挡墙外的火道全部停止供应煤气。如果焦炉不具备用焦炉煤气加热的条件，那就只有被迫对预修侧（机侧或焦侧）全部火道停止供应贫煤气。

c 矫直操作

火道停止加热后就可以敞开炉门降温，待墙面缺陷处的温度下降到 100℃ 以下时，操作者进入炉内用小号槽钢贴靠凸肚处，把较大号的槽钢或较大面积的钢板置于对面墙的相应位置，用 2~3 个平板支撑器插入两根槽钢（或槽钢与钢板）之间，然后交替拧紧支撑器。矫直炉墙示意图如图 7-7 所示。凸肚或错台的部位因受冷后收缩形成的砖与砖的间隙比它对面墙的冷缩缝隙大，所以随着支撑器不断交替拧紧，凸肚逐渐向原位置方向恢复。支撑器的数量依槽钢的长度而定，一般大约每米槽钢需要设 2~3 个支撑器。为了便于安装与拆卸，支撑装置不宜做得太重，通常靠缺陷侧的槽钢为 6~8 号，对面的槽钢用 10~12 号，长度均不应超过 2m。支撑装置（支撑器和槽钢）的数量根据墙面凸肚的范围而定，范围越大，需要的支撑装置越多，反之越少。如果墙面变形位于炭化室上部，为便于操作，除搭跳架外，还可以用一个平板支撑器及两根不同型号的槽钢点焊在一起。矫直时，用人力将它扛进炉内放在需要矫直的地方，拧紧支撑器，将支撑装置固定在炉墙上，接着再配齐下端的支撑器。

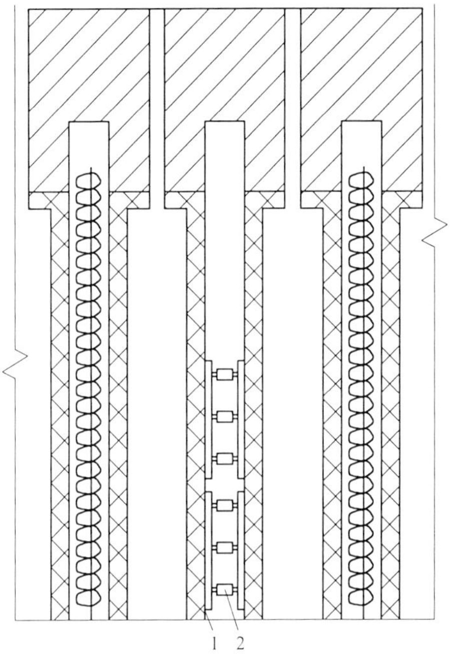

图 7-7 矫直炉墙示意图
1—槽钢；2—支撑器

当炉墙凸肚（或错台）矫直到离原位置 10mm 左右时，应停止矫直，以免升温后炉墙与支撑装置膨胀出现矫直过头的现象。此时，用较干的磷酸黏土火泥把墙面大于 5mm 的裂缝和脱落的灰缝勾严、压实，然后关炉门升温。当火道内的温度达到 700℃时，方可送煤气加热。炉内温度升至 800℃以上时，支撑装置已烧红发软，这时打开炉门，伸入钩子拽出支撑装置，接着拆除挡墙，或拽出连杆式活挡墙，然后推焦，恢复正常生产。

B 内部墙面的矫直

a 空炉、闷炉、缓冲炉的安排

矫直内部墙面应当在空炉的情况下进行。正常生产的焦炉，只要有空炉存在，则与空炉相邻的非修理炭化室应禁止推焦，否则会因推焦炭化室的一侧为空炉、另一侧为生产炉而易将空炉炉墙推坏。对这样暂时不允许推焦的炉室有两种处理方法：一种是将它推空，然后沿炭化室长向从炉门、装煤口向里各放一道黏土砖挡墙；另一种是当邻炉推空时将它装满煤，并用火泥密封各炉盖、炉门，待邻炉矫直完后方允许推焦。后一种方法就是通常所说的闷炉，它比前一种方法操作简单并有利于石墨的挂结，从而可防止炉体窜漏，所以一般修炉时采用闷炉。对每个闷炉外侧相邻的炉室可以允许推焦，但因其温度比正常生产的炉室低，所以结焦时间也较长，通常称它为缓冲炉。

若空炉、闷炉与缓冲炉设置的数量太多，则损失的产量较大，若数量太少，则温度梯度较大，不利于修炉操作与炉体的保护，一般这些炉室的数量是按照每相邻炉的温度梯度为 150 ~ 200℃安排的。高温保温矫直炉墙温度分布见表 7-28。

表 7-28 高温保温矫直炉墙温度分布

部 位	机（焦）侧端火道与标准火道温度/℃	焦（机）侧端火道与标准火道温度/℃
正常生产的炭化室		
燃烧室	1250 ~ 1300（1300 ~ 1350）	1300 ~ 1350（1250 ~ 1300）
缓冲炉 2		
燃烧室	1000 ~ 1200	1000 ~ 1200
缓冲炉 1		
燃烧室	850 ~ 1050	850 ~ 1050
闷 炉		
燃烧室	700 ~ 900	700 ~ 900
空 炉		
燃烧室	700 ~ 900	预矫直部位
空 炉		
燃烧室	700 ~ 900	700 ~ 900
闷 炉		
燃烧室	850 ~ 1000	850 ~ 1000
缓冲炉 1		
燃烧室	1000 ~ 1200	1000 ~ 1200
缓冲炉 2		
燃烧室	1250 ~ 1300（1300 ~ 1350）	1300 ~ 1350（1250 ~ 1300）
正常生产的炭化室		

通常一个燃烧室的两面墙需要矫直时，应安排 2 个空炉，两侧各设 1 个闷炉和 2 个缓冲炉，其中第一缓冲炉的结焦时间为 48h，第二缓冲炉的结焦时间为 24h。若是生产炉的标准温度较低，结焦时间较长，则每侧只设 1 个缓冲炉就可以了。闷炉通常是在推空炉的同时装煤并在整个修炉期内不出焦。

b 推空炉与炉温安排

为了防止推空炉时把炉墙推坏，要求所推炉室相邻两侧炭化室尽可能都是空炉或都是满炉，禁止推一侧为满炉、另一侧为空炉的炉室，如果这种情况确实不能避免，也必须待满炉的焦炭成熟后再推焦。

推空炉后即可将侧入加热的贫煤气更换为焦炉煤气，同时开始降温，一般在 2 ~ 3 天之内将所有空炉两侧燃烧室（不论修理与不修理的火道）温度均应降到 700 ~ 900℃之间，所有缓冲炉两侧燃烧室的温度均应达到要求。接着打开中间两个预修空炉的机侧炉门，用推焦杆往里各推进一个活挡墙，把修理部位与非修理部位隔开。如果挡墙的位置需放在装煤口的正下方，也可以先往各空炉内分别推进一个半截挡墙，然后再从装煤口送入成捆的硅藻土砖（每捆5~7块，若为黏土砖则每捆为2~3块），从半截挡墙上开始干砌直至装煤口盖为止；或者不推进任何挡墙，而完全用成捆的硅藻土砖从炭化室底干砌至装煤口盖处。

活挡墙或挡墙往炉内安置好后，应关上并密封机侧炉门（或装煤口盖），停止供应预修火道的煤气，打开焦侧炉门，使焦侧预修墙面的温度降至100℃以下，如预修墙面在机侧，则密封焦侧炉门，敞开机侧炉门降温。无论上述哪种情况，外边两个空炉外侧火道及缓冲炉两侧火道温度均按要求保持至修完炉开始升温为止。必须指出，挡墙内侧不修理火道的温度保持在700~900℃之间，其目的是使各火道在整个修炉期内始终不灭火，从而既可以防止砌体温度低于硅砖晶型转化点573℃，又可防止空炉内的活挡墙（或挡墙）内的硅藻土砖烧熔甚至坍塌。

c 矫直操作

内部墙面矫直的方法、步骤均和端部1~3火道墙面矫直相同。不过它在拆除支撑装置方面困难较大些，这主要是因为这些支撑装置距离装煤口与炉门口都较远。如果确实有的支撑器用钎子打不下来而在它们前方墙面又不存在反错台等障碍，可以利用推焦杆将挡墙和支撑器一并推出。

C 炭化室整面墙的矫直

炭化室墙在机侧或焦侧均有小面积凸肚或错台的可以用此法矫直。整面墙矫直除在空炉内不设挡墙（或活挡墙）外，其方法、步骤和内部墙面矫直都相同。

应当指出，矫直法并不适用于一切变形的墙面，它只可矫直砖块较完整的凸面或错台，而不能矫直砖块破裂或凹陷的墙面。燃烧室墙面凸肚的情况大致有三种（见图7-8）：第一种是同一个火道的两侧墙面都向一个方向变形，即一侧向外鼓而另一侧向内凹；第二种是同一个火道的一侧墙面平直，另一侧墙面向外鼓出；第三种是同一个火道的两侧墙面同时向外鼓。后两种情况表明，变形的火道隔墙砖断裂或是隔墙与墙皮砖间的灰缝抻开。对于这样的墙面，通常不宜矫直，因为它们经过矫直投产后，在外力的不断作用下，隔墙

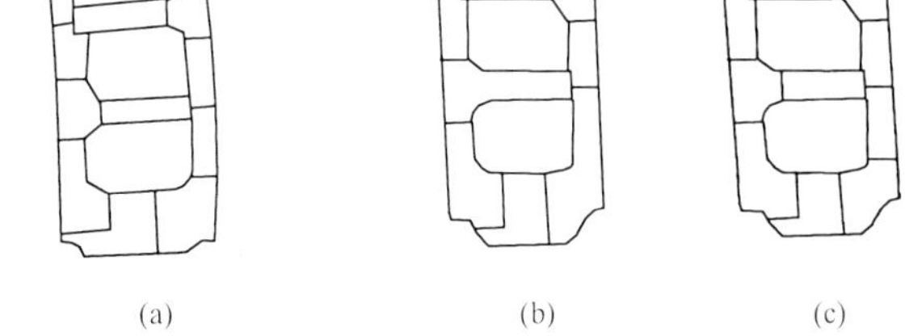

(a) (b) (c)

图7-8 燃烧室墙面变形图

(a) 火道的两侧墙面都向一个方向变形；(b) 火道的一侧墙面平直，另一侧墙面向外鼓；
(c) 火道两侧墙面同时向外鼓

间隙仍旧会扩大而致墙面鼓出。第一种情况表明，火道虽变形，但其隔墙是完整的，它对墙皮砖的外移仍具有阻碍作用。把这样的墙面凸肚进行矫直、勾缝并在保护力（支撑装置不拆除）的作用下升温，被矫直的部位就会在预期的状态下膨胀并互相挤住，投产后，石墨不但渗进墙皮砖的一切缝隙与灰缝里，而且还在炉墙表面形成石墨层。实践证明，这样的墙面能够经受住生产中的一般应力而能在较长的时间内工作。

实践证明，炉墙鼓出的面积、位置和矫直的操作差异对矫直的效果影响很大。通常鼓肚的面积越大、数量越多，越难矫直。鼓肚在水平方向的范围越小（最好不超过 1 个火道），并且位置越低，越接近炉头，就越易操作，矫直效果也越好。

7.4.5.10 死斜道的处理

当斜道被煤粉或焦炭、火泥等杂物堵死后，在炉顶用钎子或煤气、氧气等方法不能打通时，可通过进入炉内打洞扒除的方法处理。

A 端部 1 ~ 3 死斜道的处理

按照端部 1 ~ 3 火道墙面矫直所用的方法安置挡墙和处理加热煤气，按内部墙面的矫直法降温。为了避免在清扫斜道时使杂物落到格子砖孔内，应在与预修燃烧室相连通的蓄热室封墙顶部开口，放入一块厚 1mm 的铁板盖住死斜道至蓄热室封墙之间的格子砖，然后把封墙砌好。

为了防止不修理的高温墙面在修炉过程中因长久暴露在大气中受到温度应力作用而损坏，在挡墙（或活挡墙）安置好后，应立即对挡墙（或活挡墙）外面两侧不修理墙面的下半部用多块中保温板覆盖，并用平板支撑器固定。保温板与保温板之间、保温板与炉头之间缝隙用浸满耐火泥浆的石棉布块塞严。上半部不修理墙面和炉头端部，用用水玻璃调制的耐火泥浆或高温黏结剂把厚 40mm 的硅酸铝纤维毡或毯逐块粘贴覆盖。

接着进入炉内打通死斜道上面的几层墙皮砖，掏净焦炭及灰渣，透通斜道，暂时用铁板盖住斜道口。接着砌好上部炉墙漏煤的孔洞，并用磷酸调制的黏土火泥将墙面大于 5mm 的缝隙和空灰缝勾严。然后抽出斜道上盖的铁板，砌好炉墙底部的开口，拆除炭化室内的支撑与保温装置，并把格子砖上的盖板连同杂物一起抽出，关门升温。当火道内温度升至 700℃时，恢复修理火道的煤气供应（焦炉煤气加热）或修理侧全部火道的煤气供应（贫煤气加热），在推焦前半小时拆除挡墙或活挡墙。

目前，可使用焊补法在不降温的情况下对端部 1 ~ 3 死斜道进行处理。焊补前先用用水玻璃调制的耐火泥浆或高温黏结剂把厚 40mm 的硅酸铝纤维毡或毯逐块粘贴覆盖住整个炉门，接着打开最下面的一块硅酸铝纤维毡或毯，使用振动锤打开与需要清理的斜道对应的底部墙面，掏净焦炭及灰渣，透通斜道，然后塞零膨胀砖进行焊补修理。用此方法在避免清扫斜道时杂物落到格子砖的操作与上面相同。

B 内部死斜道的处理

处理内部死斜道除下面两点外，其余均按端部 1 ~ 3 死斜道的处理方法进行：

（1）按照内部墙面的矫直所叙述的方法安排空炉、闷炉和缓冲炉，进行推空炉及修炉区各点温度的调节，安置挡墙或活挡墙。

(2) 挡墙的拆除是在死斜道处理完毕并对上炉门升温至800℃左右时进行的。顺序是：打开机、焦两侧炉门，用推焦杆把半截挡墙及其上部干砌的半截挡墙一并推进消火车内运出。如果是活挡墙，则应推进导焦槽内，在拦焦车开往炉间台后拽出。

7.4.6 蓄热室部位的修理

7.4.6.1 蓄热室封墙的修理

蓄热室封墙在生产过程中受温度应力与单、主墙不断伸长的作用会产生裂纹与变形，炉外的冷空气会大量漏入，结果不仅增大了气流阻力，而且导致煤气在蓄热室内燃烧，降低了边火道的煤气热值，从而降低了边火道温度。这不仅使炉头产生生焦，也给端火道及单、主墙产生裂纹创造了条件，所以经常保持封墙严密是一件很重要的工作。

检查封墙严密性最常用的方法是用火苗试漏。这主要是因为蓄热室和小烟道在正常生产的情况下都处于负压状态，凡火苗触及墙面发生被抽进缝内的现象时，说明此处不严密。另一种检验法是煤气成分分析法，它是在煤气蓄热室顶部空间第一、第二斜道口处同时取样分析，若第一斜道含CO比第二斜道少一些，说明封墙不严密。此法复杂，而且不如火苗试漏法能够检查出裂缝的位置、数量和大小，它只能表明漏空气的相对数值。

处理封墙的缝隙一般采用勾缝的方式，即先抠净缝内、外的旧泥块，然后将用水玻璃调制的黏土火泥混入10%的石棉绒做成泥膏压进缝内，其中石棉绒具有防止泥料干缩开裂的作用。对细小的裂纹一般用用水玻璃调制的黏土火泥稀浆刷涂。

封墙产生大面积变形或内衬与外表面脱离时应拆除重砌。拆除时，对单墙不外露的一半不宜更换底部大砖，否则易导致斜道正面砌体下沉，从而需要把炭化室底脚砖及其下部砌体拆除重砌，十分麻烦。所以在拆除前，应先用木楔把蓄热室顶部大砖固定。

如果用侧入式贫煤气加热，则应把与预修蓄热室相连通的燃烧室改为用焦炉煤气加热，否则这些燃烧室应停止供应煤气，以免贫煤气逸出发生中毒。拆除工作应迅速，避免蓄热室内部砌体降温太多。接着检查格子砖顶部有无砖块等杂物，如有给拿掉。然后立即砌筑蓄热室封墙。砌筑时要求灰浆饱满，内封墙必须经二次勾缝后再砌外封墙，内、外封墙应相互咬合砌筑。最后在封墙表面抹40mm左右的CFBT-93复合保温材料或焦化专业复合保温材料。

7.4.6.2 废气盘与小烟道接头的修补

废气盘与小烟道接头之间有缝隙时，该处将漏气。检查漏气的方法是：打开贫煤气蓄热室上升气流清扫孔，用玻璃片盖住孔观察，若两叉与小烟道接头处冒蓝火苗，多属于从此处或焦炉顶板往里漏空气；打开下降气流的废气盘观察孔再盖上玻璃片观察，若发现接缝处有蓝火苗，说明煤气向废气中窜漏。

当废气盘与小烟道接头处的外表面有裂缝时，应进行勾缝或刷浆。在用抹补、勾缝均不能奏效时，应在下降气流时把连接处上的旧泥块与石棉绳清除干净，用浸透水玻璃-黏土火泥稀浆的石棉绳沿两叉周围塞紧，并用较干的水玻璃-黏土火泥勾缝。在处理内部缝隙时，应先与交换机工联系，确保在下降气流进行（必要时停止相关燃烧室煤气供应），以免发生煤气中毒的情况。若用焦炉煤气加热，则宜在上升气流进行，因为此时蓄热室内温度较低，便于操作。

7.4.6.3 废气盘保温与刷浆

废气盘保温层损坏后将增高蓄热室走廊气温，恶化操作环境。修理时，先拆除旧保温层，用 CFBT-93 复合保温材料或焦化专业复合保温材料在废气盘表面抹 40mm，分几次涂抹，每次涂抹厚度控制在 10～20mm 之间。

7.4.6.4 更换测压孔铁座

当测压孔铁座损坏时，可用撬棍插入测压孔内往复摇动，待松动后取下铁座，清除测压孔砖座的灰渣，取新测压孔铁座用浸透水玻璃-黏土火泥稀浆的石棉绳缠好，塞进砖座内，再将铁座周围用较干的水玻璃-黏土火泥勾严。

7.4.6.5 喷补小烟道

小烟道是冷空气入口和废气离开焦炉本体的地方，上升与下降气流温差很大。硅质单、主墙有黏土砖保护，但仍不免有夹缝产生，导致气体互相窜漏，破坏加热制度，所以应经常检查并及时喷补。检查小烟道单、主墙窜漏的方法与检查废气盘两叉接缝的方法相同。

当焦炉用焦炉煤气加热时，不论喷补煤气蓄热室还是空气蓄热室都可以在上升气流进行，因为上升气流小烟道温度较低，气流清洁，便于观察喷补操作情况。焦炉用贫煤气加热时（侧入），喷补空气小烟道仍可在上升气流进行，但喷补煤气小烟道则应在下降气流进行，以防煤气中毒。

喷补操作是在刚交换后进行，先由交换机工切断电源，依不同的炉型可从废气盘盖板或从测压孔、清扫孔处喷入用水玻璃调制的黏土火泥稀浆，喷补时要注意防止把泥浆喷到箅子砖及格子砖上。

对需要抹补的，可在先喷一层稀浆后，用铲子将配有黏土火泥及黏土熟料各 50%，外加 10%（质量分数）水玻璃调制的泥料，或用 15%（质量分数）的硫酸铝以清水稀释为相对密度为 1.3 的溶液代替水玻璃调制上述配比的泥料抹补。由于此处温度较低，而且磷酸对黏土砖有腐蚀作用，因此用磷酸泥抹补效果较差。

7.4.6.6 砖煤气道的修理

焦炉砖煤气道由于上、下部砌体伸长量不一致及温度应力产生裂缝与错位，这些裂缝与错位以焦炉中部较轻，越往炉端火道裂缝与错位越严重，并随炉龄增加而扩大。结果导致煤气往蓄热室窜漏，煤气从上升气流砖煤气道往下降气流砖煤气道窜漏，砖煤气道被石墨堵塞，严重破坏了正常的加热制度，从而使焦炭质量下降。所以对使用焦炉煤气加热的焦炉，经常检查并及时采取有效措施防止窜漏及堵塞，是维护炉体的重要项目之一。

检查砖煤气道一般是在炉顶打开下降气流看火孔盖观察，当发现砖煤气道口（灯头或烧嘴）截面积较小或不呈圆形时，说明石墨在砖煤气道口堵塞；如它与相邻上升气流灯头（或烧嘴）同时冒红火苗，说明煤气从上升气流砖煤气道往下降气流砖煤气道窜漏；当上升气流灯头（或烧嘴）不着火或火焰显著短小时，说明砖煤气道可能被石墨（或杂物）堵塞或者有裂缝存在；若在蓄热室封墙用玻璃片盖住打开的测温孔或清扫孔观察，发现从主墙（砖煤气道墙）向外冒红火苗，说明此处有裂缝；打开下降气流砖煤气道管帽用玻璃片紧贴管口观察，若发现有红火苗，说明砖煤气道窜漏。

消除砖煤气道堵塞一般采用疏通的方法，但被石墨堵塞的还应该从密封砖煤气道的裂缝着手解决。消除砖煤气道煤气窜漏的方法通常就是对砖煤气道的裂缝进行喷补与抹补。其下喷式砖煤气道的喷补操作程序如下：

（1）喷补法是修理下喷式砖煤气道裂缝的主要方法。它所用的泥料一般为黏土火泥。首先，将干料用1mm孔筛筛选，通常，按1份体积的干料兑入2份同体积的清水搅拌均匀。对较宽的裂缝，泥浆宜稠些，可适当减少加水量；反之，泥浆宜稀些，需要增加加水量。一般认为，喷砖煤气道的泥浆里不应添加水玻璃，因为水玻璃泥浆喷补在砖煤气道内壁后十分坚实，当砖煤气道横断面因多次喷补而减少或完全堵死时，一般难以把这些干固的泥料清除掉。

（2）在喷补操作前，应和交换机工联系好，每次交换前通知操作者暂停工作，以免发生事故。接着拆卸下降气流的煤气立管端部丝堵，用直径为10mm、长为6m左右的螺纹钢管或多节钎子、铲子，伸入砖煤气道内将石墨或杂物捅掉。如果砖煤气道被石墨堵死，可打开立管丝堵，利用自然通风灼烧和钎子清扫相结合的方法解决，必要时也可以通压缩空气烧掉，待管内杂物全部清除干净后就可以进行喷浆。喷浆一般先用石棉绳布堵塞小横管或其间的煤气喷嘴（或孔板），接着在立管上用抹布从上往下缠几圈，把胶管套在缠布的立管上，这样做可以避免在喷浆时胶管从立管上往下滑落，在胶管的另一端与喷浆机相连接。

（3）打开喷浆机有关旋塞，用压缩空气把黏土火泥稀浆压进砖煤气道内，同时打开有关看火孔盖及蓄热室顶部测温孔盖观察，如发现泥浆漏到其他砖煤气道或蓄热室内，或者喷浆机所使用的风压不能保持在恒定的数值而不断下降时（说明浆液由裂缝漏出），应适当增加泥浆的稠度并对该砖煤气道分多次喷补。喷浆的风压要依泥浆的稠度与喷补的高度而定，一般泥浆稠度大或者缺陷的位置较高，风压应大些，反之则小些。对于4.3m焦炉而言，风压通常保持在0.05～0.1MPa左右。要严格禁止把泥浆喷进火道内，因为这样不但会把调节砖粘在火道底部使它失去调节作用，而且泥浆还可能流到蓄热室里，导致气流阻力增大。

（4）喷浆完毕，经检查确认不再发生窜漏现象后，取出堵塞小横管或喷嘴的布块，卸下胶管和缠在立管上的抹布条，用钎子伸入砖煤气道内上、下往复清扫，待确认畅通无阻后，拧紧立管端部丝堵。

7.4.6.7 喷补斜道

斜道区产生裂缝会使得煤气斜道与空气斜道之间、端部斜道与外界大气之间以及斜道与砖煤气道之间的气体互相窜漏。通常空气斜道内漏进煤气或煤气斜道内漏进空气都能在各自的斜道内燃烧形成“白眼”，它将减少进入火道内的煤气量，由于斜道部位缺陷难以修理，因此在喷补时应特别慎重。

喷补前，应把侧入贫煤气更换为焦炉煤气加热，由于上升气流比较清晰，因此通常在上升气流进行，如焦炉煤气加热设备不齐全或者不存在这种加热设备，则只能关闭贫煤气加减旋塞进行。首先，拆除测压孔砖，用蓄热室格子砖盖板盖住喷补区的格子砖，把喷枪对着斜道缺陷位置喷补（或抹补）。喷补（或抹补）完毕，取出格子砖盖板，砌好测压孔砖并恢复生产状态。

7.4.6.8 抹补清扫孔与立管根部

若下喷焦炉混凝土顶板处的清扫孔与立管根部周围出现裂缝，可用钎子除去碎渣，再用水刷干净，然后抹补掺有水泥的水玻璃-黏土火泥泥浆。

7.4.6.9 打通堵死的砖煤气道

当垂直砖煤气道被石墨、灰浆或砖渣堵死时，用钎子捅和空气烧的办法解决。

7.4.6.10 蓄热室格子砖清扫

焦炉投产多年后蓄热室格子砖逐渐被灰尘杂物堆积，不仅减少气孔流通的截面，增加了气流的阻力，而且还降低了其换热效率。

走空气的蓄热室含尘量少，而走煤气的蓄热室含尘量多。由于贫煤气、空气中的灰尘及从炉顶落下来的泥块、煤尘等杂物一般不与格子砖烧结（顶部 1 ~ 2 层格子砖有可能与杂物烧结），通常这些杂物是呈疏松状态沉积的，因此普遍采用不打开蓄热室封墙而以压缩空气吹扫的办法清扫。

吹扫时，应先将侧入贫煤气加热改为用焦炉煤气加热或停止往该蓄热室供应贫煤气，在上升气流时用风管往炉底的蓄热室清扫孔送风吹扫。待吹到看不见灰尘飞扬时取出风管，换另外的清扫孔吹扫。该蓄热室所有的清扫孔都吹扫完成后可恢复正常生产状态。如果某些蓄热室阻力大而吹扫时未见到灰尘，说明此处格子砖有堵塞的可能，需要打开封墙，清扫更换格子砖。

7.5 燃烧室立火道的热修

燃烧室受到的机械力与化学腐蚀比斜道、蓄热室部位严重得多，损坏速度通常也比这些部位快。一般来说，燃烧室火道损坏的数量及程度与焦炉的使用寿命有密切关系，所以加强火道的维护与修理意义十分重大。

燃烧室损坏首先从端火道开始，以后逐渐向内部火道蔓延。当火道产生剥蚀、凹陷、错台、变形、裂缝、穿孔甚至倒塌而用一般喷补、抹补、焊补与矫直等方法不能修理时，应对立火道进行挖补或翻修，即损坏部位拆除重砌。

立火道在热态下拆除重砌，实际上并不是在真正的热态下修理，而是通常所说的局部冷修。它和矫直炉墙法一样都是使保留（不修理）火道仍然处于热态（温度大于 700℃），需要修理的部位则降至常温，以便修理人员进入炉内操作。真正的热修是指对炉墙的喷补、抹补和焊补等，它们是在炉体基本不降温的情况下，修理人员站在炉外操作的，所以对炉体的损伤较小。

由于在热态下对火道拆除重砌容易导致不修理部位产生变形（特别是砖块碎裂的砌体）与开裂，从而常使修炉工作归于失败，因此在每次翻修火道时，必须要特别注意做好不修理火道（保留火道及与翻修燃烧室相邻的墙面，简称为邻墙）的保护工作。

火道翻修按燃烧室与炭化室顶部砌体的拆除与否可分为不揭顶与揭顶两种。

7.5.1 不揭顶翻修火道

不揭顶翻修火道是在被修理火道的盖顶砖以上砌体比较完整的情况下进行的，其方法是用相应的措施把具有缺陷的火道盖顶砖以上砌体，包括相应的炭化室顶部砌体进行加固，仅对下部缺陷部位拆除重砌。它与揭顶翻修相比，工作量小，所需的砌筑材料少，翻修部位温度较高，有利于保护保留砌体。

7.5.1.1 挖补火道

对一个或几个火道的某一面墙在火道盖顶砖以下的缺陷拆除重砌称为挖补火道。由于炉头和火道隔墙砖不拆除或不全拆除，所以当修理范围不大时，不必加固顶部砌体。

A 端部1~3火道的挖补

按照端部1~3火道墙面的矫直处理方法安置挡墙，处理加热煤气，保护格子砖和邻墙。接着打碎并拆除预修火道第一~第三层墙皮砖，掏尽火道及斜道内的杂物，用铁板或砖块盖住火道底部，防止拆除时落下的砖块砸坏鼻梁砖或掉进斜道里。然后从墙面缺陷的上部用手锤逐层、逐块往下拆除，禁止用大锤猛击砌体，以防损坏保留部位。拆完后，清扫落入火道底部的砖块和火泥。然后进行砌筑，砌筑时一般按砌筑新砖长度或高度的0.3%预留膨胀缝（挖补的长度或高度低于1m者可不留膨胀缝）。

挖补炉墙的面积越小，越容易修理，若挖补的范围超过2个火道，就必须拆除火道隔墙砖。通常火道隔墙砖都比较完整而且需要插入茬口里砌筑，所以容易导致砖的灰缝不严密，因此，一般不采用多火道挖补。

目前可使用焊补法在不降温的情况下进行处理，焊补前先用用水玻璃调制的耐火泥浆或高温黏结剂把厚40mm的硅酸铝纤维毡或毯逐块粘贴覆盖住整个炉门，接着用振动锤清理修理部位的石墨，然后根据孔洞的大小，通过塞零膨胀砖并进行焊补的方法修补。此法可轻松的修补1~8火道，4火道以外需使用水冷套管冷却。

B 内部火道的挖补

按照内部墙面矫直及端部1~3死斜道处理中（参见第7.4.5.9节中B和第7.4.5.10节中A）叙述的方法进行推空炉、加热煤气的处理与格子砖、炭化室保留墙面的保护。一般挖补一面墙只需要设置一个空炉，并从炉门推进一个活挡墙（或从装煤口放入一个挡墙）将修理部位与保留部位隔开。闷炉和缓冲炉的数量和修炉区各火道温度按表7-29安排，这样有利于邻墙和不修理部位的保温，除需要挖补的火道停止煤气供应而降至工作温度外，其余外露部位均应制定合理的保温措施。

表7-29 修理区温度分布

部 位	机（焦）侧端火道与标准火道温度/℃
正常生产的炭化室	
燃烧室	1250~1300（1300~1350）

续表 7-29

部　位	机（焦）侧端火道与标准火道温度/℃
缓冲炉 2	
燃烧室	1100 ~ 1200
缓冲炉 1	
燃烧室	900 ~ 1100
闷　炉	
燃烧室	700 ~ 900
空　炉	挖补炉号
燃烧室	
闷　炉	
燃烧室	900 ~ 1100
缓冲炉 1	
燃烧室	1100 ~ 1200
缓冲炉 2	
燃烧室	1250 ~ 1300（1300 ~ 1350）
正常生产的炭化室	

挖补时，同样需要用铁板或砖块盖住火道底部，以保护鼻梁砖及斜道，并在砌完新砌体后将它取出。取出的方法有两种：一种是从预先在炉墙第一层砖处干砌的“活砖”口取出，然后打灰把“活砖”砌好，其缺点是“活砖”在投产后容易被推出的焦炭挤活；另一种是当新砌体接近砌完时，从上部把铁板或砖块取出后再进行封口，这样可以避免利用“活砖”所带来的缺点，但是当铁板或砖块从上部取出后，就不能再往里掉进杂物，否则杂物较多时仍需要从墙底打洞取出。

挖补内部火道的操作方法和膨胀缝的设置等与端部 1 ~ 3 火道的挖补（参见第 7. 5. 1. 1 节 A）相同。拆除邻墙等保护装置及恢复生产的方式参照端部 1 ~ 3 死斜道的处理方法（参见第 7. 4. 5. 10 节 A）。

目前也可以使用焊补法在不降温的情况下进行处理。在焊补前先把准备好的隔热箱推入炭化室内，把炉门的其他部位用水玻璃调制的耐火泥浆或高温黏结剂把厚 40mm 的硅酸铝纤维毡或毯逐块粘贴覆盖，然后操作人员在隔热箱内进行清理、焊补工作，必要时可采取往隔热箱内通风的措施保证操作人员的安全。

7. 5. 1. 2　端火道不揭顶翻修

端火道翻修时，一般盖顶砖以上砌体不拆除，再加上翻修范围不大，盖顶砖以上砌体不需加固处理。端火道不揭顶翻修的步骤是：

（1）挡墙的安置。按照端部 1 ~ 3 火道的矫直方法安置挡墙。为避免在清扫斜道时将杂物落到格子砖内，应在与预修燃烧室相连通的蓄热室顶部开口，放入一块厚 1mm 的铁板盖住格子砖。

（2）加热煤气的处理。把挡墙外的火道或预修侧（机或焦侧）全部火道停止供应煤气。

(3) 不修理墙面的保温。对挡墙外面两侧不修理墙面的下半部用保温板覆盖，保温板之间用浸满耐火泥的石棉布塞严，上半部不修理部位用用水玻璃调制的耐火泥浆或高温黏结剂把厚40mm的珍珠岩板或硅酸铝纤维毡或石膏板逐块粘贴覆盖。

(4) 与翻修燃烧室相邻墙面的支撑。在预修燃烧室第一～第二火道隔墙两侧，从上至下分别用4～6个平板支撑器和2～4根2m长的槽钢对砌体进行矫直和固定。每个平板支撑器的一端顶在垫有8号槽钢的侧面，另一端顶在保温板（毡）上。保温、支撑装配图如图7-9所示。

(5) 斜道口保护。拆除砌体前，先在炭化室墙底部第一～第三层墙皮砖处开口，放入火道盖板。

(6) 拆除旧墙。从火道盖顶砖下面的砖往下逐块拆除，拆除后的砌体往往呈直茬状态，为了使新旧砖之间结合牢固，投产后不因受机械作用与温度应力而发生错位。因此，在旧砌体拆除时必须进行抠茬。通常采用两种抠茬方法：一种是层层抠茬；另一种是每隔3～5层抠一个茬。

(7) 砌筑新墙。砌筑新墙应两面同时进行，新砖表面与旧砖面应当平齐，严禁出现反错台，当砌至顶部与旧砌体相接处，应事先切去最上面一层新砖的水平砖沟的内侧壁，然后打灰砌入。

(8) 膨胀缝的预留。砌硅砖时，应留出适当的膨胀缝，当修补高度在1m以上时，要留水平膨胀缝（1m以下时可不留），当新砖在水平方向的长度超过1m时，要逐层留出垂直膨胀缝。为了避免新旧砌体接茬的顶部在升温后因新旧砖高向膨胀的不一致而拆断，在砌筑时可将插入茬口里的每块新砖的插入部分的顶面切除一部分，被切除部分不打泥浆，可填入富有弹性的矿物纤维。预留的垂直膨胀缝为砌筑新砖总长度（在高向为高度）的0.3%左右，与旧墙接头的新砖插入长度不少于150mm。

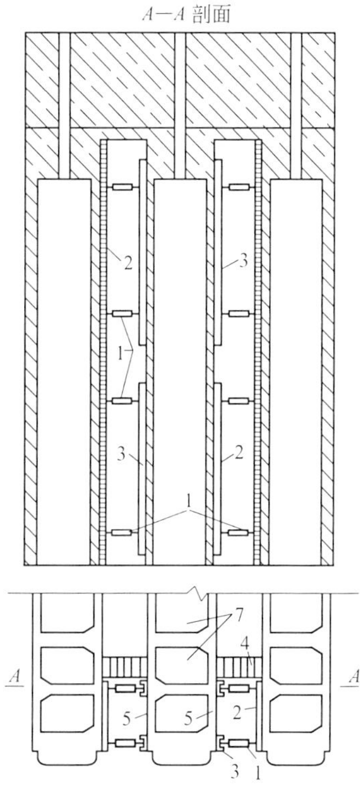

图7-9 保温、支撑装配图
1—支撑器；2—大保护板；
3—8号槽钢；4—挡墙；
5—翻修墙面；6—相邻墙面；
7—保留火道

(9) 勾缝。用磷酸调制的黏土火泥将墙面大于5mm的缝隙和空灰缝勾严。

(10) 清理火道底部的杂物，透通斜道，把格子砖上的铁板连同杂物一同抽出，砌好炉墙底部的开口，关上炉门升温。

(11) 当火道内温度升至700℃后，恢复修理火道的煤气供应，在推焦前半小时拆除支撑和挡墙。

7.5.1.3 端部两个火道不揭顶翻修

端部两个火道翻修的条件、方法、步骤与炉头火道的翻修几乎完全相同，所不同的是在两侧炭化室的保温、密封、支撑工作做完后，必须对立火道盖顶砖以上砌体进行加固，以免下部砌体拆除后，上部砌体发生错位与倒塌。对盖顶砖以上砌体进行加固通常有 3 种方法。

A 吊顶法

把端火道跨越孔两边的墙皮砖拆除 3 ~ 4 层，从炉顶端部两个看火孔往里各插入一根双头螺栓，与通过跨越孔的槽钢用螺帽固定，两个螺栓的上端用螺帽与纵向放在炉顶表面的两根槽钢固定。当盖顶砖以下砌体全部拆除后，盖顶砖以上砌体的质量全部分担在相邻两个燃烧室看火孔座砖的表面。

吊顶法由于火道内温度较高而使操作困难，在拆除吊顶器具时，被吊顶砌体容易产生错位，此外，它不适用于多个燃烧室多火道在生产状态下的翻修。

B 侧支顶法

在炭化室两侧火道盖顶砖处各用一对平板支撑器和两根 8 号槽钢进行支撑（见图 7-10）。此法的优点是在砌完后拆支撑装置时，因炉顶已不悬空而不致产生松动与错位，操作简便，操作区温度较低。把它与吊顶法或底支顶法结合使用，可以在生产条件下进行多燃烧室多火道翻修。

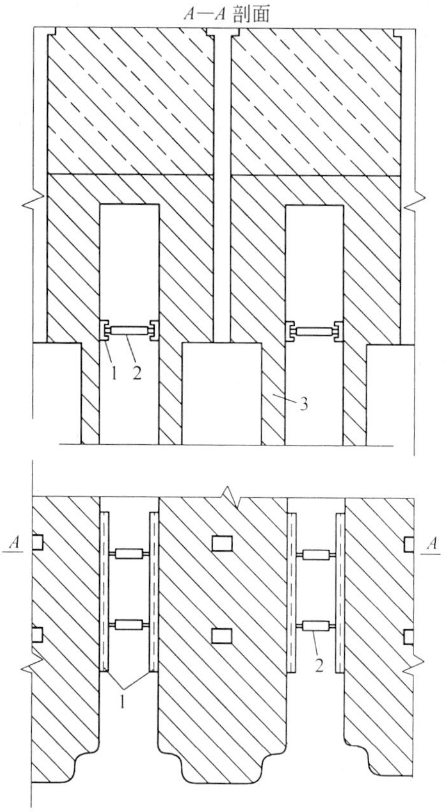

图 7-10 翻修火道侧支顶示意图
1—8 号槽钢；2—平板支撑器；3—翻修火道

C 底支顶法

拆除跨越孔下部两侧全部炉墙砖，利用可拆卸的架子、千斤顶或支撑器，把跨越孔上部砌体从下面（斜道最上面一层砖）支撑固定。此法在拆除时也易使上部砌体产生错位与松动。

7.5.1.4 多火道或整个燃烧室不揭顶翻修

三个以上的火道翻修一般称为多火道翻修。多火道与整个燃烧室翻修的范围和工作量较大，修理的时间较长，所以翻修的方法和步骤与端部两个火道的翻修有所不同。多火道或整个燃烧室不揭顶翻修的步骤是：

（1）空炉处理。按照死斜道的处理方式设置空炉、闷炉和缓冲炉，更换加热煤气与推空炉。

（2）加固煤车轨道。当预修的火道接近或超过煤车轨道时，为了保护轨道下面的砌体不致因冷缩后受煤车的走行影响发生错位，需要对预修侧的煤车轨道进行加固。

（3）修理区的温度分布。火道热态翻修的关键之一是对与翻修燃烧室相邻墙的保护，对不揭顶翻修火道而言，以保温为主，而对与翻修燃烧室相邻墙面温度的保持可采用按表 7-28 安排修炉区燃烧室温度的方案。此方案的优点是：由于与翻修燃烧室相邻的墙面温度较高，降温时间短，产量损失少，此外当保护邻墙的措施做得不及时或不认真时，墙面的温度也不至于降至 180 ~270℃这个体积变化最大的晶型转化点，所以对邻墙保护有利。其缺点是：操作地区温度较高，施工比较困难，翻修火道越多，困难越大。

（4）温度管理。推空炉时即开始降温，并且闷炉炉号在此时装最后一次煤。通常降温期为 2 ~3 天，在此期间，各不修理的火道由生产状态下的温度按表 7-30 规定的速度分别降至表 7-28 所示的温度后，就不再下降而处于保温状态。唯有预修火道在安置好挡墙后（整个燃烧室翻修不设挡墙）开始停止供应煤气，并从 700 ~900℃起继续降温，直至接近常温为止。由于这是破坏性降温，因此对这些火道的降温速度不做规定。

表 7-30 翻修火道时各火道降温速度

保温方案	温度范围/℃	降温速度/℃ · d^{-1}	降温天数
低温保温	1350 ~950	200	2
	950 ~700	125	2
	700 ~500	100	3
	500 ~300	50	4
高温保温	1350 ~1200	150	1
	1200 ~1050	150	1
	1050 ~900	150	1

在保温期间（即火道拆除与砌筑时期），每隔 4 小时对各燃烧室代表火道测调一次，防止出现高温或低温。特别是当打开炉门拆除火道时，应注意防止相邻燃烧室端火道和最外边的保留火道因大量冷空气侵入而灭火。

（5）护炉铁件的管理。对护炉铁件的管理应予以足够重视，否则也会带来严重后果。但是，少数燃烧室翻修时铁件很难控制到理想的程度，一般只能根据翻修燃烧室的数量、火道数量、炉龄长短等因素做适当的调整。首先，在降温前应挑开拉条沟盖砖，清理沟内杂物及保温材料，使拉条能自由窜动，并且拆除小炉头，断开炉体与操作平台、炉柱与操作平台的连接点，以免妨碍炉体收缩。在降温期间，炉顶大弹簧组与小弹簧应保持最大吨位，以促进炉体收缩。

（6）保留砌体和蓄热室格子砖的保护。多火道翻修时，可按照内部墙面的矫直处理方法安置挡墙。对整个燃烧室的翻修来说，由于不存在保留火道，因此不需要设置挡墙。

不论翻修多火道还是整个燃烧室，为了避免杂物落到格子砖孔内，应在与预修燃烧室相连通的蓄热室封墙顶部开口放入一块厚 1mm 的铁板盖住斜道至蓄热室封墙之间的格子砖，然后把封墙砌好。

（7）对翻修号相邻墙面的保护。利用硅酸铝纤维毡或毯覆盖邻墙及保留火道的所有外露部位。

（8）固定炉顶部位。利用吊顶法和侧支顶法相结合的方法把火道盖顶以上砌体进行加固，这样做不仅修炉质量可以得到保证，而且安全可靠，施工方便。

（9）拆除、砌筑与升温。拆除、抠茬、砌筑与拆除炉顶加固等均与端火道不揭顶翻修相同。多火道翻修的关键问题之一是挡墙内部附近砌体因温度下降太多而形成大裂缝，可以逐块取下靠邻墙的挡墙砖，待用较干的磷酸泥浆将缝勾严后，再把挡墙恢复原样。整个燃烧室翻修由于不存在挡墙，因此不存在这样的裂缝及其处理工作。

不论多火道或整个燃烧室不揭顶翻修，翻修燃烧室的数量因受到炉顶加固工作的限制都不能太多，所以，其升温与端部 1 ~ 3 死斜道的处理方法相同，即完全依靠不修理火道传递的热量加热。用这种方法升温的初期，新砌体升温速度非常快。不过，无数次实践证明，这样的高温升温给新砌体带来的裂纹并不多，有时甚至一条也没有，它们在投产后均被石墨密实。

7.5.2 揭顶翻修火道

当立火道盖顶砖下部与上部砌体损坏都比较严重，或者是翻修的燃烧室和立火道数量较多时，多采用揭顶方法翻修。揭顶翻修虽然工作量大，但施工比较安全，质量容易保证。揭顶翻修火道的步骤是：

（1）准备工作。准备翻修所需的耐火材料，同时对燃烧室预修火道砖进行预砌；与修理区相邻部位（简称邻修区）的支撑设备、保温板的准备。当预修火道接近或超过煤车轨道时，还应加固修理区的煤车轨道。拔出修理区的桥管、上升管，焦炉用贫煤气加热时，修理区的燃烧室还应做好置换为焦炉煤气加热的准备。

（2）翻修炉室降温。降温前翻修炉室要推空，或者待修炉号在修理侧装少量煤（即带焦修炉），两侧闷炉号推空后再装煤（尽量避免闷炉号在翻修过程中被迫推焦），有关号停止或减少供热，翻修号炭化室底脚砖和拉条沟拆除，大弹簧预紧，上升管堵盲板。在两个边预修燃烧室的外侧依次各设置一个闷炉（修炉侧可装少量煤）和两个缓冲炉。其中，第一缓冲炉的结焦时间为 48h，第二缓冲炉的结焦时间为 24h。闷炉通常是在推空炉的同时装煤并在整个修炉期内不出焦。

（3）防雨措施。在雨季修炉，应备有足够数量的薄铁板，下雨时把薄铁板覆盖在施工区的横拉条上，或者拆除砌体后，用薄铁板在施工区上部搭棚防雨。

（4）邻修区的保温。送入活挡墙和由装煤孔往空炉放入成捆硅藻土砖至修炉号，带焦修炉时，扒除炉头焦炭和煤料，砌封墙隔热，与此同时拆炉顶砖。然后拆除炭化室过顶砖并往邻墙面安放事先准备好的隔热板，以防止邻墙降温过急和降低修理区温度。

（5）护炉铁件的管理。降温前应挑开拉条沟盖砖，使拉条能自由窜动，断开炉体与操作平台、炉柱与操作平台的连接点，炉顶大弹簧组与四线小弹簧保持最大吨位，以促进炉体收缩。当保留火道与相邻燃烧室温度降至 700 ~ 900℃时，上部弹簧组保持正常生产使用的吨位，对修理区的护炉铁件进行固定。此外，应预先把横杭与炉柱点焊固定，并将保护板与炉柱点焊为一体。

（6）对相邻墙面和保留火道进行保护。一个是采用对邻墙和保留火道进行支撑，另一个是利用硅酸铝纤维毡或毯覆盖邻墙及保留火道的所有外露部位。

（7）翻修区拆除。翻修墙面的拆除应由上至下进行，接头砖的拆除要一块一块地尽可能多剔出茬口，以有利于新旧砖的接茬咬缝，并使新旧砖因膨胀差不同而产生的热应力均匀分散。拆除前应防止砖块、杂物落入斜道口和灯头砖上，应预先打碎修理墙底层部分砖，清出杂物并遮盖斜道口和灯头砖，蓄热室格子砖顶也应加盖铁板。拆除过程中应在纵向方向及时支撑保留砌体，以减少和防止砌体变形或火道隔墙砖被拉断。

（8）修理区砌筑。砌筑前定好中心线和墙面的准线。第一层砖应干排、验缝，以不压斜道口、灯头砖，不妨碍牛舌砖移动为准，下设滑动缝。立缝均匀分布，与旧砖接茬处以旧砖为基准，炉头炭化面以保护板为基准。不留膨胀缝，但灰缝应比冷态砌筑时大些，以便吸收膨胀量，接茬处用小公差砖。卧缝少打灰浆，以防高向膨胀时因剪应力切断茬口。翻修火道较多时，炉头正面至保护板内缘应留膨胀缝，并对炉头加专设的加压顶丝，以便在升温过程中对炉头加压。筑完后拆除支撑（邻修火道的横撑先不拆）、保温板，并清扫砌体，取出防尘板，斜道透通，蓄热室格子砖盖板抽出并清除杂物。

（9）烘炉。当修理炉室多时，应砌炉灶烘炉，否则可靠保留区的热量烘炉。烘炉的升温速度因翻修区的大小而异，翻修炉头时按相邻炭化室结焦时间不短于20～24h的温度进行烘炉升温，升温速度每昼夜一般不超过200～250℃。多炉室多火道修理时，要控制升温速度，升温至700℃后可以点火用煤气加热。烘炉过程中还应注意铁件管理。

（10）投产。在升温过程中继续砌炉顶部位，先砌看火孔，后砌装煤口、填大坑。温度升至700℃时，可往火道内送煤气并进行保护板灌浆、砌小炉头，然后打开机、焦侧炉门推出活挡墙、硅藻土砖砌的挡墙和封墙。温度升至1100～1200℃后开始装煤投产，再推闷炉号焦炭，并喷补其炉墙，最后逐步调整至正常结焦时间。

7.6 蓄热室及炉顶部位的翻修

生产多年的焦炉，蓄热室单、主墙在温度等因素的作用下，会产生裂缝、熔融、变形甚至坍塌，格子砖会被高炉灰、砖灰和煤灰等堵塞，甚至在高温作用下产生变形熔融从而减小或堵死格子砖孔道截面。当蓄热室内的这些缺陷严重破坏加热制度而又不能隔着封墙消除时，就应该对蓄热室进行翻修。

翻修蓄热室将会因冷空气进入室内而造成单、主墙裂缝的增加和扩大，所以一般不能这样做。在被迫必须翻修的情况下，也应保护内部砌体不受损伤，除了利用硅酸铝纤维毡将保留砌体与修理部位隔开外，还应坚持连续作业以缩小翻修时间，并且应在条件允许的前提下采用焦炉煤气向炉内供热。

7.6.1 更换蓄热室格子砖及单、主墙的一般修理

施工前准备好齐全必需的工具、耐火泥料，把与预修蓄热室相连通的燃烧室由使用贫煤气加热置换为用焦炉煤气加热，否则暂时停止供应贫煤气，用专用铁板覆盖与翻修蓄热室相连的废气盘上表面，以免扒出的废砖卡住交换设备。

用撬棍拆除测压孔，对具有单（主）墙小炉柱的蓄热室，在拆除砌体前应先卸下小炉柱、横梁。拆封墙的高度一般应以扒格子砖的高度为准，当封墙拆完后，用钩子扒出格子砖。为了防止碎砖块等杂物落入下层格子砖的孔道内，用铁板铺在格子砖顶部，并随格子砖的逐块取出而逐渐向内部延伸。扒格子砖一般是先从上向下、从外向里逐层、逐块进行。当需要拆除的格子砖全部扒除后，抽出铁盖板，用硅酸铝纤维毡立靠在剩余格子砖的前方，防止冷空气继续侵入内部。接着，用风管吹扫检查是否还有堵死部位，如有则继续拆除。吹风时应注意吹风孔不要对着单（主）墙面。最后拆除盖板，清扫箅子砖，进入蓄热室装格子砖。

使用多年的蓄热室，只要精心护理，单、主墙一般不存在或较少产生裂缝，只有那些

经常打开封墙扒格子砖的蓄热室的单、主墙才易产生裂缝。一般来说，裂缝的数量与宽度都是单墙大于主墙，端部大于内部。当单、主墙因砌体窜漏严重而需要修补时，通常先拆除端部部分格子砖，直到墙面缝隙全部露出为止，接着用比蓄热室断面小的硅酸铝纤维毡贴靠在保留格子砖的正面进行保温，然后用较干的磷酸泥将单、主墙的宽为 5mm 以上的大缝勾严，小缝隙用喷浆机喷补密封。如果单、主墙端部碎裂严重或变形、裂缝太大而利用上述方法不能消除，应将损坏的部位拆除，按设计尺寸重新砌筑。

7.6.2 蓄热室单（主）墙翻修

当蓄热室单（主）墙因高温而大面积烧熔时，不仅墙面变形，而且格子砖孔道也因熔融而堵塞，严重的甚至斜道部位砌体会因失去支托而下沉，使气体互相窜漏。若出现这种情况，应该及时翻修单（主）墙。

翻修前，应推空预修蓄热室上面的炭化室，在空炉两侧各设闷炉 1 ~ 2 个，缓冲炉 2 个。有关燃烧室温度可按表 7-28 所示的方式保温。然后将与预修蓄热室连通的火道全部停止供应煤气，闷炉外侧的燃烧室宜改为焦炉煤气加热。

此外，应对全部空炉、闷炉的炉门、炉盖、看火孔等处进行密封，其温度和弹簧负荷的管理与多火道不揭顶翻修相同。

当翻修蓄热室单墙或主墙的工具、砖块和火泥等准备好后，拆除蓄热室封墙。接着扒格子砖，直至单（主）墙损坏的部位全部露出为止，用硅酸铝纤维毡覆盖在剩余格子砖的前方以维持蓄热室内部的温度，在箅子砖或格子砖上铺一层薄铁板后，进入蓄热室内对单（主）墙损坏的部位进行细致检查，凡能用勾缝、喷补、抹补的方法消除其缺陷的（如微量熔融、下沉或小缝隙等），就不必拆除重砌，对必须拆除重砌的也尽可能不要任意扩大或缩小修理范围。对一般焦炉而言，如单（主）墙端部和内部都有缺陷，可从端部开始拆除，拆一段后立即将这段砌好，如此一段一段地拆砌，直到整个损坏部位翻修完为止。若仅在单墙或主墙内部有缺陷，则不必从端部开始，只要对缺陷翻修即可，接着干砌格子砖。

单墙或主墙的新旧砌体相接处，均不需要预留水平和垂直膨胀缝，在砌至上部与斜道区（旧砌体）相接时，应敲去砖舌并打满灰砌入，对新砌体的灰缝应随砌随勾，禁止出现空缝。旧砌体的小缝隙可用喷浆法密封，大裂缝可用水玻璃-硅火泥或磷酸-黏土火泥勾严。在砌筑过程中，对砖煤气道应予足够的重视，因为生产多年的焦炉各砖煤气道都产生不同程度的倾斜，所以新砌砖煤气道应符合原有斜度，否则新旧砖煤气道在交接处会产生错牙，既减少煤气流通截面，又不利于生产时清扫。

砌完封墙后可以开始升温。升温通常仍旧利用燃烧室与炭化室积蓄的热量传递来实现。它是把修理蓄热室废气盘砣用木棍支起，盖严进风口盖板。在此期间，应定期测量蓄热室、小烟道、废气盘及其相连通的标准火道与端火道的温度。当火道温度达到 700℃ 以上时，可以逐个送焦炉煤气升温。无焦炉煤气设备而仅能用贫煤气加热的焦炉，必须待全部火道升至 700℃ 以上时才能送煤气。当修理侧有一个以上火道温度着火后，应该撤除支砣木杆，把废气盘与全炉交换系统相连接进行正常交换。在升温过程中，各线弹簧负荷及恢复生产的步骤、项目与多火道不揭顶翻修相同。

7.6.3 炉顶部位的翻修

7.6.3.1 炭化室盖顶砖以上部位的翻修

当炭化室盖顶砖以上部位产生窜漏、熔融、变形等情况而炉墙又完好时，则可不揭炭化室盖顶砖进行翻修。

翻修步骤是：使预修炭化室及其相邻炭化室都处于结焦末期，按照翻修火道的方法处理加热煤气，并暂停供应预修部位相应火道内的煤气。用撬棍拆除损坏的砌体，在拆看火孔部位时，应利用小铁锹挡住看火孔，防止灰渣落入火道内。当窜漏处全暴露后应立即置入接灰盒封住看火孔，并用砖和火泥将露出的水平烟道或过顶烟道密封。接着用磷酸泥将裂缝抹严，然后按先砌看火孔后砌炭化室顶的顺序将炉顶砌完，恢复正常生产。

7.6.3.2 炉顶砌体塌陷及炭化室上部墙面熔瘤的处理

若炭化室盖顶砖以上砌体烧熔后，炉顶塌陷，炭化室上部墙面挂瘤，从而导致推焦困难时，需要揭顶修理。其步骤是：

（1）准备。按照揭顶翻修的方法安排空炉、闷炉、缓冲炉，加固煤车轨道，安置挡墙，处理加热煤气、护炉铁件和上升管，设防雨措施，推空炉和降温。然后摘预修侧炉门并砌封墙。

（2）拆除、砌筑与恢复生产。温度降至 700～900℃时，开始拆除炉顶。拆下的废砖除部分回收用于砌大沟外，其余全部扔进预修的空炭化室里。填入炉内的废砖渣既对炉墙有支撑和保温作用，也可以代替铲除墙面熔瘤的脚手架。当拆至炭化室盖顶砖时，除将露出的水平烟道或过顶烟道堵严外，还应对两侧看火孔砖部位的砌体进行保温与支撑。如炉头的炉顶砌体不拆除，同时拆除量小时，可不必进行支撑。接着拆除炭化室盖顶砖，站在炭化室内的废砖上用大锤、钢钎凿除墙面挂的熔瘤。对于破损轻微的墙面可用磷酸泥抹补或勾缝，破损严重的则应进行挖补。拆除时，应注意防止保留砌体损坏及杂物掉进火道内，要尽可能留出茬口。砌筑的硅砖应进行预热，新砌的砖面应与旧墙面平齐，不允许出现反错台，卧缝以旧墙为基准，立缝最小不少于 3mm，膨胀缝应按挖补火道的要求预留。炉墙挖补完后，再砌炉顶部位，接着扒除废砖，最后进行升温。升温与恢复正常生产的步骤、方法与揭顶翻修火道相同。

8　焦炉砌筑与安装

8.1　焦炉砌筑前的准备工作

焦炉砌筑前的准备工作涉及许多方面，为及时解决出现的问题，不延误工期，保证施工质量，必须做好充分的准备。为确保砌筑质量，应建立质量验收机构，包括耐火材料的验收检验、防护设施建设、工序交接、施工组织及技术交底（包括施工平面布置、施工进度、劳动组织与施工方法等）等。

8.1.1　耐火材料的验收和储存

焦炉主要由成千上万型号的耐火材料砌筑而成，耐火材料的性能与焦炉的生产能力及使用寿命密切相关。

8.1.1.1　耐火材料的验收

耐火材料的验收包括以下 5 个方面：

（1）出厂合格证验收。

（2）规格、型号、数量同设计型号图核实验收。到货规格、型号、数量是否可满足砌筑进度计划要求。

（3）对到货材料按规定进行抽样理化性能二次检验，检验由有资质的实验室进行。

（4）耐火材料出厂前，订货单位应派专人到耐火材料厂对耐火砖的外形和尺寸逐块进行检查，及时纠正生产公差错误。

（5）施工单位应对进厂耐火砖的外形和尺寸逐块进行检查、预选。

8.1.1.2　耐火材料的储存

经检验的材料应分类入库，入库时应按砌筑部位、使用先后、公差大小做好标记，分开堆放，确保开始使用的材料运输方便。

材料库可分为两类：一类是有盖仓库，用来堆放硅砖、高强隔热砖和火泥等；另一类为露天放置场，用来堆放黏土砖、红砖等。选择砖库位置时应考虑运输条件，尽量减少二次倒运。砖库应集中，不要分散，以便于管理。

砖库地面应坚实，以防下陷，砖库四周要设置排水沟，以便排除积水。灰库要严防风雨，以免吹走细粒火泥而降低砌筑性能，同时要防止混入泥砂，以免降低耐火度或受潮结块。

黏土砖可露天堆放，但应有防雨措施，避免雨雪直接浸淋，影响砌筑质量。若用雨刚淋过的黏土砖砌炉，则会因砖中含水达到饱和，灰缝中的水分不能很快被吸收而导致砌体发生严重变形，造成返工重砌。

8.1.2 砌筑大棚

无论什么季节，焦炉砌筑都应在大棚中进行。大棚的作用在于防止砌体被风雪、灰尘损害，避免雨水冲刷灰缝，防止夏季施工时因灰浆快干造成灰缝裂纹。冬季施工时棚内任意点的温度均应在5℃以上。

大棚属临时建筑，焦炉热态达200℃时即可拆除。

大棚长、宽、高的选择：合适长度是指把大棚的端壁延伸到抵抗墙的外沿，并把抵抗墙作为构成端壁的一部分；合适的宽度是指能满足在棚内进行作业平台和铁件、废气设备的安装；大棚的棚顶与炉顶面间应有足够的空间，以便在工作棚内进行立火道清扫，若在大棚内进行煤气导出系统的安装，则应按设备高度来确定大棚的有效高度。

大棚内应有足够且均匀的照明，同时要避免漏水。

8.1.3 焦炉预砌

因为焦炉砖型复杂、砖量多，所以为保证焦炉的砌筑质量，避免返工，对蓄热室、斜道、炭化室的有代表性的部位砖层和炉顶的复杂部位，在施工前应进行预砌筑。

8.1.3.1 预砌筑解决的问题

预砌筑能着重解决下面几个问题：

（1）设计是否合理，外形能否满足砌体要求。

（2）各砖型制作是否符合设计要求，提供大小公差搭配依据及确定耐火砖的加工量。

（3）灰缝大小是否合适。

（4）熟悉结构特点及施工方法。

（5）检查各种耐火泥的砌筑性能，确定实际配比。

（6）检查各部调节装置的稳定性和更换的可能性。

（7）培训员工，掌握技术。

（8）预砌也是材料检验的延伸，更接近实际施工。

（9）预砌中若发现设计、制造错误，则在正式砌炉前应确定紧急补救措施。

8.1.3.2 预砌的要求

预砌的要求应当同正式砌筑一样，否则就起不到作用，会流于形式。具体要求为：

（1）砌筑应当由施工单位组织，建设单位、设计单位、监理单位、施工单位技术人员参加，实际砌筑工人操作。

（2）做好预砌筑记录。

（3）施工单位负责将预砌结果（包括各部位的相关尺寸、各砖段发生的问题以及对存在问题的处理意见）制成图表，及时组织有关单位（设计、生产、检查等）商定最终的处理办法。

（4）预砌时应做临时基础，并将其夯实，然后铺砖找平，以免砌体变形，影响预砌效果。应在带盖的场地或屋内进行预砌，不得在露天地面上进行预砌。

（5）与正式砌炉一样，预砌放线时必须设置直立标杆和水平标板，不能用其他方法代替，使用的灰浆必须与正式砌砖时一致。预砌时如缺个别砖号，可用类似砖号或加工砖代替。预砌结束后，所用砖全部回收入库。

（6）预砌筑所用的耐火泥料与正式砌炉时所用的耐火泥料应相同，以便检验耐火泥料的各种操作性能。砌筑焦炉时，使用的泥浆由搅拌站供应。

8.1.3.3 预砌部位

焦炉预砌部位原则上应包括所有异型砖构成的砌体及重要部位的标准砖砌体，预砌施工可以发现存在于砌体中的足以影响施工的全部技术问题。各个预砌部分的范围可根据下述方法选择：从垂直方向来看，焦炉的各个砌砖区如小烟道、蓄热室、斜道、燃烧室及炉顶等部分都有着显著的结构变化，所以，每一砌砖区都需进行预砌，但每一区中结构相同的砖层不需逐层砌筑，仅需预砌 2 ~ 3 层具有代表性的砖层即可。例如燃烧室部分，在很高的一段砌体中，在预砌时可选择一层偶数层和奇数层进行预砌，即可代表全部砌体的结构情况，而斜道部分则因各层结构不同，全部砖层均需进行预砌至对称中心线处；若由一侧到另一侧结构完全相同（如炉顶部分看火孔及立火道墙等），则可由炉头向中心砌筑4 ~ 5 个立火道深度，即可代表全部砌体。如按炉组纵向看，则预砌范围的宽度应按加热系统的循环方法来决定。各循环段的砖型相同，排列相同，而预砌部分的宽度至少应包括一个循环段的宽度。

由于预砌部分的累积高度很大，一般都分 2 ~ 3 段来砌筑，因此，在预砌一个新的区域之前，必须同时砌筑下面一区的最上一层，以便检查各砌砖层的接合情况。

下面介绍双联下喷焦炉预砌分段。

A 小烟道和蓄热室区

小烟道和蓄热室区的预砌砖层如图 8-1 所示。

在小烟道部分应预砌全部衬砖、箅子砖。所以需将硅砖墙全部砌好，以便在其中砌衬砖与箅子砖。

预砌深度：因机焦侧互相对称，可自炉头处砌至 4 ~ 5 个立火道深度即可，但一般为了能更细致地检查箅子砖孔径及格子砖的排列，都从炉头处砌至中心隔墙。

预砌宽度：因各个小烟道结构相同，砌筑一个小烟道即可。

对于蓄热室墙，一般预砌 2 ~ 3 层即可，并在其中预砌 2 层格子砖。

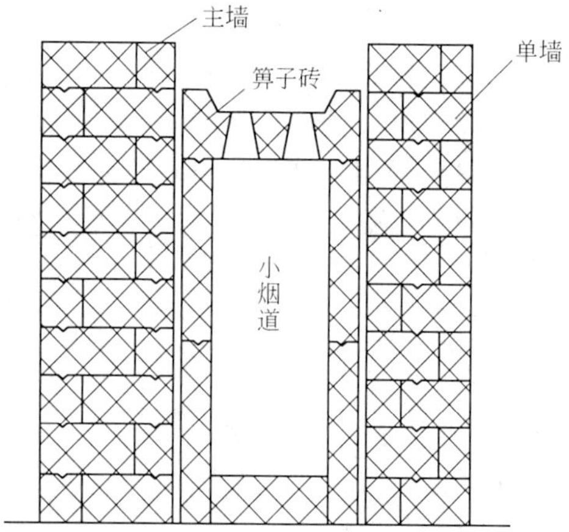

图 8-1 小烟道和蓄热室区的预砌砖层

B 斜道和立火道区

斜道和立火道区的预砌砖层如图 8-2 所示。

本段包括蓄热室墙的最后一层、斜道区 1 ~ 8 层及立火道区底部废气循环孔段。

预砌深度：应到对称中心线处，如无对称中心线，可自炉头正面砌 4 ~ 5 个立火道深度即可。

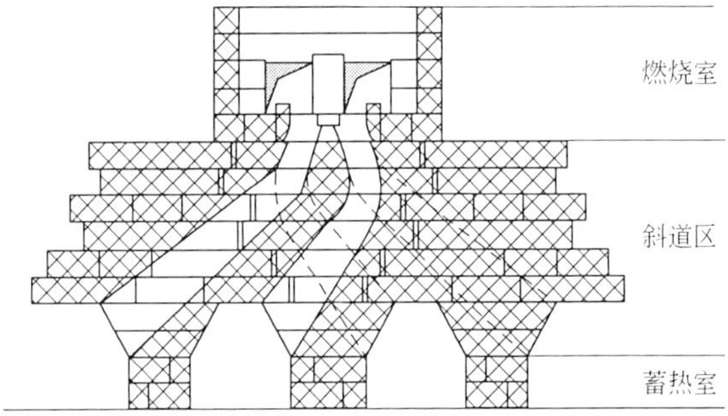

图 8-2 斜道和立火道区的预砌砖层

预砌宽度：包括一个加热系统循环段。

斜道部分的所有调节砖都应同时进行预砌，以检查其安设平稳度和更换的可能性。

斜道区砌完后可直接在其上预砌立火道。其砌筑层应包括立火道底部循环孔的全部砖层，以便同时检查孔道的断面及砌体的结构情况。立火道墙的砌筑深度：可由炉头砌入4～5个立火道，但因机焦两侧炉头结构不同，所以需在斜道的两个立火道宽度上并列预砌一个焦侧及一个机侧的炉头以及与其相连的4～5个立火道深度的炉墙。

立火道炉头也可单独预砌。其预砌层数可达8～10层，以便在较高的层中能详细地检查炉肩及其他重要部分的砌体平滑情况。

C 立火道顶和炉顶区

炉顶区的预砌砖层如图8-3所示。

本段包括水平烟道、立火道顶部及炉顶的重要部位。立火道顶部应砌筑两个墙，以便在其上砌筑炉顶。

立火道的砌筑深度：可由每侧炉头砌入4～5个立火道。

炉顶部分的砌筑深度：应包括一个上升管和一个装煤孔以及相应深度的看火孔墙。

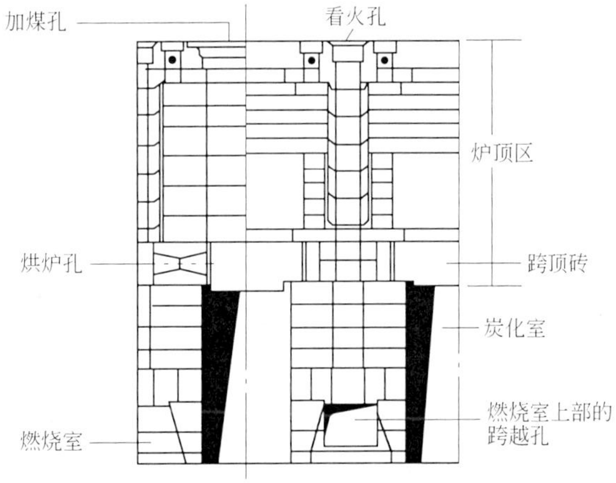

图 8-3 炉顶区的预砌砖层

8.1.4 砌筑前工序交接

8.1.4.1 砌筑前工序交接主要内容

砌筑前工序交接主要内容为：

（1）焦炉基础平台、抵抗墙土建及找平层，标高、位置、平整度、垂直度以及质量合格证明。

（2）下喷管、清扫孔标高、位置、数量与筑炉图是否一致，是否堵塞，毛刺清理干净情况。

（3）焦炉控制线、标高交接，主要是焦炉纵中心线、两条边炭化室中心线、基准标高。

8.1.4.2 交接要求

工序交接的要求为：

（1）要特别注意的是，埋管的中心距与冷态炉体立火道的中心距是不同的。因为要适应炉体膨胀以后砖煤气道位置的变化，所以下喷管的中心距大于冷态炉体立火道的中心距，其随着蓄热室砖种的不同而不同。如立火道的中心距为480mm，蓄热室砖质为硅砖时，下喷管的中心距是480+4=484mm。它们的允许误差都是±3mm，具体质量要求为：

1）焦炉横向埋管中心距允许偏差为±3mm。

2）焦炉纵向埋管中心距允许偏差为±3mm。

3）边燃烧室埋管中心线与焦炉横中心线的误差为±3mm。

4）边立火道埋管中心线与焦炉纵中心线的误差为±3mm。

（2）对埋管要避免垂直度超出允许误差，以免影响地下室下面管道安装，检查下端丝扣是否完好，要求伸出基础平台顶面任一埋管的中心均在允许误差之内。同时检查埋管顶端的尺寸，使其在允许误差之内。因为基础埋管中心线的尺寸很难测准，所以实际上都以测量管外皮到相应的管外皮间的尺寸来控制中心距，但由于管子不规整（呈椭圆形，壁厚不匀，有毛刺等），所以需要测量，消除系统误差，保证中心线的准确性。同时要检查埋管的完整性以及是否有其他缺陷，应剔除不合格的埋管。埋管顶面标高应控制在15~20mm。

（3）平台表面的标高是否符合设计要求，若超差较多或有明显的敲打哑音，需打掉重抹，使之牢固、平坦、均匀。

8.1.5 焦炉的基准线

焦炉是一种比较复杂的工业炉，炉体本身以及与其他设备、机械的相关尺寸要求比较严格，所以各部位、各炉孔的线性尺寸应控制在规定范围内，否则将影响工程质量，造成很大浪费。因此，施工前要埋设永久性标桩及基准点，为砌筑引出二次控制点、线及设置横列标板与直立标杆。

8.1.5.1 焦炉的永久性标桩与基准点

焦炉永久性标桩及基准点是用来控制焦炉整体尺寸的，其布置如图8-4所示。

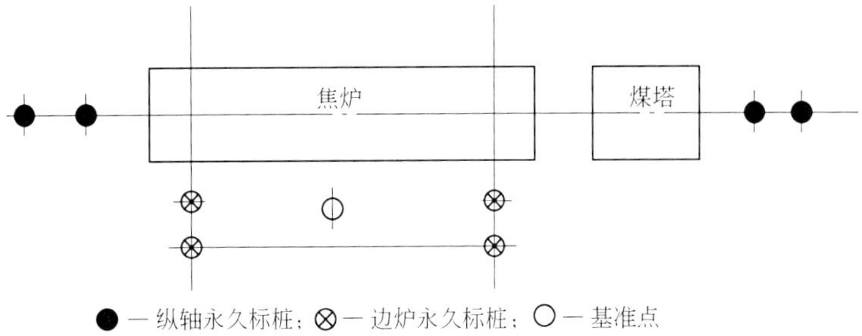

图 8-4　焦炉永久性标桩与基准点布置

焦炉纵中心线是焦炉炉组位置的主要控制线。在焦炉的抵抗墙、煤塔或炉端台外的场地上埋设永久性标桩。边炉永久性标桩为焦炉两端炭化室的中心线，用以控制焦炉的整个长度，同纵中心线严格垂直。基准点用来控制炉体各部位的水平标高，一般在炉组一侧埋设一个，或每侧埋设一个，还可在煤塔处埋设一个备用基准点。

8.1.5.2　二次控制点、线

焦炉的纵向中心线是焦炉炉组位置的重要控制线，也是炉体砌筑时的纵向控制基准线。基准点设在抵抗墙顶部永久性标桩上，中间炭化室和炭化室中心线基准点设在焦炉两侧烟道混凝土顶面的永久性标桩上，该中心必须同焦炉纵向中心保持严格垂直。焦炉纵、横中心基准点的设置如图 8-5 所示。

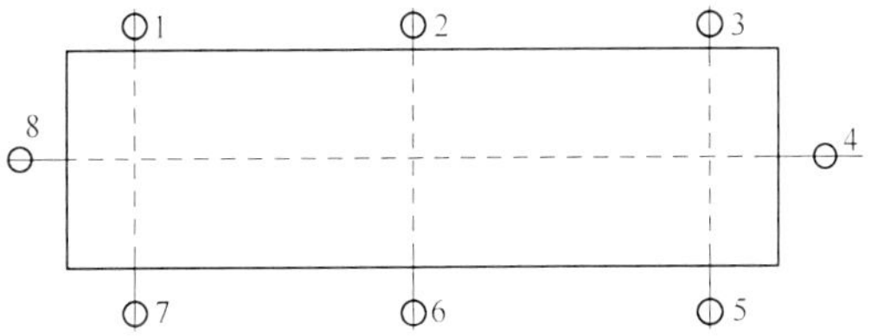

图 8-5　焦炉纵、横中心基准点的设置

1，3，5，7—边炭化室中心基准点；2，6—横向中心基准点；4，8—纵向中心基准点

在砌砖前，用经纬仪将焦炉纵向中心线投放在抵抗墙内面。炉体的正面线、各孔洞的纵向中心线及砖的配列线都以焦炉纵向中心线为基准放线。在砌砖前，将中间炭化室和边炭化室中心线移至基础平台的侧面，用做燃烧室中心间距线及蓄热室墙中心分中的基准。放线时采用均匀误差法，将全长误差均分到各间距线段内，其误差不大于 ±0.5mm。并不得有与同一方向的累积误差。在砌砖前，将小烟道、蓄热室顶、炭化室底、炭化室顶及炉顶等部位的标高控制点投放在抵抗墙内面两侧。焦炉中心、标高基准点和线布置如图 8-6 所示。

8.1.5.3　设置横列标板和直立标杆（线杆）

横列标板是用来控制各炉墙中心线的，在标板上用木螺丝或画线表示各燃烧室中心线的位置。直立标杆用来控制各砖层标高。每隔一个燃烧室安装一个。横列标板和直立标杆同时安装。

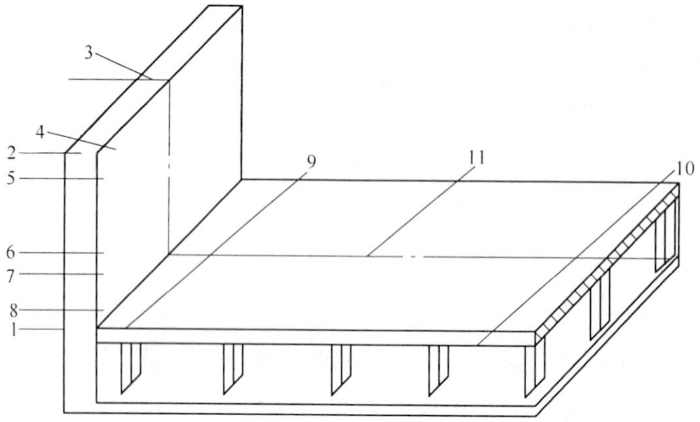

图8-6 焦炉中心、标高基准点和线布置

1—基础平台标高基准点；2—抵抗墙顶面标高基准点；3—焦炉纵向中心基准点；
4—炉顶标高；5—炭化室标高；6—斜烟道标高；7—蓄热室标高；8—小烟道标高；
9—边炭化室中心线；10—焦炉横向中心线；11—焦炉纵向中心线

在砌筑过程中标杆要安装两次，第一次安装在焦炉基础顶板上，供斜道以下各层使用；第二次安装在燃烧室保护板（或炉门框）的座砖面上，供燃烧室以上各部分使用。

在直立标杆上放出砖层线，每次放线高度应控制在1200mm左右。将抵抗墙上各主要砌砖区的标高点移至直立标杆上，然后刻划出各砖层高度。

用经纬仪将边燃烧室中心及中间燃烧室中心引入到横列标杆上，其余中心线用50m钢盘尺一次施工测量完成（避免了累计误差），钢尺拉力控制为100N。

设置横列标板和直立标杆监控砌筑质量常出现安装精度不高、人为碰撞、管理工序繁琐的不利因素，所以逐渐被使用经纬仪监控取代。

8.2 焦炉砌筑的质量标准

8.2.1 焦炉砌筑的质量要求

8.2.1.1 砌体的砖缝

在各种工业窑炉中，砖缝是耐火砌体损坏的起源点，这是由于在生产操作温度下，耐火泥不能均匀良好地烧结，即使烧结，其强度也较低，成为砌体中的薄弱环节。而施工中造成的空缝或空隙又大大地降低了砌体的强度。要保证砌体严密性，除采用各种异型砖外，还要保证砖缝严密。因此，砖缝质量是衡量焦炉砌砖质量的主要指标之一。

砌体的砖缝泥浆饱满度必须大于95%。

砖缝的宽度取决于生产操作要求及施工的可能性。根据实践经验，砖缝应为3～7mm，这样在施工中易使砖缝达到饱满与严密，同时也能满足炼焦生产的要求。

8.2.1.2 砌体的膨胀缝和滑动层

焦炉烘炉及投产后，横向膨胀量用炉柱上的弹簧加以限制，纵向膨胀量依靠膨胀吸收，这是造成焦炉结构复杂的原因之一，而膨胀缝的质量也成为衡量砌砖质量的指标。

选择膨胀缝宽度的原则是应尽量适应炉体加热后所产生的膨胀量。膨胀缝过窄，将造成砌体扭曲甚至碎裂等；膨胀缝过宽，则会造成空隙，影响砌体严密性。在砌筑时，膨胀缝内壁应光滑平整，为有效利用膨胀缝，在砌筑时应使用膨胀缝样板。膨胀缝样板采用刨光的木板，其宽度应比膨胀缝设计宽度小 1mm，其高度比砖层高度小 20mm，长度约为 600mm。

膨胀缝砌筑完毕，经清扫后填入可燃性泡沫塑料等，然后用胶带封口。当烘炉时填料燃烧，剩余的空隙供砌体膨胀。对于 5mm 左右的膨胀缝，在砌筑时把马粪纸夹入膨胀缝内，马粪纸既作为膨胀缝的样板，又作为保持膨胀缝清洁的填料。

另一种办法是采用与膨胀缝尺寸相当的发泡苯乙烯作为填充材料。使用时直接夹入砌体中，在砌体面宜用白铁皮作挡灰板，以防砌筑时泥浆挤入膨胀缝内。这种方法简便易行，利于保证施工质量。

利用膨胀缝来吸收炉体的膨胀是通过其两侧的砌体相对位移来实现的。所以，必须在膨胀缝上下设滑动层，通常用沥青油毡纸、牛皮纸或马粪纸（以前者为好）干铺在膨胀缝内，以使砌体相对移动。铺设滑动层所用纸的长度是一端盖过下层膨胀缝约 5～10 mm，以防止上层砌筑砖时将灰浆挤入膨胀缝内，影响砌体滑动；另一端伸至上层膨胀缝边，以免清扫上层膨胀缝时将纸勾出，从而影响滑动层的质量。滑动缝纸的铺设方法如图 8-7 所示。

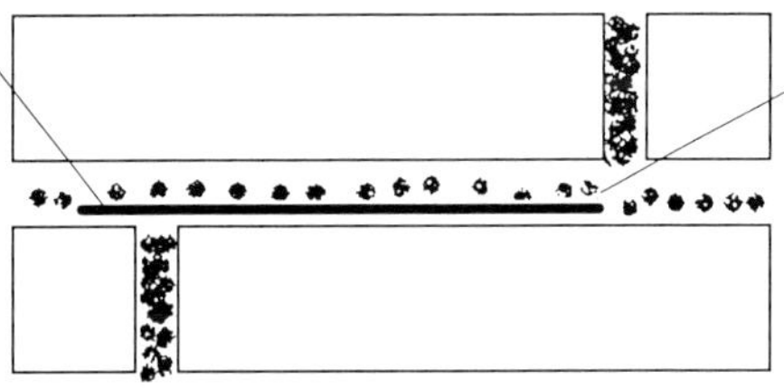

图 8-7 滑动缝纸的铺设方法

8.2.1.3 砖缝的精整（勾缝）

砌体砖缝的严密性是衡量砌砖质量的一个主要指标。砌炉过程中，筑炉工难以做到砖缝的各个部位都十分饱满，特别是墙表面的砖缝，不能做到完全平滑，为提高砌炉质量和工作效率，在筑炉工砌砖的同时，筑炉工的助手用勾缝溜子对每条砖缝压光压实，使其具有较高强度。

8.2.1.4 砌体标高差

在砌体标高差方面应做如下检查，即检查砌体标高是否准确达到设计要求；检查是否严格遵守直立标杆和准线；检查砌体水平砖缝控制如何。

对于某些特定部位，其相邻墙间的标高差要求较严，如蓄热室顶部、炭化室顶部等相邻墙间的标高差不得超过 3mm。检查砌体标高的主要方法是用水平仪在每道墙上按规程布设若干个测点进行测量。

8.2.1.5 砌体的平整度和垂直度

砌体的平整度是指在一定面积上砌体表面平直或凹凸程度。一般用2～2.5m靠尺沿砌体表面来检查，以砌体表面与靠尺间的空隙作为砌体的平整度误差。垂直度是指在一定高度的砌体垂直面上垂直主向的误差程度。

墙面的平整度与垂直度是衡量砌体质量的主要指标之一，特别是在炭化室墙面上应严格控制。

8.2.1.6 各个孔道的尺寸

焦炉砌体各个孔道的位置和宽度的准确性也是衡量砌砖质量的主要指标之一。准确的孔道尺寸是焦炉正常生产所必需的。为保证孔道砌筑质量，除砌筑时加以注意外，对相关耐火砖的尺寸也应严格检查。

8.2.2 焦炉砌砖允许误差

砌筑焦炉的允许误差见表8-1。

表8-1 砌筑焦炉的允许误差

项 目	误 差 名 称	允许误差/mm
测 量	（1）轴线、正面线和边炭化室（燃烧室）中心线的测量误差	±1
	（2）标板和标杆上的划线尺寸误差	±1
	（3）主要部位标高控制点的测量误差	±1
砖缝和膨胀缝	（1）一般砖缝的尺寸误差	+2，-1
	（2）炭化室墙面砖缝的尺寸误差	±1
	（3）一般膨胀缝的尺寸误差	+2，-1
	（4）炉端墙的宽膨胀缝的尺寸误差	±4
蓄热室	一、线性尺寸误差	
	（1）小烟道的宽度及小烟道承插口的宽度和高度	±4
	（2）蓄热室宽度	±4
	（3）蓄热室炉头脱离正面线	±3
	（4）蓄热室中心距	±3
	（5）垂直砖煤气道中心线的间距以及与焦炉纵中心线的间距	±3
	二、标高误差	
	（1）基础平台滑面相邻测点间（间距1～1.5m）的标高差	5
	（2）基础平台红砖砌体顶面	±5
	（3）小烟道底机焦侧入口标高	±5
	（4）蓄热室墙顶面标高	±4
	（5）相邻蓄热室墙顶面的标高差	3
	三、垂直误差	
	（1）蓄热室墙	5
	（2）蓄热室墙炉头正面	5
	四、表面平整误差（用2m长的靠尺在所有方向进行检查，靠尺与砌体之间的间隙）	
	（1）箅子砖上的格子砖砖座面	5
	（2）蓄热室墙	5
	（3）蓄热室炉头正面	5

续表 8-1

项　目	误 差 名 称	允许误差/mm
斜　道	一、线性尺寸误差 （1）炉内煤气道（包括水平煤气道和它的分配支管）中心距 （2）斜道炉头脱离正面线 （3）斜道口的宽度和长度 （4）斜道口最小断面上的调节砖不能调节方向的尺寸 （5）相邻斜道口的中心距 （6）保护板座砖面到炭化室底的距离 二、标高误差 （1）斜烟道在蓄热室顶盖下一层相邻墙顶的标高差 （2）相邻水平焦炉煤气道砖的砖座标高差 （3）相邻炭化室大保护板砖座的标高差 （4）水平砖煤气道砖座标高	 ±3 ±3 ±2 ±1 ±3 +3，0 2 2 2 ±5
炭化室	一、线尺寸误差 （1）炭化室宽度（不许反斜） （2）炭化室墙的炉头肩部脱离正面线 （3）相邻炭化室中心距及立火道中心距 二、标高误差 （1）炭化室底 （2）炭化室墙顶 （3）相邻炭化室底的标高差 （4）相邻炭化室墙顶的标高差 三、垂直误差 （1）炭化室墙：炭化室高度小于5m时 炭化室高度大于5m时 （2）炭化室炉头肩部：炭化室高度小于5m时 炭化室高度大于5m时 （3）炭化室墙炉头正面（或正面砌体）抹灰后的表面 四、表面平整误差（用2m长的靠尺在所有方向进行测量，靠尺与砌体之间的间隙） （1）炭化室底 （2）炭化室墙 （3）炭化室墙炉头肩部 五、炭化室底和炭化室墙的表面错台（不得有逆向错台）	 ±3 ±3 ±3 ±3 ±5 3 4 3 4 3 4 3 3 3 3 1
炉　顶	一、线尺寸误差 （1）看火孔断面尺寸（断面由砌体构成时） （2）炭化室机焦侧跨顶砖（及其上部同保护板或炉门框接触的砌体）与炉肩正面线 （3）沿炭化室长度方向装煤孔、上升管口的中心距 （4）水平烘炉道断面尺寸 （5）看火孔中心距 （6）拉条沟宽度 二、标高误差：炉顶表面 三、表面正平误差（用2m长的靠尺在所有方向检查，靠尺与砌体之间的间隙）：炉顶表面	 +2，0 0，-5 ±3 +2，0 ±3 >0 ±6 7
分总烟道	一、垂直误差：每米高 全高 二、表面平正误差（用2m长的靠尺在所有方向检查，靠尺与砌体之间的间隙） （1）墙面 （2）底面 （3）拱脚砖下的炉墙上表面 三、线性尺寸误差 （1）矩形（或方形）长度和宽度 （2）圆形内半径：内半径≥2m时 内半径≤2m时 （3）拱和拱顶的跨度	3 5 5 5 5 ±10 ±15 ±10 ±10

8.3 炉体砌筑

8.3.1 小烟道的砌筑

8.3.1.1 焦炉基础顶板铺底砖

焦炉砌筑前一般应按施工图在焦炉基础顶板上砌漂珠砖和高强隔热砖。基础顶板铺底砖表面的标高公差为 ±5mm，表面应平坦均匀，在 1m 距离内砖顶表面的标高差不超过 5mm，以保证滑动面的质量。

抵抗墙与焦炉顶板铺砖的膨胀缝一般是不规整的，控制最窄处的宽度与设计尺寸相同即可。在砌完顶板铺砖后，膨胀缝应清扫干净，并采取措施保护起来。

8.3.1.2 铺设滑动层

小烟道是焦炉砌筑的开始，它砌筑在焦炉基础顶板上，即砌筑在焦炉基础钢筋混凝土顶板的铺砖上面。由于耐火砖与铺底砖的线膨胀系数不同，生产时两者的膨胀量不一样，因此，在基础顶板铺砖与小烟道砌体间设滑动层，以便减少摩擦力，防止铺底砖和焦炉基础顶板发生拉裂现象。滑动层的材料可采用清洁干河砂（石英砂也行），现一般都采用铺设钢板。铺设方法为：

（1）采用清洁干河砂时，要求用精选河砂（0 ~ 2mm），用水洗一次，将其中含有的污泥冲掉，晾干。在铺设时，应随砌随铺，砂层要均匀平坦，厚度约 5mm。在砂层与砌砖之间要铺放一层石油沥青油毡，在油毡上铺泥浆，然后砌小烟道第一层砖，含有河砂的泥浆严禁使用。

（2）采用钢板时，钢板厚度以 0.35mm 左右为宜。钢板过厚，会因其具有较强的弹性而不易铺平，致使上部砌体砌不平；钢板过薄，则易锈蚀。铺设钢板滑动层时，其压缝方向不得与炉体的膨胀方向相反。钢板与钢板之间的压缝宽度应在 20 ~ 40mm 之间。在清扫钢板上的废灰时，应严格顺着炉体的滑动主向进行，以免将废灰扫到钢板下面而影响平整性。为使钢板不受到平台底板混凝土中蒸发的水分和钢板上砌体灰浆中水分的侵蚀，应在钢板上下两面抹黄干油。上面抹油后再铺一层沥青油毡纸，然后再砌筑，沾有油污的泥浆严禁使用。抹油、铺纸应与砌砖同时进行，并在油毡纸上打灰砌砖。

8.3.1.3 砌筑小烟道墙

砌筑小烟道墙以前，应在横列标板燃烧室墙中心位置上安设中心线一字木螺丝，木螺丝上的“一”方向即是中心线。并画上各墙的宽度边线，在直立标杆上画出各砖层的标高线（即砖层线），用经纬仪将纵中心线及两侧正面线用墨线打在铺底砖上，所有标板、标杆、纵中心线和正面线的放线经复查合格后，方可开始砌砖，公差为 ±1mm。

小烟道第一层砖坐落在滑动层上，容易出现炉头中心移位、炉头外移、洞宽偏小、墙宽偏大、立缝不饱满、卧缝大小不匀等现象，所以应格外注意检查，以免贻误整个炉体的砌筑。

为防止炉头在滑动层上移动，炉头第一次应砌 4 ~ 5 层砖，并向中部做阶梯形砌筑，砌砖及上砖时严防碰撞炉头。第一层炉头是全炉的起点，应严格按正面线及中心线砌筑并仔细检查炉头的位置是否移动，出现相关问题时应立即进行处理。

在砌筑最初的几层砖时，应两人平行操作，这样，两人分别在墙的两侧同时用力，可确保灰缝饱满和砌体不变位。使用塞尺检查砖缝的饱满程度和大小时，不能用力过大，以免使砖移位。

在砌筑单、主墙时要注意墙面平整度，墙面凸出，甚至个别砖角凸出时，都将给砌衬砖和保持小烟道宽度带来困难。

8.3.1.4 砌筑衬砖、箅子砖

因为衬砖只有2层，在砌衬砖时顶面易高低不平，从而使箅子砖下部的砖缝大小不匀，所以砌筑时应在墙上画出衬砖标高线，应经常用靠尺检查衬砖间的平整度和绝对高度，应从炉中心向炉头砌衬砖，炉头衬砖与正面线间的距离应为正公差，严禁负公差，以免使单叉（两叉）与炉体间的膨胀缝小于设计值。

衬砖与单、主墙之间铺马粪纸，要防止灰浆与马粪纸接触，避免小烟道洞宽变小。

砌衬砖后，小烟道的洞宽容易变小，可临时用木杆支撑，到砌筑箅子砖时拿掉。砌完衬砖后，清扫小烟道底及墙面，然后在小烟道底铺10～15mm厚的干净锯末，然后砌箅子砖。

箅子砖是按小烟道内气流分配的需要排列的，若出现混号，会影响小烟道内气流的合理分布。砌筑时为避免混号，先将箅子砖按设计砖号排列在主墙上，以便检查，并在墙上画出砖的砌筑位置，避免砌至小烟道口时放不下或留下过大的砖缝。

砌箅子砖时应由中心隔墙处向两侧砌。箅子砖的垂直砖缝虽不承受载荷，但灰浆也应饱满，以免窜漏或影响气体流量的分布。砌筑时应用工具将砖底面水平缝中挤出的灰浆随时清扫干净，否则砌筑完后无法清扫。箅子砖脚台要求平直，平整度为5mm，相邻砖的错台为2mm，这样可以保证格子砖放得平稳不倾斜。在小烟道衬砖、箅子砖与蓄热室墙间放入5mm厚的皱纹马粪纸，也可以用两张2mm厚的平板马粪纸代替。为了防止泥浆等掉入膨胀缝内，在膨胀缝的顶面应塞草绳进行保护。小烟道部分使用的泥浆有两种，蓄热室的主墙与单墙的硅砖部分用硅质耐火泥浆，而黏土质衬砖与箅子砖则用加玻璃水的黏土泥浆。中心隔墙易出现膨胀缝偏小的现象，一般可采用加工砖的方法处理。膨胀缝宽度为8mm，清扫完后应用皱纹马粪纸塞上。两膨胀缝之间的滑动缝极易被忘记处理，应格外注意检查。

小烟道承插口在纵向易出现标高不一致的情况，从而影响单叉（两叉）的安装，所以应在纵向各孔之间拉一准线，保持各承插口的标高差在±5mm之内。

衬砖、箅子砖砌筑可先砌，也可在填格子砖时砌。后砌的好处是：

（1）便于最后大清扫。

（2）衬砖、箅子砖不易损坏。

（3）不需在箅子砖上铺草垫子或沥青油毡纸。

砌衬砖、箅子砖结束后，在箅子砖上铺一层草垫子或沥青油毡纸，然后放上保护板，再继续向上砌筑。

8.3.2 蓄热室的砌筑

蓄热室墙面积大，平整度和垂直度容易出现不合格情况，洞宽易偏小，从而影响格子砖的安装，所以在砌砖时必须经常检查。由于同一道墙有数人同时砌筑，极易出现合拢砖处的砖缝忽大忽小，因此此时不能用拉缝或打一块砖挤缝法来进行调整，而应将该段扒掉重砌，按上下砖缝错缝规律画线控制。

蓄热室的砌筑应用挤浆法砌筑，一般能保证灰缝饱满。但要注意那些与砌筑方向平行的砖缝，因用挤浆法达不到砖缝饱满的目的，极易产生空缝，应采取两面打泥浆的方法并加强勾缝工作。与蓄热室主墙或单墙墙面平行的直立缝（如墙皮砖部）容易产生花脸缝，如果从上部勾缝又容易影响墙面平整度，所以应采取两面打灰进行砌筑。

砌筑煤气管砖时立缝通常不易饱满，应加强勾缝。主墙结构复杂，又分隔异向气流，所以应特别注意检查其严密性。隐蔽缝要加强勾缝。砌上层砖前一定要勾完下一层砖缝，否则不允许往上砌砖。

为控制煤气管砖的位置和间距，要用钢卷尺定位，确认其间距合格后才能砌筑。每隔1~2层煤气管砖，用横列标板核查管砖的位置或用已校对过的钢卷尺检查各煤气管砖的位置。当发现煤气管砖歪斜而中心距缩短，使管砖中间砌不下去时，不应用木槌敲打校正管砖，而应将管砖拆下重砌，否则会破坏管砖部位的严密性，造成焦炉生产时漏失煤气，发生爆鸣。煤气管砖的水平砖缝是隐蔽砖缝，砌筑时往往不易控制，一般易偏厚，使煤气管砖超出设计标高，当误差较大时，砌至立火道底时无法砌灯头砖。所以，在砌筑时应在机焦的两侧炉头直立标杆上画出每层煤气管砖的砖层线，并应按砖层标高在两侧炉头间拉准线进行砌筑。当墙面砖标高控制良好时，也可用保持每层煤气管砖与墙面砖高度差的方法来控制标高。总之，在砌筑时要严格保持煤气管砖的设计标高。

砌煤气管砖用专用抽子。清扫时先用 ϕ40mm 的专用抽子在煤气孔中透捣，将水平砖缝中挤出的灰浆全部透到地下室，再用带毛刷子清扫，以保持煤气管内壁清洁光滑。砌完后用专用小盖将煤气道口盖好，不使废物掉入孔道中。

蓄热室墙顶部的标高与设计标高之间的误差不准超过 ±4mm，各相邻蓄热室墙顶标高差不准超过 3mm，砌筑各墙时应注意配合施工，经常检查各墙标高及标高差，以保证蓄热室顶层砖的砖缝尺寸和标高，确保斜道砌筑平稳，避免水平方向产生太大误差。为达到这项质量指标，每层砖要与直立标杆上的砖层线严格保持一致，并随时用水平仪进行检测，以便砌砖过程中及时调整标高。

蓄热室砌筑结束后，应对蓄热室墙的垂直度、平整度等进行最后一次检查，合格后开始砌筑斜道。蓄热室封墙在格子砖安放完毕后砌筑。

8.3.3 斜道的砌筑

斜道区是焦炉结构及砖型最复杂的区域，孔道很多，斜道区段里分布着几千个斜道孔和砖煤气道，它们既要供应煤气、空气，又要排出废气。加热煤气、空气和废气都流通其间。斜道砌体将蓄热室与燃烧室连通。所以，斜道是焦炉生产中十分重要的区域。

根据斜道区砖型最多、结构最复杂的特点，要求砌筑时要精心施工，保证质量，具体要求为：

（1）斜道区的砖缝应砌筑严密，如果砖缝不严，极易造成窜漏，影响焦炉正常生产。尽量减少或避免采用插砖法砌筑。

（2）斜道区的砖缝多为隐蔽缝，每砌完一层砖后应随即勾缝。砌筑斜道时应逐层清扫勾缝，经检查合格后，方可砌筑上一层。

（3）砌筑前应将焦炉纵中心线精确地画在蓄热室墙面上，然后用画线标杆以纵中心线为基准引出各斜道口的位置，精确地在墙上画线，其画线允许公差为 ±1mm。

（4）斜道区砖型复杂，砖号繁多，在砌筑时应按照设计图纸，将各个型号的异型砖放置在应砌筑的位置上，再按放置的砖号进行砌筑。

（5）砌筑斜道时应先砌主墙，因为其具有较多孔道，应从焦炉中心向两侧砌。

（6）在蓄热室封顶前的斜道部位，砖面积较大，卧缝易出现花脸和大小不匀的现象。用塞尺检查横向缝与悬空缝时不能用力，以免使砖移位或将缝中的泥浆捅掉。

（7）在蓄热室封顶后的斜道部位，砖型复杂，不能都使用挤浆法砌筑，多数采用两面打灰浆插砖法砌筑，因而会产生较多的空缝，如在十字缝、丁字缝、斜道内壁的侧立缝、悬空缝、膨胀缝面的侧立缝等，所以要用塞尺逐缝逐层地检查灰缝的饱满程度，并需勾缝填充。斜道空缝的特点是砖缝上半部分密实，下半部分空，用塞子尺检查时不易塞下去。可用塞尺将实心密实部分轻轻划破再往下塞，塞的过程中如果感觉阻力一样，表示灰缝是饱满的；如果到某部位后，感觉阻力突然下降，就表示有空缝，应进行填缝，严重时应重砌。

（8）斜道部分大都由单重较大的异型砖构成，而在砌筑时水平砖缝又较难控制，因而每砌一层应用水平仪测焦炉中心、机炉头、焦炉头、焦中、机中标高，此外到第六层时应增加测点，并用 2m 靠尺检查墙面平整度，以保证炭化室底平整。

（9）炭化室底砖不得有与焦饼推出方向相反的错台，表面不得有缺陷。炭化室铺底砖面积较大，断面为楔形，卧缝易出现花脸缝，与两侧条砖间容易出现错台，要随时发现问题随时处理。

（10）砌筑各孔时，应确保其设计位置和断面尺寸准确，因此在检查各斜道孔时，需使用能包含 5 个以上斜道孔的木杆，并在木杆上标出斜道孔中心距，进行检测。不能用 1～2m 的木尺或钢尺，因为它只能检测各孔间相对中心距，不能检查各孔是否在设计位置，若干次测量后将产生较大的累积误差。在斜道砌筑中，当遇到由两块砖构成斜道孔时，可用砖缝宽度来调整斜道孔。

（11）斜道口易出现错台情况，错台尺寸不允许超过 2mm，若超公差，则应拆除重砌。为确保斜道开口位置和尺寸，斜道开口砖和砖煤气道管砖的开口尺寸应逐块挑选并检查。斜道第一层砌砖前，应由木工划出各口中心线。

（12）斜道部分每层放中心线、正面线，检查并控制各口中心线。

（13）砌斜道部分时应使用硅质耐火泥浆，炉头部分的高铝砖砌筑也使用同种泥浆。

（14）斜道砌完后，对斜道口与砖煤气道必须进行彻底清扫，以保证畅通，并按规定进行测量和记录。

膨胀缝是斜道区砌筑的关键部位之一，砌筑时应保证膨胀缝宽度正确，缝壁平整光滑。采用与膨胀缝尺寸相当的发泡苯乙烯作为填充材料。发泡苯乙烯使用时直接夹入砌体中，在砌体面宜用白铁皮作挡灰板，以防砌筑时泥浆挤入膨胀缝内。这种方法简便易行，有利于保证施工质量。炉体正面外露的膨胀缝表面填塞粘有灰浆的石棉绳，深度为15～20mm。

当砌体在加热产生膨胀时，上下两层膨胀缝之间的一段水平砖缝将产生相对移动，所以在这段砖缝内应垫入一层滑动缝纸，使砖缝的灰浆不与砖黏结，以便于膨胀时滑动。

滑动缝纸的一侧应跨过下层的膨胀缝，一般跨过5～10mm，以防在砌砖时灰浆挤入膨胀缝中；而另一侧则伸至与上层膨胀缝边平齐。铺设滑动缝所用的纸应满足两点要求：

（1）纸张的韧性好，受潮后仍具有一定韧性。

（2）不能太厚，一般不应超过1mm。

8.3.4 炭化室的砌筑

焦炉生产时，将煤料装进炭化室，燃烧室里的煤气燃烧产生的热量供给炭化室，使煤料在高温下干馏生成焦炭，同时得到煤气和化学产品。焦炉的炭化室与燃烧室相间并列，炭化室砌砖也是燃烧室砌砖。炭化室区域砌筑质量的好坏对产品质量和炉体寿命有直接影响。砌筑应做到：

（1）砌筑炭化室时灰缝应饱满，以免燃烧室和炭化室的气体互相窜漏，使炉体和产品被烧损。

（2）炭化室墙面应横平竖直，以保证顺利推焦。

（3）为使护炉铁件安装顺利，延长炉体寿命，其外形几何尺寸应符合设计要求。

炭化室砌砖前，应完成斜道区的砌砖质量检查，并彻底清扫各通道和孔道，砖煤气道出口的灯头嘴用纸塞好，并用胶带等密封。炭化室底标高和平整度经检查合格后才能进行炭化室砌筑。砌筑时要求为：

（1）为确保炭化室第一层砖的位置，应由木工在斜道顶打墨线定位后砌砖。

（2）为避免砌墙泥浆堵塞斜道和立火道底，以及防止砌墙掉砖打坏斜道口，在砌完炭化室墙2～3层后，再清扫一次斜道口和立火道底部，并在立火道底撒上10～15mm厚的锯木屑，再在立火道底塞一个装有干净锯末或刨花的编织袋，并确保斜道口和灯头砖已被盖好，然后盖上立火道活动保护板。

（3）在炭化室底铺放木制保护板，其应伸出机焦侧炭化室底外边缘50mm。

（4）炭化室墙面应保持平整，炉墙与炉底的表面不得产生与推焦方向逆向的错台。非逆向错台尺寸不得大于1mm。

（5）炭化室宽度应符合设计尺寸，机、焦侧绝对不能反差。墙面要平滑，和炉底面一样，不得有与推焦方向相反的错台。

（6）燃烧室两端的炉肩是安装保护板和炉门框的地方，要求相差不超过±3mm，炉肩平整度误差不超过3mm，否则安装保护板和炉门框时，炉肩石棉绳会有松有紧，生产后容易由此漏气造成冒烟冒火。砌炉端墙时，应注意膨胀缝的尺寸和清扫。

（7）炭化室与燃烧室间只由一层薄墙隔开，如有空隙，荒煤气会漏入燃烧室燃烧，破坏焦炉的正常加热，并使焦炭质量降低。因此，所有砖缝应饱满严密，每砌4～5层就应彻底勾缝，隐蔽砖缝及立火道内的砖缝应逐层勾缝。立火道和看火孔内侧的砖缝应随砌随勾缝，最多不超过500mm就应勾一次缝。

（8）砌筑燃烧室墙时，应经常清扫立火道墙上的灰浆，在燃烧室封顶前要彻底清扫立火道壁，并取出底部装有刨花或锯末的编织袋以及活动保护板和砖杂物。必须在确认立火道内已清扫干净后，才能继续往上砌筑。

燃烧室炉头砖面积较大，卧缝易出现花脸缝，可以在砖面上洒水或用稀灰浆进行砌筑。在砌筑时应经常检查炉头状态，以便控制平整度和垂直度。为防止炉头外砌筑高强隔热砖脱落，应每隔2~3层在直缝面上铺麻线，然后把高强隔热砖压在麻线上砌筑。

炉头砖外形比较复杂，且由多面组成，成品砖中往往有扭曲和外形尺寸超差现象，各面都达到砌筑要求是很困难的，通常是以炭化面和炉肩为主严格保证质量，其他面相对而言是次要的，可稍放宽标准。

炭化室墙面是炉体中最大的墙面，其垂直度和平整度容易出现问题。经常容易出现问题的部位是两侧炉头部位、跳板返跳部位和燃烧室盖顶部位等。对这些部位应加强检查，一旦发现问题要立即纠正，不应迟疑，以免造成返工。

差别砖部位容易产生灰缝超差，可采用串号法进行处理，串下的大号砖去进行加工。如果差别砖立缝太小，则炭化室墙面平整度和垂直度均不易得到保证。在砌筑中多半先砌墙皮砖、宝塔砖，后砌差别砖，并对差别砖两端立缝认真勾缝，这样既可保证墙面平整度，又能保证砌体严密性。

容易出现不饱满部位的是两侧炉头的立缝、炉中立缝、差别砖的端头立缝、砖沟和燃烧室盖顶砖砖缝等，应注意检查，发现问题要及时处理。

炭化室盖砖的质量和面积均较大，立缝极易产生花脸缝，一定要采用二次勾缝填充方法进行处理。应逐块仔细检查盖顶砖有无横向裂纹，发现横向裂纹时必须坚决剔除。

砌筑炉端墙时应先砌筑硅砖部分，并应悬挂准线。在30mm膨胀缝内事先放一根钢丝绳，以备清扫膨胀缝，也可以不放钢丝绳而直接使用发泡苯乙烯来填充膨胀缝。为保证膨胀缝宽度，需用样板砌筑。其垂直通道也要使用样板，以保证通道的几何尺寸。

由于端墙正面外表砖层在投产后需重砌，因此在砌筑端墙时应留出砖茬，便于以后砌筑外表砖层。

8.3.5 炉顶的砌筑

炉顶部分的特点是单元多，结构不同，施工较乱，所以，必须认真编排施工顺序，以保证施工质量。

该砌筑段大致包括6个工序：

（1）炭化室盖顶砌砖；

（2）看火孔砌砖；

（3）装煤孔及上升管孔、轨道座砌砖；

（4）砌填心砖；

（5）炉顶表面层砌砖；

（6）立火道清扫。

在砌盖顶砖前，先在燃烧室顶面墙上沿墙的长度方向按设计尺寸画出装煤孔和上升管孔的中心线和边线，经检查合格，然后根据边线砌炭化室盖顶砖。砌盖顶砖时，应保证膨胀缝均匀，炭化室长向不能超出炉肩，以免影响炉门框的安装。

砌筑盖顶砖前必须再次对盖顶砖进行仔细检查，不允许有横向裂纹。盖顶砖事先应按长度分类，使同一炭化室盖顶砖的长度尽量一致，以保证膨胀缝均匀。膨胀缝砌筑方法和质量要求与斜道区相同，由于炭化室具有斜度，因此滑动缝宽度不一致，为保持滑动缝质量，将滑动缝纸宽度分为3～4种，并事先加工完毕。其放置方法与斜道相似。

盖顶砖上砖时，应根据砌砖位置工作面朝上放置，以便砌砖前再次检查工作面上是否有裂纹，并检验砖缝与膨胀缝。为保持砖缝宽度，在每列砖上可反砌1～2块。反砌砖缝尺寸应为2～3mm，以提高砖缝的机械强度。盖顶砖缝为楔形缝，砌完后必须进行二次填塞，确保饱满。

砌看火孔墙时，应注意看火孔中心距，在墙面上画出各看火孔的中心位置、砖层标高和垂直情况。先在机、焦侧和中心各砌一个看火孔，从底部一直砌到顶层的下一层，其为一个砌砖段。砌筑时应严格检查砖层标高、看火孔的中心距和垂直情况。看火孔的内壁错台尺寸不得大于2mm。根据砌完的看火孔挂线砌其余的看火孔。还要防止砖和泥浆杂物掉入立火道，内部砖缝应随砌随勾。最后一层应将事先准备好的看火孔、装煤孔底座一并砌入，并立即将看火孔盖和装煤孔盖涂油盖严。

看火孔墙所使用的滑动缝纸应在施工前加工完毕，砌筑时应在没有滑动缝纸的砖缝内调整砖的宽度，使滑动缝砌得平直，砖缝宽度一致。在铺放水平砖缝的灰浆时，应按砖缝的厚度适当铺放，避免过多的灰浆挤入看火孔中。内壁砖缝应在砌砖时逐层勾填饱满。

装煤孔及上升管孔应作为一个整体一次砌完，砌筑时应注意检查相关中心尺寸，允许误差为±3mm，每个孔砌完后一定要将砖缝勾严。为了保持装煤孔的砌体具有较好的耐磨强度，应将砌体工作面的垂直砖缝尽量砌小些，一般应为2～3mm。

对于除尘车（装煤车）轨道基础黏土砖，要根据设计尺寸放线砌筑，不能偏斜，按焦炉纵向拉线检查。

对于炭化室顶部填心砖，应按挤浆法进行砌筑，以保证砖缝灰浆饱满。

炉顶拉条沟要求平直，拉条沟宽度公差要大于0mm，拉条沟中心线允许误差为±3mm，炉顶表面要求平整，允许误差为7mm。炉顶标高用经纬仪测量，允许误差为±6mm。

8.3.6 砌筑用火泥

因为焦炉各部位温度和耐火砖的材质不同，所以使用的耐火泥料也不一样，具体为：

（1）以下区域用低温硅火泥：蓄热室，燃烧室过顶及以上砖层，炉顶过顶砖。

（2）以下区域用中温硅火泥：斜道，燃烧室过顶以下砖层。

（3）蓄热室封墙砌隔热砖用下列成分的灰浆：黏土火泥50%，石棉硅藻土50%（体积分数）。

（4）炉端墙正面甩茬部分黏土砖、炉顶表面砌砖、炉头后砌部分用泥浆成分：黏土火泥50%，425号硅酸盐水泥30%，精细河沙20%。

（5）小烟道衬砖，焦炉基础顶板漂珠砖、隔热砖、炉顶轨道基础黏土砖使用灰浆成分：黏土火泥80%，425号硅酸盐水泥20%。

（6）焦炉各区域黏土砖（除炉顶轨道基础黏土砖以外），炉顶漂珠砖、隔热砖，炉端墙隔热砖、漂珠砖使用黏土火泥。

8.4 焦炉砌筑结尾工作

整个焦炉砌完后，还需对炉体各部位进行彻底清扫和检查，取出所有在砌砖过程中遗留在其中的任何杂物、工具。砌体外表砖缝，包括炭化室墙面进行二次勾缝。露在外面的全部膨胀缝也应清扫干净，并用石棉绳堵塞。使用小保护板的焦炉燃烧室炉头正面还需抹10mm厚的抹面层，以保证炉体与保护板接触良好，炉体受力均匀，保护板要求平直、垂直，脱离正面线不超过±3mm。

清扫检查完后，蓄热室需安放格子砖（下调式焦炉应随砌随安放格子砖），格子砖为干砌，为保持平稳垂直，可用马粪纸垫平，安放时，按设计要求先将第一层砖铺好，然后从里到外以阶梯状向外铺设。要注意上下层的孔对齐，留够膨胀缝，最后砌筑封墙，其他还有铁件埋设，炉门及上升管衬砖的砌筑、放牛舌砖等。收尾工作同样必须做好，否则也将影响焦炉的砌筑质量。

8.4.1 炉体的清扫

在炉体砌完后即着手进行看火孔、立火道、砖煤气道、斜道、蓄热室及小烟道的清扫。

首先应将附着在看火孔内壁的灰浆刮下，并用压缩空气吹扫，直到无灰块为止。吹扫时使用36V照明灯。压缩空气压力约为0.07~0.1MPa。

清扫立火道的风压不能太大，以免将砖缝中的灰吹掉，但在灰浆较多处风压可适当大些，为避免灰尘从废气循环孔中上移，应在一组双联火道内同时进行吹扫。检查立火道的清扫效果时，不宜将灯放在立火道的中部，应将灯放进斜道口内，借助灰颗粒的阴影进行检查，这样较容易发现灰尘。

为确保斜道畅通无阻，通常将灯泡或手电筒等逐一放入斜道口内，由另一人在蓄热室内进行检查。检查斜道时要特别注意斜道的上壁，悬挂在其上的灰浆必须清除掉。同时，斜道部位滑动纸上的灰浆也必须清除掉。

将蓄热室内壁的灰浆刮净，并修补好空缝。在箅子砖保护板上的废灰清扫干净后取出保护板，用压缩空气从中心隔墙处开始向下吹扫，然后将小烟道内的灰除净，应从里向外彻底吹扫干净。

对于炉端墙30mm膨胀缝，借助事先放入的钢丝绳由上往下进行清扫，将膨胀缝中的灰浆碎块等杂物扫入底部的洞内，然后将洞中的灰浆用压缩空气吹扫干净。

8.4.2 装格子砖

装格子砖的质量要求是：

（1）格子砖上下层砖孔对齐；

（2）保持格子砖孔清洁；

（3）砖层铺设平稳；

（4）保持必要的膨胀缝。

格子砖安放时间可分为：

（1）炉体砌完清扫后安放（适用于不分格宽蓄热室）；

（2）放格子砖和砌蓄热室墙同时进行（适用于分格蓄热室或窄蓄热室）。

不分格蓄热室的格子砖可在焦炉的斜道区、炭化室区、炉顶区全部砌筑完毕后进行安放。安放前进行蓄热室墙二次勾缝和清扫。安放前，先在蓄热室墙上画出控制格子砖安放的内外边线，按设计要求将第一层铺设好，然后自中心隔墙开始向外进行阶梯形铺设，装格子砖时上下层砖孔应对齐，并把膨胀缝留足，若发现格子砖不稳定，则可用马粪纸垫平，也可在格子砖和墙面间打入木楔固定。经检查合格后砌筑蓄热室封墙。

分格蓄热室焦炉的蓄热室墙与格子砖应分段交替砌筑，可分 2 ~ 3 段进行。在砌每段格子砖前，应先砌该段的封墙及小隔墙，并进行墙面勾缝和吸尘清扫，在砌放格子砖时应防止泥浆掉入下段格子砖内，上下层格子砖砖孔应对齐。每段格子砖砌完经检查合格后，立即盖上保护板，保护板应牢固、严密，并贴靠周边墙面，防止泥浆掉入格子砖。

8.4.3 蓄热室封墙砌筑

根据蓄热室结构与宽度的不同，蓄热室封墙有两种砌筑方法。

（1）分格蓄热室及窄蓄热室。分格蓄热室封墙一般与蓄热室墙和隔墙同时分段砌筑，每格清扫干净后装格子砖。窄蓄热室由于宽度较小（300mm 以下），也采取蓄热室墙与格子砖段交替砌筑的方法进行砌筑，等砌筑完全部蓄热室墙与格子砖后盖上保护板，砌斜道区。当全炉砌完并清扫干净后再从两侧抽出保护板，最后开始砌筑封墙。

（2）宽蓄热室。一般宽度在 300mm 以上的蓄热室，在格子砖全部装放完毕后再砌筑蓄热室封墙。要求在砌完每层封墙后将挤出的泥浆刮净，要求泥浆饱满，内封墙按设计留有膨胀缝。

8.4.4 炭化室二次勾缝

在施工过程中，部分灰缝的完整性会遭到破坏，影响焦炉的严密性，所以要进行二次勾缝。进行二次勾缝后应达到表面光滑平整，砖缝坚实，勾缝使用的灰浆与砌砖灰浆相同，为使勾缝的新灰浆与原砌砖的灰浆能紧密接合，应先用水润湿砖缝（润湿范围为砖缝及少量的砖边上，尽量不让硅砖大面积受湿），然后再勾填灰浆，勾缝后砖缝表面与炭化室墙面应平齐，不得凸起或凹进。

8.4.5 炉头正面抹灰层

小保护板结构的焦炉在炉头正面有 10mm 厚的抹灰层，在安装保护板前，要进行炉头正面抹灰层施工。通过抹灰层，使正面平直，保证保护板与炉体接触良好，使炉体受力均匀。抹灰层正面线允许误差为 ±3mm，正面垂直度和平整度允许误差为 ±3mm。

大保护板结构的焦炉，冷态时炉头正面不进行抹灰，在烘炉后热态时进行灌浆。

8.4.6 火床、炭化室、封墙与小炉灶砌筑

在火床底砖与炭化室间应铺放一层石英砂。火床两侧衬墙与炭化室间应塞一层 20mm 厚的硅酸铝纤维毡，不要留有空隙，以免造成炭化室墙面局部过热。火床一般采用干砌，干砌时应严格按设计尺寸，并且摆放整齐，以防倒塌和损坏炭化室墙面。

封墙的膨胀缝要大于 10mm，以免使封墙难扒。封墙正面应比炉肩凹入 7 ~ 10mm，以

便日后密封炉肩缝。封墙气流孔的尺寸要符合设计，以保证烘炉温度的均匀性。现大多数焦炉都使用炉门烘炉，不用砌封墙。

烘炉小灶的进风口要求一致，挡火墙要求一样高，小炉灶与炉墙间的滑动缝要求严密。

封墙和烘炉小灶表面要刷浆。灰浆可用黏土火泥配制。

8.4.7 砌筑炉门衬砖

在生产中需要定时地将炉门摘下与装上，在此过程中炉门衬砖不可避免地要受到震动，所以要求炉门衬砖砌得坚固耐震，砌体表面要平直，线性尺寸要满足设计要求。

砌筑时在两侧悬挂准线，并随时用木靠尺找平。炉门槽铁的厚度不合格时，可加工衬砖肩部，但外露表面严禁加工，以免加工后因经受不住煤气侵蚀而加速炉门衬砖损坏。在炉门衬砖顶部应留足够的膨胀缝。砌炉门使用的灰浆成分为硅酸盐水泥 30%、黏土火泥 70%。

8.4.8 上升管、桥管衬砖的砌筑

砌筑衬砖时应从底部的一端开始，砖与砖间打灰浆，砖与管体之间留 5mm 膨胀缝，不打灰浆，衬以皱纹马粪纸。在砌筑环形衬砖顶部时，如果高度误差超标，则可在上部的第二环切除一段。当衬砖弧形尺寸误差超标而影响膨胀缝时，可加工带沟槽的一面，不允许加工砖舌。砌上升管衬砖时，应尽量靠近炉体，减少搬运的距离和次数，砌完后，砖缝未干透前，尽量避免搬运，以免衬砖松动脱落。

砌筑桥管衬砖时，应使桥管侧卧或倒置，氨水喷入口和煤气排出口位置应准确，不要影响流通断面。砌完后立即上好托砖板，以免砖滑脱。

8.4.9 分烟道及总烟道砌筑

分、总烟道衬砖的砌筑有两种方法，一种是先砌衬砖后浇灌钢筋混凝土，另一种是先浇灌钢筋混凝土后砌衬砖。对于这两种施工方法，均应采用挤浆法，确保砖缝泥浆饱满。严禁用砌红砖的灌浆法砌筑。砌筑时应留足膨胀缝。在烟道沉降处，按设计要求必须留衬砖的沉降缝，这一点千万不可忽略。

烟道的膨胀珍珠岩断热层砖必须砌筑，此处不许填充。

分、总烟道几何尺寸必须得到保证，烟道断面高度和宽度的允许差为 ±10mm，拱和拱顶的跨度允许误差为 ±10mm。

烟道中的烟道弯管中心距的允许误差为 ±5mm，插入时不能超出衬砖内表面，否则影响气流流动，增大烟道阻力。

8.4.10 炉体正面膨胀缝精整

所有露在外部的正面膨胀缝应用石棉绳堵严，以防止从膨胀缝向炉体内漏入冷空气，影响炉头温度，塞入石棉绳后炉体表面应平直，不得凹进或凸出。生产实践表明，密封炉体表面的膨胀缝对保证炉头温度是非常重要的。斜道正面的膨胀缝在冷态时一般用粘有硅质水玻璃的泥浆密封，在烘炉后，因有操作台而不易密封，极易漏气，所以可转入焦炉热

态工程中再处理。

8.4.11 砌炉体埋置铁件

焦炉埋置铁件的部位有：装煤口座、看火孔座、蓄热室测温孔等。焦炉埋置铁件应与砌体严密接合，既要保证生产时不漏气，又要保证使用长久。

8.4.11.1 装煤口座铁件的埋设

当炉顶砌体砌筑结束后，就可进行装煤口铁件的埋设。埋设时，先将装煤口座底面清扫干净，然后抹一层黏土火泥，并缠上散股石棉绳，在石棉绳上再抹一层黏土火泥，最后将装煤口座砌好。石棉绳的作用是使装煤口砌体与装煤口座之间的黏土火泥均匀分布，从而保证其严密性。

装煤口座应与焦炉顶表面平齐，当高出炉顶表面时不大于10mm。

8.4.11.2 看火孔座铁件的埋设

看火孔座铁件的埋设方法与装煤口座基本相同，只是应注意看火孔座内径的尺寸要便于调节砖的放入和提出。看火孔盖和座配合要严密，其上应涂黄干油防锈。安装看火孔座时，只把座外表面清理干净，然后缠上直径为2～3mm的散石棉绳，抹上黏土火泥灰浆，再安入座砖内，看火孔安装后应高出炉顶面0～3mm。在埋设过程中应防止灰浆掉入立火道内，最好是事先将看火孔座埋设在砖座内，然后共同砌筑在立火道内。

8.4.11.3 蓄热室测温孔铁件的埋设

在埋设前，先用0.05mm塞尺检查测温孔盖及座间的严密性并在加工面上涂黄干油防锈。在埋设时先将粘有黏土灰浆的石棉绳缠在铁座上，然后抹上灰浆，将其塞在预留孔中，最后将外面抹严。

8.5 焦炉设备的安装

焦炉设备工艺安装主要内容有：焦炉加热系统、护炉铁件、废气系统、集气系统、四大车轨道、机焦侧操作台、焦炉附属设备、蒸汽管道、压缩空气管道、高低压氨水管道、荒煤气管道等各种能源介质管道。

焦炉设备安装顺序一般为：先安装焦炉护炉铁件，然后进行废气系统的初步就位、机焦侧操作平台安装、炉门的安装，以保证焦炉烘炉，最后进行炉顶设备、废气交换传动系统设备、移动机械走行轨道及焦炉附属设备的安装调试。

8.5.1 护炉铁件的安装

护炉铁件是焦炉的主要设备之一，它通过给炉体一定的压力，限制炉体在温度和外力作用下产生膨胀和收缩，保证砌体的完整严密，从而达到保证焦炉正常生产的重任。护炉铁件包括炉柱、保护板、炉门框、炉门、纵横拉条等。护炉铁件安装质量直接影响焦炉的正常生产和寿命。

8.5.1.1 安装前工序交接

安装前工序交接是指安装施工单位与筑炉、土建施工单位之间就与护炉铁件安装有关内容的工序交接，或者说是与设备安装有关的筑炉、土建质量复查，其主要内容为：

(1) 基准标高点、基准中心线的交接复测；

(2) 炉柱基础标高、地脚螺栓位置偏差、螺栓及丝扣长度和质量的交接复测；

(3) 焦炉纵向中心线、端炭化室中心线、两端炭化室中心距的交接复测；

(4) 砌体燃烧室炉肩的平面度、垂直度的交接复测；

(5) 保护板支撑面标高、炭化室底标高的交接复测；

(6) 每个炭化室、燃烧室中心线的交接复测；

(7) 各横拉条沟标高及中心线的交接复测；

(8) 抵抗墙拉条孔的交接复测。

8.5.1.2 安装前设备单体检查

A 炉柱

在吊装炉柱时不允许用一个吊点，以免增加弯曲度，堆放时应垫平放正，支撑点不少于3点，堆放层数不超过3层。炉柱运到工地后，应分类堆放，编顺序号并逐个检测。检测项目主要包括：

(1) 按标准公差检查炉柱各部分尺寸。测量长度及各规格孔的高度，测量时均应以炉柱底面为基准面。

(2) 检查炉柱各规格孔的尺寸，检查各圆孔和螺栓孔的位置，检查小弹簧底座导向件与炉柱孔眼是否符合等。

(3) 当炉柱由两根型钢构成时，同一根炉柱或同一燃烧室两侧的炉柱应使用规格相同的型钢。

(4) 检查两根型钢并合情况，不准有错台或扭曲现象，与保护板接触面不准有凸台。

(5) 测量炉柱的弯曲度。正面与侧面弯曲度不应大于5mm，考虑到炉柱加负荷后其弯曲度与原始负弯曲度方向相反，所以原始正面负弯曲度可放宽至7mm。

炉柱弯曲度测量方法：首先把炉柱平放在道木或轨道上。在侧立面上测量，这样可避免水线和炉柱塌腰从而影响测量的准确性。在两端用托盘拉紧水线，测量水线与炉柱间的距离，此数值与托盘刻印高度的差值即为弯曲度。检测时在中部选2~3个检测点，把炉柱转90°用同样方法测量另一面弯曲度。弯曲度超过公差时，必须进行矫直。矫直时严禁采用气焊加热煨烤，以免降低炉柱强度，应采用冷态矫直法。可用油压千斤顶矫直，也可用以下方法矫直：将两根弯曲炉柱相对平放在道木上，将凸面朝外，在两炉柱间端部填上垫木。用大螺栓（直径约为50mm）在炉柱弯曲部位逐渐拧紧，使炉柱向相反方向弯曲。矫直后停止紧固螺帽，待数小时后松放螺栓。然后再检查弯曲度，直至合格。

在安装及生产过程中炉柱的弯曲度是逐渐增加的。当炉柱的弯曲度超过一定数值后会影响拦焦车行驶或使自身弹性变形过大，使炉柱失去保护炉体的作用，所以在安装前炉柱弯曲度力求最小。经炉柱单体检查合格后，根据炉柱布置图编制安装号，并将蓄热室小保护板或燃烧室小保护板（若燃烧室为小保护板）按设计位置用5mm的铁棍焊在炉柱上，但不准将小保护板直接焊在炉柱上。

B 保护板、炉门框

在搬运、吊装保护板和炉门框时要防止发生变形和损坏，存放时应垫平放正，支撑木枕不少于3处。运到工地后，应检查保护板和炉门框编号及制造厂随带交付的尺寸公差记录表，并抽检外形尺寸。逐块进行清理，检查有无裂纹及其他缺陷，加工面不准有砂眼、蜂窝，炉框与炉门刀边接触面不准有加工沟痕。检查后在炉框与炉门刀边接触面处抹黄干油或贴防护油纸。黏结石棉绳的周围不准有棱角，以免影响石棉绳的压紧程度。检查炉框挂炉门的挂钩方向是否与设计相符。

在经检查合格的保护板背侧凹槽处焊上铁丝钩或横竖铁丝，然后抹耐热混凝土，抹面应比立筋低0~5mm，在温度不低于5℃的条件下养生24h。6m焦炉也有使用黏土-玻璃水粘硅酸钙板来填满保护板背面凹槽的。

耐热混凝土的成分（质量分数）为：425号硅酸盐水泥15%~20%；硅藻土砖粉或隔热砖粉80%~85%。

石棉绳的质量对保护板和炉框安装质量影响较大，应按要求进行检验。

C 纵、横拉条

纵、横拉条单体检查的技术要求为：

（1）检查横拉条直径、总长度和丝扣长度。横拉条总长公差为-20~+40mm，丝扣长度公差为-10~+20mm。

（2）清洗丝扣并检查螺帽和丝扣松紧程度，然后在丝扣处涂上黄干油，扎上草绳，以免安装时碰坏。

（3）检查横拉条弯曲情况，不允许有“硬弯”的永久变形。凡用弹簧张力能使其伸直的“慢弯”，可不予修理。

（4）纵拉条是用扁钢焊接而成的，必须清点扁钢及丝杆数量。丝扣完整性的检查方法与横拉条相同。

（5）扁钢长度应是炭化室中心距的倍数，以免纵拉条接头在燃烧室顶上。

D 弹簧

对于运到工地的大小弹簧，应先进行外观检查，检查是否光洁，有无疵点、裂纹、折叠、窝孔等缺陷。其承托面应与中心线垂直，否则安装时易产生偏斜。

每个弹簧必须有编号牌以及制造厂出示的压力试验记录。

必要时对每种弹簧抽查10%做压力试验，以检验该批产品的质量。若有一件不合格，则应再抽查20%，若再有一件不合格，则应逐个检测验收。

抽样试验方法：用允许极限负荷连续压缩3次，撤负荷后自由高度与原高度相比小于2mm为合格。逐渐加大负荷，测量各负荷压力时的下降量，应符合设计要求。

对小弹簧底座，应检查4个爪的垂直度，并检查底座与炉柱导向孔眼是否相符，应对号就位。

对大小弹簧应进行编组，以便于在烘炉及生产过程中管理。

大弹簧编组原则：将自由高度差为5mm±1mm的大小弹簧编在一起，因为其压板凸台高度为5mm，所以大小弹簧同时受压。把这部分弹簧组中在常用工作负荷下高度相同的编为一组。

将弹簧编组表复制一份，以便存档。

8.5.1.3 设备安装

护炉设备安装的特点是工程量大，质量要求高。所以，选择合理的施工顺序和适宜的安装方法是保证工程进度和质量的关键之一。

保护板有大小两种结构，它们的施工顺序不同，其中大保护板结构的护炉设备施工顺序为：用粘胶将石棉绳或陶瓷纤维编绳黏结在保护板沟槽内—吊装保护板—吊装炉柱—装“⊓”形卡—调整保护板并加压—调整炉柱—安装上、下横拉条和大小弹簧—去除蓄热室小保护板连接点—给弹簧加负荷—拆除“⊓”形卡—将石棉绳黏结在炉框的石棉绳沟槽内—吊装炉框—调整炉框并加压—安装并拧紧钩形螺栓—安装纵拉条。

A 保护板安装

焦炉砌体复检合格后，首先安装保护板。保护板是护炉铁件的主要部件，是直接将保护压力均匀地传递给砌体的铁件。保护板与炉肩之间要粘陶瓷纤维编绳（ϕ30mm），陶瓷纤维编绳既传递压力又起密封作用。

保护板安装的技术要求为：

（1）保护板在安装前应进行预安装，以检查保护板、炉框的公差配合以及各连接尺寸是否正确，并试验和鉴定所使用石棉绳的规格和质量。

（2）两保护板间放磨板处的平面要齐平，允许偏差2mm。

（3）保护板下缘与炉体砖台间的缝隙允许在5～7mm范围内，其缝隙内垫石棉垫。

（4）保护板中心与燃烧室基准中心线（不是燃烧室实砌中心线）允许偏差为±2mm，保护板下部离炭化室的距离要保证安装磨板后磨板低于炭化室地面7～10mm。保护板严禁凸出炭化室墙，个别因墙体或保护板尺寸关系凸出炭化室的应用手砂砖打磨平，尤其要注意焦侧，以免妨碍推焦。

（5）两相邻保护板间隙允许偏差为0～2mm，用陶瓷纤维拧绳塞紧。

（6）保护板背面所压陶瓷纤维编绳的接头禁止在两相邻保护板的对接处，且接头要接紧，搭接长度不应小于90mm。

（7）每个燃烧室由机、焦两侧同时进行炉柱和保护板的安装，必须用临时拉条和“⊓”形卡具分上、中、下三点压紧，同步旋拧拉条螺栓，加压保护板至压紧，压紧后的保护板与炉体的间隙为3～10mm。不应使保护板与炉肩墙直接接触，当陶瓷纤维编绳往外突出时，可用木板敲打，使陶瓷纤维编绳落在沟槽内。

（8）两相邻保护板正面要保持齐平（与炉框接合的平面），允许偏差2mm。

（9）安装好后在保护板与炉头上部间隙处塞陶瓷纤维拧绳，以免泥土杂物掉入影响浇灌质量，当烘炉炉温达700～750℃时，浇灌保护板（或炉框）与炉头之间的空隙。

（10）陶瓷纤维编绳的烧失量不应超过32%。

B 炉柱、纵横拉条安装

炉柱、纵横拉条安装的技术要求为：

（1）炉柱标高允许公差 ±8mm，操作台牛腿安装标高允许偏差为 ±5mm。

（2）基础顶板边梁上小牛腿标高必须逐个测量，其标高允许偏差为（$N\pm5$）mm，用垫板调整后的标高允许偏差为（$b\pm1$）mm，炉柱下部压架与小牛腿之间的缝隙 δ 控制在 3 ~ 10mm，如图 8-8 所示。如发现炉柱与保护板之间有毛刺或杂物，必须在炉柱安装前清理干净。

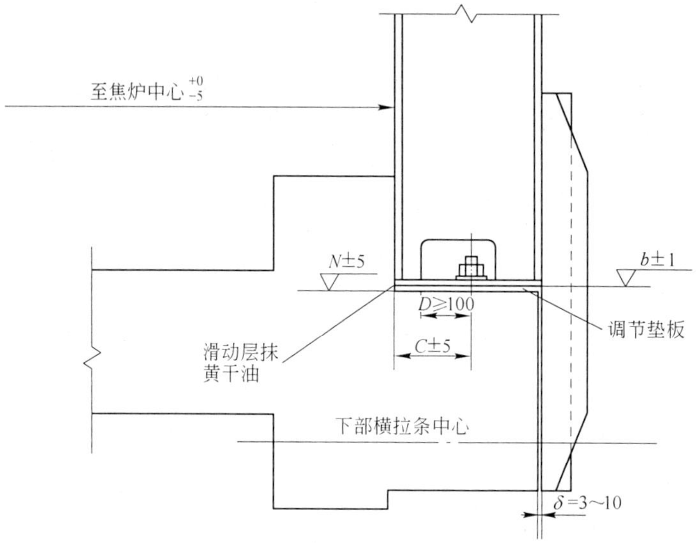

图 8-8 炉柱底部安装检测图

（3）为了确保推焦车五炉距一点定位操作，炉柱间距允许偏差为 ±3mm，五炉距允许偏差为 ±3mm。

（4）炉柱安装前，先将蓄热室小保护板点焊在炉柱上，炉柱加压时将此点焊割掉，炉柱立起之后，调整其中心，使炉柱、保护板、燃烧室三者中心吻合，极限偏差不超过 3mm。

（5）炉柱底板面与垫板之间涂以润滑脂，地脚螺栓不宜过度拧紧，当炉体受热膨胀时，可保证炉柱向外滑移。烘炉完成后再紧固地脚螺栓。炉柱中心和标高调整好之后，可安装上下横拉条固定炉柱。

（6）安装拉条前应将拉条沟清扫干净，沿砖沟全长每隔 2 ~ 2.5m 垫一木块，木块厚度应当使砖沟底与拉条间的距离大致等于焦炉在烘炉期间的向上膨胀数字（6m 焦炉 140mm）。

（7）焦炉的炉顶和炉底均设有拉条，其作用是拉紧炉柱。上部横拉条每对炉柱由两根组成，置于炉顶拉条沟内；下部横拉条每根炉柱只用一根，其一端固定在基础顶板的边梁上，另一端通过弹簧压紧炉柱。纵拉条共 7 根（6m 焦炉），设置在炉顶横拉条之上。纵横拉条安装时，中间垫木块，可以减少拉条的下挠度。

（8）弹簧安装时对号检查，按要求吨位加压，先加压大弹簧，然后加压小弹簧。弹簧在冷态下加压值严格执行设计规定，弹簧加压后，炉柱弯曲度不超过 15mm，并作记录。

（9）6m 焦炉烘炉弹簧加压值见表 8-2。

表 8-2 6m 焦炉烘炉弹簧加压值

序 号	弹 簧 位 置	压力/kN
1	机上大弹簧总压力	80 ~ 100
2	下部大弹簧压力	80 ~ 90
3	保护板上部小弹簧总压力	10 ~ 20
4	保护板中部小弹簧总压力	10 ~ 20
5	保护板下部小弹簧总压力	20 ~ 30
6	蓄热室区小弹簧压力	10
7	小炉柱小弹簧压力	10 ~ 15
8	纵拉条大弹簧总压力	180 ~ 200

（10）装在炉柱上的横板及止推螺栓要牢固，横板与保护板顶面之间距离应为 100 ~ 105mm（6m 焦炉），压下螺栓拧到距保护板边缘尚有 10 ~ 15mm，以待烘炉期间调整。

（11）调整炉柱上下横拉条弹簧及各点弹簧顶丝，加压合格后拆除"冂"形卡具。

（12）纵拉条两端固定于抵抗墙上，固定端无横向膨胀，当炉体横向膨胀结束后，纵拉条落入沟槽内。所以在冷态下安装后，要检查其位置是否符合膨胀值的要求。

C 炉门框安装

炉门框安装的技术要求为：

（1）炉门框应于炉柱加压后安装。

（2）按施工图和实物选取石棉绳的直径和长度，用黏结剂把石棉绳黏结于炉门框石棉绳沟内。粘贴石棉绳时，以炉门框的上中心线为基准分向左右粘贴，在炉门框下部将两接头切坡口对接，且两层石棉绳接头必须错开，全周长要压紧塞实（见图 8-9）。钩形螺栓紧固一定要从中心向上下方向进行，而且左右两侧钩形螺栓交叉把紧，使炉门框受力均匀，以防止变形。炉框钩形螺栓在拧紧时要特别注意石棉绳必须入槽，加压后，炉门框与保护板的间隙不得大于 3mm。

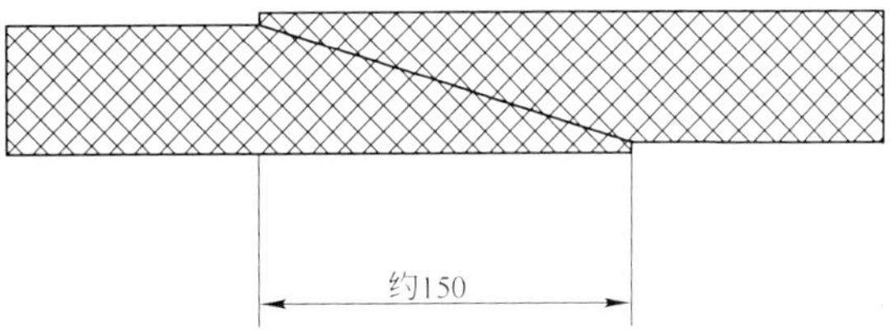

图 8-9 保护板粘贴石棉绳

（3）钩形螺栓分为左右型，安装时注意不要安装错，具体区分为：面对焦炉的左侧用右螺纹，面对焦炉的右侧用左螺纹。

（4）调整炉门框中心线与炭化室中心线相重合，极限偏差为 2mm，垂直度公差值为 4mm。严禁炉框内缘凸出保护板外，尤其在紧固螺栓后要注意检查，因此，安装时应在炉框上加临时支撑，以免炉框宽度变窄。

（5）磨板固定后，磨板面应低于炭化室底面 7 ~ 10mm，不合格的可将磨板刨薄。

D 炉门安装

炉门安装的技术要求为：

（1）炉门安装前需要按要求砌好炉门衬砖。

（2）炉门中心与炉框中心应对齐。

（3）安装炉门时要注意不要损坏炉门刀边和腹板。

（4）炉门的调整：烘炉前要对炉门进行第一次调整，为防止烘炉期间外界空气进入炭化室内，调整时要求炉门刀边与炉门框刀封面接触良好；投产前要对炉门进行第二次调整，为了在生产时保持良好的密封，调整时要求刀边与炉门框刀封面接触并具有一定的压力。

（5）用气体燃料烘炉时需要拆卸和安装烘炉孔盲板，并且在烘炉后要把烘炉孔用塞子砖堵死。

8.5.2 废气系统设备的安装

废气系统设备包括总烟道翻板、分烟道翻板、交换开闭器和两叉部等。

8.5.2.1 安装前设备单体检查

A 烟道翻板

设备到现场后，应清点零部件数量，并进行清洗，轴承上要加润滑油。检查翻板是否有蜂窝和裂纹。经检查合格后再进行组装。在主轴顶部打上与翻板面平行的永久刻印，作为翻板开关标记。组装好的翻板存放时应垫平。

B 交换开闭器

在搬运和吊装时不要使交换开闭器变形和损坏，应按型号存放，要垫平放正，不准叠放，并清点数量，然后对每个交换开闭器进行外观检查和严密性试验。

a 外观检查

外观检查包括的项目为：

（1）检查每个交换开闭器的编号，检查制造厂随货交付的尺寸检验记录表是否齐全。

（2）检查交换开闭器各部位是否损坏，是否有影响严密性的缺陷，如在铸件加工表面和非加工表面上有砂眼等缺陷，可以用焊补后再加工的方法来修理。

（3）检查废气砣和砣杆最大提升高度、空气口最大开度、扳把旋转角度等是否与设计图纸相符，砣杆或扳把在运行中应平稳，不得有歪斜、卡住等现象。废气砣和煤气砣自由落下时密封面上的偏心公差不应大于5mm。

（4）翻板应传动灵活，无卡住现象，翻板与轴应固定牢靠，翻板开度应与刻度盘开关指示相符。

b 严密性试验

外观检查后进行严密性试验。具体为：

（1）对于风门密封面用0.05mm塞尺沿空气口的四周检查，塞不进为合格，对不合格者应重新研磨。因为在四角和靠销轴处容易出现不严密的情况，所以研磨时应对号研磨，并在销轴配上后检查严密性。

(2) 对于废气砣密封面，用机械油清洗，然后擦净，废气砣自由落下，不准人为挪动，更不能在砣面上加重物。在废气砣周围做临时围堰并充水，水面与密封面间的距离不小于40mm，5min后不渗漏为合格，对不合格者应重新研磨。

(3) 对于煤气砣密封面，用机械油清洗后擦干净，煤气砣自由落下，不准人为挪动，更不能在砣面上加重物。在煤气连接管的法兰上安装堵板，堵板上设有一个进气接管。用压缩空气试压，风包体积为0.03m^3，风压为4.5kPa，5min后进行温度校正，表压降不大于1.5kPa为合格，对不合格者要重新研磨。

(4) 试压合格后，在密封面和有相对运动的配合面上涂黄干油除锈。

c 连接管检查

除检查有无影响严密性的缺陷外，还应测量外形几何尺寸及与交换开闭器连接的螺孔数和位置。

应清点两叉连接管不同型号的数量，分型号堆放。

8.5.2.2 总、分烟道翻板安装

烟道翻板是调节烟道吸力的。翻板上部设有滚动轴承和止推轴承，轴承固定在槽钢架上。一般是在地面将翻板组装后，由顶盖处留下的孔把烟道翻板放入烟道。安装前必须仔细检查螺栓是否连接牢固，有无防松螺帽，防止被废气加热后翻板在连接处发生松动。埋在烟道地基中的导向托架及止推轴承必须坚固，以确保翻板正常工作。安装翻板时应保证垂直，允许偏差为1‰，在止推轴承盖上用水平尺或吊线锤检查。当不垂直时在轴承座下部加垫。应保证两侧及下部间隙公差为±10mm。翻板开关角度与刻度盘指示应相符。安装顶部盖板时要密封好。翻板安装合格后，再在下部底座螺栓处浇灌固定。翻板安装完毕后，要检查转动是否灵活，因此要旋转几整圈，在加上很小外力后，翻板应能很容易地绕本身的轴转动。

分烟道翻板应与自动调节的执行机构配合安装，合格后卸掉连杆，在烘炉时手动操作用。

8.5.2.3 交换开闭器和两叉部的安装

单体检查合格后，严格按照设计布置图分型号进行安装，绝不能有差错，安装中应控制以下几个尺寸。

(1) 交换开闭器在焦炉纵向应位于同一条线上，即交换开闭器与焦炉中心线间的距离应保持一致，误差在±3mm以内。检查连接管与小烟道衬砖间的距离，不准小于设计尺寸。交换开闭器与烟道连接弯管承插处的四周力求有均匀间隙，以便塞石棉绳密封。

控制上述尺寸的目的在于：

1) 使交换开闭器与交换拉杆能正确连接并进行正常交换。当安装偏差过大时，在交换过程中会发生扳把别劲现象，容易造成交换拉杆等设备损坏，甚至发生交换开闭器摆动等现象。

2) 当连接管与衬砖间的距离过小时，在烘炉或生产过程中会因炉体膨胀而将交换开闭器顶出或将衬砖挤坏。

检测方法：在安装前复查小烟道口衬砖正面线，确定衬砖与连接管间的间隙在合理范

围后才能安装，安装时可同时用带钩的铁棍测量连接管与衬砖间的间隙是否合乎要求。

（2）标高控制：可通过调节废气筒底部3个顶丝或在交换开闭器与烟道弯管间加垫铁的方法来控制标高，公差为±5mm。同时要注意连接管与小烟道口间的上下间隙要均匀，间隙要大于5mm，以便塞石棉绳。对于杠杆传动式交换开闭器，可测定传动轴上部标高；对于链条传动式交换开闭器，可测定阀体法兰面的标高。

（3）交换开闭器间距偏差应控制在±5mm内，总间距偏差应在±5mm内，同时注意连接管与小烟道两侧间的间隙要均匀，并大于5mm。当上述两值发生矛盾时，应保证小烟道间隙。

（4）交换开闭器水平度可用废气筒下部的3个顶丝或用垫铁进行调节。水平度应控制在1‰以内。可对进风口加工面或废气砣下的加工面进行检测。

安装后应在废气筒与烟道弯管间、小烟道与连接管间用石棉绳临时塞严，但不得塞得太深，暂不用泥料密封，因为烘炉过程中炉体要膨胀，所以密封工作在烘炉热态工程中完成。

对于炭化室高为6m的焦炉（JN60型），先安装小烟道套管，后安装交换开闭器。

安装完毕后，需做提砣试验，砣杆应无卡住现象，试验时按生产时的情况用主导拉杆扳动每个交换开闭器（不能用手提砣杆）。检查煤气砣、废气砣的提升高度，允许误差为±5mm。煤气砣和废气砣下落后与阀座中心的偏差分别不大于5mm和4mm，内层砣密封面的尺寸不得小于3mm。在提砣高度合适的情况下，主动扳杆转角偏差为±1°，扇形轮的转角偏差为2°～4°。

完成上述安装调试后，应从分烟道内进行以下检查：废气筒下的垫板是否凸出和垫平，石棉绳是否严密，翻板位置与指示是否一致，最后将烟道内杂物清扫干净。

8.5.3　加热煤气管道系统的安装

加热煤气管道用来输送加热煤气。加热煤气分为贫煤气（高炉煤气、发生炉煤气）和富煤气（焦炉煤气）。各种煤气均有毒，有爆炸性。为了防止在生产操作中煤气外漏，毒害人体甚至产生爆炸，煤气管道必须密封良好。

8.5.3.1　安装前设备单体检查

A　焦炉煤气调节旋塞和贫煤气调节旋塞

焦炉煤气调节旋塞和贫煤气调节旋塞单体检查相同，其技术要求为：

（1）按图纸尺寸公差要求对外观进行检查，如：阀体及阀芯的开孔宽度允许偏差0～1mm；长度允许偏差±1mm；旋塞在开的位置时，开孔侧边的错台允许偏差±1mm。

（2）检查旋塞阀体上刻有的全开、全关的刻印，允许偏差±1mm。

（3）注意油眼清洁畅通并充满油。

（4）旋塞芯和旋塞壳的密封面不允许有任何铸造缺陷，也不得用任何方法矫正。

（5）打压结束后，旋塞阀芯涂2号锂基脂，用纸板将两端法兰及除炭口处封严，以防掉入灰尘，影响严密性。

（6）严密性试验检查。试验时应将密封表面的油脂清洗干净后抹50号机械油，试验旋塞应与容积为0.03m^3的压缩空气风包相连接，压力为20kPa（2040mm水柱），在30min内允许压力降不超过500Pa（51mm水柱）为合格。试压安装时旋塞芯松紧程度要适当，转动要灵活。试验过程中如有温度变化，必须用式 8-1 进行矫正：

$$p = p_1 \frac{T}{T_1} \tag{8-1}$$

式中 p——校正后的压力降，Pa；

p_1——表显示的实际压力降，Pa；

T——试压后的末温，K；

T_1——试压前的初温，K。

旋塞试验两个位置为：

1）全开位置（旋塞上法兰临时安堵板，下法兰安带支管接头的堵板）。

2）全关位置（旋塞下法兰安带支管接头的堵板）。

B 焦炉煤气交换旋塞

焦炉煤气交换旋塞单体检查的技术要求为：

（1）交换旋塞有 A 型及 B 型两种，应分类存放保管。

（2）按图纸尺寸公差要求对外观进行检查，如：阀体及阀芯的开孔宽度允许偏差 0 ~ 1mm；长度允许偏差 ±1mm；旋塞在开的位置时，开孔侧边的错台允许偏差 ±1mm。

（3）检查旋塞阀体上刻有的全开、全关的刻印，允许偏差 ±1mm。

（4）注意油眼清洁畅通并充满油。

（5）旋塞芯和旋塞壳的密封面不允许有任何铸造缺陷，也不得用任何方法矫正。

（6）打压结束后，旋塞阀芯涂 2 号锂基脂，用纸板将两端法兰及除炭口处封严，以防掉入灰尘，影响严密性。

（7）严密性试验检查。试验时应将密封表面的油脂清洗干净后抹 50 号机械油，试验旋塞应与容积为 $0.03m^3$ 的压缩空气风包相连接，压力为 20kPa（2040mm 水柱），在 30min 内允许压力降不超过 500Pa（51mm 水柱）为合格。试压安装时旋塞芯松紧程度要适当，转动要灵活。试验过程中如有温度变化必须用式 8-1 进行矫正。

旋塞试验三个位置为：

1）全开位置（旋塞上法兰临时安堵板，下法兰安带支管接头的堵板）。

2）全关位置（下法兰安带支管接头的堵板）。

3）转 45°角位置（下法兰安带支管的堵板）。

C 孔板盒

焦炉煤气孔板盒和贫煤气孔板盒单体检查相同，分为外观检查和严密性检查，其技术要求为：

（1）按图纸尺寸公差要求对外观进行检查。如：两法兰间距允许偏差 ±1mm；两法兰平行度允许偏差 0.2mm，并应垂直于孔板盒轴线，其偏差不超过法兰外径的 1%；法兰螺栓孔中心圆直径和孔间距允许偏差 ±0.4mm，任何连续几个孔之间的弦长总误差不超过 1mm；放置孔板的密封口宽度允许偏差 ±1mm。

（2）铸件表面（特别是内腔）所附有的型砂、氧化皮、浇口、冒口、多肉、结疤和毛刺等均应清除干净。

（3）铸件不应有裂纹、缩孔、疏松、渣眼和浇注不足等现象，加工后的密封面不得有任何表面缺陷。

（4）严密性试验检查。试验孔板盒时将盖关严，用顶丝拧紧后，然后将孔板盒与容积为0.03m^3的压缩空气风包相连接，压力为20kPa（2040mm水柱），在30min内允许压力降不超过500Pa（51mm水柱）为合格。试验过程中如有温度变化必须用式8-1进行矫正。

D 自动翻板

检查翻板与外壳间隙是否均匀，有无卡住现象，另外要检查盘根松紧情况，使翻板转动灵活省力，翻板与轴的固定应牢固，并注意按照翻板的全开、全关位置在摇柄处打好刻印。

8.5.3.2 加热系统设备的安装

焦炉煤气主管地下室部分在地下室组装，找正后与室外管道连接。管道中心位置应以焦炉纵中心为标准来测量，要平行于该中心线，调整好后再开分配支管口，焊接分配支管头。分配支管所有法兰面应在同一水平面，法兰中心应在一条线上，允许偏差±5mm。全管道拉线测量，最主要的是要注意分配支管接头的横中心与燃烧室中心相对位置应符合设计，距离允许偏差±3mm，也应注意法兰盘孔的位置，以保证旋塞扳把方向正确。

A 管道安装

在管道安装过程中需注意以下问题（包括外部管道）：

（1）管道标高每隔3m检查一点，允许偏差为0～5mm；管道按水流方向倾斜，不得反斜或中间凹陷超过5mm。

（2）流量孔板安装时应注意方向性，切忌安反，孔板前面有冷凝液管接到水封槽。

（3）管道端部应焊接测压管丝头，加小开闭器，接出的管头应上丝堵，使用时再取下。

（4）所有开口及管头均应焊好（如蒸汽管、取样管、测压管、放散管、计器管），管头不宜过长，以免撞坏漏出煤气。

（5）检查管道各部，凡有可能积水处都应按设计要求设置排冷凝液管。

（6）再次检查翻板的灵活情况，并要校验外面扳把的开关刻印与翻板实际位置是否符合。

（7）管道接口填料使用陶瓷纤维编绳或油浸石墨盘根。

（8）机焦侧煤气开闭器安装后，将开闭器全开、全关做好记号，便于将来开工时使用。

上述工作完毕后，进行全面检查、清扫、封闭人孔试压。

地下室外及室内煤气主管分成两个部分试压，煤气预热器包括在管道内一起试压，均通65kPa压缩空气，2h室内漏气率不大于2%、室外不大于1%为合格（加温度校正）。漏气率计算公式为：

$$\text{漏气率} = \left(1 - \frac{p_2 T_1}{p_1 T_2}\right) \times 100\% \tag{8-2}$$

式中 p_1——试压前压力，Pa；

p_2——试压后压力，Pa；

T_1——试压前温度，K；

T_2——试压后温度，K。

B 调节旋塞、交换旋塞及分配支管安装

主管试压完毕，安装调节旋塞、交换旋塞及分配支管，在安装中应注意检查以下几点：

(1) 分配支管焊接处插入深度不得超过3mm。

(2) 要求沿焦炉中心所有交换旋塞标高要完全一致，允许偏差为±3mm；旋塞法兰面要呈水平状态（横向、纵向均水平），以免旋塞扳把不能垂直地面，影响交换传动安装质量，允许偏差为±3mm。

(3) 交换旋塞要按图纸要求的A、B号进行安装，不许安装错。

(4) 交换旋塞安装时要注意方向（旋塞上已打好全开、全关刻印），按设计位置安装，不能安反。

交换旋塞安好后，将旋塞再清洗一遍（如旋塞原来已封严保存较好时则可不清洗），涂上2号锂基脂即可进行管道总体试压。在下列两种情况下通以10kPa的压缩空气，30min压力降不超过初压（加温度校正）的10%为合格。

试压的两种情况为：

1) 调节旋塞关闭，交换旋塞全开。

2) 调节旋塞全开，交换旋塞关闭。

压力降计算公式为：

$$压力降=\frac{p_1-p}{p_1}\times 100\% \tag{8-3}$$

$$p=p_2\frac{T_1}{T_2}$$

式中 p_1——试压前压力，Pa；

p_2——试压后压力，Pa；

T_1——试压前温度，K；

T_2——试压后温度，K。

C 横管、立管安装

焦炉煤气主管试压合格后，可以连接横管。横管与立管的连接需在650℃以后（650℃前安装需在炉头部位预留3个先不安装，等650℃以后再安装），膨胀基本结束以后再焊接在一起，否则会造成管体错位别劲等情况。投产后在生产中需要经常清扫及更换小孔板工作，如管头别劲，小孔板接口拆卸后不易安装，在生产操作中会带来很大困难。

D 贫煤气加热设备安装

贫煤气管道的技术要求与焦炉煤气管道要求相同。但需注意，主管开口横中心线与废气开闭器上的高炉煤气进口法兰的横中心线要对正。管道各管体安装完毕即可进行煤气主管本体试压，试压方法是通65kPa的压缩空气2h，室内漏气率不大于2%，室外漏气率不大于1%（加温度校正）。

试验完后，安装调节旋塞，安装要求与焦炉煤气旋塞相同。安装好后，在调节旋塞关闭的情况下通20kPa的压缩空气30min，压力降不超过通初压（加温度校正）的10%为合格。

试验合格后，上部与废气开闭器连接的“一米管”暂不安装，因为在烘炉过程中，废气开闭器的位置有可能移动。可在烘炉过程中按实际情况制作，联结法兰盘临时点焊，在烘炉温度达600℃以后，废气开闭器最后调整定位后正式联结。

8.5.4 交换系统设备的安装

交换系统设备包括交换机和交换传动两部分，现分述如下。

8.5.4.1 交换机的安装

交换机用于改变炼焦炉加热系统内煤气、空气和废气的流动方向，分机械和液压两种形式。现液压技术发展很快，新建焦炉基本都使用液压交换机。

液压交换机一般由厂家整体组装到货，液压缸、液压泵均已定位，主要进行液压管的清洗。液压交换机的主要工作量在于液压机构的安装调整，确保液压交换机空气与废气的交换时间参数正确，每个废气开闭器的打开与关闭行程和角度正确。液压交换机的安装和调整的技术要求为：

（1）安装前，对液压泵、液压缸进行外观检查，认真检验出厂合格证及液压缸的行程试验记录，看是否与设计要求相符。

（2）对液压管应进行严格检查，外观应良好，并全部进行认真清洗，使管内无任何杂物。液压管的连接头一般由厂家提供，连接时必须严密、牢固。

（3）清洗油箱和管道并装油，启动油泵，当油缸升压到设计压力时，各阀动作灵活，各处不渗漏，无异常噪声。

（4）油缸安装后，其中心线与焦炉角轮轮缘中心线间的偏差不得大于6mm。

（5）油缸两端行程余量要与中心对称，端部连接轴上的轴承在限位装置中应运转灵活、平稳，无卡紧现象。

（6）配合电气人员测定交换时间，检查流量控制阀灵敏度和时间继电器的可靠性。

8.5.4.2 交换传动装置的安装

交换传动装置包括焦炉煤气传动装置、贫煤气传动装置、废气传动装置三部分。采用砣式进行贫煤气交换，是指通过废气传动拉杆带动交换开闭器杠杆进行交换，不设有单独贫煤气传动装置，目前焦炉多采用这种形式。

交换传动装置安装的技术要求为：

（1）在安装交换传动装置时最主要的是保持交换机油缸中心线位置（允许偏差为±3mm）和标高（允许偏差为±5mm）。

（2）交换拉杆的托轮转向链轮中心线位置（允许偏差为±3mm）、标高（允许偏差为±5mm）以及托轮的水平度（控制在1‰以内）。轮应转动灵活，油杯充满润滑脂。

（3）在安装轮架时，应注意轮槽中心在一条直线上，轮架在试装后要检查其位置，合格后才能予以固定，以免造成托轮或转向链轮与拉杆或拉链产生别劲现象。

（4）拉杆上的滑块在扳把上的长口中应滑动灵活，不允许有卡住和磨损现象。

（5）安装交换旋塞扳把时，应对照加热系统图检查旋塞开关位置是否正确，绝不能搞错。扳把安装结束后应逐个检查焦炉煤气旋塞芯子的状态，因为旋塞芯子是三通的，所以单从除炭孔进行检查不能得知其他两通的状态。因此，在除炭孔位置用手电筒检查两通的状态，并且检查旋塞芯子的顶端开关刻印是否对正，可以确保旋塞芯子位置正确。

(6) 扳把方孔与旋塞方头应配合良好，可以有0.5mm左右的间隙，以适应扳把在交换过程中摆动的需要。

(7) 连接交换开闭器主动扳把时，应参照加热系统图和交换开闭器动作示意图检查扳把方向、扇形轮（与废气砣、煤气砣相连）运转和风门传动杠杆状态。

(8) 对于链条式交换开闭器的拉板横托架，其连接螺栓暂不拧紧，待转为正常加热重新调整后再拧紧，其拉链滑轮应按实际情况进行安装。对废气砣杆，应保证砣杆起落垂直度，砣杆上下运行自由，无别劲现象。

8.5.5 集气管系统设备的安装

集气管系统设备包括上升管、桥管、水封阀、集气管、放散管、吸气弯管、焦油盒等设备。该设备只能在护炉设备安装完成以后才能开始安装，其安装中心、标高以炉体的中心、标高为准。集气管系统设备安装质量很重要，如果质量不好，将会出现桥管接口冒烟、氨水漏失腐蚀管道等现象。

8.5.5.1 安装前设备单体检查

A 集气管

集气管由钢板焊接而成，所有焊缝均需用煤油探伤。集气管上的清扫孔、窥视孔等部位的法兰在焊接过程中容易变形，应检查盖与孔间配合是否严密。应检查槽形集气管顶面与阀体连接的法兰面的水平度，圆形集气管的阀体管长度应一致，法兰面垂直度偏差不大于3mm，法兰间隙允许误差为±3mm，其法兰螺栓孔位置应与水封阀法兰螺栓孔位置一致，否则会使阀体倾斜。托架与集气管应吻合。

B 上升管和桥管

将上升管和桥管内外表面清理干净，并检查是否破损。

C 水封阀

水封阀阀体加工密封面和铸造面不得有裂纹、砂眼、杂质及其他影响密封性的缺陷，否则应焊补修整。用注水法检查水封高度，其应满足设计要求，水封颈口上部边缘必须平整。水封阀板与轴套间的间隙应不小于0.5mm，扳把应活动自如，阀盘的张开程度必须符合设计要求。水封阀关闭时，不得发生自动开启现象；水封阀开启时，不得发生自动关闭现象。

D 焦油盒

对焦油盒本体应试水检查是否漏，检查有无砂眼，检查水封高度是否满足设计要求。

E 放散水封阀

放散阀阀盘开关灵活，无别劲现象，水封高度应满足设计要求。

F 调节翻板

调节翻板四周间隙均匀，转动灵活，轴端面打印记号与翻板方向一致。

8.5.5.2 设备安装

A 集气管安装

集气管一般分段吊装。只有炭化室孔数少的小型焦炉采用整体吊装，当集气管主段运到工地后需进行整体装配，并将每节管段编上装配顺序号，此工作也可由制造厂完成。

集气管分段吊装焊接时应从炉中心开始，焦炉中间炭化室中心线与集气管相应阀体中心线应对正，这样可减少连接阀体法兰中心与炭化室中心偏移程度。

两段集气管之间的间距应控制在10～20mm左右，两段集气管之间焊缝应铲平，不得高出钢板面，外部搭接的焊缝应保证质量。

安装集气管前先在管道支架上划出中心线，测出标高。该中心线可由上升管底座中心线导出。其标高应以设计尺寸为准，可在托架下增垫钢板进行调整。垫板与托架应焊接，托架与牛脚的接触面应抹黄干油。

集气管安装后各段中心线应是一条直线，集气管中心线与上升管座中心线间距离的允许偏差为±3mm，集气管标高允许偏差为±5mm，不允许出现反斜现象，与阀体连接的法兰中心标高允许误差为±3mm。圆形集气管阀体法兰面垂直度允许误差为3mm，槽形集气管阀体法兰面水平度允许误差为3mm。

集气管上清扫孔盖与链条都应拴住。

在集气管安装过程中应采取防止滚翻的临时性措施，待调整合格后，再拆除防止管道滚动的临时性措施并按图纸将防滚的三角挡铁焊牢。

集气管安装完，对安装焊缝应做煤油渗透试验，其具体规定为：将焊缝能够检查的一面清理干净，涂白粉浆，晾干后，在焊缝另一面涂3遍煤油，使表面得到足够的浸润，经3h后，白粉上没有油渍为合格。

待集气管安装好后进行检查，合格后对管内进行清扫，然后再堵两段堵板。

B 水封阀体安装

安装前先将阀体底座槽钢架安装好，安装时将阀体与底座垫平，以保证安全，以前曾发生过安装水封阀体后，因没有底座而造成集气管偏心滚翻伤人的事故。阀体与集气管连接口处用涂铅油的石棉绳作填料，以保证严密性。水封翻板保持水平，调节配重盘，使翻板关闭自如，不得出现自动关闭或自动打开的现象。

C 桥管和上升管安装

一般采取桥管和上升管组装后整体吊装的方法，因此，先在桥管与上升管之间堵厚度为5mm的橡胶石棉盲板，同样在上升管座与上升管之间垫5mm厚的橡胶石棉盲板。吊装时应注意不使衬砖松动，不碰坏炉体。安装时检查上升管垂直度，允许偏差为3mm；上升管中心线与焦炉中心线间的偏差应在±3mm内；两个上升管间距及每五个上升管间距偏差均不准大于3mm。

对于有坡度的集气管，分不同高度按图纸要求安装上升管。

上升管根部与砖体间的间隙用石棉绳塞紧。待烘炉温度达到650℃时再次检查垂直度与中心距，经检查合格后用50%低温硅水泥和50%精矿粉外加1%水玻璃调制泥浆密封。

在桥管与阀体之间用挂有稀泥浆（用60%低温硅火泥和40%精矿粉外加8%水玻璃调制成）的石棉绳塞紧，再灌10~15mm厚的沥青。

上升管水封安装后，应做水封高度（水封高度允许偏差为±5mm）和试漏检查（灌水至规定高度，30min不渗水、不漏水为合格）。

D 放散阀和放散管安装

集气管找平找正后即可安装放散阀和放散管。放散阀水平度允许偏差为3mm，阀盘开关应灵活，无别劲现象。调整配重盘，使翻板开闭自如，不得有自动开闭现象。放散管应安装牢固，垂直度允许偏差为5mm。

E 焦油盒安装

经单体检查合格的焦油盒，在安装时要注意接口应严密，待烘炉至650℃后与吸气管连接。焦油盒水平度允许偏差为5mm。

F 横贯管与集气管操作台

对横贯管上所有的焊缝均应做煤油渗漏试验。安装时应保证坡度，不得反斜，直立管段的垂直度允许偏差为5mm。供膨胀用的伸缩套管只能在炉温升到650℃以后连接，其操作台应在伸缩套处断开，与伸缩套管同时焊接。对于上升管上面的横贯管，应在其下部焊制遮热板。

手动和自动调节翻板安装后应转动灵活，无别劲现象，检查轴顶开关刻印是否准确，自动调节翻板出轴方向应与执行机构相适应。

集气管与上升管安装就位后，可焊制操作台的构架，其平台应在各种辅助管安装后才能铺设，其中影响烘炉时炉体膨胀的操作台暂时不焊接，待炉温达到650℃后才能焊接。

8.5.6 两侧操作平台安装

保护板和炉柱安装好后，即可安装操作台，然后再安装炉框和交换开闭器。双层作业互不影响，这样有利于缩短施工周期。由于吊装和运输工具等原因，也可以待炉门框与交换开闭器安装好后再安装操作平台，这两种施工程序应视具体情况而定。

目前操作平台有混凝土结构和钢结构两种。操作平台与支柱间的滑动形式也有两种。一种是在操作平台外端滑动，另一种是在靠近炉柱端滑动。不管是哪种结构形式和滑动形式，施工要求基本相同，具体为：

（1）焦侧操作台托拦焦机轨道的钢梁标高公差为±3mm。

（2）机侧操作台混凝土板面标高公差为±10mm。

（3）两侧操作平台上铺设的铸铁板面标高公差为±5mm。拦焦机轨道之间铸铁板面应有排水坡度，排水管漏斗顶面不得高出铸铁板面。

（4）炉柱之间的防雨板和焦炉四角的防水防尘板下端部位应比操作台内边沿的主板低30mm以上，以保证防水和防尘。待炉温达到600℃以后，在操作平台内边沿抹一层20mm厚的沥青砂浆，其质量配比为：沥青∶石棉粉∶砂=1∶0.66∶1.66。

（5）焦炉四角的防水、防尘板与抵抗墙、炉端墙的接触处，应先塞石棉绳，后灌沥青。焦炉投产前要进行检查，重新塞紧石棉绳并灌沥青密封。

（6）机焦两侧焦炉正面操作平台与炉端台间、与炉间台间均应断开，断开缝两侧 1 ~ 2m 范围内的拦焦机轨道暂不固定，此部位的混凝土和铸铁板均暂不铺，待炉温达到 650℃以后，接上拦焦机轨道并且调整好，再浇灌混凝土并铺设铸铁板。

（7）在操作平台的滑动面上涂黄干油，涂油前要将滑动面上的尘土清除干净。

（8）穿越操作台的水管、蒸汽管、风管的周围应用沥青砂浆浇灌抹平，严防泄漏。

8.5.7 烘炉管道安装

烘炉管道有气体燃料烘炉管道和液体燃料烘炉管道（包括助燃用压缩空气管道）两种。

烘炉分带炉门烘炉和不带炉门烘炉两种。当焦炉两侧操作平台施工完毕，砌完炭化室封墙（带炉门烘炉时炉门安装完毕）和烘炉小灶后，即可安装气体燃料烘炉管道。当采用先固体燃料后液体燃料烘炉时，液体燃料管道应在砌烘炉小灶前安装。

烘炉管道施工顺序为：炉间台总管—两侧主管—进入烘炉小灶的支管—各种附件（包括测压管、清扫管、取样管、冷凝管、放散管等）。

8.5.7.1 气体燃料烘炉管道

气体燃料烘炉管道安装要求和检验标准与加热煤气管道相同。在施工时应注意以下几点：

（1）焦炉两侧主管下的托架与平台不能固定，而应做滑动处理，以免烘炉过程中两侧平台外移将管道拉裂。

（2）进入各烘炉小灶的支管插入深度应一致并符合设计要求。

（3）各种附件（包括测压管、取样管、清扫管、放散管、防爆管、冷凝管等）应齐全。

（4）因烘炉管是临时性的，冷凝液排放也属临时处理，所以要检查排放管与水封槽连接情况，以保证安全。

（5）各支管上节流小孔板的排列应符合设计要求。

8.5.7.2 液体燃料烘炉管道

安装液体燃料烘炉管道和助燃用压缩空气管道时，除按一般工艺管道要求外，还应注意以下几点：

（1）喷嘴是较精密部件，所以在安装前应仔细清洗，以防烘炉期间杂物堵塞喷嘴。

（2）在安装时，除油管和风管要保证严密外，还应逐根清洗，去除管内杂物，以免损坏喷嘴。

（3）喷嘴距烘炉小灶的距离应与设计图纸一致。

（4）安装管线与高置槽时，应注意不妨碍焦炉操作车辆的试车，特别是拦焦车和装煤车的试车。

（5）管道安装后进行总体试压，水压为 0.8MPa，若试压 30min 不渗漏，则为合格。

8.5.8 各车轨道的安装

8.5.8.1 拦焦车轨道安装

拦焦车轨道应在焦侧操作台钢梁放好后安装，待轨道标高中心调整好后，再将接头鱼尾板连接上，然后浇灌混凝土。

拦焦车轨道调整方法：首先找出轨道中心线，根据焦炉中心线到轨道中心的距离尺寸，在轨道两端（即焦炉两端）焊线架，挂中心线，用线锤找轨道中心，中心确定后再测量轨道标高，这可由测量队测量，也可在几个炉柱上测出标高，拉上水平线，用水平尺来找里外两根拦焦车轨道标高。调整好的拦焦车轨道应达到下列要求：

（1）轨道面标高偏差不超过3mm，相邻两根轨道面标高差不大于2mm。

（2）拦焦车轨道中心线至焦炉中心线距离允许偏差±3mm。

（3）轨道中心线至两根轨道的中心的允许偏差为±2mm。

（4）轨道接头处的缝隙要保证8~10mm，不能过大或过小。

（5）轨道应平直，不能有扭曲现象（一般用肉眼观察即可）。

（6）轨道下部垫板应严密，不许有松动情况。

（7）最后安装好安全挡。

8.5.8.2 推焦车轨道安装

A 安装前准备工作

在轨道基础浇灌前应检查地脚螺栓的中心线。检查轨道弯曲度，对超过5mm的进行校正。检查土建基础标高及地脚螺栓长度，每隔5m设一个测量点。用螺帽检查地脚螺栓的丝扣，丝扣要松紧合适，如太紧可预先修理。螺丝杆处应涂黄干油防锈，最好用牛皮纸等捆紧。

B 轨道安装

调整好的推焦车轨道应达到下列要求：

（1）确定轨道中心线，在轨道两端焊中心线架，拉中心线挂线检查。轨道中心线至焦炉中心线允许偏差为±3mm，两根轨道中心线至轨道中心线距离允许偏差为±2mm。

（2）测量轨道标高，每根轨道至少有5个以上测点，允许偏差±5mm。如焦炉砌筑完毕基础下沉较大时，需根据实际情况调整推焦车轨道标高。

（3）轨道安装后螺栓应露出螺帽3扣以上，垫板均应垫紧。

（4）最后安装好安全挡。

8.5.8.3 装煤车轨道安装

装煤车轨道位于焦炉炉顶轨道下面，设有混凝土基础，而且炉顶温度很高，所以装煤车轨道上垫有铸铁轨枕。由于装煤车轨道安装在焦炉炉顶上，因此在焦炉烘炉温度达到650℃，炉体膨胀基本完成时才能安装调整装煤车轨道。在烘炉后期，现场工作繁多，一般在炉温650℃以前即可将铁枕、地脚螺栓预先准备好放入炉顶砌砖内，将轨道摆上，至650℃后调整固定。安装装煤车轨道应注意以下几点：

（1）预先检查铸铁枕中的地脚螺栓的丝扣，丝扣应完整，螺帽拧上后松紧合适，长度应能保证轨道安装好后，螺栓丝扣露出螺帽至少3扣。

（2）首先将煤塔部分及炉端台部分的装煤车轨道的中心线及标高找好固定。

（3）将炉体部分的铸铁轨枕及轨道安装暂时架设于炉体上不固定，轨道下部垫板应垫严。应注意不要把轨道临时焊在炉柱横拉条上。

（4）轨道应预先矫直后安装，应保证不弯曲。

（5）待炉温达650℃以后（最好到700℃以后）在轨道两端安中心线架，挂线找好装煤车轨道中心。两轨道中心线应与焦炉中心线重合，两轨道至焦炉中心线距离允许偏差为±2mm。测量轨道标高，允许偏差±3mm，每隔5个炭化室中心距测量一点。无论找中心及标高都应与煤塔轨道相对应调整。找标高过程中，在铸铁轨枕下垫好垫板，要垫牢固，最后浇灌耐热混凝土固定铸铁轨枕。

（6）最后装安全挡。

8.5.8.4 熄焦车轨道的安装

与上述各车轨道要求大致相同，由于熄焦车车速较快，因此对轨道安装质量应特别注意。轨道标高要求允许偏差±3mm，应考虑焦炉炉体下沉情况及拦焦车轨道实际标高。轨道中心线至焦炉中心线允许偏差为±3mm，两根轨道中心线至轨道中心线距离允许偏差为±2mm。轨道应平直无弯曲，垫板应垫严。

8.5.9 工艺管道的安装

焦炉的工艺管道包含氨水管道、工业水管道、蒸汽管道、压缩空气管道等。安装时各种工艺管道应符合设计走向，在施工图中有确定位置的应按图安装；施工图中无确定位置的应沿建筑物铺设，做到横平竖直，固定牢固。操作阀门应离操作地面1~1.2m。各工艺管道常规安装方法在此不详述，下面仅谈与炼焦生产有关的特殊要求。

8.5.9.1 氨水管道

荒煤气冷却效果与氨水雾化程度有关，而雾化程度又取决于喷嘴的结构和角度以及循环氨水的清洁度和氨水压力等。在安装时对管道严密性、喷嘴的安装角度、喷洒状态等要十分注意，试生产时要进行检查验收。

A 安装前设备单体检查

氨水管道系统设备单体检查的技术要求为：

（1）对旋塞与开闭器进行水压（0.6MPa）试验，30min后不漏为合格。所有氨水管道都不能使用带铜套的开闭器，因为氨水与铜会发生化学反应，会侵蚀开闭器。

（2）所有管道应用水冲洗，不能有泥砂等杂物。

B 管道安装

可以先铺设氨水主管和与氨水喷嘴相连的支管，烘炉时炉体要膨胀，桥管、集气管会产生位移，所以暂不连接主管与外部氨水管、支管与喷嘴。在安装中应注意以下几点：

（1）氨水小支管的清扫管段不能插入太深，一般不超过2mm。

(2) 氨水小支管拐弯处应圆滑，不可有直棱角。

(3) 焊接切口要整齐、清洁，焊口应均匀，最好用气焊焊接。

(4) 氨水主管与工业水管接头处的逆止阀方向应正确，即只能让工业水流向氨水管道，不能让氨水流向工业水管。

C 管道试压与试生产

待烘炉温度达到650℃后方可将氨水主管与外部管道、支管与喷嘴相连，然后进行管道总体试压与调试。

氨水管道总体试压标准为0.6MPa（水压），30min后不漏为合格。

经试压合格后，拆除试压用盲板，集气管、焦油盒与吸气管已接通，吸气管上盲板（或阀门）下的氨水旁通管已接通，可进行喷洒试验，试验时使管道水压不低于0.2MPa，逐个打开阀门，经检查合格后再关闭，以免水压下降，回水量过大。检查喷嘴连接处是否漏水。喷洒角度一般不小于49°。检查雾化状态（不能出现水柱和水滴），不允许水雾喷入上升管内，如有这种情况，则主要是由于桥管上部安设氨水喷嘴的法兰盘加工不平造成的，可用加垫的方法解决。

试验合格后，不再停水，连续运转直至开工。应注意焦油盒处是否溢水。

D 高压氨水管道

高压氨水用于消除装煤烟尘，高压氨水管道的安装方法与循环氨水管道相同，但试压标准不同。不论是管道上高压球阀、截止阀的单体试压，还是管道总体试压，其试压标准都是4MPa（水压），30min后不漏为合格。

为保证管道系统内部清洁，在试压合格后投产前对管路内部应用水冲洗或用蒸汽、空气吹洗。用水清洗时，水流速度不得小于1~1.5m/s，直到管内排出清水为止。用压缩空气吹洗时，管内风速不得小于20m/s，当吹出的气流中无铁锈、脏物和油污时则认为合格。

8.5.9.2 蒸汽管道

蒸汽主要用于清扫煤气管线、停换煤气时的气体置换，还用于煤气预热器和保温设备加热。

A 安装前设备单体检查

蒸汽管道系统设备单体检查的技术要求为：

(1) 安装前将管道吹扫干净，在施工过程中应妥善保管和维护各种管件与阀门等，不得弄脏和损坏。

(2) 对所有阀门逐个进行1MPa水压试漏，10min后不漏为合格。

B 管道安装

主管与支管接头间用气焊焊接。集气管操作台上各种相应管道的连接必须在炉温为650℃以后进行。在安装管道时要注意使开闭器操作方便。蒸汽管道安装后进行总体试压（水压1MPa），10min后不渗漏为合格。通蒸汽后分配缸阀门不能泄漏。

试压合格后用水清洗管道，水流速度不小于1m/s。若用蒸汽吹扫，则应进行预热并检查各管架情况。清扫后应排净蒸汽冷凝水。

蒸汽管道安装好后要进行管道保温工作。

8.5.9.3 压缩空气管道

压缩空气主要用于清扫设备和管道，吹扫机焦侧操作台等。

A 安装前设备单体检查

压缩空气管道系统设备单体检查的技术要求为：

(1) 所用管道应吹扫干净。

(2) 所用附件、设备、阀门等，在施工过程中应妥善保管和维护，不得弄脏和损坏。

B 管道安装

集气管操作台上相应管道的连接需在炉温达到650℃以后进行。

管道安装后进行总体试压（水压0.8MPa），30min后不渗漏为合格。试压合格后用压缩空气吹扫管道，风速不小于20m/s，以确保将管道内水汽吹净。

8.5.9.4 工业水管道

工业水管道与集气管操作台上相应管道的连接需在炉温达到650℃以后进行，安装后进行总体试压（水压0.6MPa），30min后不渗漏为合格，试压后用水清洗管道，水流速度不小于1m/s。北方地区的室外工业水管道需保温防冻。

上升管顶水封盖上水管与排水管需在炉温达到650℃以后进行连接，连接各上升管水封盖的排水槽（或排水管）时应注意坡度，做通水试验时不准有溢流和干槽现象。

9 焦炉的烘炉

烘炉是将冷态的焦炉进行烘烤，砌体经干燥、脱水和升温阶段，使炉温达到900～1000℃以上，为焦炉过渡到生产状态做准备，所以烘炉过程中冷、热态之间的热膨胀冷缩十分突出。烘炉质量的好坏，关键在于焦炉砌体从冷态转化为热态时对砌体膨胀速度和膨胀量的处理，要确保焦炉不致因膨胀而损坏。

焦炉烘炉是一个比较复杂的过程，它包括热工、铁件及膨胀量的管理，同时在烘炉期间还要进行许多热态工程，涉及土建、设备安装和备煤及回收车间的开工准备。

9.1 烘炉方案的制订与选择

烘炉方案的主要内容是指采用的烘炉燃料、日膨胀率等。方案的选择应确定采用何种燃料。烘炉用的燃料分为固体、液体、气体三种。由于采用的燃料不同，因此在烘炉方法上有一定程度的区别。采用什么燃料烘炉、选取何种日膨胀率，则要根据需要和实际情况确定。

9.1.1 烘炉用燃料

烘炉可采用煤、焦炭等固体燃料，也可以采用各种燃油等液体燃料，当然最好采用煤气、天然气和液化气等气体燃料。三种烘炉燃料消耗比较见表9-1。

表9-1 三种烘炉燃料消耗比较

燃料种类	发热量/GJ·km^{-3}	每孔炭化室每小时标准耗煤量/kg	单耗比较	温度区间/℃
焦炉煤气	17.56	20.29	1.0	500～750
燃料油	41.82	25.86	1.27	440～940
煤	20.1	52.0	2.56	500～950

单孔炉室每小时燃料消耗量用焦炉煤气时最小，如果烧焦炉煤气的单耗为1.0，那么燃油和烧煤的单耗分别是烧焦炉煤气的1.27倍和2.56倍。无论从节能角度还是操作方便程度而言，采用气体燃料烘炉都是最经济实用的。

9.1.2 三种烘炉方法的比较及选择

三种烘炉方法的优缺点比较见表9-2。

表 9-2 三种烘炉方法的优缺点比较

烘炉方法	优　点	缺　点
固体燃料烘炉	燃料易于获得	炉温不易控制，特别是在高温阶段升温困难，劳动强度大，消耗高，烘炉期长
液体燃料烘炉	发热量高，在高温阶段升温和调节都较方便，并易于操作和控制	在温度低时，喷嘴易于堵塞，所以 450℃ 以下采用固体燃料烘炉
气体燃料烘炉	操作方便，调节灵活准确，节省人力，燃料消耗小，开工操作简便	在无气源的地方，无法获得气体燃料。特别是对于新建厂的第一座焦炉

无论从节能和烘炉操作来看，采用气体燃料都是较为理想的，如果能获得气源，采用气体燃料烘炉的优势是不言而喻的。对于新建焦化厂的第一座焦炉，无其他气源时，可采取固体燃料——煤烘炉的办法，烘炉用的煤挥发分、发热量要高，灰分要低。近年来，我国已成功地采用了固—液体燃料烘炉的办法。在温度为 450℃ 以下时，在外部炉灶用煤加热升温，450℃ 以上时，在内部炉灶用雾化液体燃料加热升温，这样就克服了用固体燃料烘炉在高温时升温困难的弊病。

9.2 烘炉曲线的制定

烘炉曲线是制定升温计划的主要依据。确定烘炉曲线需要有三方面的技术资料，一是焦炉各有关部位的硅砖线膨胀数据；二是焦炉高向各温度区间里的升温比例；三是确定干燥期和最大日膨胀率。

9.2.1 选取砖样并测定砖样的膨胀率

砖样的膨胀特性是制定烘炉升温计划的主要依据，通常从燃烧室、斜道区、蓄热室三个区域中选取横向和高向膨胀有代表性的砖号，即用量最多、砖型尺寸较大、制作较困难的砖号，测定其膨胀曲线。根据硅砖质量及焦炉炉型，每个部位一般选取 2 ~ 4 个砖号测定。应准备两套砖样，一套测定，一套备查。

测定热膨胀数据时，考虑到 300℃ 以前是二氧化硅晶形转化点比较集中的阶段，体积变化最大，所以在 20 ~ 300℃ 区间内每隔 25℃ 取 1 个数据，300 ~ 1000℃ 间每 50℃ 取 1 个数据，将测定结果绘出曲线和图表。某焦化厂 6m 焦炉砖样膨胀率测量结果见表 9-3 ~ 表 9-5。

表 9-3 燃烧室部位砖样膨胀率测定结果

温度/℃	线膨胀率/%			
	砖号 1	砖号 2	砖号 3	最　大
25	0.000	0.000	0.000	0.000
50	0.015	0.015	0.015	0.015
75	0.068	0.068	0.068	0.068
100	0.103	0.103	0.103	0.103
125	0.159	0.159	0.159	0.159
150	0.213	0.213	0.213	0.213

续表 9-3

温度/℃	线膨胀率/%			
	砖号 1	砖号 2	砖号 3	最　大
175	0.344	0.344	0.344	0.344
200	0.476	0.476	0.476	0.476
225	0.573	0.573	0.573	0.573
250	0.687	0.687	0.687	0.687
275	0.801	0.801	0.801	0.801
300	0.878	0.878	0.878	0.878
350	0.954	0.954	0.954	0.954
400	1.014	1.014	1.014	1.014
450	1.074	1.074	1.074	1.074
500	1.132	1.132	1.132	1.132
550	1.176	1.176	1.176	1.176
600	1.196	1.196	1.196	1.196
650	1.204	1.204	1.204	1.204
700	1.227	1.227	1.227	1.227
750	1.252	1.252	1.252	1.252
800	1.258	1.258	1.258	1.258
850	1.262	1.262	1.262	1.262
900	1.250	1.250	1.250	1.250
950	1.256	1.256	1.256	1.256
1000	1.260	1.260	1.260	1.260

表 9-4　斜道区部位砖样膨胀率测定结果

温度/℃	线膨胀率/%			
	砖号 1	砖号 2	砖号 3	最　大
25	0.000	0.000	0.000	0.000
50	0.015	0.015	0.015	0.015
75	0.068	0.068	0.068	0.068
100	0.103	0.103	0.103	0.103
125	0.160	0.160	0.160	0.160
150	0.217	0.217	0.217	0.217
175	0.352	0.352	0.352	0.352
200	0.487	0.487	0.487	0.487
225	0.588	0.588	0.588	0.588

续表 9-4

温度/℃	线膨胀率/%			
	砖号 1	砖号 2	砖号 3	最　大
250	0.685	0.685	0.685	0.685
275	0.799	0.799	0.799	0.799
300	0.875	0.875	0.875	0.875
350	0.950	0.950	0.950	0.950
400	1.010	1.010	1.010	1.010
450	1.070	1.070	1.070	1.070
500	1.127	1.127	1.127	1.127
550	1.171	1.171	1.171	1.171
600	1.191	1.191	1.191	1.191
650	1.200	1.200	1.200	1.200
700	1.225	1.225	1.225	1.225
750	1.247	1.247	1.247	1.247
800	1.253	1.253	1.253	1.253
850	1.258	1.258	1.258	1.258
900	1.246	1.246	1.246	1.246
950	1.250	1.250	1.250	1.250
1000	1.253	1.253	1.253	1.253

表 9-5　蓄热室部位砖样膨胀率测定结果

温度/℃	线膨胀率/%			
	砖号 1	砖号 2	砖号 3	最　大
25	0.000	0.000	0.000	0.000
50	0.016	0.016	0.016	0.016
75	0.069	0.069	0.069	0.069
100	0.104	0.104	0.104	0.104
125	0.161	0.161	0.161	0.161
150	0.216	0.216	0.216	0.216
175	0.349	0.349	0.349	0.349
200	0.483	0.483	0.483	0.483
225	0.581	0.581	0.581	0.581
250	0.697	0.697	0.697	0.697
275	0.813	0.813	0.813	0.813
300	0.891	0.891	0.891	0.891

续表 9-5

温度/℃	线膨胀率/%			
	砖号 1	砖号 2	砖号 3	最　大
350	0.968	0.968	0.968	0.968
400	1.028	1.028	1.028	1.028
450	1.089	1.089	1.089	1.089
500	1.148	1.148	1.148	1.148
550	1.193	1.193	1.193	1.193
600	1.213	1.213	1.213	1.213
650	1.221	1.221	1.221	1.221
700	1.244	1.244	1.244	1.244
750	1.270	1.270	1.270	1.270
800	1.276	1.276	1.276	1.276
850	1.280	1.280	1.280	1.280
900	1.266	1.266	1.266	1.266
950	1.272	1.272	1.272	1.272
1000	1.278	1.278	1.278	1.278

9.2.2 确定焦炉上下各温度区间的升温比例

为防止各砖层间热应力过大引起砌体开裂，应控制炉体上下部位的温差，炉体上部温度用燃烧室温度标记，炉体中、下部用蓄热室顶部温度和箅子砖温度标记。燃烧室温度在300℃前是炭化室砌体激烈膨胀的阶段，这时斜道区和蓄热室砌体尚未达到此温度，上部砌体膨胀形成的拉力可能使斜道区和蓄热室砌体产生梯形裂缝。燃烧室温度超过300℃后，炭化室区已越过激烈砌体膨胀阶段，而斜道区和蓄热室砌体正处于激烈膨胀阶段，则下部砌体膨胀产生的拉力可使炭化室砌体产生梯形裂缝。所以必须保持砌体上下部位适当的温度差，通常烘炉初期蓄热室温度约为燃烧室温度的95%，后期应不低于85%；箅子砖温度以不超过450℃为控制目标。根据以上原则，可制定焦炉高向各温度区间的比例，见表9-6。

表 9-6　焦炉高向各温度区间的比例

燃烧室温度/℃	斜道区温度/℃	箅子砖温度/℃
20 ~ 100	20 ~ 90	20 ~ 78
100 ~ 125	90 ~ 115	78 ~ 100
125 ~ 150	115 ~ 140	100 ~ 122
150 ~ 175	140 ~ 161	122 ~ 140
175 ~ 200	161 ~ 185	140 ~ 155
200 ~ 225	185 ~ 205	155 ~ 175

续表 9-6

燃烧室温度/℃	斜道区温度/℃	箅子砖温度/℃
225 ~ 250	205 ~ 225	175 ~ 190
250 ~ 275	225 ~ 247	190 ~ 211
275 ~ 300	247 ~ 270	211 ~ 230
300 ~ 350	270 ~ 311	230 ~ 256
350 ~ 400	311 ~ 355	256 ~ 290
450 ~ 500	355 ~ 436	290 ~ 330
500 ~ 600	436 ~ 522	330 ~ 370
600 ~ 700	522 ~ 610	370 ~ 400
700 ~ 800	610 ~ 695	400 ~ 450

9.2.3 确定干燥期和最大日膨胀率

焦炉烘炉一般分为三个阶段，100℃以前为干燥阶段，100 ~ 600℃为低温阶段，600℃以后为高温阶段。在第一阶段确定合理的干燥期是把好烘炉质量的第一关。

9.2.3.1 干燥期的确定

一座刚砌成的65孔4.3m焦炉砌体总含水量约有600t左右，这些水分要在焦炉正常升温前排出，干燥期就是把炉温升到100℃所需的天数。实际上炉温达到100℃时，砌体水分并未全部排净，仅为习惯上的划分。

砌体干燥前，内部水分与表面含水基本上是均匀的，干燥开始后，表面水分首先被热气流带走，砌体内部与表面含水的平衡被破坏，水分由内部扩散到表面，然后又被热气流带走，一直到砌体完全干燥。砌体内部水分向外的扩散速度与温度有关，温度越高，扩散速度越快，但当温度过高时，内部水分将直接被汽化并产生相当大的压力从砌体的灰缝中冲出，使灰缝变得疏松，从而破坏了砌体的严密性。此外，速度太快还会出现另一种不利情况，因热气流在通过炭化室、燃烧室、斜道、蓄热室、小烟道等部位时，温度逐渐降下来，如果加大干燥速度，将使各处的温度增加，在燃烧室达到饱和的热气流，在流至砌体下部时，由于温度降低，其中水汽就可能在小烟道冷却下来，这样不仅延长了下部砌体的干燥期，还会冲刷灰缝，破坏砌体的完整，影响砌体的坚固性和严密性。在烘炉中必须防止这种情况的发生。所以砌体的干燥速度不能太快。干燥期取决于砌体的水分含量、砌砖时的季节、烘炉用燃料及烘炉初期的空气过剩系数，一般以8 ~ 10天为宜。

9.2.3.2 日膨胀率的选择

烘炉过程中，随着炉温的升高，由于硅砖晶型的转换而伴随着体积的变化，因此焦炉砌体膨胀会产生一定的应力。特别是温差较大时，因不均匀膨胀而造成的应力可能达到破坏砌体的程度。为了保证烘炉质量和砌体的完整性，实践证实，硅砖焦炉烘炉最大日膨胀率为0.03% ~0.035%，烘炉期一般为60天左右。又根据硅砖的线膨胀特性，当温度达117℃、163℃、180 ~270℃和573℃时，硅砖体积将发生剧烈变化，尤其在300℃以前晶型转化点较多，而且体积变化也十分剧烈。因此，在300℃以前往往采用较小的膨胀率，而在300℃以后，体积变化比较平缓，可采用较大的日膨胀率。

9.2.4 制定烘炉曲线

根据选择干燥期和最大日膨胀率的原则，采取在300℃前最大日膨胀率0.03%，在300℃后最大日膨胀率0.035%，干燥期选用10天，并以表9-3～表9-5提供的数据为依据来说明烘炉曲线的制定。在实际烘炉中，为方便管理，一般采用在某一段温度范围内每天升相同的温度，但不能违反最大膨胀率的原则。

9.2.4.1 烘炉天数的计算

焦炉各温度区间的烘炉天数按式9-1计算：

$$\text{烘炉天数}=\frac{\text{各部位最大间隔膨胀率}}{\text{规定的最大日膨胀率}} \tag{9-1}$$

计算示例：根据下表的数据计算烘炉天数。

项　目	燃烧室	斜道区	箅子砖
温度间隔/℃	100～125	95～115	20～78
最大间隔膨胀率/%	0.056	0.048	0.031

解： 上述最大间隔膨胀率为0.056%，则烘炉天数计算为：

$$\text{烘炉天数}=\frac{\text{各部位最大间隔膨胀率}}{\text{规定的最大日膨胀率}}=\frac{0.056}{0.03}=1.87(\mathrm{d})\approx 2(\mathrm{d})$$

9.2.4.2 最大日膨胀率计算

焦炉烘炉最大日膨胀率按式9-2计算：

$$\text{最大日膨胀率}=\frac{\text{各部位最大间隔膨胀率}}{\text{该部位烘炉天数}} \tag{9-2}$$

9.2.4.3 烘炉曲线制定

按照式9-1和式9-2分别计算出各温度间隔的烘炉天数和最大日膨胀率，形成烘炉天数计算表（见表9-7），再根据表9-7制定出烘炉计划表（见表9-8）及烘炉曲线图（见图9-1）。

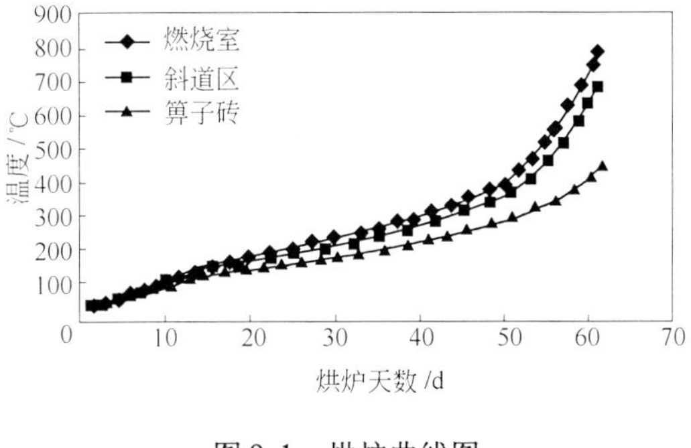

图9-1 烘炉曲线图

表 9-7　烘炉天数计算表

温度间隔/℃			最大间隔膨胀率/%				烘炉天数/d	每昼夜升温度数/℃			最大日膨胀率/%		
燃烧室	斜道区	箅子砖	燃烧室	斜道区	箅子砖	最大值		燃烧室	斜道区	箅子砖	燃烧室	斜道区	箅子砖
20~100	20~90	20~78	0.103	0.089	0.073	0.103	10	8	7	5.8	0.010	0.009	0.007
100~125	90~115	78~100	0.056	0.048	0.031	0.056	2	12.5	12.5	11	0.028	0.024	0.016
125~150	115~140	100~122	0.054	0.057	0.050	0.057	2	12.5	12.5	11	0.027	0.028	0.025
150~175	140~161	122~140	0.131	0.082	0.040	0.131	5	5	4.2	3.6	0.026	0.016	0.008
175~200	161~185	140~155	0.132	0.130	0.049	0.132	5	5	4.8	3	0.026	0.026	0.010
200~225	185~205	155~175	0.097	0.101	0.106	0.106	4	6.2	5	5	0.024	0.025	0.026
225~250	205~225	175~190	0.114	0.081	0.080	0.114	4	6.2	5	3.8	0.028	0.020	0.020
250~275	225~247	190~211	0.114	0.085	0.097	0.114	4	6.2	5.5	5.2	0.028	0.021	0.024
275~300	247~270	211~230	0.077	0.103	0.078	0.103	4	6.2	5.8	4.8	0.019	0.026	0.020
300~350	270~311	230~256	0.076	0.116	0.121	0.121	5	10	8.2	5.2	0.015	0.023	0.024
350~400	311~355	256~290	0.060	0.064	0.135	0.135	5	10	8.8	6.8	0.012	0.013	0.027
400~500	355~436	290~330	0.118	0.094	0.077	0.118	4	25	20.25	10	0.030	0.024	0.019
500~600	436~522	330~370	0.064	0.096	0.055	0.096	3	33.3	28.7	13.3	0.021	0.032	0.018
600~700	522~610	370~400	0.031	0.047	0.036	0.047	2	50	44	15	0.016	0.024	0.018
700~800	610~695	400~450	0.031	0.029	0.061	0.061	2	50	42.5	25	0.016	0.015	0.030

表 9-8 烘炉计划表

烘炉天数/d	计划达到温度/℃			烘炉天数/d	计划达到温度/℃		
	燃烧室	斜道区	箅子砖		燃烧室	斜道区	箅子砖
1	28	27	25	32	250	225	190
2	36	34	30	33	256	230	195
3	44	41	36	34	262	235	200
4	52	48	42	35	268	241	205
5	60	55	48	36	275	247	211
6	68	62	54	37	281	252	215
7	76	69	60	38	287	258	220
8	84	76	66	39	293	264	225
9	92	81	72	40	300	270	230
10	100	90	78	41	310	278	235
11	112	102	89	42	320	286	240
12	125	115	100	43	330	294	245
13	137	127	111	44	340	302	250
14	150	140	122	45	350	311	256
15	155	144	125	46	360	319	262
16	160	148	128	47	370	328	269
17	165	152	132	48	380	337	276
18	170	156	136	49	390	346	283
19	175	161	140	50	400	355	290
20	180	165	143	51	425	375	300
21	185	170	146	52	450	395	310
22	190	175	149	53	475	415	320
23	195	180	152	54	500	436	330
24	200	185	155	55	533	464	343
25	206	190	160	56	566	493	356
26	212	195	165	57	600	522	370
27	218	200	170	58	650	566	385
28	225	205	175	59	700	610	400
29	231	210	178	60	750	652	425
30	237	215	182	61	800	695	450
31	243	220	186				

9.3 烘炉前焦炉工程应达到的条件

焦炉烘炉一旦点火以后，就要连续不断地烘至具备开工条件。如遇特殊情况，也只能采取保温措施，而不能冷却至原始状态。为慎重起见，烘炉前焦炉的烟囱、烟道、炉体砌筑及土建工程、设备和各种设施的安装、计器仪表、全厂其他工程等都应达到相应的条件，才能点火烘炉。同时还必须重视外部配套工程的同步，如运输、输配电、给排水、炼焦煤源等。对焦炉的隐蔽工程，烘炉所用的预埋件和各种原始标志，在筑炉施工检查过程中就应严格按照有关规定和设计要求进行。现将相关工程应达到的条件分述如下。

9.3.1 烟囱和烟道工程

烟囱和烟道工程应达到的条件是：

（1）按设计完成所有工程的施工，包括烟囱本身的勾缝、喷浆、避雷装置、人孔及总烟道翻板后的全部工程，施工质量符合要求。

（2）烟囱和烟道周围应完成平土排水工程。若采用固体燃料烘炉，应准备堆放足够煤料的煤场。若采用气体燃料烘炉，则加热管线及其他设施应全部完工。

（3）根据图纸要求砌好烘烟囱和烟道的烘炉小灶。

（4）清扫干净烟囱、总烟道、分烟道的所有杂物和膨胀缝、沉降缝，并完成修整工作。

（5）总烟道、分烟道的测温管、测压管、临时测量孔及所有的计器部件安装完毕。

（6）总烟道、分烟道的勾缝、清扫、翻板处的严密工作应该完毕。

（7）总烟道、分烟道翻板转动灵活并做好开关标记。

（8）交换开闭器安装完成，底座与废气连接管处抹灰严密。

（9）烘烟囱及烟道小灶附近应设好工人休息室，行走通道应设有足够的照明。

（10）应在烘炉前 15 天结束烟囱和烟道工程，烘炉前 10 天左右开始烘烟囱（若焦炉烟囱用气体燃料烘烤，由于温度容易控制，加大气体燃料量烟囱吸力能很快得到调整，所以分烟道可以不用烘烤；若焦炉烟囱采用固体或液态燃料烘烤，则分烟道在焦炉点火烘炉前需提前 3 ~ 5 天进行烘烤），当烟囱吸力达到 120Pa、分烟道吸力达到 70 ~ 80Pa 时，可以进行炭化室点火烘炉。

9.3.2 焦炉砌筑及土建工程

焦炉砌筑及土建工程应达到的条件是：

（1）炉体在砌筑过程中已经根据有关技术规定的要求分部进行了检查、清扫工作。应特别注意蓄热室、斜道、炭化室部位的勾缝及清洁情况的检查。

（2）蓄热室格子砖安放完毕，封墙、炭化室火床、烘炉小灶砌筑刷浆完毕。

（3）炉体正面墙及抵抗墙膨胀缝清扫干净，塞好石棉绳并抹灰严密。

（4）抵抗墙顶烘炉小烟囱及烘炉小灶按设计要求砌筑合格。

（5）操作台加宽并搭设防雨棚（固体燃料烘炉时）。

（6）搭设测量炉体膨胀及护炉铁件用的走台和其他安全设施。

（7）抵抗墙牛腿滑动缝清扫干净并且要抹黄干油。

（8）焦炉两侧操作台与炉间台或炉端台衔接处应留有 1 ~ 2m 的空间不浇灌混凝土，待烘炉末期再浇灌。

（9）应安装各种测量所必需的基准点、抵抗墙上的线架，并做好测点的标记。

（10）全炉两侧及各层平台的所有操作地点、通道应清扫干净，并安装好照明设施。

（11）蓄热室机、焦侧走廊应砌好砖墙。

（12）炉头部位的小炉头用黏土砖干砌上，严禁有任何杂物掉入炉头与保护板或炉框的缝隙中。

（13）上述工程按烘炉要求全部验收合格。

9.3.3 炉体设备安装工程

炉体设备安装工程应达到的条件是：

（1）护炉铁件（保护板、炉柱、大小弹簧等）全部安装完毕，同时做好调整工作和冷态记录。

（2）机、焦侧操作台混凝土浇灌，拦焦车轨道基础安装及调整完毕，同时检查滑动点情况和操作台支柱垂直度情况。

（3）机、焦两侧及总烟道吸力导管安装好并接好仪表。

（4）若采用气体燃料烘炉，机焦两侧烘炉用煤气管道安装并试压合格，煤气管道上的压力导管、取样管、蒸汽清扫管、冷凝液排放管等已全部施工完毕。

（5）上下水工程验收合格并通水试压。

9.3.4 部分炉体部位的严密工作

部分炉体部位的严密工作应达到的条件是：

（1）所有的上升管底座、装煤孔、看火孔、蓄热室测温孔处都应严密。

（2）小烟道与小烟道弯管连接处应塞石棉绳抹灰密封。

（3）蓄热室封墙刷浆严密。

9.3.5 其他工程

其他工程应达到的条件是：

（1）备煤车间、炼焦车间的筛焦系统及回收车间的土建工程应全部施工完毕，同时各车间的设备安装工作应在焦炉开工前15天左右达到负荷试车条件。

（2）风、水、电、汽供应正常，炼焦用煤按设计的规定已完全落实用煤基地、数量、质量等事宜。

9.4 烘炉前炉体原始状况的检查与测量

9.4.1 炉体原始状态的检查

炉体原始状态的检查包括对烟道、蓄热室小烟道、立火道与炉顶、炭化室、护炉铁件及其他设备等部位的检查。

9.4.1.1 烟道部分

烟道部分的检查内容包括：

（1）总烟道翻板转动是否灵活，并进入烟道内检查其开关位置情况，做好转动方向标记。

（2）检查所有废气开闭器翻板的灵活情况并应标明开关位置。

（3）废气砣是否全部处于落下状态。

（4）交换开闭器进风口用石棉盲板挡严，其加工面上涂黄干油。

（5）交换开闭器与贫煤气连接管法兰处是否已经堵上盲板。

（6）检查小烟道连接管上的测温孔、测压孔丝堵是否好用。

（7）将交换开闭器翻板开度按规定调节好，依其距离烟囱的远近合理地调节其开启度。每15个左右的交换开闭器为一组，靠近烟囱的第一组交换开闭器翻板开到全开时的一半位置，往下每组交换开闭器翻板较前一组开启度增加1～2格。两端翻板开启要留有余地。

（8）交换开闭器按规定方向编好号。

9.4.1.2 蓄热室小烟道部分

蓄热室小烟道部分的检查内容包括：

（1）检查蓄热室封墙是否严密。

（2）两叉部与小烟道接头处是否严密，小烟道清扫孔是否全部盖严。

（3）蓄热室按规定方向编好号。

9.4.1.3 立火道与炉顶部位

立火道与炉顶部位的检查内容包括：

（1）燃烧室按规定方向编好号并确定好标准火道。

（2）检查全炉调节砖是否放好。

（3）检查全炉看火孔盖是否已抹好黄干油。

（4）上升管底座和装煤孔盖是否采取了严密措施。

9.4.1.4 炭化室部位

炭化室部位的检查内容包括：

（1）小炉灶砌好后，检查其表面是否全部刷浆。

（2）小炉灶进风口铁板是否已配备好。

（3）炭化室已按规定编好号并检查其烘炉孔是否畅通。

9.4.1.5 护炉铁件及其他设备

护炉铁件及其他设备的检查内容包括：

（1）检查大小弹簧是否已按规定吨位加压并调节完毕。

（2）测量炉长用的铁架是否完善并已准确地做好原始刻度。

（3）炉长及炉柱曲度测点、操作台支柱及抵抗墙垂直度测点等各项测点位置是否已经确定并做好原始标记。

（4）炉顶纵拉条上的松紧器是否已经调整好，螺丝需要提起一定的高度。

（5）如果采用固定燃料烘炉，则检查运煤胶带机是否安装完毕并运转正常。

（6）如果采用气体燃料烘炉，则检查煤气管道是否按规定安装完毕并试压合格，煤气管道的总开闭器是否关严，煤气支管旋塞是否好使，调节煤气流量的孔板规格和数量是否齐全。

(7) 如果采用液体燃料烘炉，则检查储油设备、泵、管道是否按设计规定安装完毕并试运转合格。

9.4.2 炉体原始状况的测量

炉体原始状况的测量包括炉长、炉高、炉柱曲度、大小弹簧、抵抗墙垂直度、操作台支柱垂直度、原始温度、保护板与炉柱间的间隙、保护板底部或炉框底部与其下部砌体凸台之间间隙等的测量。

9.4.2.1 炉长的测量

由施工单位测量队校准焦炉纵向中心的位置，待测量无误后，方可进行各部位炉长的测点定位，测点位置标记要明显，长久可靠，同时做好原始记录。

9.4.2.2 炉高的测量

测量标准燃烧室1、2、6、11、16、21、…、$n-1$、n号的机、中、焦立火道标高。

9.4.2.3 炉柱曲度的测量

在测量炉长的同时，测量好炉柱曲度（炉柱曲度测量方法参见第5章）并做好原始记录。

9.4.2.4 大小弹簧的测量

测量上下部大弹簧组及各部小弹簧的吨位，并检查上部机侧和焦侧拉丝扣的长度，同时做好记录。

9.4.2.5 抵抗墙垂直度的测量

按规定测量框架式抵抗墙的垂直度，做好明显而长久的测点位置的标记，并做好原始记录。

9.4.2.6 操作台支柱垂直度的测量

测量操作台支柱垂直度并检查机焦侧操作台滑动点的清洁情况，做好原始记录和标记。

9.4.2.7 原始温度的测量

测量燃烧室、蓄热室、小烟道、分烟道、总烟道的原始温度并做好记录。

9.4.2.8 测量保护板与炉柱间的间隙

测量保护板与炉柱间的间隙并做好原始记录。

9.4.2.9 测量保护板底部或炉框底部与其下部砌体凸台之间的间隙

测量保护板底部或炉框底部与其下部砌体凸台之间的间隙并做好原始记录。

9.5 烘炉前人材物的准备工作

焦炉的烘炉除了选择烘炉方案，制定烘炉曲线，焦炉筑炉、设备安装及其他工程应达到一定条件等以外，还需要做好其他方面的准备工作，这些工作包含的内容有人员的组织和培训、工具材料的准备、烘炉燃料的准备等。

烘炉用的燃料分为气体、液体和固体三种类型，本节以气体燃料烘炉的准备工作加以说明。

9.5.1 人员组织和培训

人员组织和培训主要指烘炉岗位设置和对烘炉人员的培训。

9.5.1.1 烘炉岗位设置

某厂50孔焦炉烘炉岗位人员设置见表9-9。

表9-9 烘炉岗位人员设置

烘炉岗位	白班人数	倒班人数（人×班）	合计人数
烘炉总负责人	1		1
炼焦工程师	1		1
统计员	1		1
材料员	1		1
安全员	1		1
护炉铁件组长	1		1
铁件工	10		10
热修组组长	1		1
热修工	10		10
废气分析工	1		1
值班长		1×4	4
炉顶测温工（含电工）		4×4	16
蓄热室测温工		3×4	12
烧火工		2×4	8
煤气压力调节工		1×4	4
总计人数			72

9.5.1.2 人员培训

提高烘炉人员的思想素质和技术水平是搞好烘炉工作的重要环节，所以烘炉前必须组织烘炉人员学习焦炉炉体结构及烘炉废气流动途径；决定烘炉的特殊性和重要性的焦炉硅砖的特性；烘炉计划的编制；烘炉用仪表、工具的使用；烘炉各岗位的操作规程；烘炉交接班制度；烘炉安全操作规程等。

通过培训和学习，全体烘炉人员能够做到基本原理清楚，熟悉基本操作，掌握安全技术，保证按时按质完成烘炉任务。

9.5.2 工具和材料的准备

为保证烘炉工作的正常开展，烘炉前必须准备好所需工具、材料，某厂 6m 50 孔焦炉气体燃料烘炉用主要工具、材料见表 9-10。

表 9-10 烘炉用主要工具、材料

序号	名称	规格	单位	数量	备注
1	热电偶	$L=2.5$m，0～1200℃	支	250	炉顶测温用
2	热电偶	$L=1.5$m，0～1200℃	支	50	蓄热室测温用
3	数字温度计	0～1200℃	台	2	测量热电偶温度用
4	玻璃温度计	0～500℃	支	150	
5	斜型压力表	−250～+250Pa	台	4	
6	U 形压力表	300mm	个	5	
7	U 形压力表	1m	个	5	
8	高温计	红外、光学			
9	废气分析仪		台	2	备齐药品、用品及取样工具
10	钢板尺	300mm、600mm、1000mm			铁件测量用
11	钢卷尺	3m、50m			铁件测量用
12	棘轮扳手		个	2	调横拉条弹簧用
13	套筒扳手		套	1	
14	钢锯弓		个	2	备好钢锯条
15	活扳手	200mm、250mm、300mm、400mm、450mm			铁件调节用
16	梅花扳手	14、17、19、22、24、27、32			
17	管钳	150mm、300mm、450mm、600mm、900mm			铁件调节用
18	字头		套	1	
19	铁剪子	直、弯	把	各 1	
20	布剪子		把	1	
21	扁铲				
22	克丝钳子		把	2	
23	尖嘴钳子		把	2	
24	梅花螺丝刀	200mm	把	3	
25	一字形螺丝刀	200mm	把	3	
26	大锤	6kg	把	2	
27	方型手锤		把	2	

续表 9-10

序 号	名 称	规 格	单 位	数 量	备 注
28	30mm 角铁	150mm 长	根	250	支废气砣用
29	升降梯	人字形、直型 5m	个	各 1	
30	酒 精				斜型表用
31	砂 布				擦砣杆用
32	2 号锂基脂		桶	10	
33	洗 油		桶	1	
34	机 油				根据需要
35	黑胶皮	5mm	卷	5	
36	橡胶石棉板	3mm			根据需要
37	乳胶管		m	30	
38	氧气带				
39	胶 管	15mm、20mm、25mm			
40	钢 线	1mm	m	500	
41	铁 线	8 号、10 号、22 号			根据需要
42	紧线器	300mm	个	10	铁件紧测量钢线用
43	尼龙绳				
44	麻绳子				调大弹簧用
45	生料袋				
46	测温火钩		个	10	
47	乳胶手套		副	20	洗旋塞用
48	油 漆	白、红、黄			
49	玻璃水		桶	1	
50	液化气罐		个	1	点煤气火用

9.5.3 燃料的准备

烘炉用燃料的消耗随着烘炉速度和时间的不同而有所不同，同时还与燃料本身的质量和烘炉的操作有关。下面就三种燃料的准备工作分别加以说明。

9.5.3.1 气体燃料的准备

采用气体燃料（焦炉煤气、高炉煤气）烘炉要保证气源充足。气体燃料烘炉消耗量指标见表 9-11。

表 9-11 气体燃料烘炉消耗量指标

煤气种类	发热量/$MJ \cdot m^{-3}$	单孔总消耗量/m^3	煤气流量/$m^3 \cdot h^{-1}$	
			65 孔	42 孔
焦炉煤气	17.56	27600	1289	833
高炉煤气	3.76	145900	6813	4402

根据表 9-11 的要求，由选取的烘炉煤气种类来计算总消耗量并进行总的煤气平衡。

为了进一步了解烘炉的不同温度阶段气体燃料的消耗情况，根据经验和有关资料可参照表 9-12 进行不同温度范围时的煤气平衡。

表 9-12　不同温度范围时的焦炉煤气消耗分配

温度范围/℃	煤气耗量与总耗量的比例/%	单孔总耗量/m^3	烘炉天数/d	煤气流量/$m^3 \cdot h^{-1}$	
				65 孔	42 孔
0 ~ 100	4.5	1242	8	420	272
100 ~ 150	5.3	1463	4	991	640
150 ~ 250	17.4	4802	13.5	963	622
250 ~ 300	12.7	3505	6.5	1460	944
300 ~ 500	27.3	7535	10.5	1944	1256
500 ~ 750	32.8	9053	8	3065	1980

若采用高炉煤气，则不同温度范围时的煤气平衡分配情况见表 9-13。

表 9-13　不同温度范围时的高炉煤气消耗分配

温度范围/℃	煤气耗量与总耗量的比例/%	单孔总耗量/m^3	烘炉天数/d	煤气流量/$m^3 \cdot h^{-1}$	
				65 孔	42 孔
0 ~ 300	39	56901	32	4816	2667
300 ~ 900	61	88999	24.5	9838	5449

烘炉用煤气除了保证足够的煤气流量以外，还需保持一定的煤气压力。煤气主管压力不能低于 1000Pa，支管压力不能低于 300Pa，烧高炉煤气时，其支管压力不能大于 1200Pa。

9.5.3.2 固体燃料的准备

采用固体燃料烘炉时工作量大，条件艰苦，烘炉时间也较长。所以，在准备用固体燃料烘炉时对其烘炉煤的质量提出了一定的要求。

根据烘炉的工艺特点，要求烘炉煤的挥发分高，一般要大于 36%，灰分低（小于 10%），灰分熔点在 1400℃以上，这样的烘炉煤产生的热气流大，炉灰少，烧炉时在烘炉小灶内不结渣，透气性好，操作方便。烘炉初期炉温较低，可采用块度较小的煤（10 ~ 50mm）；随着炉温的升高，用煤块度要适当加大；当转入内部炉灶加热时，宜采用块度大于 80mm 的煤块，从而使透气性良好，保证升温速度按照计划进行。可见对烘炉煤应事先进行筛选分类，按升温需要供给不同块度的煤。

用固体燃料烘炉时的煤耗用量见表 9-14。

表 9-14　煤烘炉耗用量参考表

燃料种类	主要质量指标			单座焦炉的总耗用量/t	
	挥发分 V_d/%	灰分 A_d/%	灰熔点/℃	65 孔	42 孔
煤	>36	<10	>1400	2080	1344

与气体燃料烘炉一样，在不同的温度范围内其耗用的煤量是不同的。不同温度范围烘炉用煤量见表 9-15。

表 9-15 不同温度范围烘炉用煤量

温度范围/℃	煤耗量与总耗量的比例/%	烘炉天数/d	单座焦炉的日耗煤量/t	
			65 孔	42 孔
0 ~ 100	4.6	8	11.96	7.73
100 ~ 150	4.6	4	23.92	15.46
150 ~ 250	11.4	13.5	17.56	11.35
250 ~ 300	6.4	6.5	20.48	13.23
300 ~ 500	18.0	10.5	35.66	23.04
500 ~ 700	27.0	8	70.2	45.36
700 ~ 900	14.0	6	48.5	31.36
900 ~ 950	14.0	1.5	194.0	125.44

9.5.3.3 液体燃料的准备

当烘炉温度达到 450℃以后时，可以采用液体燃料烘炉，在 450℃以前仍采用固体燃料烘炉。对烘炉用液体燃料的质量也有一定的要求：一是要求无固体杂质，以免在燃烧时堵塞喷嘴；二是要求水分含量小，一般不能大于 2%；三是要求有较高的发热量。炉温达到 450℃后液体燃料烘炉耗用量见表 9-16。

表 9-16 炉温达到 450℃后液体燃料烘炉耗用量

燃料种类	燃料油质量指标			单座焦炉总耗用量/t	
	固体杂质	水分/%	发热量/$GJ \cdot t^{-1}$	65 孔	42 孔
油 类	无	≤2	35.5 ~ 41.8	553	357

9.6 烘炉加热操作与管理

9.6.1 烘炉点火及操作

焦炉烘炉点火包括烟囱点火、分烟道点火及机焦侧小炉灶点火。

9.6.1.1 烟囱和分烟道的点火及操作

如果是第一座焦炉的烘炉，首先就需要烘烟囱。烘烟囱的目的是赶走烟囱砌体中的水分，使烟囱产生一定的吸力。烟囱点火烘烤的条件为：

（1）烟囱小灶点火前总烟道翻板、分烟道翻板处于关闭状态。

（2）烟囱小灶点火前，先在烟囱内的下部加热 1 ~ 2 天，以驱散下部部分水分。

（3）点燃两个烘烟囱的小炉灶进行烘烤（如气体燃料烘烟囱不设小炉灶，只需把 ϕ80mm 的煤气管导入烟囱内点燃即可），控制其日升温速度不大于 30℃。

（4）用固体燃料烘炉时，应在炭化室小炉灶点火前 10 天左右进行烟囱的烘烤。

(5) 用气体燃料烘炉时，应在炭化室小炉灶点火前7天左右进行烟囱的烘烤。

(6) 烟囱吸力达到100~150Pa时，可停止对烟囱的烘烤。

(7) 分烟道小炉灶点火前，所有交换开闭器的废气砣全部落下。

(8) 打开通往总烟道的机焦侧分烟道翻板，并点燃分烟道的烘炉小灶（固体燃料烘炉时）。

(9) 分烟道吸力达到70~80Pa时，才具备炭化室烘炉小灶点火的条件。

9.6.1.2 炭化室小炉灶的点火及一般操作

炭化室小炉灶的点火及一般操作为：

(1) 无论采用何种燃料烘炉，其炭化室小炉灶产生的载热气流要求均匀分布在炉体各部位。烘炉时载热气流的流动途径如图9-2所示。

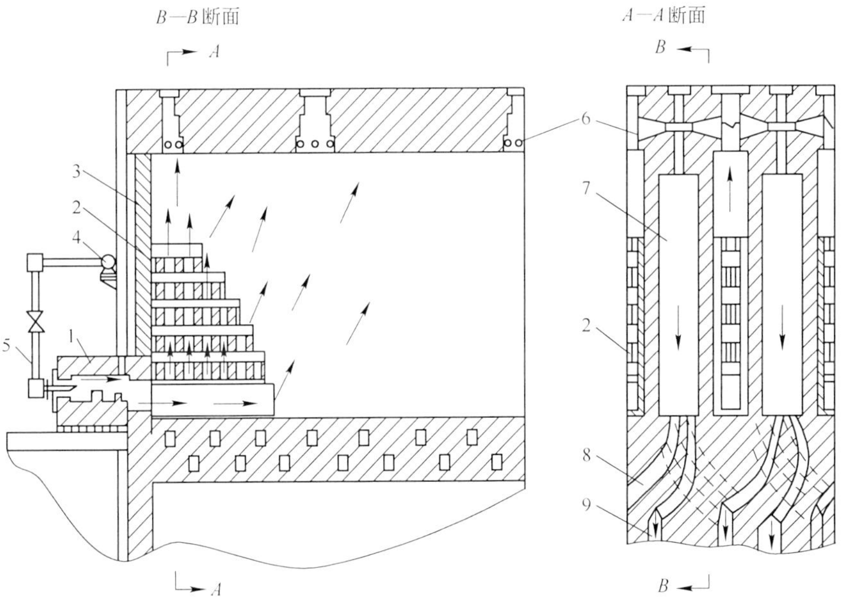

图9-2 烘炉时载热气体的流动途径

1—烘炉小灶；2—火床；3—封墙；4—烘炉煤气管道；5—小支管；6—烘炉孔；7—燃烧室；8—斜道；9—蓄热室

(2) 将全部交换开闭器的废气砣用木杆或角铁支起，其支起高度为150mm左右。在进风门处放置橡胶石棉板将空气通道盖严。

(3) 调节机、焦侧烟道翻板，保持分烟道吸力为50Pa。

(4) 使用点火设备，从炉子机侧一端的双数（或单数）炭化室小炉灶、焦侧的单数（或双数）炭化室小炉灶开始点火，同时将已点火和未点火的小炉灶一、二次进风口全部打开。

(5) 在机侧双数（或单数）、焦侧单数（或双数）烘炉小灶全部点火的2~3天后，将焦炉四角抵抗墙烘炉小灶点火。

(6) 用气体燃料烘炉时，当燃烧室温度升至50~70℃时，可将未点火的其他小炉灶全部点火。

（7）用固体燃料烘炉时，当燃烧室温度升至 60 ~ 70℃时，可将未点火的其他小炉灶全部点火。

（8）当用固体燃料烘炉时，于小炉灶点火前在炉箅条上四周盖上红砖，使加热面积为 400mm × 250mm，并在炉箅条上铺刨花和木柴，以便点火易燃。当木柴被点燃以后再加入烟煤。

（9）用固体燃料烘炉时，当温度达到 450 ~ 500℃后拆除外部烘炉小灶，改为内部火床加热。

（10）用气体燃料烘炉时，当炉温达到 750 ~ 850℃时，焦炉改为正常加热。

9.6.2 炉体各部温度的测量

温度测量是掌握烘炉过程中焦炉各部位升温情况的基本方法，也是热工调节的一个主要依据。

9.6.2.1 燃烧室温度的测量

A 标准燃烧室的选择

标准燃烧室的选择一是应有代表性，二是应在全炉分布比较均匀。一般情况可选择边燃烧室 2 ~ 3 个，如 1、2、3、…、$n-2$、$n-1$、n，中间部位一般相隔 4 ~ 5 个燃烧室取 1 个作为标准燃烧室。也可以采用更多的燃烧室作为标准燃烧室，如每间隔 1 个取 1 个，这样虽然分布更为均匀，但是工作量太大，不宜采用。

B 管理火道的选择

管理火道的选择除了满足焦炉纵向温度代表性要求以外，其横排温度也要具有一定的代表性，所以需选择一定数量的管理火道作为温度测量的地点。

C 温度的测量

每 4h 测量 1 次标准燃烧室的管理火道温度，测温顺序统一为由交换机一端的焦侧开始，机侧返回。

可采用计算机自动进行测量并计算平均温度值的方法，发现个别温度异常的使用毫伏表进行测量。每班需要校对计算机测量的准确性。

9.6.2.2 直行温度的测量

为检查控制全炉温度的均匀性，一般选择焦炉生产时准备采用的标准火道作为直行温度测量的地点。每班测量一次直行温度，也可采用计算机自动进行测量和管理。

9.6.2.3 横排温度的测量

为了进一步了解烘炉温度横向分布的情况，可选取位于焦炉中部的 1 个或 2 个燃烧室为代表号进行横排温度的测量。每班测量一次直行温度，也可采用计算机自动进行测量和管理。

9.6.2.4 蓄热室温度的测量

选择标准蓄热室号如同选择标准燃烧室一样，一要有代表性，二要分布比较均匀。

A 蓄热室顶部温度的测量

每4h测量1次蓄热室顶部温度，由焦侧交换机端开始，机侧返回，蓄热室顶部测温管插入深度距封墙内边为1.5m。也可采用计算机自动进行测量和管理。

B 箅子砖温度的测量

每4h测量1次箅子砖的温度，由焦侧交换机端开始，机侧返回，箅子砖测温管插入深度距封墙内边为1.5m。也可采用计算机自动进行测量和管理。

C 小烟道温度的测量

小烟道温度的测量应将500℃温度计插入废气两叉部断面中心处，每4h测量1次。

9.6.2.5 烟道温度的测量

烟道温度的测量地点应在机焦侧烟道翻板和总烟道大闸门之前，每2h测量1次，并计算其平均值。也可采用计算机自动进行测量和管理。

9.6.2.6 抵抗墙温度的测量

在450℃以前，每4h测量1次焦炉两端抵抗墙所有立火道的温度并做好记录，计算其平均值。也可采用计算机自动进行测量和管理。

9.6.2.7 举例说明

某焦化厂50孔6m焦炉采用计算机温度管理，其烘炉期间温度监测见表9-17。

表9-17 烘炉期间温度监测

序号	监测项目	工具	监测点	位置	频度	说明
1	直行温度	热电偶高温计	全炉第8、第25火道	距炉顶面2.5m	每5min 1次	检查控制全炉温度的均匀性
2	横墙温度	热电偶	26号燃烧室的所有火道	距炉顶面2.5m	每5min 1次	检查焦炉横向温度分布
3	管理火道温度	热电偶高温计	1号、2号、6号、11号、16号、21号、26号、31号、36号、41号、46号、50号、51号燃烧室的1、3、8、14、19、25、30、32火道	距炉顶面2.5m	每5min 1次	用做升温控制
4	蓄热室顶部温度	热电偶	2号、6号、11号、16号、21号、26号、31号、36号、41号、46号、51号蓄热室的机焦两侧	距封墙表面1.5m（蓄热室测温孔）	每5min 1次	检查焦炉高向温度分布
5	箅子砖温度	热电偶	2号、6号、11号、16号、21号、26号、31号、36号、41号、46号、51号蓄热室的机焦两侧	距封墙表面1.5m	每5min 1次	检查焦炉高向温度分布

续表 9-17

序号	监测项目	工 具	监 测 点	位 置	频 度	说 明
6	小烟道温度	500℃温度计	2 号、6 号、11 号、16 号、21 号、26 号、31 号、36 号、41 号、46 号、51 号蓄热室的机焦两侧	小烟道两叉部	每班一次	
7	总分烟道温度	热电偶	总分烟道测温孔	烟道中心附近	每 5min 1 次	检查焦炉温度分布
8	抵抗墙温度	热电偶	抵抗墙顶部测温孔	距炉顶面 2 ~ 2.5m	每 5min 1 次	检查焦炉温度分布
9	煤气温度	玻璃温度计	煤气总管测温点		每班 1 次	
10	大气温度	玻璃温度计	不受炉温及阳光辐射影响的地方		每班 1 次	

9.6.3 升温操作及管理

焦炉烘炉升温操作必须按烘炉计划的升温要求严格执行，这样才能保证炉体各部位温度均匀上升，以便使其各部位能均匀安全地膨胀，避免炉墙出现裂纹，保持砌体的完整性和严密性。

9.6.3.1 升温操作和管理的基本要求

A 计划升温波动误差的要求

由于硅砖在不同温度范围内有着不同的膨胀量，尤其是在 250℃以前有 3 个转化点，体积变化较为剧烈，因此对不同的温度范围，其允许波动的温度要求是有差别的。不同温度范围对波动误差的要求见表 9-18。

表 9-18 不同温度范围对波动误差的要求

温度范围/℃	允许波动温度/℃
0 ~ 250	±1
250 ~ 400	±2
400 ~ 600	±3
>600	±5

十分明显，在温度较低的阶段，要求温度波动小，随着炉温的升高，其炉温波动允许值逐步增大。

烘炉期间不允许温度下降，但也不能超计划升温，如果上班已达到甚至超过本班的升温计划时，则应保温，不应再继续升温。

B 焦炉上下温度分布的要求

为了保证焦炉上下砌体相适应的膨胀而不致彼此拉裂，对上下部砌体温度的分配比例提出了一定的要求。烘炉期间焦炉上下部位温度分配可参见表 9-19。

表 9-19 烘炉期间焦炉上下部位温度分配

烘炉阶段	温度比
烘炉初期	$T_{蓄热室}/T_{燃烧室} \geqslant 0.95$
	$T_{箅子砖}/T_{燃烧室} \approx 0.80$
烘炉末期	$T_{蓄热室}/T_{燃烧室} \approx 0.85$
	$T_{箅子砖} < 450℃$

采用增加或减少空气过剩系数的办法，是可以基本保证烘炉期间上述温度比例的。例如：当发现燃烧室温度上升、蓄热室温度下降或不变时，可增加空气过剩量；如果燃烧室温度偏低、蓄热室温度明显升高，则应减少空气过剩量；再若燃烧室和蓄热室温度普遍升高或降低，则在保持空气过剩量不变的前提下，采用减少或增加煤气流量的办法来降低或提高炉温。

烘炉初期为防止水汽在小烟道内凝结，应保持较大的空气过剩系数，以增大废气体积，减少废气出入的温度，所以此时二次风门全打开。随着温度的升高和燃烧量的增加，空气过剩系数将逐步减少，这时要注意控制一定的烟道吸力和小灶进风门的开度。烟道吸力的大小直接影响进入炉内空气量的多少，从而影响温度的变化。不同温度区间内空气过剩系数的控制计划可参见表 9-20。

表 9-20 不同温度区间内空气过剩系数的控制计划

温度区间/℃	空气过剩系数	小烟道露点/℃	小烟道计划温度/℃
0 ~ 50	50	15	40
50 ~ 100	26	19.6	78
100 ~ 150	23	21.0	122
150 ~ 200	18	23.5	155
200 ~ 250	10	31.0	190
250 ~ 300	8	34.4	230
300 ~ 350	7	36.0	256
350 ~ 400	5	41	290
400 ~ 500	4	43	330
500 ~ 600	2	46	370
600 ~ 700	1.5	49	400
700 ~ 800	1.3	52	450

很明显，小烟道温度总是比其露点温度要高，特别是在干燥期，蓄热室下部温度必须保证气体中夹带的水分在小烟道部位不从废气中凝结出来。只有在空气利用系数太小，而小烟道温度又达不到要求时，才有实际温度低于露点温度的可能性。

C 其他操作要求

在整个烘炉过程中，烟道吸力的数值大致稳定在一定的范围内，烘炉初期，为有利于炉体干燥，空气量较大，但因燃烧量少且二次风门全打开，所以烟道吸力稍大；干燥期结束后，二次风门全关闭，空气量逐渐减少，但因燃料量逐步增加，所以烟道吸力降低不多。当火道温度达到 180 ~200℃左右时，为使看火孔压力转为正压，烟道吸力降到最低。以后随燃料量的增加，烟道吸力又逐步增大。

当燃烧室温度达到 180 ~200℃时，主要由炉内热浮力作用使立火道看火孔的压力转为正压，这样有利于炉顶部位的干燥和升温，也有利于防止冷空气进入炉内。适当降低烟道吸力，有利于看火孔转为正压，但这并不是主要手段，因为如上所述，烟道吸力应保证炉温稳定地按计划、按比例地升温。

此外，烟道吸力还影响炉体上下的温度分布，一般吸力加大，有利于下部温度的提高，减少吸力则对上部温度提高有利。由于烟道吸力的变动对温度影响较明显，且烟道吸力还和燃料量、燃料的种类、风门开度等有关，因此，整个烘炉期间应注意稳定烟道吸力，并使炉温及其分布做少量调节，以便控制炉温及上下部温度分配比例。

大气温度的变化（特别是烘炉初期，空气量最大时）对炉温影响很大，风向的改变也会影响炉温，所以应注意及时调节，炉体的严密也是保证炉温均匀上升的一个重要措施，特别是在负压阶段，如不及时对炉体各部位进行严密，就会使冷空气吸入而加大炉体各部位的温度差，并容易导致炉体表面产生裂纹，所以应加强封墙、小炉灶及炉体各部位的密封工作。在炉温管理中，还应注意横排温度的调节。由于炉头的散热，以及火焰长度和烘炉孔的位置等因素的影响，因此一般燃烧室的横排温度是不均匀的，炉头稍低，各侧的中部稍高，烘炉过程中，横排温度一般不易调节，但应通过严密封墙和控制一次风门，防止炉头火道温度过低，这在炉温较高时尤为重要。

9.6.3.2 气体燃料烘炉

气体燃料烘炉升温和管理的基本要点是：

（1）煤气烘炉时加热设备的配备如图 9-3 所示。

（2）气体燃料烘炉应符合计划升温误差波动和上下温差比的要求。

（3）炉温调节的主要办法是更换烘炉小孔板直径。每个炉灶煤气入口支管上的孔板一般为 ϕ5mm、ϕ8mm、ϕ13mm、ϕ19mm 共 4 种规格，视流量和压力的增加程度逐个更换孔板。

（4）两侧煤气流量的控制主要采用更换不同孔径的孔板的方法。孔板一般分为 3 种规格同时安装，视流量和压力需要逐个抽出孔板。

（5）在整个烘炉过程中，烘炉小灶进风口的开度应保持全炉一致，禁止用改变个别进风口开度的方法调节个别燃烧室温度。

（6）在烘炉初期，一次进风口的开度要保持最大，而且所有小炉应保持一致，二次进风口也要全部打开。

（7）随着焦炉温度的提高，过剩空气量不断减少，在炉温达到 170℃之前分 3 ~4 次逐步关死二次进风口，以防止炉温波动。

（8）焦炉改为正常加热后，为了防止小烟道温度下降，必须迅速提高燃烧室温度，使其达到 1150 ~1200℃。每昼夜可按 50 ~70℃的速度升温。

（9）从焦炉改为正常加热的初次换向时起，就应规定加热系统的压力、温度制度。

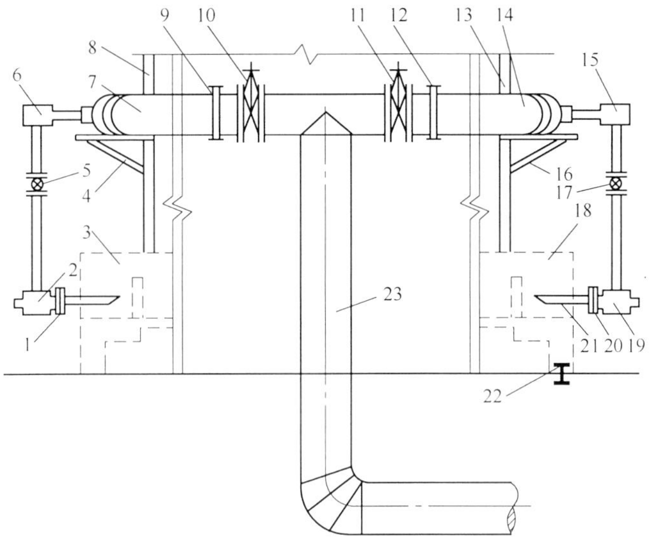

图9-3 煤气烘炉时加热设备的配备

1—机侧支管小孔板；2—机侧支管四通；3—机侧烘炉小灶；4—机侧煤气管支架；5—机侧支管旋塞；6—机侧支管三通；7—机侧煤气管；8—机侧炉柱；9—机侧煤气流量孔板；10—机侧煤气开闭器；11—焦侧煤气开闭器；12—焦侧煤气流量孔板；13—焦侧炉柱；14—焦侧煤气管；15—焦侧煤气支管三通；16—焦侧煤气管支架；17—焦侧煤气支管旋塞；18—焦侧烘炉小灶；19—焦侧支管四通；20—焦侧支管孔板；21—焦侧煤气燃烧管；22—焦侧内轨；23—煤气主管

（10）如果焦炉需要保温，则应在燃烧室温度为350～500℃之间时进行。如炉温太高，一是浪费燃料，二是不宜控制。保温时为防止小烟道温度升得过高，应尽可能保持最小的空气过剩系数，其α值大约为1.5～2.0。应当采取的措施是减少烟道吸力及降低废气砣提起的高度。降低温度的具体数值应视温度高低的具体情况而定，温度较高，降低值可稍大一些。

（11）烘炉时，热气流若能在燃烧室里均匀分布，则是保证焦炉炉体均匀膨胀的重要一环。为了达到这一目的，要采取合理调节吸力的办法。其总的供热量用烘炉小孔板直径的变化来调节，所以要求加工的小孔板要光滑，孔板尺寸精度要求在±0.1mm的误差范围内，同时必须准确地测量其孔径。

（12）根据不同的烘炉阶段，采用不同的孔板直径。随着炉温的升高，煤气用量将增大。当使用某一种孔板的孔径时，增加流量就应增加煤气压力，若压力提高到大于2000Pa，且炉温仍不能上升时，就应当将该种孔径的孔板更换为较大孔径的孔板。

（13）边燃烧室孔板直径可按下面的经验公式进行计算：

$$\frac{D_{边}^2}{D_{中}^2} = 1.3 \sim 1.5 \tag{9-3}$$

式中 $D_{边}$——边燃烧室孔板直径，mm；

$D_{中}$——中部燃烧室孔板直径，mm。

一般情况下可从倍数较低的孔径用起。

（14）在更换孔板前后，如果需要保持煤气流量不变，可按下述公式近似地计算出操作的煤气压力值：

$$\frac{p_1}{p_2}=\frac{D_2^2}{D_1^2} \tag{9-4}$$

式中 p_1——更换孔板前机侧（或焦侧）煤气压力，Pa；

p_2——更换孔板后机侧（或焦侧）煤气压力，Pa；

D_1——更换孔板前机侧（或焦侧）孔板直径，mm；

D_2——更换孔板后机侧（或焦侧）孔板直径，mm。

可利用式 9-4 进行估算，预测出更换孔板后的煤气压力，再根据实际炉温情况酌情调整。

（15）更换孔板的操作要求迅速，要尽快把烘炉人员集中起来，实行分段包干负责的办法，尽快完成更换孔板的任务，防止炉温波动。

（16）当沿直行方向上出现燃烧室炉温与全炉平均温度相差较大的炉室时，应首先查明原因，检查小孔板孔径是否被煤气中的冷凝物堵塞而使其孔径变小；检查通过烘炉小炉水平方向上的小支管是否有积水；检查进风门开度及吸力是否合理等。当确认不存在上述原因时，就应当对个别炉号更换不同孔径的孔板，以此来减小温差。

（17）烘炉升温，既要防止炉温下降又要防止炉温猛升。在改变煤气量和空气量时，不要一次改变过多，应当考虑炉温上升和下降的惯性，坚持“处理一点，照顾全面”的原则。

（18）严格煤气管道、管件的管理工作。首先对烘炉用的临时煤气管道、管件要按正常的煤气管道安装技术条件进行安装、试压和验收。煤气管道的总闸门应开到一定的高度，要保证煤气总管的压力大于 2000Pa。机焦两侧煤气分管的压力用两侧煤气开闭器进行调节。

煤气管道上的排冷凝液的支管旋塞应当关闭，并由专人定期打开排放冷凝液。

煤气导入管件上的四通、法兰面处应抹铅油密封，并定期用火把检查煤气管件的严密性。

（19）暂停烘炉的具体操作。因为某种原因需要停止烘炉时，也同样需要进行正确的操作。当有计划地停炉时，烧火工应按顺序将煤气旋塞关闭，保证机焦两侧煤气管道的压力不得低于 500Pa；将风口用耐火泥抹严（若停止时间很短，则可不用抹泥）；把机焦两侧的分烟道翻板关死，总烟道闸门可适当调节，将废气砣全部落下。

若因修理和清扫煤气管道而较长时间停煤气时，应往煤气管道中通入蒸汽，由放散管进行放散。

当突然停火时，应迅速关闭煤气总管开闭器，烧火工应将煤气小支管上的旋塞关闭并检查关闭位置是否恰当、是否严密，同时应通知有关计器人员。在处理完煤气后，立即将机焦侧分烟道调节翻板关死。如果停火时间较长，可按计划停炉的有关规定执行。

（20）停火后的继续点火升温操作。首先应将空气及废气系统恢复到停火前的状况（如分总烟道吸力、废气砣支起的高度等）。在停煤气时，如果煤气主管压力降得很低，甚至为零，那么应对煤气管道进行蒸汽吹扫放散，在扫汽后通煤气进行放散，并在取样口取煤气样做爆发试验，待爆发试验合格后才可以进行送煤气操作。在送完煤气后，要检查煤气支管旋塞开启程度、火焰燃烧情况、计器仪表的运转情况等。

9.6.3.3 固体燃料烘炉

固体燃料烘炉升温和管理的基本要点是:

(1) 升温操作的主要方法是增加每小时的加煤量和缩短透灰时间，做到“三定”、“两勤”(即定时、定量加煤，定时透灰；勤观察、勤检查)，从而保证升温的稳定。

(2) 随着炉温的升高，根据需要可把小炉灶内炉箅子上的红砖取出，以增大燃烧面积。

(3) 在测温前和测温期间不进行加煤和透灰的操作，以免影响测温的准确性。

(4) 应随时检查所有小炉灶的燃烧情况，根据温度的变化适时地调整个别炉号的加煤和透灰操作。

(5) 在操作过程中，要防止小炉灶内结瘤，如果发现结瘤应及时透通，但不准任意拨动火源，以保证正常燃烧。

(6) 如果小炉灶向外喷火，应及时查找原因，检查小炉灶是否倒塌、炉箅子是否弯曲等并及时处理。

(7) 当炉温达到500℃以后，可进行拆除外部炉灶的工作，同时改为内部火床加热。

(8) 改为内部火床加热的操作要及时而迅速，防止大量冷空气进入炉内，以避免炉温的波动，尤其要注意防止炉温的下降。

(9) 拆除外部小炉灶时，机焦侧不得同时进行，例如：可先扒机侧单数（或双数）小炉灶，后扒焦侧双数（或单数）小炉灶，或者按先焦侧后机侧的方向进行扒除。一次扒4~6个外部小炉灶（以4~6个小炉灶为一串），当扒完第一串后，扒下一串的准备工作已经完毕，方可继续扒第二串，其他以此类推。

(10) 为了防止炉温的波动和降低，除了需要拆除的小炉灶不再加料外，其相邻两烘炉小炉灶应稍加煤量和增加透灰时间，以增加热量，弥补拆除小炉灶时造成的热量损失，这样才能保证炉温不降低。

(11) 在拆除外部小炉灶前，应将被拆除号的封墙上的第二孔扒开，将该号小炉灶燃烧着的红煤块加入内部火床并加煤燃烧。当内部炉灶已稳定燃烧后，才允许开始拆除外部小炉灶。

(12) 当拆除完一侧的单数（或双数）号后，再拆除另一侧的双数（或单数）号，这样交叉进行直至拆除完毕。在全部改为内部火床加热后，应即刻进行温度的测量。要特别注意防止炉头温度的猛升，同时要注意边燃烧室的升温情况。

(13) 随着升温操作的需要，应逐步缩短加煤和透灰的时间。当炉温升高至850℃后至装煤前，应迅速提高炉温达900℃以上，应当采取的措施是在煤中添加燃料油或者从装煤孔处往炭化室内投入大块煤。

(14) 在烘炉后期，要用专用工具定期清扫干燥孔，清扫时动作要迅速，以免损失大量热量。

(15) 机焦侧小炉灶的加煤和透灰操作要分开进行。如机侧单数（或双数）号，焦侧就应当双数（或单数）号。

(16) 对于炉温偏高或偏低的处理，在查明原因后要采取相应的措施。如某侧炉温偏高或偏低，主要原因可能是以下三个：一是该侧分烟道吸力值不正常；二是该侧小炉的进风门面积不合理；三是外界风力的影响。当确定是哪种原因后，应及时处理，如增大或减小分烟道吸力；增大或减小进风门面积；至于外界风力的影响也要视具体情况采取一定的措施。

（17）个别炉号炉温偏高（或偏低），其原因可能有三个：一是加煤量过多（或过少），加煤次数过多（或过少）；二是透灰时间和次数过多（或过少）；三是废气瓣翻板开度过大（或过小）。要根据不同情况调节加煤量和加煤次数、透灰时间和次数、废气阀的翻板开度。

（18）上下温度差的调节。在烘炉的初期、末期要按照规定的温度比例进行炉温的控制和调节。全炉或个别燃烧室与蓄热室温度比值过小，可能是由于烟道吸力过大或空气过剩系数过大造成的，可以采取减小烟道吸力、关小进风门开度的办法来处理。全炉或个别燃烧室与蓄热室温度比值过大，则可能是由下列原因造成的：

1）烟道吸力偏小；

2）空气利用系数小；

3）蓄热室测温铁管短，铁管插入不严；

4）蓄热室封墙不严。

针对上述问题，应当采取相应的措施是：

1）加大烟道吸力；

2）加大小炉灶进风门开度；

3）增加蓄热室测温管长度并严密铁管插入处；

4）蓄热室封墙刷浆严密。

（19）抵抗墙温度的控制和管理。抵抗墙温度在整个烘炉期间都不应低于边燃烧室温度过多，但又不应高于边燃烧室温度。当抵抗墙测温点温度达到450～500℃时，便可以停止烘炉小炉灶的加热。此后抵抗墙温度将随着边燃烧室温度的提高而上升。

（20）在上述各项温度的调节和管理过程中，不可忽视的一个问题是要注意天气和大气温度的变化。

9.6.3.4 液体燃料烘炉

液体燃料烘炉升温和管理的基本要点是：

（1）固体—液体燃料烘炉，一般是450℃以前采用外部炉灶加热、固体燃料烘炉，而在450℃以后采用内部炉灶加热、液体燃料烘炉的办法。用固体燃料烘炉的点火、升温操作及管理办法前面已经介绍了，这里不再赘述。用液体燃料烘炉主要靠调节油量、调节压缩空气量、改善油的雾化程度等操作来调节炉温。

（2）高置槽油烘炉时的供油工艺流程如图9-4所示。

（3）油烘炉用喷嘴如图9-5所示。

（4）烘炉用各种油管线要按规定试压合格，在烘炉改为油燃烧加热以前要进行试喷烧，以检验喷射燃烧设备是否良好。

（5）在改用内部炉灶用油加热时，为避免炉温上升过快，机焦两侧应采取交替进行的办法。如果机侧单数炉室（或双数炉室）改为油加热，则焦侧双数炉室（或单数炉室）改为油加热。其余炉室仍为外部炉灶固体燃料加热，待炉温基本稳定后，再按上述原则进行其余炉室的改油燃烧加热操作。

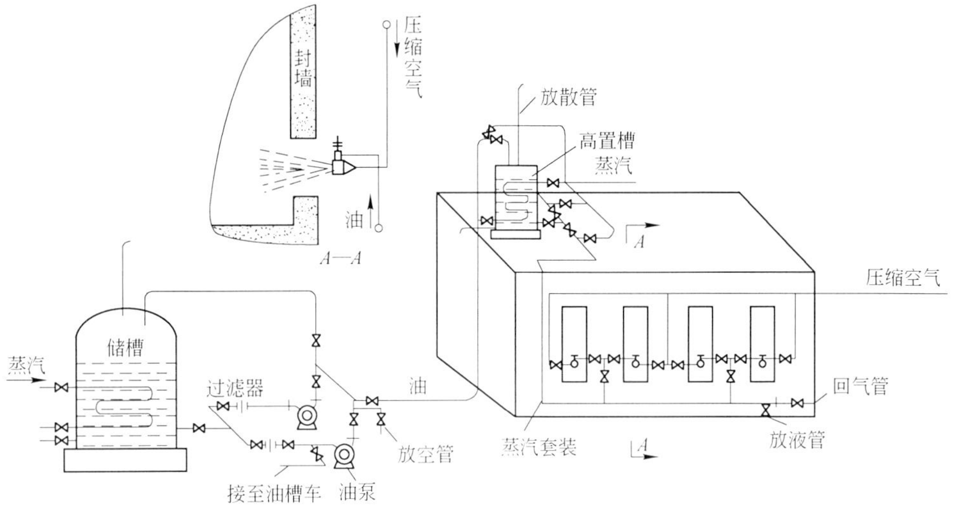

图 9-4　高置槽油烘炉时的供油工艺流程

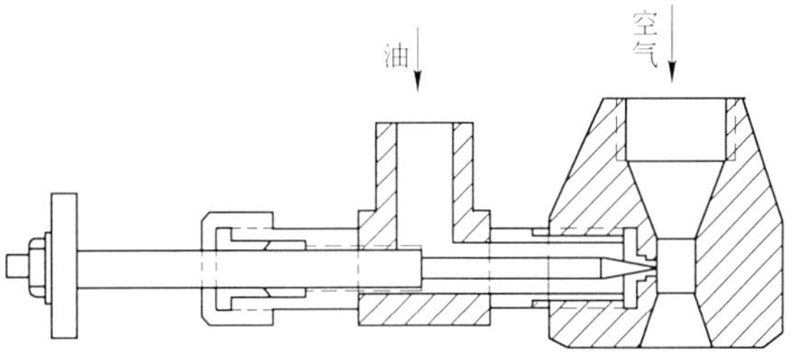

图 9-5　油烘炉用喷嘴

（6）升温调节的主要手段是调节油量和风量。调节的方法是调节小支管上的球形阀和针形阀，利用这两个阀门来调节风油比。

（7）为保证油的完全燃烧，要适当控制风量。油燃烧时的雾化风量以保持喷嘴不滴油为宜，而且要求能保证连续燃烧。

（8）点火前后，机焦两侧主管油压应保持在 50kPa 左右，风压应保持在 20～50kPa。随着炉温的升高，油压、风压均基本保持不变。

（9）当事故状态停油停风时，为维护炉温下降值最小，对局部停止加热，就应将风门关闭；如属于全炉停止加热，除了风门应全部关闭以外，废气砣杆应全部落下。

（10）引起局部停止加热和全炉停止加热的原因是多方面的，其中主要原因是油管及喷嘴堵塞不能连续供油；供油管破裂或漏油严重；供风供气系统不能正常运转；其他设备及操作事故等，要针对不同情况及时处理。

（11）在进行停止全炉加热时，首先要关闭机焦侧供油主管的开闭器；其次是对供油管线进行扫气放空；接着是当机焦侧供油主管及管中的残油排完后，先关闭油支管开闭器再关闭风支管开闭器；然后是停止油泵和空压机的运转，并停止扫气和关闭保温蒸汽开闭器，如果停炉时间较长，那么废气砣杆也应全部落下。

（12）油管喷嘴堵塞，一般情况下是由于油料冷凝、黏度加大、流动性能很差所致。特别是含杂质较多的燃油，更易堵塞喷嘴。处理供油管、喷嘴堵塞的办法是：

1）提高油料油温，加大蒸汽量以增加套管温度；

2）提高供油压力；

3）对没有保温措施的管件及管路用直接蒸汽进行加热，尤其是开闭器及管道拐弯处；

4）当喷嘴及部分管件堵塞十分严重时，就应卸下来进行清洗，清洗如果十分困难时，即可直接进行火烧；

5）当因冷凝物堵塞喷嘴时，可打开针形阀，堵住喷嘴出口，用压缩空气清扫。

（13）当烘炉小灶中结焦、焦炉内生成大量炭黑、烘炉孔严重堵塞时，应及时查找原因并进行处理。造成这些不正常现象的原因是：

1）风油比配合不当，或是油量过大，或是风量过小，燃烧不完全；

2）油温太低，黏度较大，流动性能差，油的雾化程度差；

3）炉膛温度太低，高燃点成分未达到其正常燃点；

4）炉膛后边设置的蓄热引燃物格子砖距离过远或过近；

5）喷油量大大超过了炉灶的最大燃烧能力；

6）燃烧时空气量不足。

针对上述原因应当采取的相应措施是：

1）调节为适当的风油比；

2）提高油温，改善雾化程度；

3）逐步提高炉膛温度；

4）调整蓄热引燃物至喷嘴的距离；

5）减少喷油量；

6）增大进风面积。

（14）在点火初期或炉温较低时，往往会发生送油不着火的现象。造成这种现象的原因是：

1）油中含水量过大；

2）油的雾化程度不好；

3）引燃物熄灭，炉膛温度太低；

4）风压太大；

5）油量过大或过小，风量过大或过小。

针对上述不同原因应采取的相应措施是：

1）降低油中含水量，采取静置加热脱水或其他方法脱水；

2）适当提高油的温度，改善雾化程度；

3）添加并点燃引燃物；

4）降低风压并调整风油比。

（15）突然不来油通常是由于油泵停转、管路及喷嘴堵塞、油开闭器掉砣等原因所致，应及时进行处理。

（16）在烘炉过程中，如同气体燃料、固体燃料一样，液体燃料烘炉也要严格执行烘炉规程和烘炉升温计划。

9.6.4 压力（吸力）的测量及管理

在整个烘炉期间，确定和调节烘炉各阶段吸力值的基本原则是：以炉温为基础，以调节压力（吸力）为手段，满足温度符合计划升温曲线的要求。

烘炉时加热系统热气流流向示意图如图 9-6 所示。图中 *a* 点代表看火孔压力，Pa；*b* 点代表蓄热室顶部吸力，Pa；*c* 点代表小烟道吸力，Pa；*d* 点代表分烟道吸力；Pa。

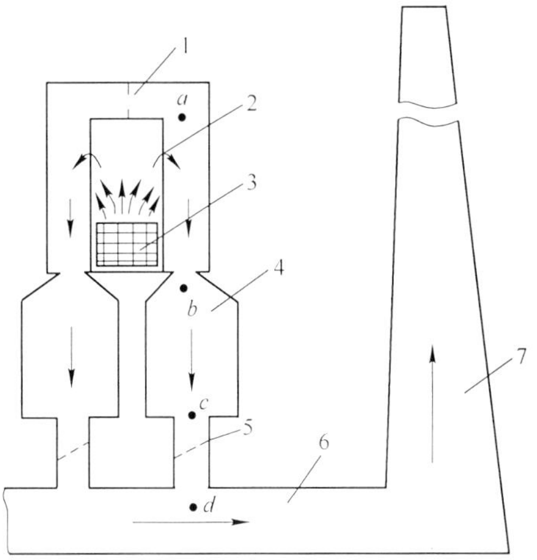

图 9-6 烘炉时加热系统热气流流向示意图
1—燃烧室跨越孔；2—炭化室烘炉孔；3—炭化室火床；4—蓄热室；5—废气阀翻板；6—分烟道；7—总烟道

9.6.4.1 看火孔压力的测量和调节

看火孔压力的测量是用斜型表在焦炉炉顶上进行操作的，将斜型表摆在焦炉中间位置，调好水平度并调好“零点”即可进行测量。

6m 焦炉一般测量每个燃烧室的第 7 和第 26 火道的压力（吸力），并做好记录，每逢白班测量一次（可根据需要调整）。

在燃烧室温度为 180 ~ 200℃之前，炉顶看火孔压力一般为负值（吸力）；当炉温达到 180 ~ 200℃之后，炉顶火道的压力将由负压转为正压；燃烧室温度在 250℃左右时，炉顶立火道的压力将由负压转为正压。

在烘炉过程中，吸力值的变化对温度的影响十分灵敏。在调节吸力时，每次变化量不能超过 5Pa，否则将使温度波动较大。

9.6.4.2 分烟道吸力的测量和调节

分烟道吸力的测点位置一般在分烟道横断面 1/3 处。在安装分烟道翻板时，测量吸力的导管已安装完毕并和自动记录显示仪表联通。

若自动测量仪表已经运行，则每 2h 记录 1 次；若无自动记录，则每 2h 用斜型表测量 1 次并记录。

对于全炉温度的改变和调节，一般采取调节分烟道吸力的方法来实现。对于全炉温度比的调节也采用这一方法。

9.6.4.3 蓄热室顶部吸力的测量和调节

选择焦炉中部的 2 个蓄热室为标准蓄热室，用斜型表测量其顶部吸力。

在未改为正常加热前，每天测量 1 次机焦侧标准蓄热室顶部吸力并记录，在改为正常加热后，每周测量 1 次全部蓄热室顶部的相对吸力，其差值超过规定值的要进行调节并做好记录。

9.7 炉体膨胀与护炉铁件的管理

准确地测量在烘炉期间焦炉的横向伸长是指导升温操作的主要依据，也是衡量升温操作和管理水平高低的重要标志。为了保证烘炉质量，除了控制每天炉温上升的幅度、上下温度比外，还要了解每昼夜焦炉炉长膨胀量。由于焦炉上下加热的不均匀性，上下部位的膨胀值是不一样的。在整个烘炉过程中要经常对上下不同部位进行测量和检查，以发现最大膨胀的部位，根据最大膨胀值对焦炉图表进行校正。同时，据此调节升温幅度、上下温度比，以保证烘炉工程按事先预定的计划进行。

9.7.1 炉体伸长的测量

9.7.1.1 炉长测点的设置

炉长测点的设置为：

（1）在焦炉两端框架式抵抗墙顶焦炉纵向中心线位置处埋设一金属标记，由施工测量队给出焦炉中心线位置，即为焦炉纵向中心线。在金属标记的刻线上可任取一点，此点为永久性标志，该点作为炉体膨胀测量支架的校正基点。

（2）在混凝土抵抗墙机、焦两侧的垂直面上事先设有预埋铁板，然后在预埋铁板上焊接测量支架座并安装测量支架。

（3）垂直面上支架应安装在以下地点：

1）炉门上横铁处；

2）炉门下横铁处；

3）斜道处；

4）箅子砖处。

（4）在抵抗墙机、焦侧正面与测量炉长的支架在同一水平面上的混凝土中埋入螺钉，作为该支点测量焦炉炉体膨胀的原始基点。

（5）在机焦两侧抵抗墙与焦炉中心相距 S（根据焦炉炉长情况制定）处放下一悬锤，此悬锤从事先预留孔的炉台穿过直至分烟道走廊。在锤线与各支架的交点处刻一记号，而该记号与相应基准点的距离即可作为在测量炉体膨胀时拉引钢线的原始距离。焦炉顶部预埋件、测量线架示意图如图 9-7 所示。

（6）为了测量炉门上横铁处、下横铁处、斜道、箅子砖 4 个部位的炉体膨胀，应在机焦侧焦炉正面拉引 4 根钢线（$\phi0.5\sim1$mm）（图 9-7 中的 AB 方向），并使钢线固定在事先刻好的测量支架的记号处，这样就具备了测量上述 4 个部位炉长膨胀的条件。

9.7.1.2 焦炉横向膨胀的测量

焦炉横向膨胀的测量步骤及要求为：

（1）焦炉烘炉点火之前，首先应进行上横铁、下横铁、斜道、箅子砖部位原始数据的测量。在按上述要求拉好钢线的情况下，首先测量机、焦侧抵抗墙基准点至钢线内侧的距离，做好记录并将此测量值用油漆写在混凝土抵抗墙上。机、焦侧共计 16 个点均按此办理。

（2）分别测出机、焦侧 4 个部位的各个保护板（或炉体正面）至钢线内侧的距离并做好记录。同时测量炉柱正面至钢线内侧的距离并做好记录。每一个测点必须做好明显记号，以后每一次测量均以冷态点为基点，不得随意变动。

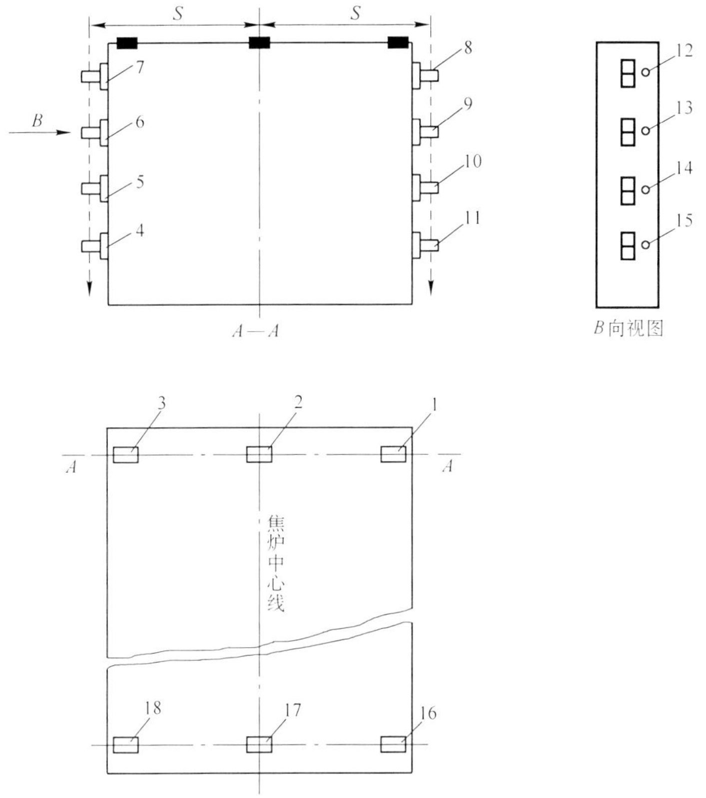

图9-7 焦炉顶部预埋件、测量线架示意图
1，3，16，18—机焦侧抵抗墙预埋铁件；2，17—焦炉中心预埋铁件；
4～11—焦机侧测量线架；12～15—机焦侧预埋螺钉

（3）测量炉长用的工具必须使用具有毫米刻度的金属尺，读数要求准确到毫米。

（4）每次测量前，首先要拉好钢线。由于距离比较长，拉钢线的一端固定，另一端用重物悬挂，靠其重力拉紧钢线，或采用紧线器拉紧钢线，尽量使钢线中部少产生凹陷。

（5）拉好某一部位的钢线后，在未开始测量之前，应首先校正抵抗墙基准测点至钢线内侧的距离。该部位的抵抗墙基准点至钢线距离与冷态符合时即可进行其他部位的测量，若与冷态不符合则应调整钢线至基准点的距离，直至符合为止。

（6）烘炉开始至400℃时，每隔25℃测量1次炉长，在测炉长的同时测量其炉柱曲度。400～700℃时，每隔50℃测量1次；700℃后酌减。在焦炉改为正常加热时或达到正常结焦时间后应做炉长和曲度的测量。

（7）按上述数据填入焦炉炉体伸长测量记录和焦炉炉柱曲度测量记录中，其表头设计分别见表9-21和表9-22。

表 9-21 焦炉炉体伸长测量记录（表头）

测量日期：　　年　　月　　日

燃烧室号	一线测量/mm								二线测量/mm							
	机　侧			焦　侧			机 + 焦		机　侧			焦　侧			机 + 焦	
	实测	与前次比	与原始比	实测	与前次比	与原始比	与前次比	与原始比	实测	与前次比	与原始比	实测	与前次比	与原始比	与前次比	与原始比
1	2	3	4	5	6	7	8	9	10	11	12	13	14	15	16	17

三线测量/mm								四线测量/mm								
机　侧			焦　侧			机 + 焦		机　侧			焦　侧			机 + 焦		备注
实测	与前次比	与原始比	实测	与前次比	与原始比	与前次比	与原始比	实测	与前次比	与原始比	实测	与前次比	与原始比	与前次比	与原始比	
18	19	20	21	22	23	24	25	26	27	28	29	30	31	32	33	34

表 9-22 焦炉炉柱曲度测量记录（表头）

测量日期：　　年　　月　　日

钢柱号	机侧曲度/mm						焦侧曲度/mm						备注
	一线	二线	四线	曲度	与上次比	与自由比	一线	二线	四线	曲度	与上次比	与自由比	

（8）烘炉过程中抵抗墙受热也膨胀，所以要测取炉长实际膨胀值，应将其测量值加上抵抗墙膨胀值。在整个烘炉期间，炉温达 300℃、600℃及装煤后可对抵抗墙进行三次左右的校正。校正抵抗墙时，仍在机、焦两侧抵抗墙与焦炉中心相距 S 处放下一重锤，此重锤炉顶穿过预留孔直至分烟道走廊。此时由于抵抗墙的受热膨胀，此锤线与线架的交点位置将与冷态时不一样，其交点位置往里移动，原刻度位置与现交点的差值即为抵抗墙膨胀值。

在炉温达到规定值时，应当校正抵抗墙膨胀值，并将炉长及炉柱曲度测量值加上校正值，此即为炉长测量和炉柱曲度测量的实际值。

（9）整理测量数据并根据要求计算炉长昼夜平均膨胀率、昼夜最大平均膨胀率、炉柱曲度值。

（10）炉长测量要求读数准确，数据计算正确，烘炉期间测量人员尽量要固定，要及时根据炉体膨胀情况指导升温。

（11）在炉体膨胀的管理过程中，要特别注意在硅砖晶型转化点前后炉体伸长的变化，尤其是在 300℃前，达转化点温度时，变化较为剧烈。

9.7.2 炉高伸长的测量

炉高伸长的测量步骤及要求是：

（1）冷态标高的测量应在焦炉点火前进行完毕，测量所有燃烧室顶部、炭化室底部的标高位置并做好记录，同时将测点位置做好标记，作为燃烧室和炭化室高向膨胀的原始数据。

（2）炭化室冷态标高的测量只在机、焦侧第一块炉底砖处进行，炭化室底部纵长方向炉底砖是否水平应在筑炉过程中沿其中心线进行水平方向的测量，并按照筑炉技术规定验收检查。

（3）燃烧室顶部冷态标高的测量是在各燃烧室的标准火道的看火孔座上进行的，这个位置就是测点的原始位置。烘炉过程中的炉高测量只在标准燃烧室的标准火道上进行。

（4）焦炉高向膨胀的测量一般为燃烧室温度每升高100℃测量1次。

（5）由于混凝土抵抗墙在受热过程中不仅横向产生膨胀，而且高向也产生膨胀，基于冷态燃烧室顶标高的测量是以抵抗墙顶上的标志为基准的，所以在炉高测量值中应加上抵抗墙高向膨胀值。

（6）抵抗墙标高因受热后膨胀而发生变化，所以要以埋设在焦炉外的永久性标志为基准进行测量。

（7）由于炭化室封墙的影响，在烘炉过程中，不能将测量仪器放置在机、焦侧炭化室底部第一块砖的位置，因此在焦炉临时烘炉小灶拆除，而炉温达到750～800℃，焦炉炉体膨胀基本结束后，可以测量机、焦侧全部炉室的磨板标高。然后再用直角规将磨板标高移到窥视镜的视线上，用刻有毫米的金属尺测量出炭化室底第一块砖面与磨板的标高差，再换算出机、焦侧炭化室底第一块砖面的标高。所有各车轨道及与炭化室底标高有关的部件的安装均应于焦炉改为正常加热后，按炭化室底的最后标高进行调整。

（8）将上述测量数据按规定的记录表格填写并整理、计算。

9.7.3 抵抗墙垂直度的测量和检查

焦炉硅砖在烘炉过程中，除了横向、高向的膨胀以外，在整个焦炉的纵向同样也会产生膨胀。这种膨胀力的作用使得框架式抵抗墙产生倾斜。了解抵抗墙的垂直度就可以知道焦炉纵向受力情况。

焦炉点火前，应测量抵抗墙的冷态原始垂直度，测量方法如图9-8所示。

在测量工具上悬上一重锤，测量柱面A、B、C、D至垂线的距离，在测点位置上做好标记，以后测量时测点位置不变。

对每一根柱面分别进行上述测量，并按规定进行记录，计算出平均倾斜度（垂直度）。

为了保证抵抗墙在烘炉过程中与其邻接的部位炉端墙之间的正常滑动，要严格检查滑动部位的清洁情况（也包括其他滑动部位），防止由于不能正常滑动而造成某一部位的变形。

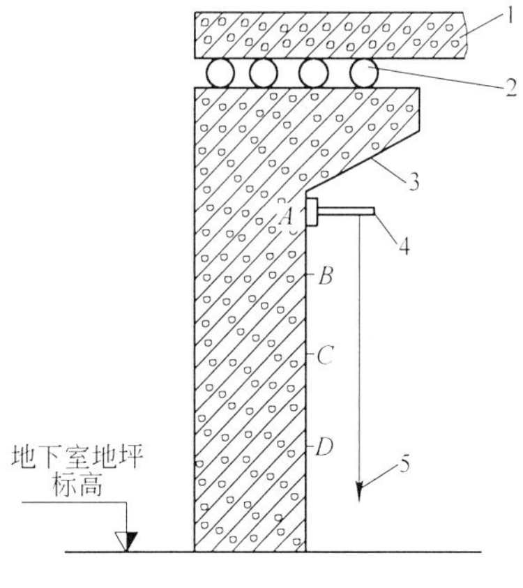

图9-8 抵抗墙垂直度测量示意图

1—炉顶平台；2—滚动滑动点；3—框架式抵抗墙；4—测量工具；5—线锤；A，B，C，D—测点位置

9.7.4 机、焦侧操作台支柱垂直度的测量和检查

机、焦侧操作台支柱垂直度的测量如同测量抵抗墙垂直度一样，只是测量操作台支柱下部一点位置即可。

操作台支柱垂直度的检查应在烘炉前及烘炉后至炉温达950℃以前，每隔100℃进行1次。

当焦炉改为正常加热时（用煤气烘炉）或者是在700℃后（用固体燃料烘炉）测量操作台支柱垂直度可进行调整。

烘炉炉温达到700℃之前，要求每天检查作业台与支柱间的滑动情况，保证机、焦侧各滑动点在烘炉期间能顺利滑动。由于机、焦侧操作台支柱与操作台连接的方式是不一样的，其调节方式也是不同的。

9.7.5 护炉铁件的管理

为使炉体严密性在烘炉膨胀过程中不致破坏，通过护炉铁件给炉体以保护性压力。由于焦炉的纵向通过混凝土抵抗墙和纵拉条拉紧，因此炉体纵向的膨胀被膨胀缝吸收。

焦炉横向通过炉柱上下横拉条拉紧。烘炉期间如果炉体产生不均匀膨胀，护炉铁件可保护炉体的完整性和严密性，生产期间它还能抵抗推焦和装煤时产生的损害炉体的机械力。

在烘炉过程中，应随炉体温度的升高和炉体的膨胀相应地调节弹簧负荷和炉柱曲度。如调节不及时，会产生炉柱变形和拉条拉断的后果。炉体的加压应保持在规定的范围内，压力不足或压力过大时，对炉体都会造成损害。

焦炉寿命很大程度上取决于基建时护炉铁件的质量，所以安装、烘炉和生产状态中，都必须特别重视护炉铁件的安装质量和热态调整。

9.7.5.1 炉柱、横拉条和大小弹簧的管理

炉柱、横拉条和大小弹簧的管理包括：

（1）6m焦炉烘炉过程中，在各温度下上、下部大弹簧和各线小弹簧吨位控制在规定范围内。烘炉过程中各线弹簧的吨位参数见表9-23。

表9-23 烘炉过程中各线弹簧的吨位参数

温度/℃	上部大弹簧/kN	下部大弹簧/kN	小弹簧（包括小炉柱）/kN
<300	95	80	小弹簧均为10×2，蓄热室单墙为10
300~500	115	90	
500~700	125	100	
>700	135	110	

（2）为了维持一定的弹簧负荷，必须及时松紧大弹簧的螺帽，当拉条直径为50mm时，松动螺帽一圈即可放松弹簧5mm。

（3）炉柱冷态安装时，其曲度最大值为8~12mm，在整个烘炉过程中其曲度不允许超过20mm。

（4）调整弹簧负荷，应首先要保证炉柱曲度符合要求，要根据曲度来松紧弹簧。

（5）炉柱曲度的测量：在安装完毕冷态时测量1次，加压后测量1次，升温过程中的测量频次与炉长测量相同，并与炉长同时测量。

（6）炉柱与保护板间隙的测量：应于烘炉点火前测好原始记录。炉柱与保护板间隙的变化情况可以说明沿保护板高向压力的分布是否合理。有一些焦炉由于压力分布不太合理，特别是造成蓄热室部位炉柱与保护板的间隙加大，而不得不在保护板与炉柱间增加垫板，以保证施加该部位的压力能通过保护板传递给炉体。除了测量炉柱与保护板间隙的原始数据外，还要在燃烧室炉温每升高100℃时测量1次其变化后的数据并做好记录。

（7）在松放拉条时，当拉条盖砖未盖之前，应考虑大气温度的变化对拉条伸长的影响。

（8）炉柱上部、下部大弹簧组每天测量并调节1次。

（9）各部位的小弹簧。当炉温达到100～400℃时，每隔25℃测量1次小弹簧负荷并调整到规定值，在400℃以上时每隔50℃测量并调节1次小弹簧负荷，对于一些小弹簧负荷偏小或过大的要及时进行处理。

（10）对炉柱上部、下部大弹簧组的调节要十分及时，尤其在炉砖温度处于转化点附近时更应加倍注意。

（11）调整炉柱曲度，最好是以松放上部拉条为主，松放下部拉条为辅。

9.7.5.2 炉门框与保护板的管理

炉门框与保护板的管理包括：

（1）在整个烘炉期间必须经常检查保护板、炉门框和砌体相对位置的变化。

（2）由于炉体高向膨胀的影响，当炉体向上膨胀时，炉门框、保护板的位置也向上移动。

必须控制调整螺栓与保护板上部边缘之间的间隙，并保持保护板下部与砌体凸台的距离。在烘炉期间，当保护板正常滑动时，应使保护板上部边缘与调整螺丝之间的间隙保持在10～15mm为宜。当螺栓与保护板上部边缘接触时，要把螺栓放松至原来的间隙。

（3）当炉门框脱离其安装地点，同时砌体凸台与炉门框底部之间的间隙增加到8～10mm时，应把螺丝拧到顶住炉门框为止，以使焦炉高向膨胀时炉门框能下到原来的位置。

（4）烘炉后直至浇灌保护板时，每隔25℃检查1次，并按上述要求进行处理。在浇灌保护板之前应该拧紧所有固定炉框与保护板的螺丝。同时应检查炭化室磨板的高度，若磨板高于炭化室底端砖面，应将磨板取出重新刨削后再进行安装。

9.7.5.3 纵拉条的管理

炉顶纵拉条的管理包括：

（1）调整每根纵拉条，使其负荷为250～300kN左右（6m焦炉）。

（2）调整纵拉条负荷应以保证抵抗墙垂直度为原则。纵拉条大弹簧组每周测量并调节1次。

（3）烘炉期间，炉顶纵拉条两端均安装有烘炉托架，当焦炉改为正常加热后可拆除其烘炉托架。用固体燃料烘炉可在炉温达750℃后拆除烘炉托架。

（4）在烘炉结束，焦炉转入开工后的正常生产阶段，也应加强对纵拉条的维护和管理。

9.7.6 实例说明

国内某焦化厂6m焦炉护炉设备及炉体膨胀监测项目见表9-24。

表9-24 护炉设备及炉体膨胀监测项目

监测项目	监测位置	时间及频数	说 明
炉柱曲度	炉柱距炭化室底上部700mm左右（炉门下横铁部位）	炉温700℃前，每2天测1次。700℃后酌减	工具用有毫米刻度的金属尺，读数准确到毫米。用三线法测量
炉长测量	上横铁，下横铁，箅子砖	炉温700℃前，每2天测1次。700℃后酌减	工具用有毫米刻度的金属尺，读数准确到毫米
大弹簧负荷	按固定测点进行测量	每天测调1次	测量用临时走台拆除后减少测量次数
纵拉条弹簧负荷	按固定测点进行测量	每周测1次	
小弹簧负荷	按固定测点进行测量	点火前及125℃、200℃、300℃、500℃、700℃时测量并调节1次	
顶丝调节及炉门框（保护板）上移检查	炉门框底部缝隙	初期调节到保护板与顶丝（相距）10mm，当顶丝与保护板接触后每天调整1次	
纵拉条托架松放		每100℃测调1次	
机焦侧走台支柱垂直度及滑动情况检查	支柱相对滑动点标记处	每100℃测调1次	滑动良好时可不测垂直度
抵抗墙垂直度测量	抵抗墙外侧点，按固定测点进行测量	每100℃测调1次	使用托盘及线锤
抵抗墙顶部外移测量		每100℃测调1次	
炉端墙膨胀缝变化测量	炉端墙30mm膨胀缝上下两点，按固定测点进行测量	每100℃测调1次	
炉高测量	炉顶看火座砖（机、中、焦）	每100℃测调1次	按1号、2号、6号、11号、16号、21号、26号、31号、36号、41号、46号、50号、51号燃烧室取测点
基础沉降测量		每100℃测调1次	测量队测
炭化室热态标高测量			烘炉末期
炉柱下部滑动检查	滑动点标记处	每50℃检查1次	
小烟道连接管滑动情况检查	每个连接点	每50℃检查1次	
炉柱与保护板间隙检查		每100℃检查1次	

9.8 焦炉热态工程

热态工程是指在烘炉后，当炉体基本膨胀完毕时，再进行设备的安装和固定工作。

热态工程中的绝大部分工程项目要在炉头膨胀基本结束后（650℃）进行，开工前竣工。这些项目时间短，工程量大，而且对焦炉的质量有重要影响，所以要特别注意其质量情况，妥善安排好这些项目。

9.8.1 热态工程项目及施工时间表

某6m焦炉使用焦炉煤气烘炉的热态工程项目及施工时间见表9-25。

表9-25 热态工程项目及施工时间

项目	执行条件（燃烧室温度）/℃	说明
炉顶裂缝密封		用石棉绳密封
临时大棚拆除	250	雨季可延迟
保护板顶面铺防水层	拆除大棚前	
交换开闭器调整	500	
小烟道承插部密封	600（交换开闭器调整后）	取出临时密封石棉绳，按设计填石棉绳，勾缝
斜道正面膨胀缝填塞及灰缝精整	600	膨胀缝用石棉绳沾浆填塞
30mm膨胀缝填塞	600	散石棉绳沾浆填塞
蓄热室封墙勾缝精整	750	封墙保温层施工前
交换开闭器与烟道连接口填石棉绳密封	600	交换开闭器调整后
砖煤气道喷浆	800	可根据实际情况调整至生产后
桥管承插口密封	650	石棉绳、灰浆、沥青
吸气管、焦油盒连接	650	
煤气、废气系统润滑点加油		试车前
集气管操作台梯子连接	650	
割去保护板顶丝	650	砌小炉头前
氨水支管连接（上升管周围）	650	
蒸汽管、压缩空气管连接（上升管周围）	650	
交换系统试运转	650	
装煤车轨道安装调整	650	700℃时轨道固定
装煤车摩电线架、摩电线安装调整	700	
炉顶安全护栏固定	650	
装煤车轨道与炉台部接轨	700	
拦焦车轨道与端台部接轨	700	留基础茬部补浇混凝土
煤气小支管（立管）法兰紧固	750	

续表 9-25

项　目	执行条件（燃烧室温度）/℃	说　明
集气管托架与炉柱间螺栓固定	750	
横拉条下放到位	750	
拆除煤气烘炉设施	改为正常加热后	
拆除测调临时走台	800	
抹补炉肩缝、磨板灌浆	保护板灌浆前	炉肩缝灰浆：低温硅火泥 50%，精矿粉 50%，外加水玻璃 1%
拧紧保护板与炉门框连接螺栓	800	均匀拧紧
保护板底部缝塞紧	保护板灌浆前	
保护板上部接头缝石棉绳塞紧	保护板灌浆前	
保护板灌浆	650	分段灌浆
炉顶清扫及石棉绳清除		炉顶灌浆前
小炉头重砌	700	包含灌浆后及炉顶正面缝精整，填塞石棉绳后进行
炉顶灌浆	800	包括拉条沟
炉顶面精整	炉顶灌浆后	
拉条沟隔热及盖板砖砌筑	750	分段进行，配合弹簧测调
操作台排水管固定	850	
全炉灰缝修补	800	
炉门刀边调整	装煤前	
熄焦车轨道调整、固定	扒火床前完成	
各车摩电线架、安全挡等调整	800	与各车试运转配合进行
煤塔秤调试	800	
交换机、交换传动系统负荷试运转	700	
交换开闭器保温	800	也可在开工后进行
炉端墙正面留茬部砌筑	800	也可在开工后进行
炉端墙顶部砌筑面重砌	800	
安装淌焦板	扒火床前完成	

9.8.2 保护板灌浆与炉肩缝密封

保护板灌浆对焦炉寿命有重要的影响，因为生产时保护板和炉体间的衔接处主要依靠泥浆密封。实践证明，浇灌质量不好焦炉易发生烧坏炉柱和炉门框的事故，从而使焦炉寿命缩短。灌浆前必须完成下列工作：

（1）磨板标高检查合格。

（2）炉门框与保护板的联结螺栓调整完。

（3）保护板底部及砌体凸台间的缝隙严密结束。

（4）炉肩缝隙的密封。

保护板灌浆和炉肩缝密封工作要求为：

（1）用气体燃料烘炉时，焦炉改为正常加热后，或用固体燃料烘炉时，炉温达到700～750℃后，对保护板进行浇灌操作。

（2）在浇灌保护板之前，应再次拧紧固定炉门框与保护板的螺丝，清扫保护板（或炉门框）与炭化室周围砌体间的缝隙，用木槌将石棉绳打进10～15mm深处密封。石棉绳应事先在配制好的灰浆中浸泡（灰浆配置为：40%的精矿粉，60%的低温硅火泥，外加15%的水玻璃），然后用40%精矿粉和60%的低温硅火泥，外加15%的水玻璃调成的浓灰浆将缝隙密封。带炉门烘炉时，应在安装炉门前完成此项。

（3）使用低温硅火泥外加16%的水玻璃进行保护板灌浆。

（4）保护板灌浆操作分2～3次进行，每层相距高度为1～1.5m，每一次操作均约在上一次浇灌灰浆凝固后1.5～2h，然后再进行下次的浇灌操作。

（5）灌浆完毕后，将保护板上部与燃烧室炉头砌体正面之间的缝隙用泡过上述泥浆的石棉绳进行密封，再将炉顶正面膨胀缝加以严密后砌上小炉头。

9.8.3 横拉条隔热

横拉条进行隔热和埋置时，首先将拉条沟清扫干净，并用稀浆将拉条沟内的裂缝灌浆，然后再用断热砖粉进行断热和砌盖砖。

由于拉条覆盖隔热后温度急剧上升，拉条产生膨胀，弹簧负荷急剧下降，紧弹簧的工作比较紧张，因此一般分三段进行埋设，如先在焦炉1/3的机侧沿焦炉的纵向进行埋设工作，结束后，再埋设焦侧的1/3，最后埋设焦炉中间部分。烘炉后期炭化室正压很大，炉顶拉开的裂缝较多，为避免烧坏拉条，一般在装煤口和上升管口处暂不埋设，待到焦炉装煤后再埋设。

在埋设拉条的过程中，铁件组人员配合进行及时地测量和调整，直至弹簧无变化为止，约需1昼夜。一般在拧紧弹簧的过程中，先将弹簧多拧一些，留有膨胀的余地。弹簧停止变化以后，进行最终的调整，将弹簧调整到规定的负荷范围内。

10 焦炉的开工

烘炉的目的就是使焦炉由冷态达到900~1000℃的高温，从而具备开工生产的条件。由于烘炉时所选用的燃料不一样，其焦炉开工的方法、步骤和工作量的大小也各有差异。

用气体燃料烘炉的焦炉，当燃烧室立火道温度超过800℃时，就可以改为正常加热并拆除火床，堵塞炭化室烘炉孔，让煤气在立火道进行燃烧，煤气和废气系统按正常生产时进行交换。在改为正常加热后，要继续按照升温计划升温，以达到开工生产的条件。

用固体燃料烘炉的焦炉，当燃烧室立火道温度达到900~1000℃时，备煤、回收车间的设备安装完毕并试运转合格后，即可开工投产。由于用固体燃料加热，在烘炉后期，炉温较高的情况下，升温和保温都是十分困难的，开工操作时，扒封墙、堵塞烘炉孔等操作都要求用最少的时间来完成，否则热量损失过大。因此，用固体燃料烘炉的焦炉开工时间紧，任务重，工作量大。

焦炉开工生产的工艺包括改为正常加热、扒封墙、装煤、生产后的炉温调节等。为了保证开工生产的正常进行，达到焦炉按时、安全投产的目的，要求在开工生产前认真做好各项准备工作，制定切实可行的《焦炉开工投产操作规程》，根据规程的要求，组织参加开工生产的操作人员反复学习，并对照规程逐条检查焦炉开工生产应达到的条件是否完成。当确认具备开工生产的条件时，就应积极组织好开工生产的各项工作，从而达到预期的目的。

10.1 焦炉开工设备的试运转

试运转是机械设备安装的最后关键一环，通过它发现机械设备存在的缺陷和问题，直至达到正常运转，确保焦炉的顺利开工、投产。

焦炉开工相关设备的试运转包括单体设备的试运转及相关设备的联动试运转。只有在单体试运转合格的基础上才能进行联动试运转。需要在热态下试运转的设备必须掌握试运转时间，不得以提前试运转来代替真正的热态试运转。

设备试运转前应具备下列条件：

（1）设备试运转前的安装工程已结束，并经检查验收完毕。

（2）液压、润滑、冷却、水、气（汽）、电气、仪表控制等附属装置均按系统检验完毕，并应符合试运转的要求。

（3）设备已按规定进行了试运转前的清扫、检查、清洗，并加足了规定牌号的润滑油或润滑脂。

（4）设备周围环境已彻底清扫，走行、升降、直线往复运动的设备运行道路上的障碍已彻底排除。

（5）设备试运转必须的安全措施已设置完毕，安全监护人员已安排到位。

10.1.1 交换机及交换传动系统试运转

在交换机单体试运转合格后，烘炉温度达到650℃前进行交换传动试运转。交换传动系统的试运转过程为：

（1）交换机空转4h合格后（包括电器及PLC等）即可进行交换传动的调整。

（2）交换机与交换传动各部件连接好，注意检查交换机传动部分及各传动轮是否按规定上好油，要保证润滑良好。

（3）交换旋塞、加减旋塞应做出开、关位置记号并确认正确。

（4）交换旋塞、加减旋塞已清洗干净并涂抹2号锂基脂，用手可转动灵活，并将交换旋塞的扳把连上。

（5）废气交换系统链板、链条与砣杆、进风门均已连接好，用手提起或放下废气砣能灵活好使。

（6）支砣木杆或角铁保持不变，以保证试运转过程中废气砣不落严，以免影响烘炉时废气的排出。

（7）去除粘在砣杆上的油渍，并用细砂纸将砣杆擦净，进风门处放置橡胶石棉板保持不动，以防止空气进入。

（8）用手动转动交换机，交换过程中检查各个扳把有无卡住阻挡现象，特别是扳把内的滑块通道长度是否够用，滑块在通道内是否能顺利滑动，并检查砣杆链条固定长度的位置是否合理。

（9）用手动交换反复进行几次，并按上述要求严格检查后，基本没有问题时，可用电动机带动交换传动。开始用电动机带动交换机传动时应采取点动方式（点动一下、停一下），使交换传动慢慢动作。

（10）先调节废气系统及煤气系统的总行程达到设计要求。在转动过程中，首先要求靠近交换机的一端的行程能够达到这个范围，而另一端则可能不够，此时必须重新拧紧交换拉杆的调整器，经过数次反复的交换传动试验，直至不变动为止，但是由于交换拉杆有延展性，设计行程不易达到，一般情况比设计行程要小。

（11）用电机带动交换机及其传动时，再次严格检查有无阻挡卡轮等现象，检查四角轮位置是否正确，交换拉杆必须在导轮沟槽中心，不能偏卡。

（12）检查焦炉煤气交换旋塞的开关情况，要求全开时尽量开正，关闭时其误差不大于2mm。

（13）检查拉条上的滑块在扳把上的滑动情况有无卡住或严重摩擦现象，发现问题要及时调整和处理。

（14）焦炉煤气交换旋塞已在安装过程中用拉线法进行了校正，都在一条直线上，但由于旋塞的方头在加工过程中有一定的差别，而且法兰不一定一致，因此有些交换机扳把的中心位置可能变化，这种变化引起的后果可能是使扳把碰及拉条，造成拉条运行不稳，此时必须进行修理。

（15）废气砣杆的起落应当垂直，不应偏斜，否则将增加小链条负荷，甚至拉断小链条，使砣杆变形。

（16）检查废气砣杆的密封卡兰有无过紧现象，如果过紧则应卸下卡兰，在车床上加工合格后安装并调整废气砣杆起落高度，按设计要求其误差为 ±5mm。

（17）煤气、废气系统全面试运转，按设计要求检查交换过程中各个传动动作的时间、顺序、开启度是否全面符合要求，检查拉条传动是否平稳，有无抖动现象，若有，应及时查找原因并处理。

（18）交换机及交换传动系统需连续试运转 48h 左右，经验收检查合格后定出事故交换点，该点位置应在废气系统处于正常生产状态时，煤气全部处于关闭状态（即停止加热）。

（19）煤气、废气系统全面试运行合格，事故交换点定好并检查合格，同时做好记录才能转为正常加热。如果用固体燃料烘炉，则可提前对交换机及其传动系统进行假生产并需验收检查合格。

10.1.2 四大车单体及联动试运转

推焦车、装煤车、拦焦车、熄焦车（简称“四大车”）在单体试车合格后，可进行负荷试车。用气体燃料烘炉时，除走行需在焦炉改为正常加热后进行试车外，其他部位均可提前试车。对于固体燃料烘炉的焦炉，在炉温达 450℃后拆除外部炉灶，即可进行负荷试车。

10.1.2.1 各车单体试运转

四大车试运转应符合下列规定：

（1）车体机构应按先低速、后中速、再高速做往复运动（熄焦车与电机车同时运行）。转动应灵活，车轮应不卡轨、不悬空，制动应可靠，停车应平稳，定位应准确。

（2）各装置单独手动、自动运转符合要求后，应按设备文件要求进行整机联锁控制程序试运转，确认联锁动作、信号。

（3）各机构运转应平稳准确，活动部位应转动灵活。

A 推焦车单体试运转

推焦车单体试运转应符合下列规定：

（1）推焦车试运转前，应检查各装置锁定机构，并确认其机构锁定的可靠性。具体检查项目为：

1）走行驱动装置；

2）摘门装置；

3）炉门框清扫装置；

4）炉门清扫装置；

5）推焦装置；

6）小炉门清扫装置；

7）尾焦收集装置。

（2）推焦车试运转时，应检查各装置单体试运转情况，并确认运转正常。具体检查项目为：

1）走行驱动手动及自动；

2）摘门手动及自动；

3）炉门框清扫手动及自动；

4）炉门清扫手动及自动

5）推焦手动及自动；

6）平煤手动及自动；

7）小炉门清扫手动及自动；

8）尾焦收集手动及自动。

（3）车体结构应按低速、中速、高速各往复运行3次。

（4）摘门装置应先模拟试验5次，无误后再进行摘门负荷试验。

（5）炉门框清扫装置及小炉门清扫装置应先做试验5次，无误后再进行清扫负荷试验。刮刀的高度和炉门框（或小炉门）应上下一致，四周弹簧压缩应均匀。

（6）炉门清扫装置应先做模拟试验5次，无误后再进行清扫负荷试验。刮刀的弹簧压缩量应均匀，刮刀与炉门刀边及炉门砖应无碰撞及卡阻现象。

（7）推焦杆必须按推焦全行程做5次往复模拟生产运作。动作应平稳，齿条与齿轮啮合应正确，制动及限位开关应灵敏可靠。

（8）平煤杆必须按平煤全程做5次模拟生产运转。动作应平稳，制动及限位开关应灵敏可靠。

（9）尾焦收集装置必须做5次模拟生产运转。

B 装煤车单体试运转

装煤车单体试运转应符合下列规定：

（1）装煤车试运转前，应检查各装置锁定机构，并确认锁定的可靠性。具体检查项目为：

1）走行驱动装置；

2）下料装置；

3）揭盖机构；

4）氨水交换开闭机构；

5）集尘装置；

6）平台清扫机构。

（2）装煤车试运转时，应检查各装置单体试运转情况，并确认运转正常。具体检查项目为：

1）走行驱动手动及自动；

2）装料口下料手动及自动；

3）装料口揭盖手动及自动；

4）集尘用活动接口及相应翻板开闭手动及自动；

5）氨水交换开闭手动及自动；

6）平台清扫手动及自动。

（3）装煤口下料装置应按程序运行5次，动作协调一致，准确可靠后，再进行停电状态下的应急试验，其全部动作应符合设备文件的要求。

（4）装煤口揭盖装置应先做模拟试验5次无误后，再进行揭盖负荷试验。各机构动作应协调一致，运行应平稳灵活，泥浆封闭应准确可靠。

（5）氨水交换开闭机构应试验5次。

（6）除尘用活动接口及相应的板阀开闭做往复动作5次，应对位准确，封闭良好，运行平稳。

C 拦焦车单体试运转

拦焦车单体试运转应符合下列规定：

（1）拦焦车试运转前，应检查各装置锁定机构，并确认锁定的可靠性。具体检查项目为：

1）走行驱动装置；

2）摘门装置；

3）炉门框清扫装置；

4）炉门清扫装置；

5）导焦栅；

6）集尘装置；

7）平台清扫装置；

8）尾焦收集装置。

（2）拦焦车试运转时，应检查各装置单体试运转情况，并确认运转正常。具体检查项目为：

1）走行驱动手动及自动；

2）摘门手动及自动；

3）炉门框清扫手动及自动；

4）炉门清扫手动及自动；

5）导焦手动及自动；

6）集尘手动及自动；

7）平台清扫手动及自动；

8）尾焦收集手动及自动。

（3）摘门装置应先做模拟试验5次，无误后再进行摘门负荷试验。

（4）炉门清扫装置应先做模拟试验5次，无误后再进行清扫负荷试验。刮刀的弹簧压缩量应均匀，刮刀与炉门刀边及炉门砖应无碰撞及卡阻现象。

（5）炉门框清扫装置以及小炉门清扫装置应先做模拟试验5次，无误后再进行清扫负荷试验。刮刀的高度与炉门框应上下一致，四周弹簧压缩应均匀。

（6）平台清扫装置应先做5次模拟生产运转，再进行清扫负荷试验。

（7）导焦栅应按导焦全行程做5次往复模拟生产运转。

（8）集尘装置应做5次模拟生产运转。

（9）尾焦收集装置应做5次模拟生产运转。

D 熄焦车单体试运转

熄焦车单体试运转应符合下列规定：

（1）熄焦车的安装应符合设计文件要求。

（2）熄焦车卸焦门应进行开闭试验5次，动作应灵活可靠，应无冲击卡紧现象。门开度及门关闭间隙应符合技术条件要求。

10.1.2.2 联动试运转

封墙、火床扒完后，在两端及中间装煤号2号、25号、49号炭化室上进行三车联动试运转（50孔焦炉），各车一切动作都按正常生产规定进行，在联动试运转之前各车设备必须单体试运转合格，特别是推焦杆的操作，必须在假炭化室底反复试运转，假炭化室底的标高应定为实测炭化室底热态标高。试推合格后才能联动试运转。

联动试运转操作顺序为：

（1）机、焦侧摘下炉门；

（2）焦侧对上导焦栅；

（3）熄焦车驶至导焦栅下接焦位置；

（4）用机、焦侧联系信号指挥推焦操作，推焦时在推焦杆头垫上湿润的草袋子，推完后退回推焦杆，然后关上机侧炉门；

（5）熄焦车接完“红焦”后驶至熄焦塔洒水熄焦、沥水及向焦台放焦；

（6）熄焦车接焦完毕、大杆退出导焦栅后，拦焦机退回导焦栅，然后关上焦侧炉门；

（7）装煤车（空车）驶至装煤号装煤，操作动作完毕后驶回煤塔或端台；

（8）推焦车在装煤后操作启闭小炉门动作，平煤杆伸入炭化室小炉门门口即退回，不伸入炭化室内，因为平煤杆在平煤杆修理站已试验完毕。

至此，四车联动试运转完毕，试运转车辆如有问题应组织抢修，抢修后重新试运转。

10.1.3 荒煤气导出系统的试运转

荒煤气导出系统的内容包括：集气管、“冂”形管、部分吸气管通蒸汽试漏；清水管通水、高低压氨水管道通氨水（若为第一座焦炉投产无氨水可通清水）并进行喷洒，水封式上升管盖的水封部分通水。

10.1.3.1 荒煤气导出系统试运转的工艺流程

荒煤气导出系统试运转的工艺流程示意图（单集气管系统）如图10-1所示。

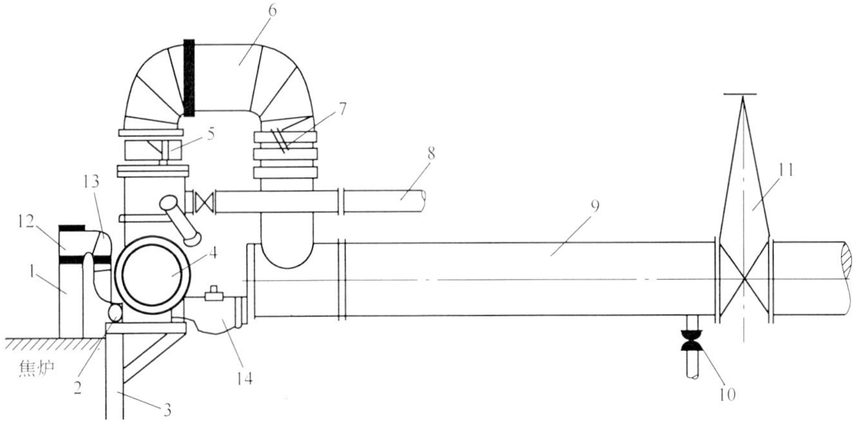

图10-1 荒煤气导出系统试运转的工艺流程示意图

1—上升管；2—高压氨水管；3—炉柱；4—集气管；5—手动翻板；6—“冂”形管；7—自动调节翻板；8—低压氨水总管；9—吸气管；10—开工循环管；11—煤气开闭器；12—上升管石棉盲板；13—高低压氨水喷嘴；14—焦油盒

10.1.3.2 荒煤气导出系统试运转前各工程应达到的条件

荒煤气导出系统试运转前各工程应达到的条件为：

（1）吸气管试压合格，集气管、吸气管做最后检查并将管内所有的残渣杂物清除干净，同时将人孔封好，清扫孔抹黄干油盖严，各接口螺丝检查合格。

（2）检查“冂”形管上的手动翻板和自动调节翻板是否转动灵活好使，并做好开关位置的记号，将这两处的翻板位置固定好。

（3）集气系统的温度、压力仪表应全部安装并调试完毕。

（4）检查桥管水封阀翻板是否灵活好使。

（5）检查集气管放散水封阀翻板是否灵活好使。

（6）氨水管路试压合格，高低压氨水切换阀安装合格并做好各通路记号，全炉各高低压氨水阀扳把的位置应该一致。

（7）氨水喷嘴安装完毕，上升管处的盲板已经堵好，低压氨水管已与回收的氨水管接好，压力表安装完毕，开闭器灵活好使。

（8）高压氨水管路安装完毕并与高压氨水泵房的管路接通，同时高压氨水泵能正常运转。

（9）回收车间氨水循环泵已负荷试车完毕并验收合格。

（10）蒸汽管道安装完毕并试压合格，疏水器、压力表全部安装好，管道保温完毕。

（11）清水系统全部安装完毕并试压合格。

（12）检查各管路中间、各接口法兰处是否有盲板，如果有盲板应拆除，各种阀门和旋塞应开关灵活，方便好使。

10.1.3.3 荒煤气导出系统试运转的步骤

荒煤气导出系统试运转的步骤为：

（1）蒸汽管道送蒸汽，送蒸汽时压力慢慢增加，直增至蒸汽设计压力。同时，在通蒸汽过程中检查各开闭器或其他地方是否漏汽，疏水器排水冷凝液是否正常。

（2）慢慢打开通往集气管两端的蒸汽阀门往集气管内通蒸汽，使蒸汽由集气管两端进入，然后在集气管放散管处进行放散，当放散管冒蒸汽后可关闭放散管翻板。

（3）蒸汽由“冂”形管进入吸气管，可打开吸气管上的检查孔放散蒸汽。

（4）检查蒸汽通过的管路是否有漏汽或其他不正常现象，若有缺陷应及时修理。在通完蒸汽后若发现问题可停汽处理。

（5）高低压氨水同时送往焦炉，首先检查高低压氨水泄压阀或变频控制是否在规定的压力范围内动作，然后逐个检查上升管三通阀消烟装煤的氨水喷洒情况，此后再检查低压氨水的喷洒情况。检查低压氨水时氨水量由小逐步开大，发现渗漏和其他问题应及时处理，注意氨水压力是否达到设计要求。如果已有1座焦炉投产，当已投产的焦炉和新开工的焦炉共用1台高低压氨水泵时，在新焦炉试验氨水压力的同时，注意已投产焦炉的氨水压力变化情况，看是否有影响生产的后果发生。

（6）检查低压氨水的喷洒情况，要求氨水喷洒均匀，不能喷向上升管（可观察上升管盲板处是否被打湿），如果喷向上升管，主要是由于桥管上部安装氨水喷嘴的法兰位置不妥，加工面不平所致，应予以调整处理。

(7) 一般情况下，通氨水后可以连续地运转下去直至开工生产。当第一座焦炉投产时，氨水（清水）可通过气液分离器回至机械化氨水焦油澄清槽。当已有1座焦炉生产，第二座焦炉投产时，喷洒的氨水通过开工临时循环管排放至指定储槽内，同时要特别注意氨水量的减少，要及时补充清水。

(8) 如果万一因事故不得不停止通氨水，最好能连续通入清水，尤其在冬季，这样可以防止冻坏管道的管件。若需停止通氨水时间过长，过多的清水流入澄清槽是不妥的。当需要停止清水时，应将管道中的积水全部放空。

(9) 清水管道通水试生产，应检查上升管水封进水和排水是否畅通，水封内水位高度是否合理，若无问题应连续运转直至开工。

10.1.4 熄焦及运焦系统的试运转

熄焦及运焦系统的试运转包括：熄焦塔及其供水系统的试运转，沉淀池及焦粉抓运系统的试运转，凉焦台及运焦皮带系统的试运转。

10.1.4.1 试运转前应具备的条件

试运转前应具备的条件为：

(1) 熄焦塔、沉淀池等土建工程完工并验收合格。

(2) 熄焦系统管道工程全部施工完毕并试压验收合格，泵房各开闭器均灵活好使。

(3) 检查熄焦塔内喷洒熄焦水管道的喷洒孔是否堵塞，应将此管道进行清扫，以保证熄焦水畅通。

(4) 清水补充管道及熄焦塔下水回流至沉淀池下水道、外排水下水道均施工完毕并验收合格。

(5) 泵房内电机单机试运转合格，水泵安装完毕，具备水负荷试车条件。

(6) 在冬季天气寒冷地区试车时，供给沉淀池的水最好是热水，以免发生冻结。

(7) 凉焦台、运焦皮带系统土建工程全部完工并验收合格。

(8) 凉焦台放焦设施（包括有自动放焦的装置）全部施工完毕。

(9) 运焦皮带土建工程及皮带运输机全部施工完毕并验收合格。

(10) 筛焦系统及焦仓工程施工完毕并验收合格。

10.1.4.2 试运转的方法和步骤

试运转的方法和步骤为：

(1) 将沉淀池中注满水，启动水泵，将水送至熄焦塔内进行喷洒，检查喷洒的均匀程度。

(2) 调整水泵自动计时装置，保证喷洒时间符合设计要求，喷洒累计时间为2h。若无其他问题，可认为合格。

(3) 将熄焦车开至熄焦塔下，进行喷洒试验，检查喷洒均匀情况。

(4) 分段转动自动放焦装置2h，检查各部运行情况。

(5) 启动运焦皮带及筛焦系统的设备，连续运转2h以上，详细检查各设备的运转情况并做好记录。

（6）按上述时间要求，熄焦及运焦系统试运转后，对已发现的问题要及时进行处理，直至合格为止。

10.1.5 炉门修理站的试运转

炉门修理站试运转应符合下列规定：

（1）炉门起落架应往返5次，并必须符合下列规定：

1）卷扬机无异常声音；

2）钢丝绳头结扎牢固，钢丝绳不跳槽；

3）各轮子转动灵活，小车不卡轨；

4）起落架升降平稳，定位准确。

（2）货物提升设备应连续运转1h，并必须符合下列规定：

1）运转中无异常噪声；

2）提升机与滑轨间无卡阻现象；

3）钢丝绳头无松动，钢丝绳不跳槽；

4）提升机运行平稳，定位准确，制动可靠。

10.2 焦炉开工前应具备的条件

焦炉开工前除了认真做好上述部位的试运转外，还必须做好其他方面的准备工作。由于焦炉开工投产涉及面较广，工作量较大，比较复杂，做好这些准备工作是保证开工顺利进行的重要组成部分。

10.2.1 筑炉及土建工程

筑炉及土建工程应达到的条件是：

（1）保护板灌浆，保护板与炉肩缝隙、上部接头缝的密封经最后检查合格。

（2）炉顶外部的膨胀缝用黏土-水玻璃灰浆的石棉绳全部密封。

（3）上部横拉条隔热，装煤口处应在装煤前1天进行隔热。

（4）上部横拉条顶部砌盖板砖，炉顶表面精整灌浆结束。

（5）燃烧室与炭化室小炉头已砌砖、勾缝完毕。

（6）上升管底座、桥管与承插管接口处的密封工作全部完毕。

（7）炉门衬砖（包括备品炉门衬砖）已砌筑完毕。

（8）抵抗墙机焦侧正面砌筑完毕。

（9）炭化室磨板调整结束（其标高低于炭化室底砖7~10mm），灌浆完毕并在周围塞好石棉绳。

（10）斜道正面膨胀缝用粘有灰浆的石棉绳塞紧并精整完毕。

（11）蓄热室、废气盘的严密工作及其封墙的二次勾缝完毕。

（12）炉间与炉端台处的操作台灌浆完毕。

（13）调整操作台支柱，拧紧螺栓，并且二次灌浆完毕。

（14）拦焦车轨道最后调整完毕。

（15）废气盘与烟道连接处的缝隙最后密封结束。

（16）若第一座焦炉投产，则与另一座焦炉相连的炉间台施工完毕。

10.2.2 机械安装工程

机械安装工程应达到的条件是：

（1）推焦车、拦焦车轨道的安装调整及二次浇灌工作完毕。

（2）熄焦车、装煤车轨道的安装调整工作完毕。

（3）焦炉各大车辆的负荷试车完毕，推焦车和拦焦车的启门装置工作正常，各种限位装置已定好位置，各走行轨道上的安全挡已安装完毕。

（4）加热煤气管件、水封、放散管等设备安装完毕并按设计要求试压合格。

（5）交换系统、废气系统负荷试车结束。

（6）上升管、桥管、集气管及放散管已验收合格，同时高低压氨水系统假生产经检验合格。

（7）焦炉用风与供风系统的全部设施施工完毕并验收合格。

（8）煤塔地磅或电子秤安装、试验、调整完毕。

（9）煤塔放煤闸板及振煤系统全部安装试验合格。

（10）余煤翻斗（单斗或多斗）机械试验良好。

（11）炉门修理站试生产全部合格。

（12）焦炉各处的安全栏杆、走梯、走台等辅助设施施工结束。

（13）机焦侧大小弹簧负荷按规定调整好，拆除纵拉条的拉紧装置。

（14）炉门框的二次拧紧工作结束。

（15）熄焦系统、筛焦系统、焦仓及焦炭外运系统试生产结束并验收合格。

10.2.3 电气安装工程

电气安装工程应达到的条件是：

（1）焦炉四大车的摩电道安装完毕，推焦车及熄焦车的摩电道安全网和防雨塔安装施工结束。

（2）焦炉系统的固定照明全部按设计要求安装结束。

（3）各部位的配电室安装完毕。

（4）焦炉各机械上的电气设备安装并检查合格。

（5）各种防雷、防静电设施施工完毕并测试其接地电阻，做好记录。

10.2.4 通讯计器工程

通讯计器工程应达到的条件是：

（1）凡与开工有关的车间、调度室及对外联系的各种电话设施施工结束并能进行通话试验。

（2）集气管上的煤气压力自动记录、自动调节装置施工安装结束。

（3）按设计要求规定的计器盘上的所有显示或记录仪表（压力、温度、流量）安装、调试、试压合格。

（4）吸气管上计器间的全部仪表及调节装置安装并试验合格。

10.2.5 其他工程

其他工程应达到的条件是：

（1）备煤车间机械设备全部安装完毕并经负荷试车和联动试车合格。

（2）配煤储槽内存放一定数量的煤，煤塔内储满符合炼焦炉开工生产时质量要求（煤的挥发分、水分、细度等）的配合煤。

（3）回收车间的煤气系统、循环氨水系统的所有设备应当安装完毕，煤气鼓风机、初冷器等主要设备及煤气管道应安装完毕并试车合格。

（4）焦炉用高低压氨水（或清水）应在开工前2天正常供应。

（5）全厂需用的水、电、汽、风等系统的设备安装完毕并试压合格。

（6）焦炉用电应在开工前1个月正常供应，压缩空气应在开工前20天正常供应，水应在开工前半个月正常供应。

（7）厂内铁路、公路运输工程应在开工前半个月内建筑结束。

（8）消防系统的各项设施应全部施工完毕，消火栓通水并试验合格，其他部位的消防设施齐全。

（9）生产用的原料及产品销路问题均已落实。

（10）上升管、燃烧室、炭化室、蓄热室、废气盘、调节旋塞等部位按规定编好号码，各处开闭器、翻板、旋塞等转动部位均应做好开关的标志。

（11）堵塞干燥孔用的工具材料准备齐全。

（12）扒火床的工具材料准备齐全。

10.3 焦炉的开工操作

焦炉的开工操作主要包括改正常加热、扒火床、装煤、温度压力的调节。由于烘炉用燃料的不同、焦炉炉型的不同和有关设备装备水平的不同，其开工操作的具体方法和步骤不尽一致，其差别主要为：采用固体燃料和液体燃料烘炉，一般都是没有气体燃料来源，所以开工操作时需先扒封墙及小灶、装煤，等煤气回来后才能改正常加热；采用气体燃料烘炉则可先改为正常加热，然后扒火床、装煤，同时因气体燃料烘炉时采用带炉门烘炉的技术成熟，所以不用砌封墙及扒封墙。

本节重点以50孔6m焦炉气体燃料烘炉为例进行介绍，其开工顺序为：

拆除烘炉自动测温设备

⬇

改为正常加热

⬇

拆除临时烘炉管道及堵炉门烘炉孔

⬇

扒火床及堵干燥孔

⬇

继续升温

⬇

第一批装煤

⬇

联通集气管、吸气管

⬇

继续装煤

⬇

确定初步加热制度

⬇

首次出焦

10.3.1 焦炉改为正常加热

当烘炉温度达到800℃后，改为高温计测温，可将烘炉用测温系统拆除，焦炉改为正常加热（用焦炉煤气加热）。

10.3.1.1 焦炉改为正常加热的准备工作

焦炉改为正常加热前要做好人员组织和一些工器具的准备工作。

A 人员组织

焦炉改为正常加热前1周要做好人员组建工作，并对相关人员进行培训，使之能熟练掌握相关工作的操作技能。

焦炉改为正常加热的人员组织见表10-1。

表10-1 焦炉改为正常加热的人员组织

岗 位	人 数	备 注
指挥长	1	指挥改为正常加热的全部工作
副指挥长	2	协助指挥工作
联络员	3	传达指挥长指令（炉顶、地下室、操作台各1人）
看煤气压力表	2	看机、焦侧煤气压力，及时报告压力
看烟道吸力表	2	看机、焦侧分烟道吸力
放散管管理	2	开关放散管（按指挥长指令操作）
蒸汽管管理	2	开关蒸汽管（按指挥长指令操作）
废气系统	6	取石棉板、落废气砣、开旋塞
爆发试验	2	取样做爆发试验
交换机	2	岗位操作（按指挥长指令操作）
烘炉煤气关闭	2	机、焦侧各1人
地下室送煤气	2	开地下室煤气加减旋塞，调火人员
火道燃烧检查	10	立火道燃烧检查、引火等
堵炉门烘炉孔	4	
抢修人员	6	电工、钳工、管工各2人
消防及医务服务人员		炉前待命

B 主要工具及用品的准备

焦炉改为正常加热的主要工具及用品见表10-2。

表10-2 焦炉改为正常加热的主要工具及用品

名　称	数　量	备　注
爆发试验筒	2只	
活扳手	2把	关烘炉煤气用
开、关调节旋塞用扳手	3把	
钳　子	2把	
火　钩	10把	
U形压力计	5只	量程为10000Pa
火　柴	200包	
对讲机	5个	
氧气呼吸器	2个	多备用几个氧气瓶
泡沫灭火器	6个	

10.3.1.2 改为正常加热前加热系统、交换系统和交换开闭器的原始状态

A 加热系统

改为正常加热前加热系统的原始状态为：

(1) 加热煤气管道及附属设施全部验收合格，并在改为正常加热前重新检查管道总体严密性。

(2) 焦炉煤气管网与贫煤气管网相连接部分用盲板隔断。

(3) 煤气预热器暂不开工，进出预热器的阀门全部关闭，其旁通管阀门全部开启。

(4) 地下室焦炉煤气主管末端放散管盲板拆除，放散管阀门开关灵活并将阀门关闭。

(5) 调节旋塞全部处于关闭状态。

(6) 加热煤气主管上计器用各种导管（孔板、取压、调节机等取压管）旋塞关闭，改为正常加热后投运时再开启。

(7) 相关水封槽注满水，水封槽与煤气管道之间的煤气冷凝液排放管阀门关闭。

(8) 焦炉煤气主管的始、末端临时测量用U形压力表（1000mm）已安装好并注水。

(9) 交换机置于手动交换状态。

(10) 焦炉煤气支管按1A、1B、2A、2B、…、50A、50B、51A、51B的方式进行编号。其中A为第一种交换状态，即单数燃烧室双号、双数燃烧室单号上升；B为第二种交换状态，即单数燃烧室单号、双数燃烧室双号上升。

(11) 焦炉煤气交换旋塞处于第一种交换状态，即单数燃烧室双号火道、双数燃烧室单号火道的交换旋塞开启。

(12) 加热煤气管道上引出的其他煤气支管的阀门全部关闭（或安装盲板）。

(13) 所有翻板做好开关标记，所有阀门、旋塞、翻板试验其灵活程度，发现问题及时处理。

(14) 加热煤气管道的自动调节翻板与执行机构断开，处于全开状态并固定。

(15) 燃烧室煤气支管的孔板盒内已按要求安装孔板，并做最后检查（留记录），以免漏装或错装，加煤后根据结焦时间及加热具体情况再进行调整。开工时焦炉煤气孔板直径可参照如下：中部燃烧室孔板孔径为 ϕ27mm，边燃烧室孔板孔径为 ϕ34mm。

(16) 立火道下喷管上的喷嘴已安装好，并做最后检查（留记录），以免漏装或错装。

(17) 检查地下室煤气横管、下喷管等处丝堵、管箍是否遗漏。

B 交换系统

改为正常加热前交换系统的原始状态为：

(1) 交换传动系统试运转完毕。

(2) 交换机处于第一种交换状态。

(3) 交换机手动交换。听指挥长命令后才能交换。

C 交换开闭器（空气、废气系统）

改为正常加热前交换开闭器的原始状态为：

(1) 蓄热室、交换开闭器的编号已写好（面向机侧，由左至右依次按递增顺序进行编号）。

(2) 交换开闭器小翻板开度调整完毕。调整分为 3 段。焦炉中部 18 个处于中间状态。距烟囱近处 17 个的调节方法是在中间状态的基础上多关 2 个小格；距烟囱远处 17 个的调节方法是在中间状态的基础上多开 2 个小格。

(3) 交换开闭器风门铁板已按规定安装好，风门铁板放在石棉板下，其开度大小可参照表 10-3。

表 10-3 交换开闭器风门开度

位 置	交换开闭器风门开度/mm	
	大 风 门	小 风 门
机 侧	60	90
焦 侧	70	100

(4) 分烟道上临时测吸力的 U 形压力计安装好并注水。

(5) 分烟道翻板为手动，向炉内送煤气前将分烟道吸力调整到规定值（机侧 160Pa、焦侧 170Pa 左右），再根据看火孔压力和燃烧情况进行调整。焦炉改正常加热送煤气时，安排 2 人专门监视及调节分烟道吸力。

(6) 焦炉处于第一种交换状态时，单数蓄热室进空气，双数蓄热室下废气。

10.3.1.3 向煤气管道送焦炉煤气

向煤气管道送焦炉煤气的步骤为：

(1) 提前组织人员迅速抽掉进入地下室煤气管道上的盲板 1，烘炉煤气管道上的盲板 2 待转入地下室加热后堵上，堵盲板期间周围严禁火源。烘炉煤气管与生产加热用煤气管连接示意图如图 10-2 所示。

(2) 往地下室焦炉煤气管道内通蒸汽，并打开地下室自动放散管（不准与水封连

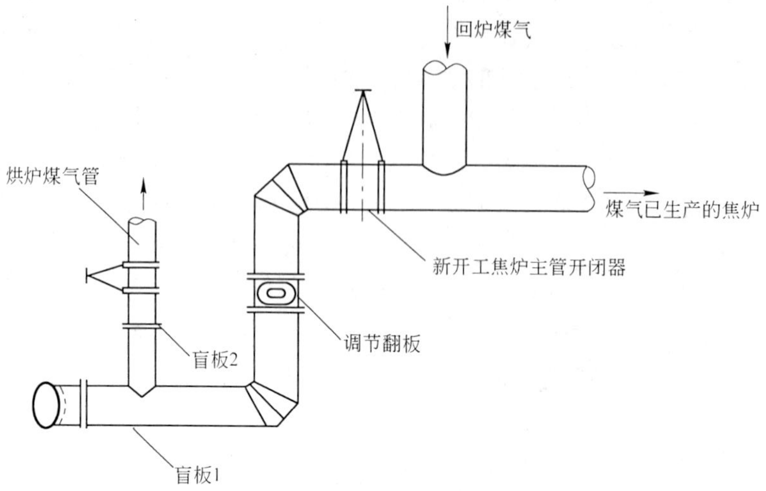

图 10-2 烘炉煤气管与生产加热用煤气管连接示意图

接)，待放散管冒蒸汽后，将焦炉煤气主管开闭器慢慢打开，确认管内有压力后，把蒸汽逐渐关闭并进行煤气放散。

(3) 在地下室煤气主管末端取样做爆发试验，3 次均合格后关闭放散管阀门。

(4) 检查各管道接头法兰有无漏煤气现象，并将冷凝液管打开放水，放完后关闭，同时接通各有关仪表，检查操作是否正常，然后准备往炉内送煤气。

(5) 仔细检查煤气系统和废气系统所处的原始状态，合格后方可往炉内送煤气。

10.3.1.4 向燃烧室送煤气

向焦炉燃烧室内送煤气加热步骤为：

爆发试验合格、压力达 4000Pa 以上

⬇

风门已安装规定的铁板

⬇

分烟道吸力调至规定值

⬇

关闭烘炉煤气

⬇

逐组开上升号风门（取石棉板），落废气砣

⬇

开上升号调节旋塞（开度为 1/2），处理漏点

⬇

炉顶检查立火道煤气燃烧情况

⬇

第一交换各组全部送完后加热 10 ~ 20min

⬇

进行另一交换的逐组送煤气

↓

交换机转入正常自动交换

↓

冷凝液排液管阀开启，自动机构投运

A 分组情况

送煤气是从1号燃烧室向51号燃烧室方向分组顺序进行，分成5个组，上一组送完后，检查燃烧情况，正常后再送下一组。50孔焦炉向燃烧室送煤气分组情况见表10-4。

表10-4 50孔焦炉向燃烧室送煤气分组情况

组 别	关炭化室烘炉旋塞	取出进风口石棉板，落废气砣（蓄热室号）	开加减旋塞（开度1/2~2/3）（燃烧室号）	检查燃烧情况（燃烧室号）
1	1~10	1、3、5、7、9	1A~10A	1~10
2	11~20	11、13、15、17、19	11A~20A	11~20
3	21~30	21、23、25、27、29	21A~30A	21~30
4	31~40	31、33、35、37、39	31A~40A	31~40
5	41~50	41、43、45、47、49、51	41A~51A	41~51

注：此表为第一交换状态（单数燃烧室双号、双数燃烧室单号上升）。

第二交换状态的情况与表10-2类似，取出进风口石棉板、落废气砣是双数，开调节旋塞为带B的号（单数燃烧室单号、双数燃烧室双号上升）。

B 送煤气操作顺序

送煤气操作顺序为：

（1）煤气送入地下室主管爆发试验3次合格后才能开始送煤气。

（2）在送第一组煤气前，将第一组烘炉煤气支管及风门关闭。

（3）取第一组上升废气开闭器石棉板和废气砣支砣木棒，开第一组旋塞1/2，通知检查第一组燃烧室立火道燃烧情况。未着火投入火柴1盒引火，1组全未着火时，通知关闭旋塞并立即处理。

（4）本组上升火道全部燃烧，通知指挥长。压力表压力正常，则通知送下组煤气，压力降至500Pa应停止送气。

（5）逐组按如上程序送煤气，全部送完后过10~20min交换到下一个状态开始送煤气。

（6）送煤气结束后，打开冷凝液排液管阀门，所有仪表投运。预热器的投运可视具体情况进行。

（7）交换机必须手动交换，听指挥长命令才能交换。

（8）送煤气前必须先送空气，后送煤气（空气和煤气要送入同一个立火道中）。

（9）第一交换煤气全部送完后，将烘炉煤气主管关闭，同时打开末端放散管，并用蒸汽吹扫。待放散管冒蒸汽约15min后，关小蒸汽阀门，保证蒸汽清扫状态直至拆除管道并堵炉门烘炉孔。

10.3.1.5 送煤气过程中的注意事项

焦炉送煤气操作是一项比较危险的工作，在操作中为确保安全，应对一些注意事项进行强调，具体为：

（1）在煤气进行置换和往燃烧室送煤气期间，炉上炉下所有岗位一律不许动火，停止电、气焊工作，车辆也暂停运行，非开工人员一律不许进入炉区，工作人员一律不能在工作区内抽烟。安全部门必须安排专人在焦炉的有关部位监督。

（2）在送煤气过程中，安全部门应有专人在地下室用仪器监测空气中的漏入煤气浓度，保证地下室工作人员的安全。

（3）煤气总管末端和压力表处必须有专人进行监护，在做爆发试验合格后，应及时关闭放散管停止放散。

（4）送煤气过程中，为了防止主管压力下降过快，加减旋塞可控制开度为 1/2 或 2/3。

（5）在送煤气过程中，如果煤气主管的压力降至 500Pa 时，不能再继续往前送煤气，待压力回升时再送煤气。当发现煤气主管压力低于 500Pa 时，可将已送煤气号的加减旋塞再适当关小一点，以保持煤气主管的压力不低于 500Pa。

（6）在送每组煤气时，地下室的指挥人员要用对讲机预先通报给炉顶的看火人员，炉顶人员随即将该组燃烧室的看火孔盖全部打开，打开后用对讲机报告给在地下室的指挥人员，指挥人员再发令给开加减旋塞的送气人员。送气后，炉顶人员马上分头检查送气火道中的煤气是否已全部着火，全部着火后，再通知地下室的指挥人员向下一个燃烧室中送煤气。

（7）在送煤气后，如果发现有火道不着火，通知地下室关闭该加减旋塞，待过 2 ~ 3s 后，向该火道中放入成盒的火柴，引燃后通知地下室打开加减旋塞。如果还不着火，应关闭该燃烧室的加减旋塞，查找其他原因并进行处理。

（8）在第一种交换状态全部送完煤气后，让送煤气的火道燃烧 10 ~ 20min，而后由指挥长发令让交换机用手动操作交换为第二种交换状态，向其对应燃烧室送煤气。

（9）送完煤气后逐个检查一下地下室各个煤气管接头有无漏煤气现象，并及时进行处理。如果发现接头漏气严重或多个接头漏气时，应立即关闭该燃烧室煤气支管加减旋塞并进行处理。

（10）在整个送煤气过程中，看煤气管道 U 形压力表的人要不断地向指挥长汇报压力的大小，必须坚守岗位不许脱岗。

10.3.2 扒火床

改为正常加热后，先拆除机焦侧烘炉煤气管道，并对炉门上的烘炉孔进行临时密封，在各项工作准备好后扒火床。

10.3.2.1 准备工作

准备工作由扒火床的执行组织在扒火床之前进行完毕。准备工作包括人员组织、工器具、临时设施等；同时机、焦侧的试摘、试挂炉门等工作已完毕。

A 搭临时设施

焦侧利用熄焦车车厢，焦侧扒出的砖扒入车厢内，运至焦侧空地熄火后由人力运走；机侧扒出的砖可用铲车接下及时熄火后运走。

B 人员组织及工器具准备

人员组织应保证20min扒完1个炭化室的1侧衬砖及火床，分2组在机焦侧不同炉号进行。扒火床人员分三班倒，工器具由施工单位提前准备。人员组织情况及主要工器具见表10-5和表10-6。

表10-5 人员组织情况

岗 位	人 数	备 注
指挥长	1	
副指挥长	2	机、焦侧各1人
各车司机		岗位操作人员
扒火床衬砖组	32	机、焦侧各16人
堵干燥孔与炉门烘炉孔组	16	机、焦侧各8人
炉墙检查组	4	机、焦侧各2人
炉门调节组	4	机焦侧各2人
抢修组		包括电工、气焊工及钳工、管工
综合组		包括保卫、医疗、消防、生活、安全、运输及材料供应等部门

表10-6 主要工器具

名 称	规 格/mm	数 量	备 注
铁钩子	$\phi20 \times 4500$	12把	扒火床用
铁钩子	$\phi20 \times 2500$	12把	
耙 子	$\phi20 \times 4500$	12把	
铁 锹	中号、方形	16个	六棱钢
撬 棍	长3500	4个	
铁 铲	长2500	2个	
堵烘炉孔工具	$\phi20 \times 3500$	4个	
泥抹子	$\phi20 \times 3500$	4个	
泥桶或泥槽		6个	
面罩、石棉手套、工作服及其他相关劳保用品			根据需要

10.3.2.2 扒火床顺序

扒火床及衬砖的工作分别在机焦两侧同时进行，但两侧不允许在同一炭化室上同时扒机焦侧的火床，所以可按如下顺序进行扒除：

机侧扒单数，顺序为：1、3、5、…、45、47、49；

焦侧扒双数，顺序为：50、48、…、6、4、2。

上述顺序扒完后，扒另外一半，即机侧扒双数，焦侧扒单数。

10.3.2.3 扒火床的操作顺序

扒火床的操作顺序是：

（1）利用机焦两侧的车辆摘下炉门。

（2）将干燥塞子砖堵好，堵炉头部位烘炉孔时利用推焦车及拦焦车的操作平台进行操作；塞子砖用加上水玻璃的硅火泥浆粘浆堵入，凹入3～5mm部分用泥浆抹平；安装塞子砖的工具应事先试好，发现问题及时解决。

（3）扒除火床衬砖，清理炭化室底杂物。

（4）清扫并检查本侧炉墙情况，做记录（热修）。

（5）磨板灌浆及补抹炉肩缝。

（6）当炉门摘下后，打掉炉门烘炉孔内的临时密封，用粘有泥浆的塞子砖将烘炉孔堵死。

（7）装炉门并调整（炉门工）。

（8）注意：机焦侧扒火床绝对不允许在同一炭化室进行！

10.3.3 装煤及接通集气管

10.3.3.1 装煤前应具备的条件

装煤前应具备的条件是：

（1）炉门框、保护板与炉肩、炉头正面之间的缝隙灌浆结束。

（2）炉顶外露的膨胀缝用粘有灰浆的石棉绳密封。

（3）上部横拉条隔热，装煤口处在装煤前1天隔热。

（4）上部横拉条盖砖砌筑完毕，炉顶表面修整灌浆结束。

（5）燃烧室及炭化室小炉头砌筑完毕。

（6）上升管底座及桥管与承插管处的严密工作结束。

（7）抵抗墙机焦侧正面砌砖结束。

（8）炭化室磨板调整结束，其标高应低于炭化室底7～10mm，并灌浆完毕，其周围用石棉绳塞好。

（9）斜道正面的膨胀缝用粘有水玻璃灰浆的石棉绳塞紧并精整完毕。

（10）蓄热室废气盘两叉部的严密工作及封墙二次勾缝结束。

（11）炉间与炉端台之间的操作台灌浆完毕。

（12）机焦侧操作台二次灌浆完毕。

（13）废气盘与烟道埋设弯管最后密封结束。

（14）补塞小烟道各处裂缝。

（15）砖煤气道喷浆严密。

（16）立火道检查及热态精整工作结束。

（17）余煤单斗机安装、调整、运转合格。

（18）炉门框二次拧紧工作结束。

（19）焦炉各处安全栏杆、走台、梯子铺设完毕。

（20）回收车间鼓风机处于能随时启动状态。

（21）备煤储存煤量及种类应满足生产要求。

（22）确保焦炉用水、电、风、汽的正常供应。

（23）上升管水封盖已供水并操作正常。

（24）桥管喷洒正常进行（用水喷洒），水封阀工作可靠。

（25）集气管全部氨水清扫旋塞、吸气管氨水喷洒旋塞、焦油盒氨水喷洒旋塞全部关闭。

（26）吸气管手动翻板全关。自动翻板与调节机构脱开并处于全开状态；全开、全关刻印已事先打好。自动翻板在开工后再投入运行。

（27）吸气管道连接处的阀门处于关闭状态，盲板已拆除，放散管阀门打开。

（28）开工时氨水处于正常循环状态；氨水澄清槽管道由回收车间负责其正常运行。

（29）装煤前1h向集气管两端通蒸气驱赶集气管中空气。

（30）在仪表尚未投用时，集气管安装U形压力计，并有专人监测集气管压力。

（31）全部上升管水封阀处于关闭状态，即上升管与集气管处于用水封切断状态。上升管工在装煤时要监视全部上升管水封翻板，防止未装煤号翻板被其他人员误操作。

（32）集气管上的放散管水封翻板全关，事先做好开关标记。

10.3.3.2 装煤操作及接通集气管

在装煤前1~2天，焦炉开始有计划地进行升温，在装煤前燃烧室的温度达到1050~1150℃。

装煤车驶入装煤号，装煤前打掉上升管内石棉板，上升管盖处于开启状态。

第一批装煤号按以下顺序进行：

2号→22号→7号→17号→27号→47号→42号→32号→12号→37号

由于该焦炉集气管分为2段（每段25孔），因此装煤过程也分2段分别进行。

首先是第一段的装煤操作，第一炉装2号炭化室，装完煤后在上升管放散，接下来装22号炭化室，装完后在上升管放散片刻后将2号、22号的桥管翻板打开，荒煤气同时导入集气管，在集气管放散管处进行放散，在荒煤气导入集气管后，慢慢关闭集气管的蒸气吹扫管。

22号炭化室装完后，按预定顺序进行7号、17号炉的装煤操作，每装一炉后随即与集气管接通。上升管着火时，熄灭后再接通集气管。

接下来进行第二段的装煤操作，即进行27号、47号、42号、32号的装煤操作。当2段装完后，在集气管放散片刻后即关闭集气管放散管，将荒煤气送向吸气管在气液分离器处放散。

同时继续按顺序装其余的2炉，即12号、37号。在气液分离器处放散的荒煤气经3次爆发试验合格后，关闭放散管，同时慢慢开启阀门将荒煤气送向回收车间。

鼓风机要及时调整煤气压力，化产回收作业区的开工设备与未开工设备的管段已在开工准备时用盲板隔断。荒煤气送往回收之前，电捕焦油器必须停运，待焦炉开工操作正常后，方可开电捕焦油器。

在荒煤气送往回收的过程中，集气管压力应保持在 100～150Pa。上升管工及时与鼓风机联系，防止集气管出现负压。

当集气管压力开始稳定后，按计划开始其余炉号的装煤。

从第二批装煤开始按 5－2 串序，其顺序为：

4 号→9 号→14 号→19 号→24 号→29 号→34 号→39 号→44 号→49 号

1 号→6 号→11 号→16 号→21 号→26 号→31 号→36 号→41 号→46 号

3 号→8 号→13 号→18 号→23 号→28 号→33 号→38 号→43 号→48 号

5 号→10 号→15 号→20 号→25 号→30 号→35 号→40 号→45 号→50 号

在联通集气管和其后的焦炉改为正常加热期间，停止炉区一切动火作业，禁止在焦炉区吸烟。焦炉四周设保卫人员和安全员进行监视，无关人员不得进入开工现场。消防车、救护车及医务人员、抢修人员在炉前待命。各岗位人员未经允许不得离工离岗。后勤人员必须保证开工人员的吃饭、饮水及倒班、住宿等生活需要。

10.4 首次出焦及炉温初步调整

10.4.1 结焦时间及推焦顺序

焦炉装煤时炉温较低，结焦时间应比设计结焦时间长很多，可按结焦时间为 28h 来组织装煤，全炉装完后才能首次推焦。

结焦时间为 28h 时，使用孔板及风门可按改正常加热时给定的数据；标准温度确定为机侧 1150℃、焦侧 1190℃（不加校正值）；烟道吸力、支管压力等参数根据温度和实际情况参照第 3 章来确定。

出焦时，虽然第一批装煤的顺序没有按 5-2 顺序，但均为同一趟签，并考虑到结焦时间较长，到 28h 后第一批装煤号的炉室内的焦炭都基本成熟，所以，第一批出焦号也按 5-2串序，即采用 2 号→7 号→12 号→17 号→22 号→27 号，其后按 5-2 串序出焦和装煤。

10.4.2 炉温初步调整

在装煤后立即组织人员检查各火道煤气串漏情况并及时处理；检查各火道的火焰燃烧情况；检查有无高低温号和短路情况等。开工初期由于炉温尚未调节好，为了保证各火道都能完全燃烧，空气过剩系数比正常生产时稍微控制大一些。

首次出焦后，结焦时间按生产组织的具体情况逐步进行缩短，根据结焦时间的变化情况，焦炉的加热制度应及时进行调整，以确保焦炭的均匀成熟。

参考文献

[1] 佘振东，蔡承祐，等. 焦炉生产技术［M］. 沈阳：辽宁科学技术出版社，2003.
[2] 姚昭章，郑明东. 炼焦学（第3版）［M］. 北京：冶金工业出版社，2008.
[3] 向英温，李静安. 炼焦炉的特殊操作：烘炉、开工、闷炉和冷炉［M］. 北京：冶金工业出版社，2001.
[4] 杨建华，阚兴东，石熊保. 炼焦工艺与设备［M］. 北京：化学工业出版社，2006.
[5] 张白下，彭降祜. 焦炉维修［M］. 北京：冶金工业出版社，1985.
[6] 严文福，郑明东. 焦炉加热调节与节能［M］. 合肥：合肥工业大学出版社，2005.
[7] 潘立慧，魏松波. 炼焦新技术［M］. 北京：冶金工业出版社，2006.
[8] 潘立慧，魏松波. 炼焦技术问答［M］. 北京：冶金工业出版社，2007.
[9] 严希明，等. 焦炉科技进步与展望［M］. 北京：冶金工业出版社，2005.
[10]《焦炉调火》编写组. 焦炉调火［M］. 北京：冶金工业出版社，1978.
[11] 郑文华. 焦炉砌筑安装与开工［M］. 沈阳：辽宁科学技术出版社，2004.
[12] 鞍山焦化耐火材料设计院《焦炉基建与开工》编写组. 焦炉基建与开工［M］. 北京：冶金工业出版社，1971.
[13] 郑文华. 国内外焦化技术进步及前沿技术研究［C］//中国炼焦行业协会. 中国炼焦行业协会2007年论文集. 2007.
[14] 高宝林，付保明，王爱忠. 焦炉护炉设备安装与控制［J］. 煤化工，2010（2）：38.
[15] 中国冶金建设协会. GB 50390—2006 焦化机械设备工程安装验收规范［S］. 中国计划出版社，2007.
[16] 中国炼焦行业协会. 炭化室高6米焦炉护炉铁件技术管理规程，2002.